CABOS ELÉTRICOS DE POTÊNCIA

Blucher

João José Alves de Paula

CABOS ELÉTRICOS DE POTÊNCIA

Dimensionamento

Cabos elétricos de potência: dimensionamento

Editora Edgard Blücher Ltda.

Publisher Edgard Blücher
Editores Eduardo Blücher e Jonatas Eliakim
Coordenação editorial Andressa Lira
Produção editorial Ariana Corrêa
Preparação de texto Amanda Fabbro
Diagramação Roberta Pereira de Paula
Revisão de texto Maurício Katayama
Capa Leandro Cunha
Imagem da capa iStockphoto

Blucher

Rua Pedroso Alvarenga, 1245, 4º andar
04531-934 – São Paulo – SP – Brasil
Tel.: 55 11 3078-5366
contato@blucher.com.br
www.blucher.com.br

Segundo o Novo Acordo Ortográfico, conforme 6. ed. do *Vocabulário Ortográfico da Língua Portuguesa*, Academia Brasileira de Letras, julho de 2021.

Dados Internacionais de Catalogação na Publicação (CIP)
Angélica Ilacqua CRB-8/7057

de Paula, João José Alves
Cabos elétricos e de potência : dimensionamento / João José Alves de Paula. – São Paulo : Blucher, 2023.

444 p. : il.

Bibliografia
ISBN 978-65-5506-649-4

1. Cabos elétricos 2. Eletrônica 3. Corrente elétrica I. Título

23-4180 CDD 537

Índice para catálogo sistemático:
1. Cabos elétricos

CONTEÚDO

Introdução

Muitos componentes fazem parte de uma instalação elétrica ou de um sistema elétrico, tais como transformadores, chaves, disjuntores, relés, motores, contatores, barramentos e uma infinidade de outros itens, além dos sempre presentes cabos elétricos, que interconectam todas as partes. O projetista, além de conhecer as melhores práticas e normas de instalação e de projeto de sistemas, deve também saber como dimensionar corretamente cada um dos componentes e especificá-los. No caso particular dos cabos elétricos, nota-se que a quase totalidade dos engenheiros eletricistas que projetam as instalações e sistemas conhecem as normas técnicas e os procedimentos a serem obedecidos, desconhecendo o motivo de as especificações serem como são. E, às vezes, as normas técnicas e procedimentos, que foram preparados para as situações mais comuns, não se aplicam integralmente a situações específicas, e o projetista não tem como saber disso.

Em parte, o motivo parece ser o fato de as informações sobre cabos de potência estarem diluídas em uma profusão enorme de artigos técnicos – alguns com décadas de idade –, livros muito antigos, cada um tratando de um assunto muito específico e, em geral, de forma pouco didática. Talvez por essa falta de material didático não exista uma cadeira de cabos elétricos nos cursos de engenharia elétrica, mesmo sendo o assunto extenso o suficiente para tomar um ou dois semestres letivos, e mesmo sendo os cabos os componentes de dimensionamento mais complexo em uma instalação.

O dimensionamento de um cabo elétrico envolve não somente a determinação de sua capacidade de condução de corrente – o dimensionamento mais comum –, mas também outros enfoques, tais como a susceptância capacitiva, resistência mecânica às tensões permanentes a que estão submetidos os cabos aéreos, efeitos do curto-circuito na blindagem de cabos subterrâneos, entre muitos outros. Todos os parâmetros existem na literatura, mas muitos são difíceis de serem encontrados, como já foi dito; alguns estão claramente definidos matematicamente e por ensaios, outros foram definidos de forma empírica. Alguns dimensionamentos, surpreendentemente, foram definidos por meio de desenvolvimentos matemáticos e físicos não tão rigorosos; felizmente, esses últimos são poucos e sempre existe um método mais correto, mas alguns métodos incorretos ainda são bastante utilizados. Sempre que possível, ao longo do texto serão comentadas a origem e as limitações de cada método, de modo que o leitor entenda o que está usando; esse é um dos objetivos deste texto. Procurou-se demonstrar o desenvolvimento de metodologias de dimensionamento conhecidas, mas aquelas para as quais esse desenvolvimento é desconhecido ou não foi considerado totalmente correto, embora de uso bastante comum, foram simplesmente apresentadas. São, portanto, um ponto de partida para trabalho de pesquisadores no futuro.

Assim, esta obra é destinada tanto aos engenheiros projetistas de instalações e sistemas elétricos e aos engenheiros dos fabricantes de cabos elétricos como aos estudantes de engenharia elétrica em nível de graduação ou pós-graduação, tentando reunir a maior quantidade de informações sobre o dimensionamento de cabos elétricos de potência em um único texto.

Como em todo texto, os assuntos abordados tiveram de ser escolhidos entre todos os existentes, até por limitação física. Assim, há possibilidade de este texto ser ampliado e melhorado no futuro. E, para isso, o autor espera a colaboração dos leitores. Por exemplo, são estudados os cabos de alumínio para transmissão e distribuição aérea de energia elétrica mais comuns (ACSR, AAC, AAAC), deixando de lado condutores existentes, mas menos utilizados, tais como aqueles com núcleo de compósitos ou com construção *self-damping*; são analisados cabos isolados de média tensão, deixando de lado os cabos isolados para alta tensão, menos utilizados e, dentro do assunto "cabos de média tensão", não são considerados cabos menos comuns, tais como cabos armados, cabos com capa metálica ou com isolação em papel e/ou óleo.

Tentou-se manter este texto focado somente no dimensionamento dos cabos e não da instalação elétrica onde estão inseridos, embora muitas vezes uma certa incursão no dimensionamento da instalação fosse necessária.

Em muitos pontos deste texto são citadas normas técnicas. Embora algumas das principais especificações dessas normas façam parte deste texto, ele não substitui a consulta às normas. O dimensionamento demonstrado neste texto deve ser utilizado em conjunto com as normas.

Enfim, este texto busca reunir, de forma didática, boa parte do conhecimento atual sobre cabos elétricos de potência. Certamente, há muitas lacunas, no mínimo tantas quanto há no conhecimento sobre o assunto. O pesquisador, notando essas lacunas, poderá talvez identificar algum ponto ao qual dedicar suas pesquisas e ampliar o conhecimento existente.

Esta obra é dividida em capítulos independentes, cada um com sua bibliografia e uso de símbolos próprios. A mesma grandeza pode ser representada por símbolos diferentes em diferentes capítulos, pois tentou-se utilizar aqueles mais comuns a cada assunto. Da mesma forma, um mesmo símbolo pode representar grandezas diferentes em capítulos diferentes.

João José Alves de Paula

Julho de 2021

CAPÍTULO 1
Cabos elétricos de potência

1.1 INTRODUÇÃO

Para que se entenda o dimensionamento dos cabos elétricos, é necessário antes conhecer sua constituição, e este capítulo tratará desse ponto. Entretanto, como em toda esta obra, as construções descritas serão restringidas aos tipos mais usados, deixando de lado aquelas muito raras que, se levadas em consideração, dispersariam muito o foco do assunto.

Pode-se dividir os cabos de potência em cabos isolados e cabos nus. Os cabos nus são muito usados em linhas de distribuição e transmissão aéreas e são constituídos somente pelo condutor, enquanto os cabos isolados têm uma camada extrudada sobre o condutor, podendo ter ou não outros componentes. Os cabos isolados dividem-se em cabos de baixa, média e alta tensão.

Nota: tecnicamente, um cabo isolado é composto por um ou mais condutores isolados e protegidos por outras camadas e, desde já, é oportuno fazer a diferenciação entre "cabo" e "condutor". O condutor é o elemento que transporta a corrente elétrica; um cabo pode ter um ou mais condutores, podendo até ser composto somente por um condutor, sem qualquer outro elemento constituinte.

1.2 CABOS ISOLADOS

1.2.1 CABOS ISOLADOS DE MÉDIA E ALTA TENSÃO

Basicamente, o que caracteriza um cabo isolado de média e alta tensão é a presença da blindagem metálica. Não é que não existam cabos de baixa tensão blindados, mas os cabos isolados de média e alta tensão sempre devem ser blindados, e a existência da blindagem metálica aterrada é o que define a espessura da isolação, o que não ocorre nos cabos de baixa tensão. Além disso, a blindagem metálica é complementada por blindagens extrudadas chamadas de "semicondutoras" (que não tem nada em comum com o termo "semicondutor" utilizado pela eletrônica).

A construção mais simples e a mais comum dos cabos de média e alta tensão é a representada a seguir.

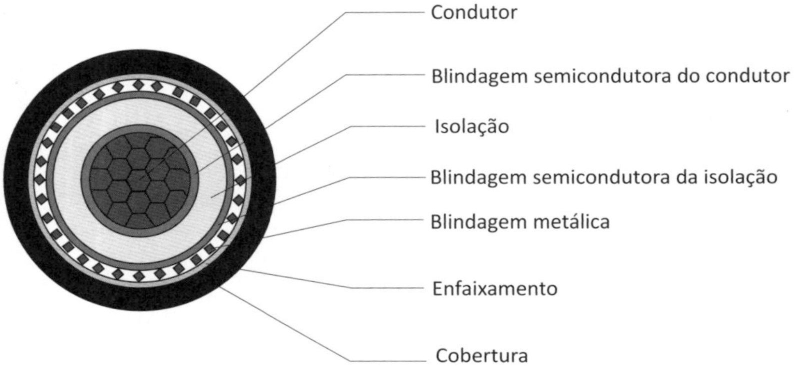

Figura 1.1 – Cabo de média tensão unipolar.

Com essa configuração, o cabo é chamado de "cabo unipolar", por possuir apenas um condutor. Em baixa tensão, os cabos podem ter de um a cinco condutores. Cabos de controle podem ser formados por dezenas de condutores, mas os cabos de média e alta tensão somente têm um ou três condutores, já que são utilizados em sistemas elétricos trifásicos. Entretanto, o cabo de média ou alta tensão somente terá três condutores quando for economicamente melhor em razão da sua instalação, como sistemas submarinos, mas mesmo nesses encontramos cabos unipolares. Uma construção típica de cabo de média tensão trifásico ou tripolar é dada na figura seguinte:

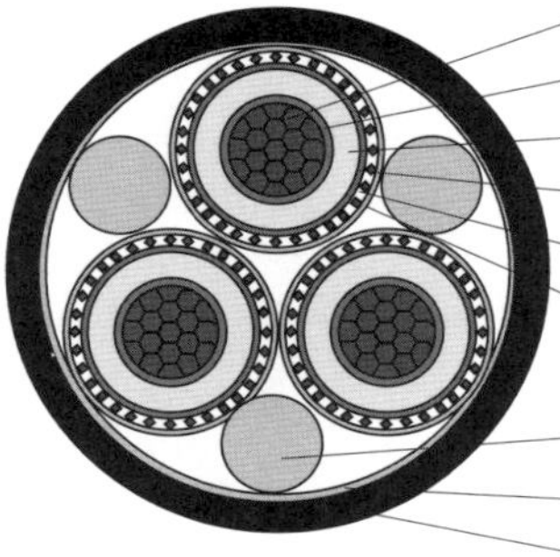

Figura 1.2 – Cabo de média tensão tripolar.

1.2.2 CABOS ISOLADOS DE BAIXA TENSÃO

Existe uma infinidade de construções possíveis de cabos de baixa tensão, entre as quais as mais encontradas são representadas na figura a seguir:

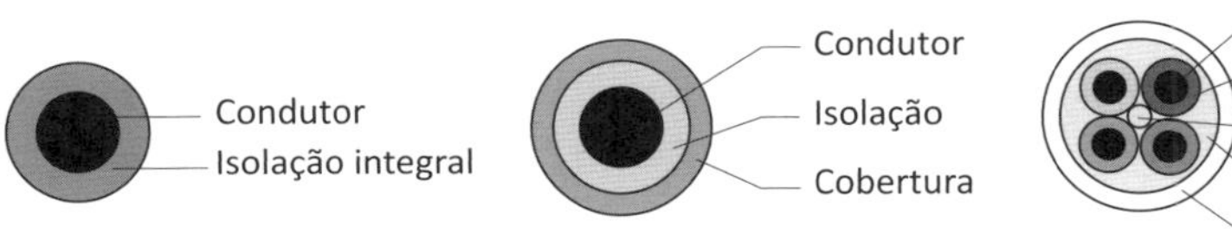

Figura 1.3 – Cabos de baixa tensão.

Quando os cabos não têm cobertura, a isolação possui atribuições de isolação e cobertura, sendo algumas vezes chamada de "isolação integral". Quando necessária para manter a disposição dos condutores, é usada uma "veia cega" central e, para manter um formato cilíndrico, uma capa interna ou enchimento nos interstícios entre as veias isoladas é utilizada.

1.3 CABOS NUS

Um condutor sem qualquer isolação ou cobertura é conhecido como cabo nu; no caso de o condutor não ser estanhado, é chamado de condutor nu (note-se a diferenciação feita entre cabo e condutor). Embora existam cabos de cobre nu para aterramento, os cabos nus são principalmente utilizados em linhas aéreas de transmissão e distribuição de energia elétrica, em que a isolação é o próprio ar que separa os condutores entre si e entre eles e a terra.

Nas linhas aéreas, as características mecânicas dos cabos devem ser levadas em consideração juntamente com as características elétricas, uma vez que esses cabos, além de conduzir a energia elétrica, têm de resistir aos esforços mecânicos – peso próprio, força do vento, carga de gelo – a que estão sujeitos por estarem instalados entre postes ou torres de transmissão de energia.

O material mais utilizado na construção de cabos nus é o alumínio, por ser mais leve que o cobre, embora tenha uma condutividade menor. Entretanto, para manter a relação necessária entre a resistência mecânica e a elétrica, existem muitas variações:

- AAC (*All Aluminum Conductor*): condutor formado somente por fios de alumínio.
- ACSR (*Aluminum Conductor Steel Reinforced*): esse condutor tem fios de alumínio encordoados em torno de uma alma, composta por um fio ou por vários fios de aço.
- AAAC (*All Aluminum Alloy Conductor*): condutor formado totalmente por fios de alumínio-liga. A liga de alumínio mais comum é a 6201 (muito parecida com a antiga liga *Aldrey*), de alumínio, magnésio e silício, mas existem outras, com pequenas variações na resistência mecânica e elétrica.
- AACSR (*Aluminum Alloy Conductor Steel Reinforced*): nesse tipo de condutor, fios de alumínio-liga 6201 são reunidos em torno de uma alma formada por um ou vários fios de aço.
- ACAR (*Aluminum Conductor Alloy Reinforced*): condutor formado por fios de alumínio encordoados em torno de uma alma composta por fios de alumínio-liga 6201.

Existem outras construções bastante incomuns e muitas variações dentro dessas construções citadas. Por exemplo, os fios podem ser cilíndricos, a construção mais comum, mas também podem ser trapezoidais ou uma mistura dos dois; a alma de aço pode ser também composta por fios de aço-alumínio, ou seja, fios de aço recobertos por alumínio; podem ser utilizadas ligas termicamente especiais; e assim por diante.

1.4 ELEMENTOS CONSTITUINTES

1.4.1 CONDUTOR

A função de um cabo de potência é transmitir energia elétrica de um ponto a outro e, basicamente, quem realiza essa tarefa é o condutor. É verdade que, às vezes, outro elemento construtivo auxilia nessa função, mas, em geral, os outros elementos servem para proteger o condutor. Além dos condutores chamados "principais", os cabos podem ter outros, tais como blindagens, armações e condutores concêntricos, mas o termo "condutor" usualmente aplica-se à parte central da seção transversal do cabo.

O principal parâmetro para a escolha do material do condutor é a sua resistividade ou condutividade elétrica. O material escolhido inicialmente foi o cobre, que, entre os metais, possui resistividade somente maior que a da prata e ainda é dúctil e maleável. Entretanto, em 1946, o preço da tonelada de cobre ultrapassou o preço do alumínio pela primeira vez e continuou subindo, enquanto o custo do alumínio manteve-se razoavelmente estável. Com isso, passou a ser interessante o uso do alumínio, o quarto melhor metal em termos de condutividade, somente atrás da prata, cobre e ouro.

O condutor deve ser metálico e formado por materiais específicos, usando-se o cobre ou o alumínio. Cabos especiais podem ter condutores de bronze, prata etc., mas o cobre e o alumínio constituem a quase totalidade dos condutores elétricos: a escolha entre esses materiais dá-se tanto por razões técnicas, em função das características mecânicas e elétricas de cada um, como por razões econômicas. Das razões técnicas, a mais importante é a resistência elétrica.

Uma característica intrínseca ao condutor é a resistividade elétrica do material que o compõe, que depende, basicamente, do número de elétrons livres por unidade de volume de material e da mobilidade desses elétrons no material. Seus valores padronizados para o cobre e alumínio são:

$$\rho_{cobre} = 17{,}241\ \Omega \cdot \text{mm}^2/\text{km a } 20\ °\text{C}$$

$$\rho_{alumínio} = 28{,}264\ \Omega \cdot \text{mm}^2/\text{km a } 20\ °\text{C}$$

A resistividade, combinada com o diâmetro e comprimento do condutor, define a resistência elétrica desse condutor:

$$R = \frac{\rho \cdot \ell}{S} \tag{1.1}$$

R = resistência elétrica, Ω

ℓ = comprimento do condutor, km

S = área da seção transversal do condutor, mm^2

Usa-se o comprimento de 1 km ou 1 m e a resistência em Ω/km ou Ω/m.

Essa resistência dificulta a circulação da corrente elétrica e causa perdas significativas de energia em cabos de potência, gerando calor por efeito Joule, sendo essa potência perdida definida pelo produto da resistência elétrica pelo quadrado da corrente.

Dessa forma, escolhido o material está definida a resistividade elétrica, sendo o comprimento definido pela distância entre os dois pontos a serem conectados e o caminhamento dado. Pode-se somente escolher a área da seção transversal do condutor.

Alguns condutores de cobre têm seus fios revestidos por estanho, tanto por razões técnicas (por exemplo, por incompatibilidade do cobre com o material da cobertura ou isolação), como por costume de se utilizar condutores estanhados, quando os motivos técnicos deixaram de existir.

Entretanto, o cobre, quando exposto ao ar, oxida-se. Além da formação de óxido de cobre, também há a formação de carbonatos, formando a pátina. A oxidação ocorre rapidamente, escurecendo o cobre, tirando-lhe o brilho; a pátina leva mais tempo para ser observada, deixando o cobre esverdeado. Há uma certa discussão sobre a condutividade do óxido de cobre e a do próprio cobre, mas deve-se convir que sempre se quer usar um condutor de cobre somente e não uma combinação de cobre, óxido de cobre e/ou pátina.

A oxidação é acelerada pela umidade e temperatura mais elevadas e, uma vez ocorrida, o óxido protege o cobre no interior, aderindo firmemente a ele e evitando seu contato com o oxigênio, cessando a oxidação (não é como a oxidação do ferro, que descama e deixa mais ferro exposto).

Uma justificativa para a estanhagem dos condutores é justamente evitar a oxidação do cobre; por isso, e pela oxidação ser acelerada em altas temperaturas, é mais utilizada em condutores que devam operar em temperaturas mais elevadas.

O cobre enquanto isolado não oxida, pois sua isolação não permite contato com o ar; somente quando se retira a isolação de uma ponta do cabo para fazer uma conexão é que o processo de oxidação se inicia. Entretanto, conectorizando-se o cabo em seguida, não há tempo para uma oxidação significativa e a compressão do conector não permitiria mais a existência de ar, ao menos no contato, que é o que importa. Claro que, se a conectorização for feita horas depois da retirada da isolação, ocorrerá mais oxidação, por exemplo, em certas linhas de montagem.

Existe ainda um outro fator nessa equação. Se o condutor for sólido, sua conectorização imediata após a retirada da isolação praticamente elimina a possibilidade de oxidação no contato, ocorrendo também com condutores compactados. Entretanto, muitos condutores são compostos por inúmeros fios, que dividem a corrente e a conduzem em paralelo. Se alguns fios não tiverem uma compressão suficiente com seus vizinhos, poderão estar em contato com uma película de ar e oxidar-se, aumentando a resistência elétrica no contato e, consequentemente, a temperatura nesse ponto. Um leve lixamento do condutor retira a camada de óxido, caso esta tenha se formado, mas isso é mais difícil de ser feito em um condutor multifilar, fio a fio.

O custo de um cabo com condutor estanhado é quase o mesmo de um não estanhado, então por que não estanhar todos os condutores? Ocorre que, nas normas brasileiras e na norma internacional IEC (*International Electrotechnical Commission*), o que define a seção do condutor não é sua seção geométrica, mas sua resistência elétrica máxima em corrente contínua na temperatura de 20 °C e, embora a estanhagem pouco influencie na resistência elétrica, a resistência elétrica máxima especificada para o condutor estanhado é um pouco maior que o valor especificado para o condutor não estanhado. Se o diâmetro do condutor de cobre não estanhado fosse o mesmo no condutor estanhado, a resistência elétrica do conjunto seria sempre menor quando estanhado, mas, cumprindo o requisito da norma, o fabricante pode até utilizar menos cobre para atingir a resistência elétrica máxima de um condutor estanhado, que, tendo maior resistência elétrica, possui menor capacidade de condução de corrente que um condutor não estanhado. A estanhagem pode ser feita por imersão ou por eletrodeposição, mas, em qualquer caso, não é utilizado estanho puro e o banho causa danos ao meio ambiente, devendo haver uma estação de tratamento; por isso, existem poucos fabricantes de fios estanhados no mercado; geralmente a operação não é realizada pelo fabricante do cabo.

1.4.1.1 Escala AWG/kcmil

No início da utilização da energia elétrica foram padronizadas algumas seções em várias escalas semelhantes, sobressaindo-se a escala conhecida como AWG (*American Wire Gauge*).

Essa escala vai de zero a 36 AWG e, quanto maior a "bitola AWG",[1] menor o diâmetro e, consequentemente, a área da seção transversal do condutor. Zero AWG corresponde a um diâmetro de 8,252 mm e 36 AWG corresponde a um diâmetro de 0,127 mm. Sendo uma escala inversa, quando foram necessários maiores diâmetros, criaram-se mais três bitolas: 00 AWG ou 2/0 AWG; 000 AWG ou 3/0 AWG; e 0000 AWG ou 4/0 AWG e a bitola zero AWG passou a ser chamada de 1/0 AWG. O diâmetro da maior bitola, 4/0 AWG, é 11,684 mm.

Na verdade, os diâmetros dos condutores são medidos em milésimos de polegada (*mils*). Assim, a bitola 4/0 AWG tem um diâmetro de 460 mils e a bitola 36 AWG tem um diâmetro de 5 mils.

A escala AWG é uma progressão geométrica e os diâmetros das bitolas intermediárias entre o 4/0 e o 36 AWG podem ser determinados usando-se a razão:

$$r = \left(\frac{a_n}{a_1} \right)^{\frac{1}{n-1}} \tag{1.2}$$

com a_1 = 460 mils, a_n = 5 mils e n = 40 (4 termos para 1/0, 2/0, 3/0 e 4/0 AWG, mais 36 termos entre o 1 e o 36 AWG).

Assim, a razão é r = 0,89052571 e os diâmetros são calculados por:

$$d_n = d_{4/0} \cdot r^{(n-1)} \tag{1.3}$$

Exemplos:

4/0 AWG – $n = 1$ – $d_{4/0}$ = 460 mils (11,684 mm)

3/0 AWG – $n = 2$ – $d_{3/0}$ = 409,6 mils (10,404 mm)

2/0 AWG – $n = 3$ – $d_{2/0}$ = 364,8 mils (9,266 mm)

---

[1] A "área da seção transversal" do condutor é chamada somente "seção"; "bitola" seria o diâmetro do condutor. No Brasil, conforme as normas da ABNT, utiliza-se "seção".

1/0 AWG – $n = 4$ – $d_{1/0} = 324{,}9$ mils (8,252 mm)

1 AWG – $n = 5$ – $d_1 = 289{,}3$ mils (7,348 mm)

2 AWG – $n = 6$ – $d_2 = 257{,}6$ mils (6,543 mm)

Posteriormente, diâmetros menores do que o equivalente ao 36 AWG surgiram, o que não causou problemas, pois simplesmente criaram-se as bitolas 37 AWG, 38 AWG etc.

Entretanto, com a necessidade de diâmetros maiores, em vez de acrescentar mais "zeros", foi criada outra escala, chamada originalmente de MCM (Mil Circular Mil), atualmente renomeada para kcmil. Um circular mil (1 CM) é a área de um círculo cujo diâmetro é de um milésimo de polegada. Portanto:

1 CM – $d = 0{,}0254$ mm – $S = 0{,}000507$ mm^2

ou

1 CM – $d = 0{,}001$ pol – $S = 0{,}7854 \times 10^{-6}$ pol^2

Como o CM é muito pequeno, usa-se o MCM, mil vezes maior, para bitolas maiores que 4/0 AWG, no que ficou conhecido como "escala AWG/MCM", atualmente "escala AWG/kcmil". As bitolas, ou seções, padronizadas nessa escala são:

Tabela 1.1 – Escala AWG/kcmil

AWG	mm²	AWG	mm²	kcmil	mm²
40	0,0050	18	0,82	250	127
39	0,0062	17	1,04	300	152
38	0,0082	16	1,31	350	177
37	0,010	15	1,65	400	203
36	0,013	14	2,08	450	228
35	0,016	13	2,63	500	253
36	0,020	12	3,31	550	279
33	0,025	11	4,17	600	304
32	0,032	10	5,26	650	329
31	0,040	9	6,63	700	355

(*continua*)

Tabela 1.1 – Escala AWG/kcmil (*continuação*)

AWG	mm^2	AWG	mm^2	kcmil	mm^2
30	0,051	8	8,37	750	380
29	0,065	7	10,55	800	405
28	0,080	6	13,30	900	456
27	0,102	5	16,76	1000	507
26	0,128	4	21,15	1100	557
25	0,163	3	26,67	1200	608
24	0,20	2	33,68	1250	633
23	0,26	1	42,41	1300	659
22	0,32	1/0	53,48	1400	709
21	0,41	2/0	67,43	1500	760
20	0,52	3/0	85,01	1600	811
19	0,65	4/0	107,22	1700	861
				1750	887
				1800	912
				1900	963
				2000	1010

1.4.1.2 Escala milimétrica

A escala milimétrica foi criada a partir da série Renard R5. Essa série define números preferenciais pela expressão:

$$\left(\sqrt[5]{10}\right)^0,\left(\sqrt[5]{10}\right)^1,\left(\sqrt[5]{10}\right)^2,\left(\sqrt[5]{10}\right)^3,\left(\sqrt[5]{10}\right)^4,\left(\sqrt[5]{10}\right)^5,\left(\sqrt[5]{10}\right)^6,\left(\sqrt[5]{10}\right)^7,\left(\sqrt[5]{10}\right)^8$$

ou seja:

... – 1,00 – 1,58 – 2,51 – 3,98 – 6,31 – 10,00 – 15,85 – 25,12 – 39,81 – ...

que, com alguns ajustes, gerou as seções padronizadas.

Adotada pela IEC há décadas e pelo Brasil a partir dos anos de 1980, a escala milimétrica substituiu a escala AWG/kcmil na maioria dos países para uma ampla gama de linhas de produtos.

Em cabos nus de alumínio ainda se usa a escala AWG/kcmil em grande parte do mundo. Nos Estados Unidos, usa-se essa escala para todas as aplicações, não tendo sido adotada a escala milimétrica e sem indicações de que será utilizada algum dia.

A escala milimétrica tem duas características principais. A primeira é a padronização das seções em milímetros quadrados:

0,5 mm^2 – 0,75 mm^2 - 1 mm^2 - 1,5 mm^2 - 2,5 mm^2 - 4 mm^2 - 6 mm^2 - 10 mm^2 - 16 mm^2 - 25 mm^2 - 35 mm^2 - 50 mm^2 - 70 mm^2 - 95 mm^2 - 120 mm^2 - 150 mm^2 - 185 mm^2 - 240 mm^2 – 300 mm^2 – 400 mm^2 – 500 mm^2 – 630 mm^2 – 800 mm^2 – 1000 mm^2 - 1200 mm^2 - 1400 mm^2 - 1600 mm^2 - 1800 mm^2 - 2000 mm^2 - 2500 mm^2

A segunda característica é que a seção não é definida pela área da seção transversal em si, mas pela resistência elétrica máxima. Um valor de resistência é definido para cada seção e, atendendo a esse valor, a seção geométrica pode ser menor que o valor nominal; por exemplo, é muito comum um condutor de seção nominal 50 mm^2 ter uma seção geométrica de 47 mm^2.

Na escala AWG/kcmil, além da resistência elétrica, é preciso cumprir também as especificações de diâmetro, com tolerâncias bastante rígidas.

Além disso, é notável a diferença de quantidade de seções disponíveis nas escalas AWG/kcmil e milimétrica. Por exemplo, entre as bitolas 16 AWG (1,31 mm^2) e 1/0 AWG (53,48 mm^2) existem 17 bitolas, incluindo a 16 AWG e 1/0 AWG, enquanto entre as seções milimétricas 1,5 mm^2 e 50 mm^2 existem 9 seções, incluindo a de 1,5 mm^2 e 50 mm^2.

1.4.1.3 Ligas e têmperas

O cobre utilizado na fabricação de condutores elétricos tem três têmperas: cobre mole, meio-duro e duro, diferenciadas pelas suas características de alongamento e carga de ruptura, conforme pode ser verificado, por exemplo, na norma ABNT NBR 5111[1]. Na fabricação de condutores isolados, utiliza-se o cobre mole, enquanto para aplicações nas quais o condutor deve ter mais resistência à tração utiliza-se a têmpera meio-dura ou dura. Sua composição é assumida como sendo a do cobre puro, pois tem quase 100 % de pureza.

A fabricação de condutores elétricos de cobre se inicia pela trefilação do vergalhão com 8 mm de diâmetro, às vezes, de maior diâmetro para usos específicos. Na trefilação, o vergalhão é estirado, aumentando o comprimento enquanto seu diâmetro diminui, e isso, muitas vezes, é suficiente para alterar a têmpera do metal. Outras vezes, a alteração da têmpera se dá por recozimento (tratamento térmico) logo após a trefila. Assim, o vergalhão de cobre duro na entrada do processo resulta em fios de cobre mole no final.

Quanto ao alumínio, pode-se dizer que existem duas especificações: a liga e a têmpera. A liga nos diz que componentes foram adicionados ao alumínio para fornecer-lhe uma característica desejada, em geral maior resistência à tração ou condutividade – normalmente, o aumento de uma causa a diminuição da outra característica. Algumas ligas podem ser tratadas para ter uma maior ou menor carga de ruptura, ou dureza (por isso, a têmpera é normalmente iniciada pela letra "H" - H14, H16, H19 -, do inglês *hardness*).

O que mais se encontra em condutores elétricos são:

- liga 1350, nas têmperas H14, H16 ou H19, chamada simplesmente de "alumínio";
- liga 6201, a antiga "liga Aldrey".

A liga 1350 era chamada anteriormente de "alumínio EC", sendo que o "EC" significava *electrical conductor*, ou seja, é o alumínio utilizado em condutores elétricos. A têmpera H16 tem carga de ruptura de 10 a 15 % maior que a têmpera H14 e a têmpera H19 tem carga de ruptura cerca de 50 % maior que a têmpera H16. A condutividade dessa liga 1350 é de 61,2 % IACS,[2] em média. No Brasil, os fios de alumínio para cabos isolados, antes do encordoamento, têm uma carga de ruptura mínima de 105 MPa. Quando se diz que um condutor é feito de alumínio sem citar a liga, supõe-se que seja o alumínio 1350.

A liga 6201 tem uma resistência à tração maior que a liga 1350, com prejuízo da condutividade:

Tabela 1.2 – Condutividade e carga de ruptura das ligas 1350 e 6201

Liga	Condutividade (% IACS)	Carga de ruptura (MPa)
1350	61,2	165
6201	52,5	315

1.4.1.4 Tipos e formações de condutores

O condutor mais simples é somente um fio de seção circular e formato cilíndrico, sólido, e sua fabricação e utilização têm limites de diâmetro mínimo e máximo. Fios muito finos são muito frágeis e a trefilação de diâmetros menores que 0,1 mm é bastante difícil e incomum, sendo esses pequenos diâmetros utilizados somente para circuitos específicos ou para enrolamento de pequenos motores. Fios muito grossos não são úteis por não terem flexibilidade suficiente para serem instalados e o limite superior

2 Ver definição de "IACS" no Capítulo 2.

para o diâmetro é, em geral, entre 4 e 5 mm. Para uma mesma seção, quanto mais fios finos forem usados juntos para formar um condutor, mais flexível será esse condutor. Os fios são torcidos entre si, em camadas concêntricas ou em feixes.

Isso quando se trata de condutores de seção circular, com fios circulares. Existem outros tipos de condutores: fios retangulares, fios trapezoidais e fios em formato de "Z", torcidos; condutores setoriais ou ovais e muitos outros, todos para aplicações muito especiais:

Seção transversal de condutor setorial   Seção transversal de condutor trapezoidal

Figura 1.4 – Exemplos de seções dos fios e condutores não cilíndricos.

Este texto focará somente os condutores mais usuais, aqueles de seção circular. A flexibilidade desses condutores é definida em classes: para uso em condutores isolados, na escala AWG/kcmil, em níveis crescentes de flexibilidade, existem as classes A, B, C, D, G, H, I, K e M, além dos condutores sólidos e de outras classes menos utilizadas; na escala milimétrica, para a mesma aplicação, existem as classes 1 (condutor sólido), 2, 5 e 6, em graus crescentes de flexibilidade. Como exemplo, a Tabela 1.3 apresenta formações de condutores possíveis de serem utilizadas, para a bitola 1/0 AWG e para a seção 10 mm^2.

Na escala AWG/kcmil, o número de fios, formações e diâmetro dos fios são detalhadamente especificados, de forma que um condutor de determinada bitola terá sempre a mesma constituição, independentemente de onde tenha sido fabricado. Já os condutores milimétricos têm especificados sua resistência elétrica máxima, diâmetro máximo dos fios e o diâmetro máximo do condutor, dando margem a diferentes formações.

As formações concêntricas são aquelas com 7, 19, 37, 61, 91 ou 127 fios. Algumas formações concêntricas também podem ser feitas com fios de diâmetros ligeiramente diferentes, de forma que o número de fios final seja ligeiramente diferente desses – por exemplo, em vez de uma formação de 61 fios, pode ser feita uma formação com 59 fios.

A classe B e a classe 2 têm dois tipos de formação: a normal ou não compactada – com os fios simplesmente torcidos entre si –, e a compactada. A formação compactada é feita passando-se cada camada do condutor por uma fieira que provoca um pequeno esmagamento dessa camada. Com isso, os fios deixam de ser exatamente circulares, os espaços vazios entre os fios (chamados de "interstícios") diminuem, bem como o diâmetro final do condutor, ficando o condutor com uma seção transversal de formato circular mais definido. Os condutores também podem sofrer uma pequena compressão, que não chega a compactá-los, quando são chamados de condutores comprimidos (*compressed stranded*), mas essa construção não é comum no Brasil.

Tabela 1.3 – Classes dos condutores

<table>
<tr><th colspan="3">1/0 AWG</th><th colspan="3">10 mm²</th></tr>
<tr><td colspan="2">Sólido</td><td>1/8,252</td><td colspan="2">Classe 1</td><td>1/3,50</td></tr>
<tr><td colspan="2">Classe A</td><td>7/3,12</td><td rowspan="2">Classe 2</td><td>Normal</td><td>7/1,35</td></tr>
<tr><td rowspan="2">Classe B</td><td>Normal</td><td>19/1,89</td><td>Compacto</td><td>7 fios</td></tr>
<tr><td>Compacto</td><td>19 fios</td><td colspan="2">Classe 5</td><td>7 x 15/0,35</td></tr>
<tr><td colspan="2">Classe C</td><td>37/1,36</td><td colspan="2">Classe 6</td><td>12 x 27/0,20</td></tr>
<tr><td colspan="2">Classe D</td><td>61/1,06</td><td colspan="3"></td></tr>
<tr><td colspan="2">Classe G</td><td>19 x 7/0,72</td><td colspan="3"></td></tr>
<tr><td colspan="2">Classe H</td><td>37 x 7/0,51</td><td colspan="3"></td></tr>
<tr><td colspan="2">Classe I</td><td>19 x 14/0,511</td><td colspan="3"></td></tr>
<tr><td colspan="2">Classe K</td><td>19 x 56/0,254</td><td colspan="3"></td></tr>
<tr><td colspan="2">Classe M</td><td>7 x 7 x 54/0,16</td><td colspan="3"></td></tr>
</table>

Já as formações flexíveis são formadas por um ou mais feixes de fios relativamente finos. Os feixes são reunidos sem uma predisposição a serem concêntricos, mas a reunião dos feixes pode ser feita concentricamente, de forma que cada feixe representa um condutor. Em oposição às formações flexíveis – classes G a M ou classes 5 e 6 –, as demais formações são chamadas de formações rígidas.

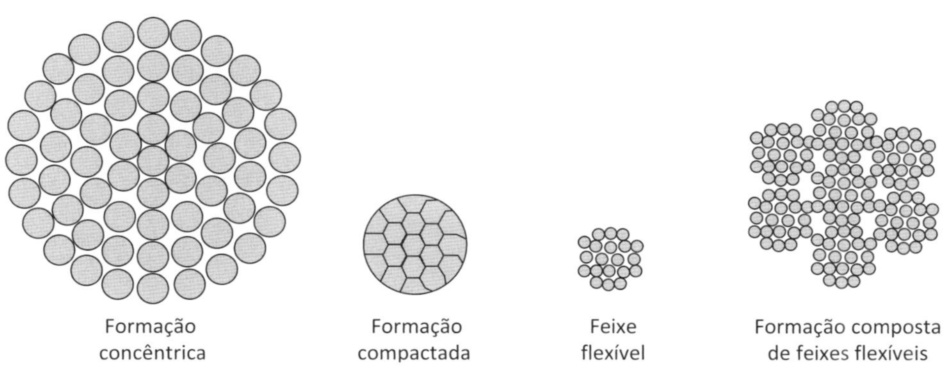

Figura 1.5 – Exemplos de formações de condutores.

A formação mais normal é a concêntrica. A formação compactada provoca a redução do diâmetro do condutor (de 9 a 11 % de redução no diâmetro do condutor). A compactação, reduzindo o diâmetro dos fios, reduz de certa forma a resistência à tração do cabo. A formação flexível é útil no condutor dos cabos isolados que devem ser instalados em locais confinados, como painéis, automóveis ou outras máquinas, mas tem sido cada vez mais utilizada no Brasil em instalações fixas, como nas prediais.

Até o momento, a quase totalidade dos cabos flexíveis é feita de cobre. A característica dos cabos flexíveis é serem formados por fios finos e o alumínio normalmente utilizado não resiste a constantes dobramentos e alonga-se facilmente durante a fabricação de fios com diâmetros menores que 1 mm.

Assim, os cabos isolados têm condutores de cobre sólido ou de formações concêntrica normal, compactada ou flexível. Os cabos isolados com condutores de alumínio têm formação concêntrica ou compactada.

As redes aéreas são constituídas por cabos de alumínio, já que são mais leves e seu menor peso causa menores esforços nos postes e torres. Nessa aplicação, onde o cabo fica sob tensão constante durante toda sua vida útil, a formação compactada não é indicada e a formação flexível não tem razão de ser utilizada, até porque não é utilizada com fios de alumínio.

Sobram, então, para as redes aéreas, os condutores de alumínio sólido ou de formação concêntrica normal. As formações concêntricas foram padronizadas há décadas pela Aluminum Association e pela ASTM (*American Standards for Testing and Materials*) na escala AWG/kcmil. A IEC também padronizou esses cabos, mas o uso dessa última padronização ficou restrito à Europa.

Muitas redes aéreas necessitam de uma resistência mecânica que não pode ser fornecida somente pelo alumínio. O uso de condutores com seção maior do que o necessário por razões elétricas não é economicamente viável e existe um fenômeno – efeito pelicular – que faz com que a resistência elétrica nos fios centrais seja maior que nos fios mais periféricos e, portanto, circule mais corrente nos fios periféricos.

A combinação desses fatores provocou o nascimento dos cabos condutores com elementos centrais de fios ou cordas de aço, em torno dos quais são torcidos os fios de alumínio (ACSR), surgindo a necessidade de, contrariamente aos condutores para os cabos isolados, divididos em classes, os condutores para uso aéreo receberem nomes particulares:

Tabela 1.4 – ACSR

Condutor	Bitola (AWG ou kcmil)	Seção Transversal (mm²)		Formação do condutor				Diâmetro nominal (mm)		Peso nominal (kg/km)		
				Alumínio		Aço						
		Alumínio	Total	Nº de fios	Diâmetro (mm)	Nº de fios	Diâmetro (mm)	Alma de aço	Total	Alumínio	Aço	Total
Turkey	6	13,28	15,5	6	1,679	1	1,679	1,68	5,04	36,4	17,2	53,7
Thrush	5	16,78	19,6	6	1,887	1	1,887	1,89	5,66	46,0	21,8	67,8
Swan	4	21,14	24,7	6	2,118	1	2,118	2,12	6,35	58,0	27,4	85,4
Swallow	3	26,69	31,1	6	2,380	1	2,380	2,38	7,14	73,2	34,6	107,8
Sparrow	2	33,64	39,3	6	2,672	1	2,672	2,67	8,02	92,3	43,6	135,9
Robin	1	42,41	49,5	6	3,000	1	3,000	3,00	9,00	116,4	55,0	171,4
Raven	1/0	53,55	62,5	6	3,371	1	3,371	3,37	10,11	146,9	69,4	216,4
Quail	2/0	67,40	78,6	6	3,782	1	3,782	3,78	11,35	184,9	87,4	272,3
Pigeon	3/0	85,00	99,2	6	4,247	1	4,247	4,25	12,74	233,2	110,2	343,4
Penguin	4/0	107,22	125,1	6	4,770	1	4,770	4,77	14,31	294,2	139,0	433,2
Waxwing	266,8	135,07	142,6	18	3,091	1	3,091	3,09	15,46	372,4	58,4	430,8
Owl	266,8	135,18	152,7	6	5,356	7	1,786	5,36	16,07	370,9	137,0	507,9
Partridge	266,8	135,19	157,2	26	2,573	7	2,002	6,01	16,30	374,6	172,1	546,7

(continua)

Tabela 1.4 – ACSR (*continuação*)

Condutor	Bitola (AWG ou kcmil)	Seção Transversal (mm²)		Formação do condutor				Diâmetro nominal (mm)		Peso nominal (kg/km)		
				Alumínio		Aço						
		Alumínio	Total	Nº de fios	Diâmetro (mm)	Nº de fios	Diâmetro (mm)	Alma de aço	Total	Alumínio	Aço	Total
Ostrich	300,0	151,97	176,7	26	2,728	7	2,121	6,36	17,28	421,0	193,2	614,2
Merlin	336,4	170,42	179,9	18	3,472	1	3,472	3,47	17,36	469,9	73,7	543,5
Linnet	336,4	170,32	198,0	26	2,888	7	2,245	6,74	18,29	471,9	216,4	688,3
Oriole	336,4	170,50	210,3	30	2,690	7	2,690	8,07	18,83	473,5	310,7	784,3
Chickadee	397,5	201,36	212,5	18	3,774	1	3,774	3,77	18,87	555,2	87,0	642,2
Brant	397,5	201,43	227,5	24	3,269	7	2,179	6,54	19,61	558,1	203,9	762,0
Ibis	397,5	201,21	234,0	26	3,139	7	2,441	7,32	19,88	557,5	255,9	813,3
Lark	397,5	201,45	248,5	30	2,924	7	2,924	8,77	20,47	559,5	367,2	926,7
Pelican	477,0	241,72	255,1	18	4,135	1	4,135	4,14	20,68	666,4	104,5	770,9
Flicker	477,0	241,72	273,1	24	3,581	7	2,388	7,16	21,49	669,7	244,9	914,6
Hawk	477,0	241,51	280,8	26	3,439	7	2,675	8,03	21,78	669,1	307,3	976,4
Hen	477,0	241,73	298,1	30	3,203	7	3,203	9,61	22,42	671,4	440,6	1111,9
Osprey	556,5	281,84	297,5	18	4,465	1	4,465	4,47	22,33	777,1	121,8	898,9

(*continua*)

Tabela 1.4 – ACSR (*continuação*)

Condutor	Bitola (AWG ou kcmil)	Seção Transversal (mm²)		Formação do condutor – Alumínio		Formação do condutor – Aço		Diâmetro nominal (mm)		Peso nominal (kg/km)		
		Alumínio	Total	Nº de fios	Diâmetro (mm)	Nº de fios	Diâmetro (mm)	Alma de aço	Total	Alumínio	Aço	Total
Parakeet	556,5	282,02	318,6	24	3,868	7	2,578	7,73	23,21	781,3	285,4	1066,8
Dove	556,5	281,98	327,9	26	3,716	7	2,891	8,67	23,54	781,2	358,9	1140,2
Eagle	556,5	281,91	347,7	30	3,459	7	3,459	10,38	24,21	783,0	513,8	1296,8
Peacock	605,0	306,74	346,5	24	4,034	7	2,690	8,07	24,21	849,9	310,7	1160,6
Squab	605,0	306,47	356,3	26	3,874	7	3,012	9,04	24,53	849,1	389,6	1238,7
Wood Duck	605,0	306,55	378,1	30	3,607	7	3,607	10,82	25,25	851,4	558,7	1410,1
Teal	605,0	306,55	376,4	30	3,607	19	2,164	10,82	25,25	851,4	546,9	1398,3
Duck	605,0	306,67	346,4	54	2,689	7	2,689	8,07	24,20	849,6	310,5	1160,1
Kingbird	636,0	322,34	340,2	18	4,775	1	4,775	4,78	23,88	888,7	139,3	1028,0
Swift	636,0	322,25	331,2	36	3,376	1	3,376	3,38	23,63	888,5	69,6	958,1
Rook	636,0	322,29	364,1	24	4,135	7	2,756	8,27	24,81	892,9	326,2	1219,1
Grosbeak	636,0	322,33	374,8	26	3,973	7	3,089	9,27	25,16	893,0	409,8	1302,8
Scoter	636,0	322,21	397,4	30	3,698	7	3,698	11,09	25,89	894,9	587,3	1482,2

(*continua*)

Tabela 1.4 – ACSR (*continuação*)

Condutor	Bitola (AWG ou kcmil)	Seção Transversal (mm²)		Formação do condutor				Diâmetro nominal (mm)		Peso nominal (kg/km)		
				Alumínio		Aço						
		Alumínio	Total	Nº de fios	Diâmetro (mm)	Nº de fios	Diâmetro (mm)	Alma de aço	Total	Alumínio	Aço	Total
Egret	636,0	322,21	395,8	30	3,698	19	2,220	11,10	25,89	894,9	575,6	1470,5
Goose	636,0	322,14	363,9	54	2,756	7	2,756	8,27	24,80	892,5	326,2	1218,7
Flamingo	666,6	337,91	381,7	24	4,234	7	2,822	8,47	25,40	936,2	342,0	1278,2
Gannet	666,6	337,76	392,7	26	4,067	7	3,162	9,49	25,75	935,8	429,4	1365,2
Stilt	715,5	362,77	409,8	24	4,387	7	2,924	8,77	26,32	1005,1	367,2	1372,3
Starling	715,5	362,62	421,7	26	4,214	7	3,277	9,83	26,69	1004,7	461,2	1465,8
Redwing	715,5	362,43	445,0	30	3,922	19	2,352	11,76	27,45	1006,6	646,1	1652,7
Coot	795,0	402,71	413,9	36	3,774	1	3,774	3,77	26,42	110,3	87,0	1197,3
Cuckoo	795,0	402,86	455,0	24	4,623	7	3,081	9,24	27,74	1116,1	407,6	1523,8
Drake	795,0	402,92	468,5	26	4,442	7	3,454	10,36	28,13	1116,3	512,3	1628,6
Mallard	795,0	402,87	494,8	30	4,135	19	2,482	12,41	28,95	1118,9	719,5	1838,4
Tern	795,0	402,82	430,6	45	3,376	7	2,250	6,75	27,01	1116,0	217,4	1333,4
Condor	795,0	402,59	454,8	54	3,081	7	3,081	9,24	27,73	1115,4	407,6	1523,1

(*continua*)

Tabela 1.4 – ACSR (*continuação*)

Condutor	Bitola (AWG ou kcmil)	Seção Transversal (mm^2)		Formação do condutor				Diâmetro nominal (mm)		Peso nominal (kg/km)		
				Alumínio		Aço						
		Alumínio	Total	Nº de fios	Diâmetro (mm)	Nº de fios	Diâmetro (mm)	Alma de aço	Total	Alumínio	Aço	Total
Ruddy	900,0	456,01	487,5	45	3,592	7	2,395	7,19	28,74	1263,4	246,3	1509,7
Canary	900,0	456,00	515,1	54	3,279	7	3,279	9,84	29,51	1263,4	461,7	1725,1
Rail	954,0	483,32	516,8	45	3,698	7	2,466	7,40	29,59	1339,1	261,1	1600,2
Cardinal	954,0	483,38	546,0	54	3,376	7	3,376	10,13	30,38	1339,2	489,4	1828,7
Ortolan	1.033,5	523,33	559,5	45	3,848	7	2,565	7,70	30,78	1449,9	292,5	1732,4
Curlew	1.033,5	523,41	591,3	54	3,513	7	3,513	10,54	31,62	1450,1	530,0	1980,1
Bluejay	1.113,0	564,07	603,1	45	3,995	7	2,664	7,99	31,96	1562,8	304,8	1867,6
Finch	1.113,0	564,10	635,6	54	3,647	19	2,189	10,95	32,83	1570,5	559,6	2130,1
Bunting	1.192,5	604,30	646,1	45	4,135	7	2,756	8,27	33,08	1674,3	326,2	2000,5
Grackle	1.192,5	604,07	680,7	54	3,774	19	2,266	11,33	33,97	1681,8	599,7	2281,5
Bittern	1.272,0	644,40	689,0	45	4,270	7	2,847	8,54	34,16	1785,4	348,1	2133,4
Pheasant	1.272,0	644,75	726,4	54	3,899	19	2,339	11,70	35,09	1795,0	639,0	2434,0
Dipper	1.351,0	684,86	732,2	45	4,402	7	2,934	8,80	35,21	1897,5	369,7	2267,2

(*continua*)

Tabela 1.4 – ACSR (*continuação*)

Condutor	Bitola (AWG ou kcmil)	Seção Transversal (mm²)		Formação do condutor				Diâmetro nominal (mm)		Peso nominal (kg/km)		
				Alumínio		Aço						
		Alumínio	Total	Nº de fios	Diâmetro (mm)	Nº de fios	Diâmetro (mm)	Alma de aço	Total	Alumínio	Aço	Total
Martin	1.351,0	684,71	771,4	54	4,018	19	2,410	12,05	36,16	1906,3	678,4	2584,6
Bobolink	1.431,0	724,95	775,1	45	4,529	7	3,020	9,06	36,23	2008,5	391,7	2400,2
Plover	1.431,0	725,16	817,1	54	4,135	19	2,482	12,41	37,22	2018,9	719,5	2738,4
Nuthatch	1.510,0	765,19	818,1	45	4,653	7	3,101	9,30	37,22	2120,0	413,0	2533,0
Parrot	1.510,0	764,98	861,9	54	4,247	19	2,548	12,74	38,22	2129,8	758,3	2888,0
Lapwing	1.590,0	805,84	861,5	45	4,775	7	3,183	9,55	38,20	2232,6	435,1	2667,7
Falcon	1.590,0	805,86	908,0	54	4,359	19	2,616	13,08	39,23	2243,6	799,3	3042,9
Chukar	1.780,0	902,20	975,7	84	3,698	19	2,220	11,10	40,68	2511,8	575,6	3087,4
Bluebird	2.156,0	1.092,31	1.181,2	84	4,069	19	2,441	12,21	44,76	3041,1	695,9	3737,0
Kiwi	2.167,0	1.098,27	1.145,8	72	4,407	7	2,939	8,82	44,07	3057,7	370,9	3428,6
Thrasher	2.312,0	1.171,42	1.235,2	76	4,430	19	2,068	10,34	45,78	3261,3	499,5	3760,8

Note-se que há 4 formações para o cabo 477 kcmil, por exemplo, e uma forma de diferenciá-las é pelo nome dado a cada uma delas. E, já que se estabeleceu tal forma de diferenciação entre as formações dos condutores ACSR, usando nomes de pássaros, utilizou-se o mesmo método para outros tipos de condutores. Por exemplo, as formações dos cabos feitos somente de fios de alumínio (AAC) receberam nomes de flores:

Tabela 1.5 – AAC

Condutor	Bitola (AWG ou MCM)	Seção Transversal (mm^2)	Formação do condutor		Diâmetro nominal do condutor (mm)	Peso nominal (kg/km)
			Nº de fios	Diâmetro (mm)		
Peachbell	6	13,28	7	1,554	4,66	36,6
Rose	4	21,14	7	1,961	5,88	58,3
Lily	3	26,68	7	2,203	6,61	73,6
Iris	2	33,65	7	2,474	7,42	92,8
Pansy	1	42,37	7	2,776	8,33	116,8
Poppy	1/0	53,48	7	3,119	9,36	147,5
Aster	2/0	67,46	7	3,503	10,51	186,0
Phlox	3/0	85,00	7	3,932	11,80	234,3
Oxlip	4/0	107,26	7	4,417	13,25	295,7
Sneezewort	250,0	126,72	7	4,801	14,40	349,4
Valerian	250,0	126,63	19	2,913	14,57	349,1
Daisy	266,8	135,31	7	4,961	14,88	373,1
Laurel	266,8	135,20	19	3,010	15,05	372,8
Peony	300,0	152,14	19	3,193	15,97	419,5
Tulip	336,0	170,58	19	3,381	16,91	470,3
Daffodil	350,0	177,31	19	3,447	17,24	488,8
Canna	397,5	201,54	19	3,675	18,38	555,7
Goldentuft	450,0	228,02	19	3,909	19,55	628,7
Cosmos	477,0	241,51	19	4,023	20,12	665,9

(continua)

Tabela 1.5 – AAC (*continuação*)

Condutor	Bitola (AWG ou MCM)	Seção Transversal (mm^2)	Formação do condutor		Diâmetro nominal do condutor (mm)	Peso nominal (kg/km)
			Nº de fios	Diâmetro (mm)		
Syringa	477,0	241,54	37	2,883	20,18	665,9
Zinnia	500,0	253,30	19	4,120	20,60	698,4
Hyacinth	500,0	253,06	37	2,951	20,66	697,7
Dahlia	556,5	281,85	19	4,346	21,73	777,1
Mistletoe	556,5	281,79	37	3,114	21,80	776,9
Meadowsweet	600,0	303,74	37	3,233	22,63	837,4
Orchid	636,0	322,24	37	3,330	23,31	888,4
Heuchera	650,0	329,64	37	3,368	23,58	908,8
Verbena	700,0	354,56	37	3,493	24,45	977,5
Flag	700,0	354,45	61	2,720	24,48	977,2
Violet	715,5	362,73	37	3,533	24,73	1000,1
Nasturtium	715,5	362,58	61	2,751	24,76	999,6
Petunia	750,0	380,18	37	3,617	25,32	1048,2
Cattail	750,0	380,18	61	2,817	25,35	1048,2
Arbutus	795,0	403,01	37	3,724	26,07	1111,1
Lilac	795,0	403,20	61	2,901	26,11	1111,6
Anemone	874,5	443,13	37	3,905	27,34	1221,7
Cockscomb	900,0	456,16	37	3,962	27,73	1257,7
Snapdragon	900,0	456,26	61	3,086	27,77	1257,9
Magnolia	954,0	483,50	37	4,079	28,55	1333,0
Goldenrod	954,0	483,87	61	3,178	28,60	1334,1
Hawkweed	1.000,0	506,77	37	4,176	29,23	1397,2
Camelia	1.000,0	506,35	61	3,251	29,26	1396,0

(*continua*)

Tabela 1.5 – AAC (*continuação*)

Condutor	Bitola (AWG ou MCM)	Seção Transversal (mm^2)	Formação do condutor		Diâmetro nominal do condutor (mm)	Peso nominal (kg/km)
			N° de fios	Diâmetro (mm)		
Bluebell	1.033,5	523,41	37	4,244	29,71	1443,1
Larkspur	1.035,0	523,95	61	3,307	29,76	1444,6
Marigold	1.113,0	564,31	61	3,432	30,89	1555,8
Hawthorn	1.192,0	604,12	61	3,551	31,96	1665,6
Narcissus	1.272,0	644,58	61	3,668	33,01	1777,2
Columbine	1.351,0	684,55	61	3,780	34,02	1887,3
Carnation	1.431,0	725,34	61	3,891	35,02	1999,8
Gladiolus	1.510,5	765,78	61	3,998	35,98	2111,3
Coreopsis	1.590,0	805,36	61	4,100	36,90	2220,4
Jessamine	1.750,0	887,08	61	4,303	38,73	2445,7
Cowslip	2.000,0	1012,58	91	3,764	41,40	2791,8
Sagebrush	2.250,0	1139,54	91	3,993	43,92	3172,6
Lupine	2.500,0	1266,16	91	4,209	46,30	3525,1
Bitterroot	2.750,0	1393,13	91	4,415	48,57	3878,6
Trillium	3.000,0	1520,24	127	3,904	50,75	4232,5
Bluebonnet	3.500,0	1772,94	127	4,216	54,81	4984,0

1.4.1.5 Escolha do cobre ou alumínio

Tradicionalmente, condutores de alumínio têm sua utilização restrita às linhas de transmissão de energia, cabos de distribuição aérea e em instalações de potência mais elevada. Nas demais aplicações, utiliza-se o cobre.

Inicialmente, compare-se o peso, diâmetro e custo de um condutor de cobre e outro de alumínio que tenham a mesma capacidade de condução de corrente. As densidades e resistividades dos dois metais são:

- densidade do cobre (d_{Cu}) = 8,89 g/cm^3;
- densidade do alumínio (d_{Al}) = 2,703 g/cm^3;

- resistividade do cobre (ρ_{Cu}) = 17,241 Ω · mm²/km;
- resistividade do alumínio (ρ_{Al}) = 28,264 · Ω · mm²/km.

Como a resistividade do alumínio é maior que a do cobre, a seção do condutor de alumínio deve ser maior que a do cobre para conduzir a mesma corrente. Mesmo assim, a massa de alumínio será menor que a do cobre, uma vez que a densidade do alumínio é 30 % da densidade do cobre:

$$\frac{Peso\ do\ cobre}{Peso\ do\ alumínio} = \frac{17,241 \cdot 8,89}{28,264 \cdot 2,703} = 2 \tag{1.4}$$

ou seja, o condutor de alumínio teria a metade do peso do condutor de cobre.

O custo do quilograma de cobre é maior que o de alumínio. Na ocasião em que este texto foi escrito, o custo do alumínio era de cerca de US$ 2,00/kg, enquanto o custo do cobre era de cerca de US$ 8,00/kg. Considerando que a fabricação do condutor cause um acréscimo de US$ 200 por tonelada dos dois metais (em geral, a fabricação do condutor de alumínio é mais cara por tonelada que a do cobre), o custo do condutor de alumínio ficaria em US$ 2,20/kg e o de cobre em US$ 8,20/kg. Isso faz com que o custo do condutor de cobre seja (8,20/2,20) × 2 = 7,45 vezes maior que o custo do condutor equivalente de alumínio.

Isso, evidentemente, varia com o tempo, mas, em geral, a relação de custo cobre/alumínio varia de um fator de 5 a 8 (ou seja, o condutor de cobre é de 5 a 8 vezes mais caro que o condutor equivalente de alumínio).

Também é verdade que, sendo a seção do condutor de alumínio maior que a de cobre, o diâmetro do condutor também será maior, aumentando o consumo dos materiais que recobrem o condutor – isolação, coberturas, blindagens –, ou provocando maiores cargas de vento nos cabos aéreos nus. Também é verdade que o aumento de seção deve se dar utilizando-se seções padronizadas: por exemplo, a seção equivalente de alumínio a um condutor de cobre de seção 16 mm² seria (28,264/17,241) × 16 = 26 mm², mas a seção padronizada mais próxima seria 35 mm². Entretanto, dada a diferença de custo (5 a 8 vezes), em geral é economicamente viável a substituição.

Então, a conclusão óbvia seria que o uso de condutores de alumínio proporcionaria uma economia fantástica; assim, por que ainda se utilizam condutores de cobre na grande maioria dos cabos elétricos?

Em primeiro lugar, quando exposta ao ar, a superfície do alumínio fica recoberta por uma camada invisível de óxido, de características altamente isolantes e difícil remoção. Nas conexões com alumínio, um bom contato só será conseguido com a ruptura dessa camada, e esse é o principal motivo da utilização de conectores de pressão e aparafusados. O cobre não traz esse problema.

Além disso, o alumínio escoa com pequenas pressões, afrouxando as conexões. Com esse afrouxamento, há a possibilidade da formação de óxido, o que eleva a resistência elétrica da conexão e provoca seu aquecimento, que é uma causa potencial de incêndio em instalações de cabos isolados.

Por esses dois motivos, as conexões de cabos de alumínio têm de ser inspecionadas rotineiramente por pessoal especializado. Assim, a norma brasileira de instalações elétricas de baixa tensão (ABNT NBR 5410 [2]), em sua seção referente a condutores, traz diversas restrições ao uso dos condutores de alumínio.

Essas restrições são quanto a locais (por exemplo, onde exista alta densidade de ocupação e condições de fuga difíceis, como hotéis e hospitais, é terminantemente proibido o uso de cabos com condutores de alumínio), seções (especificando seções maiores como sendo as mínimas, indiretamente se limita o uso dos condutores de alumínio a instalações de maior potência, onde deve haver um responsável técnico que saiba fazer as inspeções) e, cumulativamente, restringe-se o uso desses condutores onde explicitamente exige-se que a instalação e manutenção sejam feitas por pessoal qualificado. Em instalações residenciais, o uso de condutores de alumínio é proibido.

Outro problema é que a maioria dos circuitos é constituída por condutores e conexões de cobre. Como o alumínio e o cobre estão separados eletroquimicamente por 2V, existe uma predisposição da conexão cobre-alumínio à corrosão galvânica.

Por fim, nos últimos anos tem crescido muito a utilização de condutores flexíveis em instalações de baixa tensão no Brasil, onde antes eram utilizados condutores rígidos. A diferença entre condutores rígidos e flexíveis é o número de fios – e, consequentemente, o diâmetro desses fios – que compõem o condutor. Por exemplo, um condutor de cobre de seção 25 mm^2 pode ter constituições tais como:

- 1 fio de diâmetro 5,64 mm (rígida);
- 7 fios de diâmetro 2,14 mm (rígida);
- 196 fios de diâmetro 0,40 mm (flexível);
- 783 fios de diâmetro 0,20 mm (extraflexível).

A liga de alumínio normalmente utilizada em condutores isolados não é adequada para fios com diâmetros menores que cerca de 1 mm. Fios muito finos alongam-se durante o processo e quebram no manuseio.

Entretanto, existem ligas especiais que permitem a fabricação de fios finos, com características semelhantes aos fios de cobre e mantendo a resistividade próxima das ligas tradicionais; até o momento, seu uso tem se restringido a cabos para usos especiais, como na indústria automotiva e aeroespacial. Essas ligas, da série 8000, já são normatizadas nos Estados Unidos para vários cabos isolados, mas seu uso não é generalizado.

Novos usos para condutores de alumínio têm surgido, principalmente em casos nos quais o peso é importante. Com o tempo, é provável que ligas e conexões aperfeiçoadas estendam o uso do alumínio a condutores para outras aplicações, mas é recomendável que as conexões sejam exaustivamente testadas antes de seu uso generalizado.

1.4.2 BLOQUEIO E REVESTIMENTOS DO CONDUTOR

Algumas vezes os fios são revestidos ou os interstícios dos condutores encordoados são preenchidos com materiais resistentes à corrosão ou para bloquear a migração de umidade. Fios de cobre são revestidos por estanho quando há incompatibilidade entre o cobre e o material da isolação, ou cobertura, ou possibilidade de oxidação. Cabos de alumínio para linhas de transmissão podem ser engraxados para evitar a corrosão.

Para evitar a migração de umidade pelos condutores de cabos isolados de média tensão, são utilizados vários processos diferentes, sendo os mais antigos o preenchimento dos interstícios do condutor encordoado por asfalto ou materiais poliméricos. Há algumas décadas surgiram os materiais hidroexpansíveis, que se expandem quando em contato com a umidade, evitando sua migração. Esses materiais são na forma de gel, pó ou em fitas ou fios. Os materiais em fitas ou fios são muito usados atualmente, aplicados nas camadas internas e externa do condutor ou somente nas camadas internas, existindo fitas hidroexpansíveis para aplicação em cabos de média e alta tensão. Deve-se tomar cuidado nas conexões e emendas, garantindo que os fios mantenham contato elétrico entre si para que a resistência elétrica do condutor não seja afetada.

Existem cabos que devem ser resistentes ao fogo, para continuar operando durante um certo tempo, mesmo enquanto queimam e depois de queimados, a fim de alimentar sistemas de iluminação de emergência e de combate ao incêndio. Invariavelmente, esses cabos são de baixa tensão e podem ter sua isolação constituída por materiais que ceramificam-se com o calor, mas a construção mais comumente encontrada é o condutor enfaixado com fitas de mica.

1.4.3 ISOLAÇÃO

A isolação serve para evitar que a energia elétrica ou sinal elétrico sejam drenados entre o ponto de alimentação do cabo e o ponto onde o cabo alimenta a carga. Paralelamente, serve para controlar alguns parâmetros elétricos da transmissão.

Originalmente, no início da utilização da energia elétrica no século XIX, os cabos não eram isolados, e um fio de cobre nu era colocado sobre isoladores cerâmicos. Logo se percebeu a necessidade de uma isolação ao longo do cabo e o material escolhido foi o papel, utilizado na forma de fitas aplicadas helicoidalmente sobre o condutor. Posteriormente, outras técnicas, tais como impregnar o papel com óleo e uso de tecidos, foram empregadas, até surgir a opção de se extrudar PVC (cloreto de polivinila) sobre o condutor, no início do século XX. Posteriormente, outros materiais surgiram, mas os processos iniciais ainda perduram: ainda existem cabos para altas tensões isolados com papel e as linhas de transmissão e distribuição aéreas ainda usam o ar como isolante. Novas tecnologias também surgiram, como os cabos para alta tensão com papel impregnado com gases a altas pressões, usualmente SF_6, hexafluoreto de enxofre (década de 1960).

1.4.3.1 Classes de tensão

Quando se usa a isolação para isolar o condutor do meio ambiente, de forma a não se perder energia, o principal parâmetro para defini-la é a tensão elétrica no condutor.

Existem os cabos de baixa tensão - grupo no qual se pode incluir os cabos de controle, instrumentação, telecomunicações e transmissão de dados –, cabos de média tensão e cabos de alta tensão, mas as fronteiras entre cada uma dessas definições nunca foram muito bem definidas.

As tensões de projeto dos cabos elétricos, no Brasil, são baseadas nas normas da IEC. Em sua maioria, as tensões de isolamento são indicadas na forma U_0/U, com U_0, sendo a tensão entre fase e terra e U a tensão entre fases. As tensões padronizadas pelas normas ABNT são:

0,6/1 kV – 1,8/3 kV – 3,6/6 kV – 6/10 kV – 8,7/15 kV – 12/20 kV – 15/25 kV – 20/35 kV.

Costuma-se considerar os cabos para 0,6/1 kV e 1,8/3 kV como sendo de baixa tensão, e os demais de média tensão.

Existem também cabos para 750 V (identificados como 0,45/0,75 kV), para 500 V (0,3/0,5 kV) e cabos para 300 V. Alguns sistemas especificam, ainda, cabos para 600 V e os sistemas de telefonia operam em tensões abaixo de 50 V. Todos esses cabos são de baixa tensão.

1.4.3.2 Materiais de isolação

Os materiais extrudados dividem-se em materiais termoplásticos e materiais termofixos.

Os materiais termoplásticos caracterizam-se por tornarem-se maleáveis quando aquecidos e retomarem suas características originais depois de resfriados. Podem ser extrudados mais que uma vez, não precisam de cura e são recicláveis. Sua estrutura pode ser representada por cadeias não interligadas:

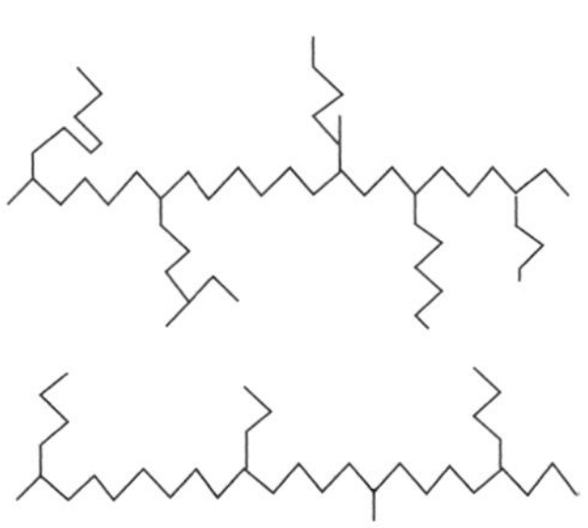

Figura 1.6 – Estrutura dos materiais termoplásticos.

Os materiais termofixos não retomam suas características de antes da reticulação. A reticulação – também chamada de cura ou vulcanização – do material (em inglês, *cross-linking* ou *X-linking*) é a interligação das cadeias do polímero em uma única molécula:

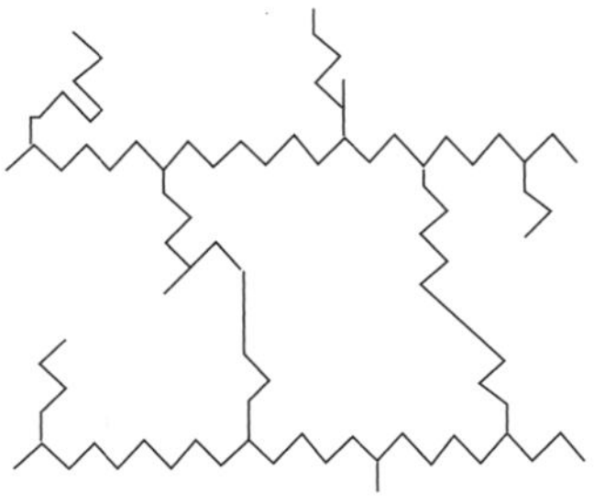

Figura 1.7 – Estrutura dos materiais termofixos.

A reticulação pode ser feita em linha contínua à extrusão ou em sauna, piscina quente ou irradiação, utilizando catalisadores (peróxidos ou silanos). Não são recicláveis.

Os principais materiais utilizados atualmente são:

PVC – cloreto de polivinila

É um material termoplástico, naturalmente resistente à propagação de fogo, com muitas impurezas e com constante dielétrica muito variável. Quando queimado, emite gases halogenados (cloro) e é utilizado em cabos de baixa tensão e cabos de controle. Sua temperatura máxima de operação varia conforme a formulação utilizada, de 70 a 105 °C, sua temperatura máxima em regime de sobrecarga é de 100 °C e a temperatura máxima no curto-circuito varia entre 140 e 160 °C.

Polietileno

Também termoplástico, é naturalmente propagante de fogo, mas pode ser aditivado para obter uma melhor resistência à propagação da chama. É um material mais puro, com constante dielétrica bem definida e, por isso, é utilizado em cabos de telecomunicações e para transmissão de dados. Também é utilizado em baixas tensões e em cabos de controle e instrumentação. Sua temperatura máxima de operação é de 70 °C e a máxima em regime de sobrecarga é de 90 °C, sendo a temperatura máxima no curto-circuito de 130 °C.

EPR – borracha de etileno-propileno

Material termofixo utilizado em cabos de baixa e média tensão, com temperatura máxima de operação entre 90 e 105 °C, em regime de sobrecarga de 130 a 140 °C e a máxima no curto-circuito de 250 °C.

XLPE – polietileno reticulado

Material termofixo utilizado em cabos de baixa, média e alta tensão, com temperatura máxima de operação de 90 °C, máxima em regime de sobrecarga de 130 °C e no curto-circuito máxima de 250 °C.

LSHF – composto com baixa emissão de fumaça e halogênios

Material termoplástico ou termofixo utilizado em cabos de baixa tensão, baseado em polímeros como o polietileno ou o EVA (etil-vinil acetato), com temperatura máxima de operação de 70 ou 90 °C, máxima em regime de sobrecarga de 100 ou 130 °C e máxima no curto-circuito de 160 ou 250 °C.

Nota: a temperatura em regime de sobrecarga, também chamado de regime de emergência, ainda é definida nas normas brasileiras, embora não exista nas normas internacionais (IEC). Também é definida nas normas norte-americanas (ICEA/NEMA, UL).

Inicialmente, utilizava-se o PVC e o polietileno também em cabos de média tensão. O PVC deixou de ser utilizado por conta de impurezas normalmente encontradas no composto e do baixo valor de suas temperaturas de sobrecarga e de curto-circuito, sendo usado hoje somente até 3,6/6 kV, conforme normas brasileiras e internacionais. O polietileno deixou de ser utilizado em decorrência do baixo valor de suas temperaturas de sobrecarga e de curto-circuito, sendo substituído pelo XLPE, mas por muito tempo serviu de isolação não somente de cabos de média, como também de alta tensão. Hoje, no Brasil, sua utilização também é limitada a 3,6/6 kV.

Com o nome genérico de EPR existem algumas variações, como o HEPR (*high modulus or hard grade ethylene propylene rubber*, com maior carga de ruptura), EPM (*Ethylene Propylene Monomer*) e EPDM (*Ethylene Propylene Diene Monomer*).

Outros materiais também são usados para aplicações específicas, como o silicone, borracha termoplástica (TPE), etil-vinil acetato (EVA) e a poliamida.

A temperatura máxima de operação da isolação é aquela que leva à capacidade de condução de corrente em um cabo isolado. O condutor tem sua temperatura elevada por efeito Joule em razão da passagem da corrente elétrica e, estando em contato com a isolação, essa temperatura não deve ser maior que o valor máximo especificado para isolação. O conceito dessa especificação é que os materiais poliméricos se degradam com a temperatura ao longo do tempo. Por exemplo, medindo-se regularmente o alongamento de um material ao longo do tempo, expondo-o a várias temperaturas e considerando que o material está totalmente deteriorado quando esse alongamento chegar a 50 % de seu valor original, pode-se extrapolar um gráfico como o seguinte:

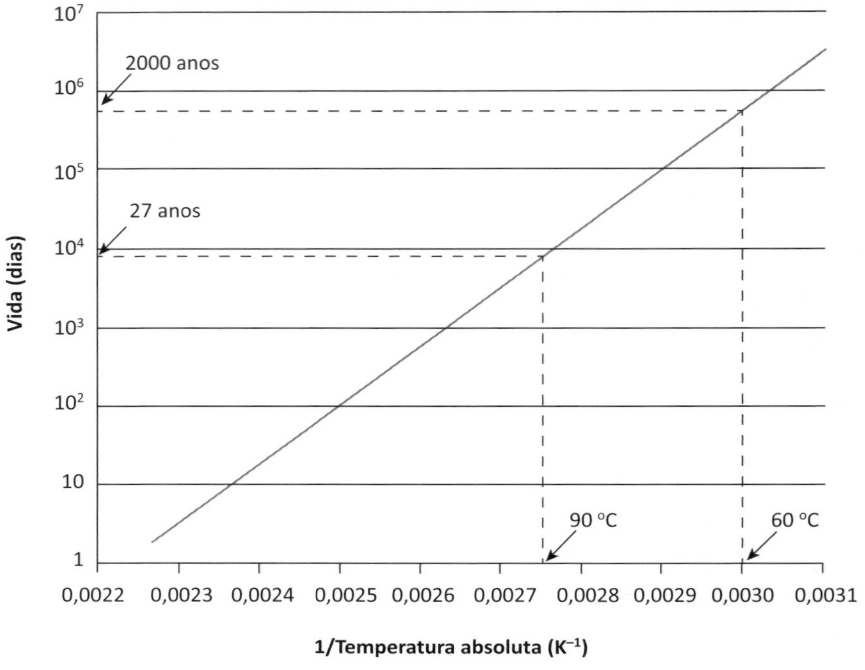

Figura 1.8 – Gráfico do tempo de vida.

Fonte: adaptada de Borealis (comunicação pessoal, 12 jul. 2022).

Desse gráfico, extrapola-se a expressão de tempo t (dias) x temperatura θ (°C):

$$log\left(t\right) = -0,0623 \cdot \theta + 9,601 \tag{1.5}$$

Um material como esse, submetido continuamente a uma temperatura de 90 °C, levaria 27 anos para envelhecer, o que significa que após esse tempo teria perdido 50 % de seu alongamento, ou seja, tornar-se-ia mais duro. Isso pode causar fissuras no material, que propiciam um curto-circuito do condutor com qualquer material condutor externo à isolação.

Os valores da temperatura de curto-circuito são empíricos, dada a curta duração do fenômeno, mas o mesmo conceito usado para a temperatura em regime permanente pode ser usado para a temperatura de emergência. No exemplo dado, uma temperatura contínua de 130 °C levaria o condutor ao envelhecimento em 32 dias. Embora o efeito de envelhecimento seja cumulativo, limita-se a duração da emergência a 500 horas durante a vida do cabo, nas normas da ABNT, enquanto a IEC não fornece informações quanto ao regime de emergência.

Entretanto, infelizmente há pouca disponibilidade de informações sobre o tempo de vida dos materiais utilizados.

Nota: a Figura 1.8 é uma curva de vida em função da degradação das características físicas do material decorrente de temperatura; existe, também, a curva de vida em função da degradação das características elétricas por conta do gradiente elétrico, aplicável somente a cabos blindados de média e alta tensão.

1.4.3.2.1 Cabos de baixa tensão, controle e instrumentação

A isolação desses tipos de cabos é formada por:

- PVC, quando se deseja uma inerente resistência à propagação do fogo;
- polietileno, quando se deseja um controle mais exato da capacitância;
- EPR ou XLPE, quando se necessita uma maior resistência a altas temperaturas. O EPR é um pouco mais flexível, o XLPE é um pouco mais barato, o EPR é mais resistente à degradação de suas características físicas no contato com óleos;
- compostos com baixa emissão de fumaça e gases tóxicos;
- outros materiais para utilizações específicas.

Além das características elétricas, muitos desses cabos precisam ter uma isolação com melhor resistência mecânica ou a agentes químicos.

Por exemplo, os fios e cabos unipolares, sem cobertura, para a construção civil são formados somente pelo condutor e pela isolação. Assim, a isolação precisa ter uma resistência à abrasão e deslizar facilmente nos eletrodutos. Cordões paralelos e torcidos e alguns cabos para painéis elétricos e máquinas de soldar também têm esse tipo de isolação. Por isso, a isolação precisa ter características elétricas e mecânicas, sendo que o aumento de uma sempre provoca a redução da outra. Em baixa tensão, isso não traz grandes problemas, pois é possível utilizar uma espessura bem maior do que aquela que seria necessária simplesmente para a isolação elétrica.

1.4.3.2.2 Cabos de média e alta tensão

A isolação dos cabos de média tensão é feita com compostos de EPR ou XLPE. Já a isolação dos cabos de alta tensão é feita prioritariamente com XLPE, uma vez que esse composto tem um fator de perdas do dielétrico (tangente delta) menor que o EPR. Como as perdas no dielétrico dependem do quadrado da tensão entre fase e terra, tornam-se mais importantes conforme a tensão for mais elevada.

Embora com o mesmo nome, compostos de EPR e XLPE para uso na isolação de cabos de média e alta tensão não são os mesmos que os utilizados em cabos de baixa tensão. Os compostos utilizados em média e alta tensão devem ser mais limpos e eletricamente melhores que os compostos de uso geral em baixa tensão.

Muitos cabos de baixa tensão são isolados por EPR ou XLPE com cura por silano, o que ainda não é aceito para cabos de média e alta tensão. Nesses casos, somente se utiliza, até o momento, o processamento em linhas de vulcanização contínua, com cura por peróxidos.

1.4.4 PROTEÇÕES METÁLICAS

1.4.4.1 Tipos e funções

As proteções metálicas podem ter finalidade elétrica ou mecânica, ou ambas. Uma proteção metálica para efeitos elétricos é chamada de blindagem e quando é colocada para fins mecânicos recebe o nome de armação, existindo ainda as capas metálicas, que podem ter a função de blindagens ou armações, além de servir de barreira contra a penetração de umidade e agentes químicos – exemplos de capas metálicas são aquelas de alumínio ou chumbo, extrudadas como se fossem de material polimérico. Muitas vezes, uma armação também desempenha funções elétricas, além da proteção mecânica.

1.4.4.2 Blindagem elétrica

Dependendo do cabo, a blindagem metálica pode ter diferentes funções:

- Confinar o campo elétrico em cabos de controle, instrumentação, telecomunicações e transmissão de dados, controlando as características de transmissão de sinais (impedância, atenuação).
- Reduzir a interferência eletromagnética de um circuito em outro, causadas por campos elétricos e/ou magnéticos.
- Confinar o campo elétrico em cabos de energia por motivos de segurança: sendo devidamente aterrada, reduz a zero o campo externo de cabos de média e alta tensão, condição necessária no dimensionamento de sua isolação, além de evitar choques.
- Servir de caminho para correntes de curto-circuito em cabos isolados de média e alta tensão.

Em cabos de baixa, média e alta tensão isolados, a blindagem é utilizada quase que somente nos cabos de média e alta tensão, onde forma um conjunto com as blindagens semicondutoras.

O condutor dos cabos de média e alta tensão não é sólido, mas constituído pelo encordoamento de vários fios de cobre ou alumínio e, mesmo em construções que resultam em um formato mais cilíndrico, sempre há irregularidades, interstícios entre os fios. Sobre o condutor, usa-se uma camada de material semicondutor, extrudado ou enfaixado, ou uma combinação de material aplicado por enfaixamento e extrusão, sendo que esse material tem uma resistividade elétrica intermediária entre os condutores e os isolantes. Os condutores têm uma resistividade elétrica da ordem de 10^{-6} Ω·cm, os isolantes da ordem de 10^{15} Ω·cm, enquanto os materiais semicondutores têm resistividade da ordem de 10^{5} Ω·cm. Por isso, são chamados de semicondutores.

Nota: esses semicondutores não têm a mesma acepção da área de eletrônica; não têm por base o silício, sendo comumente feitos à base de polietileno.

As irregularidades do condutor deformam o campo elétrico e a blindagem semicondutora o equaliza, tornando o campo cilíndrico. Sobre a semicondutora do condutor é aplicada a isolação, que trabalha então com um campo elétrico uniforme. Sobre a isolação, outra camada semicondutora é aplicada, servindo de acolchoamento para a blindagem metálica, equalizando o campo elétrico sobre a isolação e garantindo o mesmo potencial em todos os pontos de sua circunferência.

Para diferentes finalidades, existem diferentes construções da blindagem metálica e são usados diferentes materiais.

Cabos para uso em médias e altas tensões não têm muita flexibilidade, já que os condutores são compactados, mas existem alguns que precisam ter uma flexibilidade maior, com condutores flexíveis e, para manter uma certa flexibilidade, a blindagem é feita com trança de fios de cobre. Uma série de fios paralelos, chamada de espula, é aplicada em um sentido, enquanto outra série de fios paralelos é aplicada em outro sentido.

Figura 1.9 – Trança metálica.

Fonte: iStockphoto.

Para manter a flexibilidade e poderem ser aplicados dessa forma, os fios são muito finos e, por isso, a seção de blindagem é pequena demais para conduzir grandes correntes.

Os antigos cabos de transmissão ou distribuição isolados com papel precisavam ter uma construção totalmente estanque à penetração de água pois, obviamente, a isolação era muito sensível à umidade. Como barreira, usavam-se capas de chumbo, tubos sem qualquer emenda, e o próprio metal dessa capa metálica servia de blindagem. Com o advento dos cabos com isolação extrudada, esse tipo de blindagem quase desapareceu, sendo utilizada somente em raros casos muito específicos, às vezes ainda de chumbo, às vezes de alumínio extrudado.

Nas primeiras décadas de uso das isolações extrudadas, foi muito utilizada a blindagem de fita de cobre, com as fitas aplicadas helicoidalmente sobre a camada semicondutora do condutor. Por conta da pequena espessura das fitas, o limite de seção para uma blindagem desse tipo é baixo e é difícil dimensionar previamente a resistência elétrica de uma blindagem de fita de cobre helicoidal, em função da distribuição de corrente, ou da falta dela, pela sobreposição da fita, diferente em cabos novos e em cabos com algum tempo de uso. As fitas utilizadas na blindagem têm, em geral, espessuras entre 0,08 mm e 0,1 mm para que possam ser adequadamente aplicadas. Quando o cabo contém três veias isoladas sob uma mesma cobertura, a blindagem podia estar em contato com condutores neutro ou de aterramento nos interstícios, sendo às vezes aplicada uma blindagem comum aos três condutores, mas essas construções praticamente não são utilizadas atualmente.

Quando não é necessário o aterramento da blindagem em dois ou mais pontos, por exemplo, em um circuito muito curto, a blindagem de fita de cobre poderia ser utilizada, pois, com o aterramento em um só ponto, somente baixas correntes parasitas são possíveis de ocorrer na blindagem, e não é possível a circulação de correntes de curto-circuito; assim, essa blindagem tem somente a função de equalizar o campo elétrico sobre a isolação.

No momento, a blindagem metálica mais utilizada é aquela formada por fios de cobre aplicados helicoidalmente sobre a camada semicondutora da isolação. Esses fios têm diâmetro entre 0,5 mm e cerca de 1,5 mm, uma vez que diâmetros maiores tornam difícil sua aplicação. O diâmetro sobre a camada semicondutora da isolação limita a quantidade de fios possível de ser aplicada, limitando dessa forma a seção total da blindagem. Muitas vezes aplica-se uma fita de cobre em hélice aberta, ou mesmo um ou mais fios, sobre a blindagem a fios, no mesmo sentido ou no sentido inverso ao dos fios da blindagem, para garantir a continuidade elétrica de cada fio em caso de seu rompimento.

Em alternativa à aplicação helicoidal dos fios, há a aplicação em "SZ". A aplicação helicoidal demanda máquinas girantes que, pelo seu diâmetro, têm limitação em sua velocidade. A aplicação em SZ é feita aplicando-se os fios helicoidalmente em um sentido por algumas voltas, em seguida invertendo o sentido de torção. Isso aumenta bastante a velocidade de aplicação, mas os fios ficam soltos, tendendo a desfazer a blindagem. Por isso, esse tipo de blindagem tem de ser amarrada com fios ou fitas, ou, ainda, aplicada na mesma operação da fase de produção seguinte, por exemplo, a extrusão da cobertura.

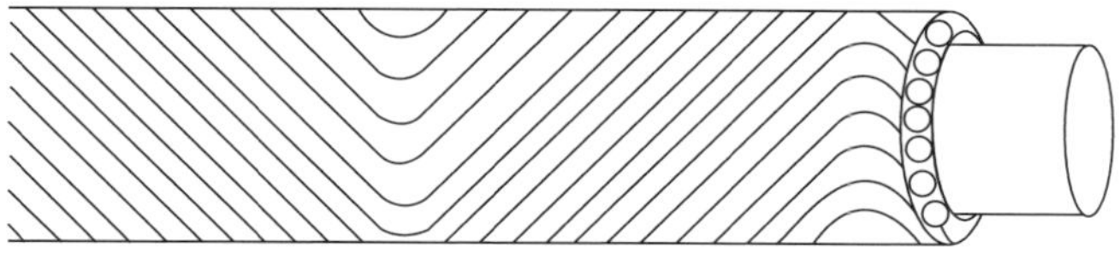

Figura 1.10 – Blindagem em SZ.

1.4.4.3 Armação

A função da armação é mecânica, embora ao utilizar uma armação metálica sempre se tenha que levar em consideração seus efeitos elétricos sobre o cabo. Os tipos mais comuns de armação metálica são fios, fitas planas, fitas corrugadas ou fitas intertravadas. Os materiais utilizados são aço, alumínio, ligas de alumínio, cobre ou ligas de cobre. Existem ainda armações não metálicas, mas essas são utilizadas somente em cabos especiais, além das capas metálicas extrudadas, de chumbo ou alumínio, que podem também ser utilizadas como armações.

O tipo de armação utilizada depende da finalidade e do custo que acrescenta ao cabo. Um cabo que sofra excessiva tração longitudinal durante sua instalação ou mesmo durante toda sua vida útil é armado com fios helicoidais, sobre os quais recai a maior parte da tração. Se o cabo precisar ter uma certa flexibilidade, pode ser utilizada uma armação em forma de trança, que não será tão efetiva quanto os fios. Já cabos que possam sofrer impactos ou compressões são armados com fitas – planas, corrugadas ou intertravadas –, embora a armação de fios também forneça uma certa resistência a golpes transversais.

O material que tem melhor resistência mecânica é o aço, mas, por suas características ferromagnéticas, a tensão induzida na armação provoca maiores perdas. Por isso, utilizam-se os outros metais, escolhidos de acordo com os esforços mecânicos que devam suportar, seu custo e as limitações de fabricação.

Os fios podem ter seção transversal circular ou podem ser fios chatos. As fitas corrugadas ou intertravadas fornecem uma melhor resistência à compressão ou impacto que as fitas lisas.

Figura 1.11 – Armação intertravada.

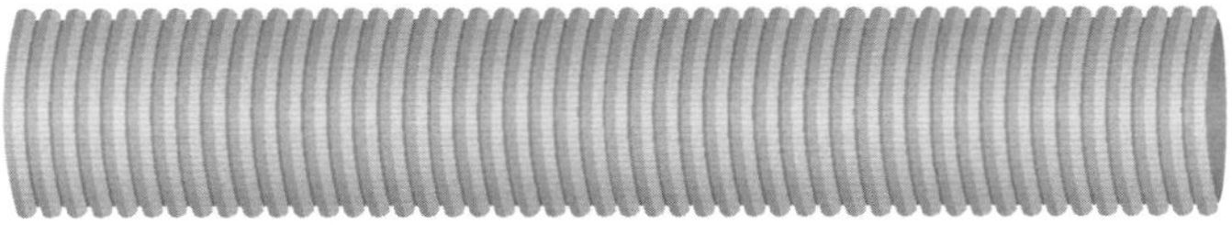

Figura 1.12 – Armação corrugada.

Fonte: iStockphoto.

A armação intertravada é feita por uma fita helicoidal, que vai sendo conformada conforme é aplicada, amarrando uma volta à volta seguinte, de modo que não é estanque à infiltração de gases ou líquidos, enquanto a armação corrugada é formada por uma fita aplicada longitudinalmente, tendo suas bordas coladas ou soldadas, o que lhe fornece características de estanqueidade.

Por razões de segurança, as armações metálicas devem ser aterradas, em geral, juntamente com a blindagem metálica, quando essa existir.

1.4.5 CAPAS, ENCHIMENTOS, VEIAS CEGAS, SEPARADORES E COBERTURA

1.4.5.1 Funções

Existem componentes no cabo que não têm características elétricas ou resistência mecânica. São uma proteção dos elementos do cabo abaixo deles, acessórios na construção dos cabos.

A cobertura é a camada de material extrudado externa do cabo. Tem a função de proteger o conjunto interno contra abrasão, umidade, ataques químicos, golpes, esmagamento, radiação e o que puder atingir o cabo durante seu uso, durante o transporte, instalação e operação. Evidentemente, cada tipo de solicitação pede um tipo de cobertura.

Alguns cabos não têm isolação, somente cobertura. Por outro lado, outros cabos têm somente isolação, com funções de isolação e de cobertura.

Sob a designação geral de capas, existem capas internas, capas de separação ou enchimento. Podem ser extrudadas ou em forma de fitas e servem para deixar o cabo mais cilíndrico, separar dois materiais que não podem ser deixados em contato ou facilitar a fabricação do cabo.

Por exemplo, quando se torcem três veias e se coloca uma cobertura fina sobre a reunião, o cabo pode ficar acostelado e, para torná-lo mais cilíndrico, aplica-se uma primeira capa sob a cobertura. Quando se pretende aplicar uma trança, é ideal que a superfície a receber a trança seja cilíndrica, e é comum haver uma capa abaixo dessa trança. Quando se tem blindagem e armação de diferentes metais, coloca-se uma capa de separação entre elas. A armação intertravada é normalmente aplicada sobre uma capa interna ranhurada, que ajuda a reter a fita até uma certa tração longitudinal. Além disso, as capas devem servir como um acolchoamento na dilatação e contração térmica do cabo.

As capas extrudadas são chamadas de capa interna, capa de separação ou, simplesmente, de enchimento. Quando compostas por fitas, são chamadas de capa interna ou de separação, mas muitas vezes são chamadas pelo nome genérico de separador.

As fitas mais utilizadas como separadores são as de pequena espessura, menores que 1 mm, sendo aplicadas helicoidalmente e, quando na mesma operação que uma extrusão, longitudinalmente; quando aplicadas longitudinalmente em operações separadas de uma extrusão, são amarradas por filamentos têxteis. Existem outras funções para fitas, tais como barreira térmica, contra o fogo ou contra roedores, mas, nesses casos, são um tipo de armação, não de separador. Separadores são utilizados para diversas finalidades, como evitar a penetração da isolação nos interstícios do condutor, amarrar fios de blindagem helicoidais antes da aplicação da camada seguinte (capa ou cobertura), servir de amarração da reunião de condutores isolados etc.

Para dar forma cilíndrica ao cabo também são usadas "veias cegas", um filamento de material extrudado colocado nos interstícios das veias isoladas.

1.4.5.2 Materiais

Fitas separadoras são na sua maioria de poliéster, também sendo usadas fitas de polietileno e de tecido.

Enchimentos na forma de veias cegas ou capas são feitos de materiais termofixos ou termoplásticos. Os enchimentos termoplásticos são feitos, muitas vezes, com material reciclado, total ou parcialmente; nesse último caso, é feita uma mistura de material reciclado com material virgem na alimentação da extrusora. Não existem especificações para materiais de enchimento, já que não têm função elétrica ou mecânica.

Capas e cobertura extrudadas são feitas de materiais termoplásticos ou termofixos, dependendo da utilização do cabo. Os materiais mais utilizados são:

- PVC (Polyvinyl Chloride = cloreto de polivinila);
- PE (Polyethylene = polietileno);
- EVA (Ethyl-Vinil Acetate = etil-vinil acetato);
- silicone;
- polyamide (poliamida = nylon®);
- TPE (Thermoplastic Elastomer = elastômero termoplástico);
- politetrafluoretileno (PTFE = teflon®);
- ethylene tetrafluoroethylene (ETFE = tefzel®);

- policloroprene (neoprene®);
- borracha nitrílica.

®Marcas registradas da Du Pont.

Existem muitos motivos que levam à escolha de um ou outro material para cobertura, e às vezes uma combinação de motivos, mas, de forma geral:

- O PVC é um material extremamente barato, simples de processar, tem boa resistência à propagação da chama e baixa permeabilidade à água. Entretanto, por conta do cloro existente em sua composição, emite gás tóxico durante a queima.
- O polietileno também é bastante simples de processar, mas não é naturalmente resistente à propagação de chama. Cargas inorgânicas podem torná-lo mais resistente à chama e têm tido sua utilização crescente nos últimos anos. É menos permeável à água que o PVC.
- O EVA tem sido a base para coberturas resistentes à propagação da chama. Pode ser processado como termoplástico ou termofixo, dependendo da aplicação, o que determina sua aditivação. É bastante flexível.
- O silicone é o tradicional material resistente a altas temperaturas;
- A poliamida tem sido utilizada como barreira ao ataque de térmitas (cupins).
- De uma forma geral, materiais termofixos são utilizados quando se requer alta resistência a óleos.

As normas técnicas trazem uma relação dos produtos permitidos para utilização como cobertura e suas características mecânicas.

REFERÊNCIAS

[1] ASSOCIAÇÃO BRASILEIRA DE NORMAS TÉCNICAS (ABNT). (1997). Norma NBR 5111. Fios de cobre nus, de seção circular, para fins elétricos.

[2] ASSOCIAÇÃO BRASILEIRA DE NORMAS TÉCNICAS (ABNT). (2005). Norma NBR 5410. Instalações elétricas de baixa tensão.

CAPÍTULO 2
Resistência elétrica

2.1 RESISTÊNCIA ELÉTRICA EM CORRENTE CONTÍNUA

2.1.1 DEFINIÇÃO

Uma corrente elétrica contínua percorrendo um condutor provoca uma queda de tensão entre as extremidades desse condutor. A relação entre a tensão e a corrente é chamada de resistência elétrica:

$$R = \frac{V}{I} \tag{2.1}$$

Sendo a tensão elétrica V medida em volts e a corrente elétrica I medida em amperes, a resistência elétrica R é medida em ohms (Ω). A resistência elétrica em corrente contínua de um condutor depende do material de que é feito esse condutor, da temperatura em que ele se encontra, da área de sua seção transversal e de seu comprimento. Em dada temperatura, a resistência elétrica de um condutor pode ser calculada por:

$$R = \frac{\rho \cdot \ell}{S} \tag{2.2}$$

sendo ρ a resistividade elétrica do material, ℓ o comprimento e S a área da seção transversal do condutor.

Em condutores metálicos, a resistência elétrica é referida a um determinado comprimento do condutor (ohms/metro ou ohms/quilômetro), de forma que ela é calculada por:

$$R = \frac{\rho}{S} \tag{2.3}$$

A resistência elétrica máxima em corrente contínua é normatizada a 20 °C ou 25 °C, em geral com três algarismos significativos. Por exemplo:

12,1 Ω/km - 1,15 Ω/km - 0,153 Ω/km - 0,470 Ω/km - 0,0176 Ω/km

Esse critério somente não é obedecido pelas normas técnicas para cabos nus de alumínio para uso aéreo (AAC, ACSR etc.) e por seções especiais para cabos isolados (condutor de cobre de seções 2000 e 2500 mm^2, classe 2).

2.1.2 PADRÃO IACS

A fim de uniformizar grandezas relativas ao cobre, a IEC, em sua publicação 28 – *International Standard of Resistance for Copper* –, de março de 1914 [1], estabeleceu que o padrão para o cobre recozido seria:

- resistividade de 0,017241 (1/58) Ω, para um fio se seção 1 mm^2 e comprimento de 1 metro, na temperatura de 20 °C;
- densidade de 8,89 g/cm^3 na temperatura de 20 °C;
- coeficiente de temperatura da resistência de 0,00393 (1/254,5) °C^{-1}.

Além disso, estabeleceu que a condutividade do cobre comercial devia ser indicada como uma porcentagem do valor estabelecido como padrão. Esse padrão é hoje conhecido como IACS, e outros metais têm sua condutividade referida a ele. Enquanto o cobre-padrão é 100 % IACS (condutividade de 58 siemens), já existe cobre 103 % IACS. É comum a referência ao alumínio com 61,2 % IACS ou 52,5 % IACS.

2.1.3 VARIAÇÃO DA RESISTÊNCIA ELÉTRICA COM A TEMPERATURA

Em um metal, elétrons livres movem-se aleatoriamente e, com a aplicação de tensão elétrica, o movimento é orientado em uma direção. O aumento da temperatura eleva o movimento aleatório, tornando mais difícil que uma direção definida seja estabelecida, o que se traduz em um aumento da resistência elétrica. Do lado oposto, na temperatura de zero grau absoluto, não há movimento de cargas e a resistência elétrica seria nula.

Portanto, a resistência elétrica dos metais aumenta com o aumento da temperatura. Embora esse aumento não seja exatamente linear, pode-se linearizá-lo dentro de uma faixa de temperaturas:

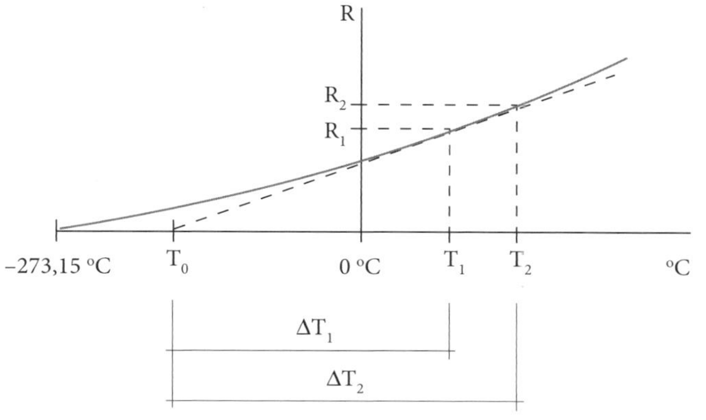

Figura 2.1 – Variação da resistência elétrica com a temperatura.

Teoricamente, na temperatura de zero absoluto (–273,15 °C), a resistência elétrica torna-se nula; entretanto, com a linearização citada, existe uma temperatura maior do que essa (T_0, na Figura anterior), onde se assume resistência elétrica zero.

Da figura, usando-se a semelhança de triângulos, obtém-se:

$$\frac{\Delta T_1}{R_1} = \frac{\Delta T_2}{R_2} \tag{2.4}$$

$$\Delta T_1 = T_1 - T_o$$
$$\Delta T_2 = T_2 - T_o$$

$$\frac{T_1 - T_o}{R_1} = \frac{T_2 - T_o}{R_2} \tag{2.5}$$

Em geral, conhecendo-se o valor da resistência R_1 na temperatura T_1, deseja-se saber o valor da resistência R_2 na temperatura T_2:

$$R_2 = \frac{1}{T_1 - T_o} \cdot R_1 \cdot \left[T_2 - T_o \right] \tag{2.6}$$

O valor de $\frac{1}{T_1 - T_o}$ é chamado de coeficiente de temperatura da resistência e é representado por "α":

$$\alpha = \frac{1}{T_1 - T_o} \tag{2.7}$$

Portanto,

$$R_2 = \alpha \cdot R_1 \cdot \left[T_2 - T_o \right]$$

Somando-se e subtraindo-se T_1 dentro dos colchetes:

$$R_2 = \alpha \cdot R_1 \cdot \left[\left(T_1 - T_o \right) + \left(T_2 - T_1 \right) \right]$$

De (2.7):

$$T_1 - T_o = \frac{1}{\alpha}$$

$$R_2 = \alpha \cdot R_1 \cdot \left[\frac{1}{\alpha} + \left(T_2 - T_1 \right) \right]$$

$$R_2 = R_1 + \alpha \cdot R_1 \cdot \left[T_2 - T_1 \right]$$

ou:

$$R_2 = R_1 \cdot \left[1 + \alpha \cdot \left(T_2 - T_1 \right) \right] \tag{2.8}$$

A temperatura T_o é chamada de *inferred absolute temperature* e tem os valores:

Cobre: T_o = –234,5 °C

Alumínio: T_o = –228 °C

Assim, os valores de α para o cobre e alumínio a 20 °C serão:

$$\text{Cobre}: \ \alpha_{20} = \frac{1}{20 - \left(-234{,}5 \right)} = \frac{1}{254{,}5} = 3{,}93 \cdot 10^{-3} \ ^{\circ}\text{C}^{-1}$$

$$\text{Alumínio}: \alpha_{20} = \frac{1}{20-(-228)} = \frac{1}{248} = 4{,}03 \cdot 10^{-3}\ ^{\circ}\text{C}^{-1}$$

Note-se que só é correto utilizar os valores de α_{20} se a temperatura T_1 for 20 °C – não é correto utilizar T_2 como sendo 20 °C, ou seja, essa não pode ser a temperatura final –, e se R_1 for o valor da resistência elétrica na temperatura de 20 °C.

Exemplos:

1) Cálculo da resistência elétrica a 30 °C de um condutor de cobre com resistência elétrica de 50,0 Ω a 20 °C:

$$R_2 = R_1 \cdot \left[1+\alpha \cdot (T_2 - T_1)\right] = 50{,}0 \cdot \left[1+3{,}93 \cdot 10^{-3} \cdot (30-20)\right] = 52{,}0\ \Omega$$

2) Cálculo da resistência elétrica a 20 °C de um condutor de cobre com resistência elétrica de 50,0 Ω a 30 °C:

$$\alpha_{30} = \frac{1}{30-(-234{,}5)} = 3{,}78 \cdot 10^{-3}\ ^{\circ}\text{C}^{-1}$$

$$R_2 = R_1 \cdot \left[1+\alpha \cdot (T_2 - T_1)\right] = 50{,}0 \cdot \left[1+3{,}78 \cdot 10^{-3} \cdot (20-30)\right] = 48{,}1\ \Omega$$

$$\text{ou } 50{,}0 = R_1 \cdot \left[1+3{,}93 \cdot 10^{-3} \cdot (30-20)\right] \Rightarrow R_1 = 48{,}1\ \Omega$$

3) Cálculo da resistência elétrica a 90 °C de um condutor de cobre com resistência elétrica de 50,0 Ω a 30 °C:

$$\alpha_{30} = \frac{1}{30-(-234{,}5)} = 3{,}78 \cdot 10^{-3}\ ^{\circ}\text{C}^{-1}$$

$$R_2 = R_1 \cdot \left[1+\alpha \cdot (T_2 - T_1)\right] = 50{,}0 \cdot \left[1+3{,}78 \cdot 10^{-3} \cdot (90-30)\right] = 61{,}3\ \Omega$$

ou, primeiro corrige-se a resistência de 30 °C para 20 °C:

$$50{,}0 = R_{20} \cdot \left[1+3{,}93 \cdot 10^{-3} \cdot (30-20)\right] \Rightarrow R_{20} = 48{,}1\ \Omega$$

e, em seguida, corrige-se a resistência de 20 °C para 90 °C:

$$R_{90} = R_{20} \cdot \left[1 + \alpha_{20} \cdot (T_2 - 20)\right]$$

$$R_{90} = 48{,}1 \cdot \left[1 + 3{,}93 \cdot 10^{-3} \cdot (90 - 20)\right] = 61{,}3\ \Omega$$

Para evitar aproximações em razão de arredondamentos, o cálculo sempre pode ser feito utilizando a expressão original:

$$\frac{T_1 - T_o}{R_1} = \frac{T_2 - T_o}{R_2}$$

$$\frac{30 + 234{,}5}{50{,}0} = \frac{90 + 234{,}5}{R_{90}}$$

$$R_{90} = 61{,}3\ \Omega$$

ou seja, se o valor largamente conhecido para o cobre de $\alpha_{20} = 3{,}93 \cdot 10^{-3}\ °C^{-1}$ for utilizado, o correto é escrever-se a expressão para a conversão do valor da resistência elétrica como:

$$R_2 = R_{20} \cdot \left[1 + \alpha_{20} \cdot (T_2 - 20)\right] \qquad (2.9)$$

A resistência elétrica é o valor que se pode medir, mas, quando um fio sólido é aquecido, sua resistividade aumenta pela maior mobilidade das cargas elétricas, mas também aumentam seu comprimento, pela dilatação linear (causando aumento da resistência elétrica), e sua área da seção transversal, pela dilatação superficial (causando diminuição da resistência elétrica). Entretanto, como os coeficientes de dilatação linear e superficial são da ordem de 10^{-6}, a dilatação é desprezada, uma vez que o coeficiente de variação da resistência com a temperatura é da ordem de 10^{-3}.

Uma das consequências de se desprezar a dilatação é que, sendo o comprimento e a área constantes, pode-se escrever as mesmas expressões anteriores, substituindo *R* por ρ:

$$\rho_2 = \frac{1}{T_1 - T_o} \cdot \rho_1 \cdot \left[T_2 - T_o\right]$$

$$\rho_2 = \rho_1 \cdot \left[1 + \alpha_1 \cdot (T_2 - T_1)\right] \qquad (2.10)$$

2.1.4 RESISTÊNCIA ELÉTRICA DE UM CONDUTOR ENCORDOADO

A resistência elétrica máxima do condutor em corrente contínua e em dada temperatura – geralmente, de 20 °C ou 25 °C –, é especificada pelas normas técnicas, [2-12] e, portanto, não deve ser calculada em um dimensionamento: esse valor é tomado como verdadeiro, já que o fabricante o levou em consideração quando projetou o condutor.

Tabela 2.1 – Resistência elétrica normatizada de condutores de seção circular para cabos isolados

Seção (mm^2)	Resistência elétrica em corrente contínua a 20 °C (Ω/km)									
	Classe 1 (sólido)			Classe 2 (rígido)			Classe 5 (flexível)		Classe 6 (flexível)	
	Cobre	Cobre estanhado	Alumínio	Cobre	Cobre estanhado	Alumínio	Cobre	Cobre estanhado	Cobre	Cobre estanhado
0,5	36,0	36,7	---	36,0	36,7	---	39,0	40,1	39,0	40,1
0,75	24,5	24,8	---	24,5	24,8	---	26,0	26,7	26,0	26,7
1	18,1	18,2	---	18,1	18,2	---	19,5	20,0	19,5	20,0
1,5	12,1	12,2	---	12,1	12,2	---	13,3	13,7	13,3	13,7
2,5	7,41	7,56	---	7,41	7,56	---	7,98	8,21	7,98	8,21
4	4,61	4,70	---	4,61	4,70	---	4,95	5,09	4,95	5,09
6	3,08	3,11	---	3,08	3,11	---	3,30	3,39	3,30	3,39
10	1,83	1,84	3,08	1,83	1,84	3,08	1,91	1,95	1,91	1,95
16	1,15	1,16	1,91	1,15	1,16	1,91	1,21	1,24	1,21	1,24
25	0,727	---	1,20	0,727	0,734	1,20	0,780	0,795	0,780	0,795
35	0,524	---	0,868	0,524	0,529	0,868	0,554	0,565	0,554	0,565
50	0,387	---	0,641	0,387	0,391	0,641	0,386	0,393	0,386	0,393
70	0,268	---	0,443	0,268	0,270	0,443	0,272	0,277	0,272	0,277
95	0,193	---	0,320	0,193	0,195	0,320	0,206	0,210	0,206	0,210
120	0,153	---	0,253	0,153	0,154	0,253	0,161	0,164	0,161	0,164
150	0,124	---	0,206	0,124	0,126	0,206	0,129	0,132	0,129	0,132

(*continua*)

Tabela 2.1 – Resistência elétrica normatizada de condutores de seção circular para cabos isolados (*continuação*)

Seção (mm²)	Resistência elétrica em corrente contínua a 20 °C (Ω/km)									
	Classe 1 (sólido)			Classe 2 (rígido)			Classe 5 (flexível)		Classe 6 (flexível)	
	Cobre	Cobre estanhado	Alumínio	Cobre	Cobre estanhado	Alumínio	Cobre	Cobre estanhado	Cobre	Cobre estanhado
185	0,101	---	0,164	0,0991	0,100	0,164	0,106	0,108	0,106	0,108
240	0,0775	---	0,125	0,0754	0,0762	0,125	0,0801	0,0817	0,0801	0,0817
300	0,0620	---	0,100	0,0601	0,0607	0,100	0,0641	0,0654	0,0641	0,0654
400	0,0465	---	0,0778	0,0470	0,0475	0,0778	0,0486	0,0495	---	---
500	---	---	0,0605	0,0366	0,0369	0,0605	0,0384	0,0391	---	---
630	---	---	0,0469	0,0283	0,0286	0,0469	0,0287	0,0292	---	---
800	---	---	0,0367	0,0221	0,0224	0,0367	---	---	---	---
1000	---	---	0,0291	0,0176	0,0177	0,0291	---	---	---	---
1200	---	---	0,0247	0,0151	0,0151	0,0247	---	---	---	---
1400	---	---	---	0,0129	0,0129	0,0212	---	---	---	---
1600	---	---	---	0,0113	0,0113	0,0186	---	---	---	---
1800	---	---	---	0,0101	0,0101	0,0165	---	---	---	---
2000	---	---	---	0,0090	0,0090	0,0149	---	---	---	---
2500	---	---	---	0,0072	0,0072	0,0127	---	---	---	---

Fonte: IEC 60228 [2] e ABNT NBR NM-280 [3].

Entretanto, em alguns casos, como quando não se trata de um condutor padronizado ou quando é o fabricante que está projetando o condutor, o cálculo da resistência elétrica é feito a partir do diâmetro do fio e do material que compõe o condutor.

Como o condutor é encordoado, em um quilômetro de condutor há mais de um quilômetro de fio:

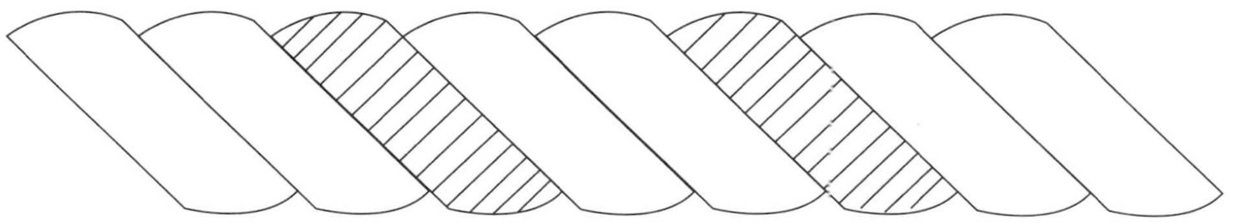

Figura 2.2 – Condutor encordoado.

Chama-se "passo (p)" à distância linear que um fio percorre para dar uma volta completa:

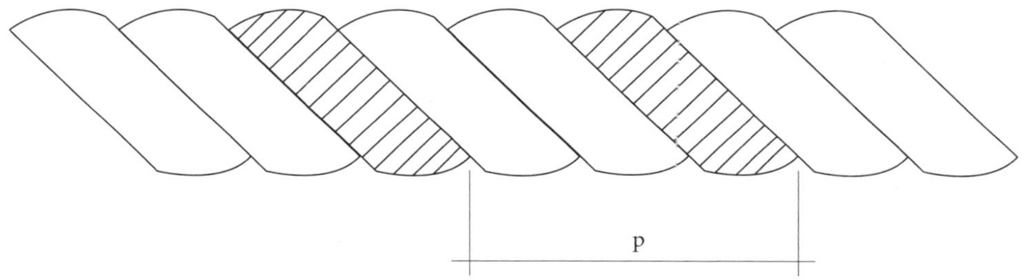

Figura 2.3 – Passo do condutor.

O passo é usualmente o diâmetro médio da camada multiplicado por um fator.

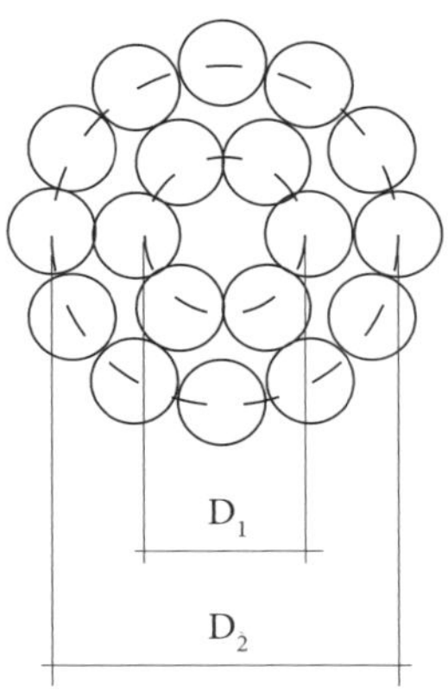

Figura 2.4 – Diâmetros médios das camadas.

Assim, o passo da primeira camada pode ser, por exemplo, $p_1 = 18 \cdot D_1$ e o passo da segunda camada pode ser, por exemplo, $p_2 = 12 \cdot D_2$.

Abrindo uma camada e representando o comprimento do fio em um passo, chega-se na figura:

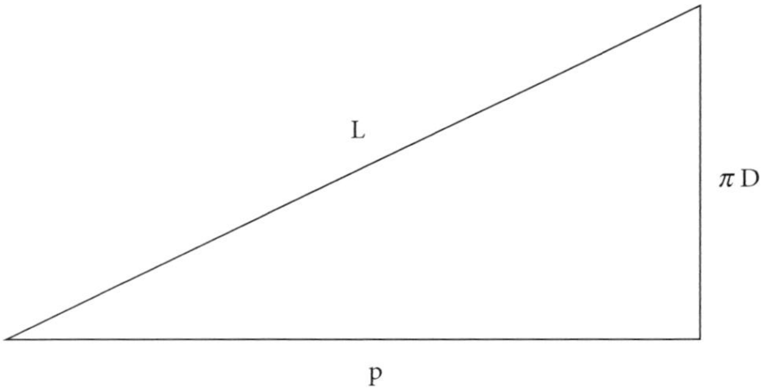

Figura 2.5 – Relações geométricas em um passo.

onde L é o comprimento do fio em um passo p e D é o diâmetro médio da camada.

Da Figura 2.5, deduz-se que:

$$L = \sqrt{p^2 + \pi^2 \cdot D^2} \tag{2.11}$$

Define-se o "fator de passo (F_p)" como sendo a relação entre o comprimento do fio em um passo e o comprimento do passo:

$$F_p = \frac{L}{p} = \sqrt{\frac{p^2 + \pi^2 \cdot D^2}{p^2}} \tag{2.12}$$

Como $p = K \cdot D$:

$$F_p = \sqrt{\frac{K^2 \cdot D^2 + \pi^2 \cdot D^2}{K^2 \cdot D^2}}$$

$$F_p = \sqrt{\frac{K^2 + \pi^2}{K^2}} \tag{2.13}$$

Assim, o fator de passo independe do diâmetro. Para os exemplos dados, quando $p = 18 \cdot D$, o fator de passo vale 1,015 e, quando $p = 12 \cdot D$, o fator de passo vale 1,034.

A resistência elétrica do condutor é o valor da associação em paralelo das resistências elétricas dos fios que o compõem. Assim, deveria se calcular o valor da resistência elétrica de cada fio, por quilômetro, conforme (2.3):

$$R = \frac{\rho}{S} \tag{2.3}$$

e multiplicá-la pelo seu fator de passo – já que o comprimento de cada fio em um quilômetro de condutor teria 1 km × F_p, associando-se todas essas resistências em paralelo. Isso pode ser feito, mas, para um condutor com fios de mesmo metal e mesmo diâmetro, adota-se um fator de passo médio, em torno de $F_p = 1{,}02$. Assim, sendo a resistência elétrica de um fio de diâmetro *d*:

$$R = \frac{\rho}{\frac{\pi \cdot d^2}{4}}$$

a resistência elétrica de um condutor formado por *N* fios de mesmo metal e mesmo diâmetro, adotando um fator de passo médio, seria:

$$R = \frac{4 \cdot \rho}{N \cdot \pi \cdot d^2} \cdot F_p \tag{2.14}$$

Notas:

a) Esse cálculo é utilizado para condutores concêntricos não compactados.

b) Para condutores flexíveis, utiliza-se o mesmo cálculo, mas, em consequência de múltiplas torções – reunião dos fios para formar um feixe e reunião dos feixes –, o fator de passo médio adotado é, em geral, de 1,03 ou 1,04.

c) A resistência elétrica das formações compactadas não pode ser calculada, uma vez que, embora os fios sejam cilíndricos no início do processo de fabricação do condutor, após a compactação têm outro formato e sua área da seção transversal diminui.

d) Existindo metais diferentes (como no caso dos condutores ACSR, formados por uma alma de aço circundada por fios de alumínio), ou se calcula a resistência elétrica dos fios de aço e a resistência elétrica dos fios de alumínio, associando-se os resultados em paralelo, ou se considera somente a resistência elétrica dos fios de alumínio (uma vez que a maioria das normas técnicas não especifica qual a resistividade elétrica máxima dos fios de aço).

e) Esse valor de resistência é o valor na temperatura da resistividade usada; por exemplo, se se está usando a resistividade a 20 °C, então o resultado da resistência é a 20 °C, e deve ser corrigido para a temperatura máxima de operação.

2.1.5 RESISTÊNCIA ELÉTRICA DA BLINDAGEM

2.1.5.1 Blindagem de fita metálica

Essa blindagem é constituída por uma fita metálica, em geral de cobre, aplicada helicoidalmente sobre a blindagem semicondutora da isolação de cabos de média tensão, com acavalamento:

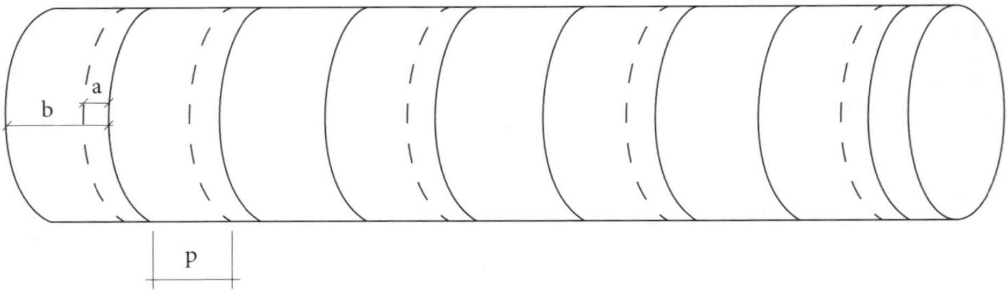

Figura 2.6 – Blindagem de fita metálica.

b = largura da fita metálica (mm)

a = acavalamento da fita (mm)

p = passo da fita (mm)

Se o contato entre as voltas da fita fosse isolante, a corrente circularia pela fita em volta do cabo. Entretanto, medições mostram que isso jamais ocorre e, portanto, não é possível um dimensionamento puramente teórico dessa blindagem.

A norma técnica ICEA P45-482 [13] estabeleceu um método de cálculo de resistência elétrica de blindagens recém-fabricadas e de blindagens de cabos mais antigos. Esse último método tem-se mostrado o mais aderente aos valores medidos e tem sido o mais utilizado nas últimas décadas, e, utilizando esse método, a resistência elétrica da blindagem é calculada simplesmente utilizando a área da seção transversal da fita (largura b x espessura t) – para definir t como espessura, já que não foi definida antes:

$$R = \frac{\rho}{b \cdot t} \tag{2.15}$$

Nota: esse valor de resistência é o valor na temperatura da resistividade usada. Por exemplo, se está usando a resistividade a 20 °C, então, o resultado da resistência é a 20 °C e deve ser corrigido para a temperatura máxima de operação da blindagem. Em geral, essa temperatura é cerca de 5 °C menor que a temperatura máxima no condutor, em cabos de média tensão.

2.1.5.2 Blindagem de fios helicoidais

A blindagem de fios pode ser helicoidal, em SZ ou na forma de trança, mas na grande maioria dos casos a aplicação é helicoidal.

Tomando um dos fios da blindagem, o passo p é o comprimento linear de condutor para que o fio faça uma volta completa:

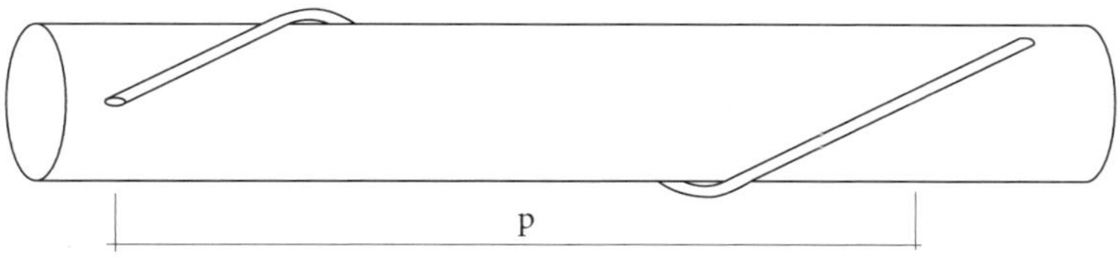

Figura 2.7 – Passo de um fio da blindagem.

Desenrolando o fio e representando seu comprimento em um passo, chega-se na figura:

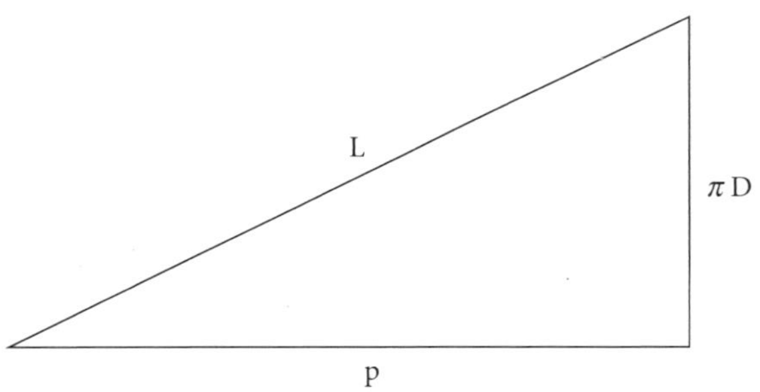

Figura 2.8 – Relações geométricas em um passo de fio da blindagem.

onde L é o comprimento do fio em um passo p e D é o diâmetro médio da camada (D = diâmetro abaixo da blindagem + diâmetro do fio).

Da Figura 2.8, deduz-se que:

$$L = \sqrt{p^2 + \pi^2 \cdot D^2} \quad (2.16)$$

Define-se o “fator de passo (F_p)” como sendo a relação entre o comprimento do fio em um passo e o comprimento do passo:

$$F_p = \frac{L}{p} = \sqrt{\frac{p^2 + \pi^2 \cdot D^2}{p^2}} \quad (2.17)$$

Costuma-se definir o passo da blindagem de fios em relação ao diâmetro médio da blindagem, em geral $p = 6 \cdot D$ a $p = 12 \cdot D$, ou seja, $p = K \cdot D$. Assim:

$$F_p = \sqrt{\frac{K^2 \cdot D^2 + \pi^2 \cdot D^2}{K^2 \cdot D^2}}$$

$$F_p = \sqrt{\frac{K^2 + \pi^2}{K^2}} \quad (2.18)$$

Por exemplo, para $p = 6 \cdot D$, o fator de passo vale 1,129.

A resistência elétrica da blindagem é o valor da associação em paralelo das resistências elétricas dos N fios que a compõem multiplicada pelo fator de passo. Assim:

$$R = \frac{4 \cdot \rho}{N \cdot \pi \cdot d^2} \cdot F_p \quad (2.19)$$

Nota: esse valor de resistência é o valor na temperatura da resistividade usada. Por exemplo, se se está usando a resistividade a 20 °C, então, o resultado da resistência é a 20 °C e deve ser corrigido para a temperatura máxima de operação da blindagem. Em geral, essa temperatura é cerca de 5 °C menor que a temperatura máxima no condutor para cabos de média tensão.

2.2 RESISTÊNCIA EM CORRENTE ALTERNADA – EFEITO PELICULAR

A resistência elétrica do condutor em corrente alternada é maior que a resistência em corrente contínua devido a dois efeitos: o pelicular e o de proximidade. A seguir serão desenvolvidas as equações para o cálculo do efeito pelicular, desde a teoria básica, com o maior detalhamento possível.

2.2.1 EFEITO PELICULAR

Da física elementar, sabe-se que uma corrente elétrica I gera um campo magnético B:

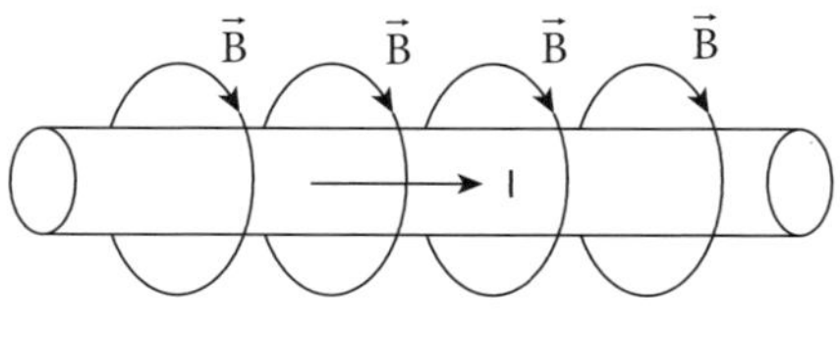

Figura 2.9 – Campo magnético criado por uma corrente.

A "circuitação" do vetor *B* são os pontos tangenciais desse vetor a uma distância qualquer do condutor percorrido pela corrente elétrica que gera o campo magnético:

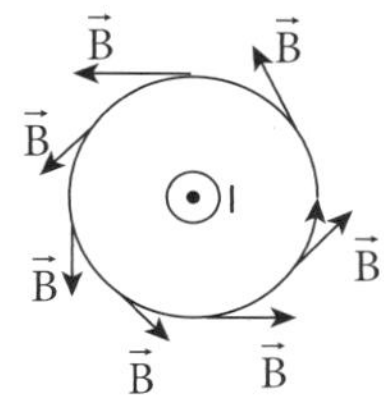

Figura 2.10 – Circuitação do vetor campo magnético.

A circuitação do vetor *B* por meio de uma superfície é o que se chama de fluxo magnético.

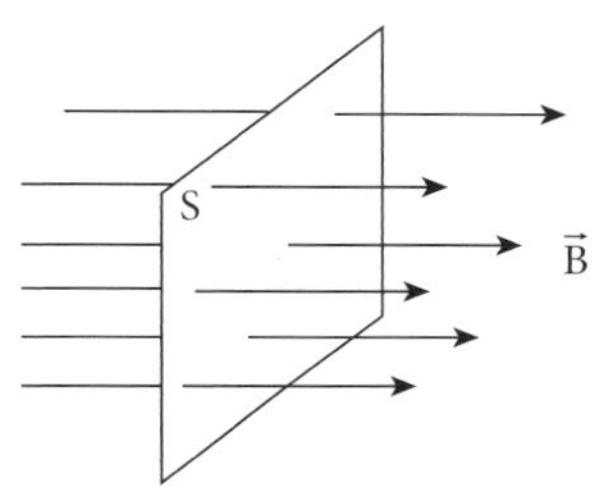

$$\phi = B \cdot S$$

Figura 2.11 – Fluxo magnético.

Se a corrente for variável (alternada), criará um fluxo magnético também variável. Se o fluxo magnético concatena outro condutor, cria nesse condutor uma tensão elétrica V_i, de sentido oposto ao da tensão do condutor indutor:

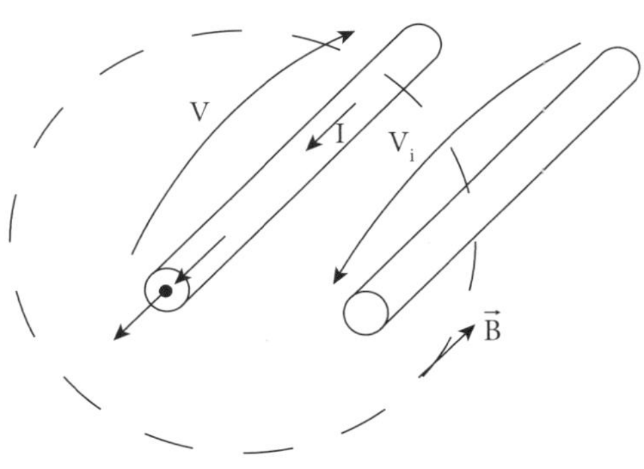

Figura 2.12 – Fluxo concatenado.

O campo magnético decai com a distância, de modo que, quanto mais distante o condutor induzido estiver do indutor, menor será o campo concatenado com ele e menor a tensão induzida.

Supondo que os dois condutores fossem fios de um mesmo condutor – portanto, ambos conduzindo correntes no mesmo sentido em um determinado instante –, a corrente no condutor induzido seria dependente não somente da tensão V, mas também da tensão induzida. É verdade que isso ocorre entre todos os condutores, inclusive entre cada condutor e ele próprio, e é o fenômeno que virá a ser definido como indutância; mas esse não é o foco neste momento.

Nota-se que, por exemplo, em um condutor de 7 fios:

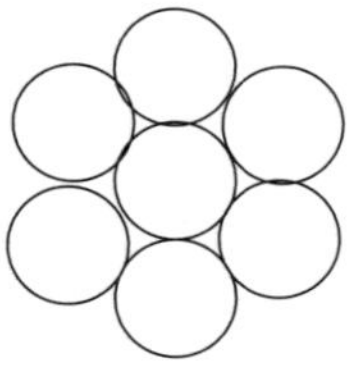

Figura 2.13 – Condutor de 7 fios.

a distância de cada fio ao central é menor que a distância de cada um dos outros fios a vários outros. Com isso, o efeito é mais forte no fio central.

Entretanto, não é necessário que o condutor seja formado por fios distintos para que o fenômeno ocorra. O mesmo ocorre em um fio sólido, onde a corrente deveria distribuir-se uniformemente por toda a seção transversal, constituindo-se o que se chama de densidade uniforme de corrente:

$$J = \frac{I}{S} \tag{2.20}$$

Em vez de a densidade de corrente ser constante, seu valor é maior na periferia e menor no centro do condutor. Como mais corrente circula pela periferia, por uma área menor que a total, tudo se passa como se a resistência elétrica do condutor (que, como já visto, depende da área da seção transversal do condutor) fosse maior do que aquela em corrente contínua (em corrente contínua e constante, o fluxo magnético criado também é constante, e não induz tensão em outros condutores).

Rigorosamente, esse efeito indutivo deveria ser encarado como afetando a potência reativa transmitida, mas o efeito afeta assim a potência ativa.

Desenvolvimento teórico

Como a densidade de corrente não é uniforme, a Equação (2.20) deve ser escrita:

$$J = \frac{dI}{dS}$$

em um condutor de raio *R*:

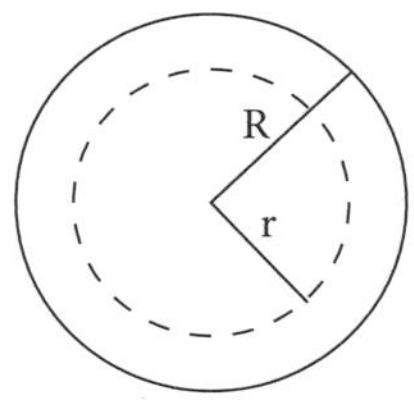

Figura 2.14 – Condutor de raio *R*.

considerando-se um raio genérico *r*, percorrido por uma corrente *I*:

$$J = \frac{dI}{dS} \rightarrow I = \int_0^R J \cdot dS$$

$$S = \pi \cdot r^2 \rightarrow \frac{dS}{dr} = 2 \cdot \pi \cdot r \rightarrow dS = 2 \cdot \pi \cdot r \cdot dr$$

$$I = 2 \cdot \pi \cdot \int_0^R J \cdot r \cdot dr \qquad (2.21)$$

A Lei de Biot-Savart estabelece que a corrente *I* circulando em um condutor cria um campo magnético *B* em um ponto *P* do espaço:

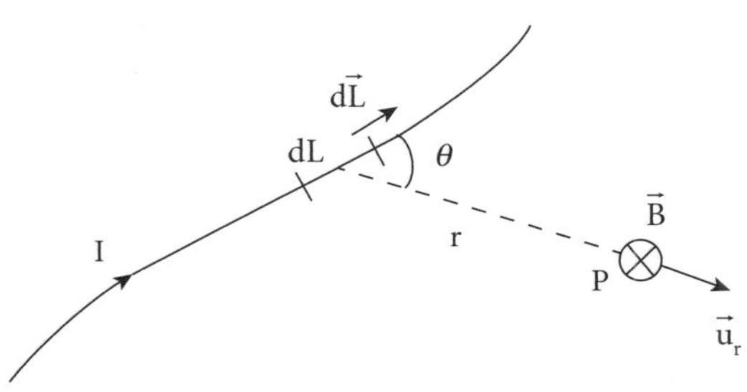

Figura 2.15 – Campo magnético criado por um condutor.

Nota: o símbolo ⊗ indica que, se a linha L e o ponto P definem o plano da página, o vetor B estaria "atravessandо" a página, de cima para baixo ("entrando" na página).

Esse campo magnético é dado empiricamente por:

$$d\vec{B} = \frac{\mu_o}{4\pi} \cdot \frac{I \cdot d\vec{L}}{r^2} \times \vec{u}_r$$

Aplicando a Lei de Biot-Savart para a determinação do campo de indução magnética produzido por um fio retilíneo conduzindo corrente:

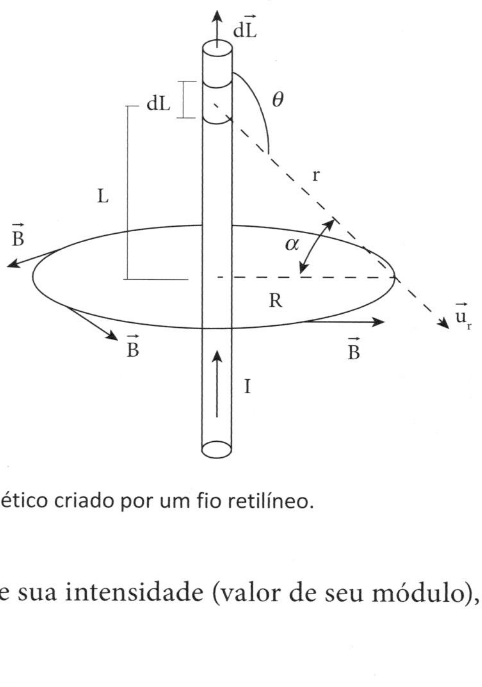

Figura 2.16 – Campo magnético criado por um fio retilíneo.

considerando somente sua intensidade (valor de seu módulo), já que o sentido de $\vec{B}$ é conhecido:'

$$dB = \frac{\mu_o}{4\pi} \cdot \frac{I \cdot dL}{r^2} sen\,\theta$$

com θ (ângulo entre $d\vec{L}$e $\vec{u}_r$) = 90 + α.

$$dB = \frac{\mu_o}{4\pi} \cdot \frac{I \cdot dL}{r^2} \cos\alpha$$

Nessa expressão, L, r e α são variáveis. Colocando L e r em função de α:

$$tg\alpha = \frac{L}{R} \Rightarrow L = R \cdot tg\alpha \Rightarrow \frac{dL}{d\alpha} = \frac{d}{d\alpha}(R \cdot tg\alpha) = \frac{R}{cos^2\alpha} \Rightarrow dL = \frac{R}{cos^2\alpha} d\alpha$$

$$cos\alpha = \frac{R}{r} \Rightarrow r = \frac{R}{cos\alpha}$$

Portanto:

$$dB = \frac{\mu_o}{4\pi} \cdot \frac{I \cdot \frac{R}{cos^2\alpha} d\alpha}{\frac{R^2}{cos^2\alpha}} \cdot cos\alpha = \frac{\mu_o}{4\pi} \cdot I \cdot \frac{R}{cos^2\alpha} d\alpha \cdot \frac{cos^2\alpha}{R^2} \cdot \cos\alpha = \frac{\mu_o I}{4\pi R} \cdot cos\alpha \, d\alpha$$

Integrando dB, variando o ângulo de um valor $-\alpha_1$ até $+\alpha_1$:

$$B = \int_{-\alpha 1}^{+\alpha 1} \frac{\mu_o I}{4\pi R} cos\alpha \, d\alpha = \frac{\mu_o I}{4\pi R} \int_{-\alpha 1}^{+\alpha 1} cos\alpha \, d\alpha = \frac{\mu_o I}{4\pi R} \cdot \left[sen \, \alpha \right]_{-\alpha 1}^{+\alpha 1}$$

$$B = \frac{\mu_o I}{4\pi R} \cdot \left[sen \, \alpha_1 - sen(-\alpha_1) \right]$$

Como $sen(-\alpha_1) = -sen\alpha_1$:

$$B = \frac{\mu_o I}{4\pi R} \cdot \left[sen \, \alpha_1 - (-sen \, \alpha_1) \right] = \frac{\mu_o I}{4\pi R} \cdot 2 \, sen \, \alpha_1$$

Resultando:

$$B = \frac{\mu_o I}{2\pi R} \cdot sen \, \alpha_1$$

Se o fio tiver um comprimento infinito, $\alpha_1 = 90^o$, sen$\alpha_1 = 1$ e:

$$B = \frac{\mu_o I}{2\pi R} \qquad (2.22)$$

A figura seguinte representa um condutor sólido, dentro do qual se tomou um tubo de espessura dr. Representando o efeito de densidade de corrente não constante e crescente do centro para a periferia, tem-se uma densidade de J_r na parte interna do tubo e uma densidade infinitesimalmente maior na parte externa.

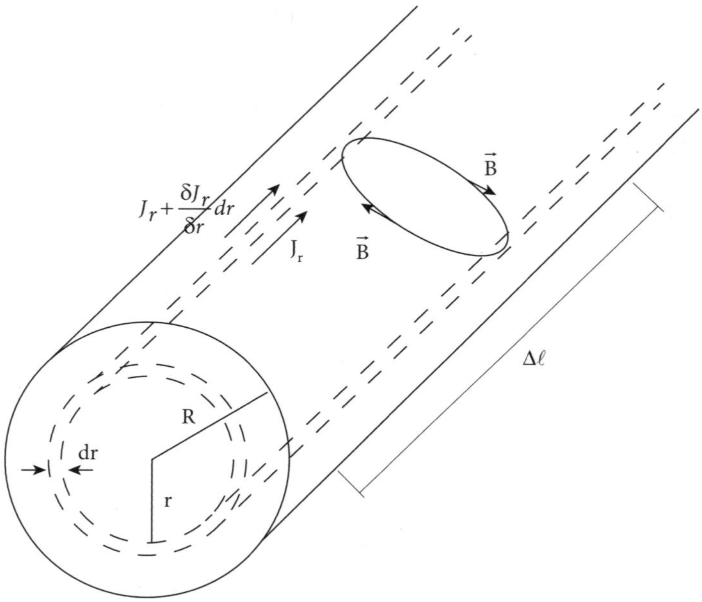

Figura 2.17 – Densidade de corrente em um condutor sólido.

Utilizando-se Maxwell:

$$\oint_C \vec{H} \cdot \overrightarrow{d\ell} = \int_S \vec{J} \cdot \overrightarrow{dS}$$

sendo o campo H:

$$H = \frac{B}{\mu}$$

e sendo $\mu = \mu_o = 4 \cdot \pi \cdot 10^{-7}$ T · m/A, considerando o raio r na Equação (2.22):

$$H_r = \frac{I_r}{2 \cdot \pi \cdot r}$$

$$I_r = 2 \cdot \pi \cdot r \cdot H_r \tag{2.23}$$

De (2.21), a corrente concatenada por esse campo é:

$$I_r = \int_0^r 2 \cdot \pi \cdot r \cdot J_r \cdot dr \tag{2.24}$$

Igualando as Equações (2.23) e (2.24):

$$2 \cdot \pi \cdot r \cdot H_r = 2 \cdot \pi \int_0^r r \cdot J_r \cdot dr$$

$$r \cdot H_r = \int_0^r r \cdot J_r \cdot dr$$

Fazendo a derivada parcial em relação a *r*:

$$\frac{\partial (r \cdot H_r)}{\partial r} = r \cdot J_r$$

Calculando a derivada do produto $r \cdot H$:

$$1 \cdot H_r + r \cdot \frac{\partial H_r}{\partial r} = r \cdot J_r$$

ou:

$$\frac{1}{r} \cdot H_r + \frac{\partial H_r}{\partial r} = J_r \tag{2.25}$$

O fluxo magnético é definido por:

$$\phi = \int_0^R B \cdot dS$$

através da parede do tubo de espessura *dr*, vale:

$$d\phi = B \cdot \Delta \ell \cdot dr$$

Derivando em relação ao tempo:

$$\frac{\partial \phi}{\partial t} = \frac{\partial B}{\partial t} \cdot \Delta \ell \cdot dr \tag{2.26}$$

Pela Lei de Faraday, esse fluxo cria uma tensão elétrica:

$$e = -\frac{d\phi}{dt}$$

Portanto, $\frac{\partial \phi}{\partial t}$ traduz uma tensão elétrica.

A tensão elétrica também pode ser definida pela Lei de Ohm, $V = R \cdot I$. Nessa equação, a resistência elétrica R é:

$$R = \frac{\rho \cdot \Delta\ell}{S}$$

Utilizando a densidade de corrente no lugar da corrente elétrica ($I = J \cdot S$), a Lei de Ohm pode ser escrita como:

$$V = R \cdot I = \frac{\rho \cdot \Delta\ell}{S} \cdot J \cdot S \rightarrow V = \rho \cdot \Delta\ell \cdot J$$

Considerando-se que a densidade de corrente elétrica é maior nas regiões mais afastadas do eixo do condutor, tem-se a densidade de corrente

J_r no raio r e

$J_r + \frac{\partial J_r}{\partial r} \cdot dr$ no raio $r + dr$

Portanto:

$$V_r = \rho \cdot \Delta\ell \cdot J_r$$

e

$$V_{r+dr} = \rho \cdot \Delta\ell \cdot \left(J_r + \frac{\partial J_r}{\partial r} \cdot dr \right)$$

A diferença de potencial entre as regiões de raio r e $r + dr$ será:

$$V_{r+dr} - V_r = \rho \cdot \Delta\ell \cdot \left(J_r + \frac{\partial J_r}{\partial r} \cdot dr \right) - \rho \cdot \Delta\ell \cdot J_r$$

$$V_{r+dr} - V_r = \rho \cdot \Delta\ell \cdot J_r + \rho \cdot \Delta\ell \cdot \frac{\partial J_r}{\partial r} \cdot dr - \rho \cdot \Delta\ell \cdot J_r$$

$$V_{r+dr} - V_r = \rho \cdot \Delta\ell \cdot \frac{\partial J_r}{\partial r} \cdot dr \quad (2.27)$$

Igualando as Equações (2.26) e (2.27):

$$V_{r+dr} - V_r = \frac{\partial \phi}{\partial t}$$

$$\rho \cdot \Delta\ell \cdot \frac{\partial J_r}{\partial r} \cdot dr = \frac{\partial B}{\partial t} \cdot \Delta\ell \cdot dr$$

$$\rho \cdot \frac{\partial J_r}{\partial r} \cdot dr = \frac{\partial B}{\partial t} \cdot dr$$

Sendo $B = \mu \cdot H$:

$$\rho \cdot \frac{\partial J_r}{\partial r} \cdot dr = \frac{\partial (\mu \cdot H)}{\partial t} \cdot dr$$

sendo μ constante:

$$\rho \cdot \frac{\partial J_r}{\partial r} \cdot dr = \mu \cdot \frac{\partial H}{\partial t} \cdot dr$$

$$\frac{\partial H}{\partial t} = \frac{\rho}{\mu} \cdot \frac{\partial J_r}{\partial r} \tag{2.28}$$

Diferenciando a Equação (2.28) em relação ao raio, já que o campo magnético varia com o tempo e com o raio:

$$\frac{\partial^2 H}{\partial t \cdot \partial r} = \frac{\rho}{\mu} \cdot \frac{\partial^2 J_r}{\partial r^2} \tag{2.29}$$

Diferenciando a Equação (2.25) em relação ao tempo:

$$\frac{\partial J_r}{\partial t} = \frac{1}{r} \cdot \frac{\partial H}{\partial t} + \frac{\partial^2 H_r}{\partial r \cdot \partial t} \tag{2.30}$$

Substituindo as Equações (2.28) e (2.29) na Equação (2.30):

$$\frac{\partial J_r}{\partial t} = \frac{1}{r} \cdot \frac{\rho}{\mu} \cdot \frac{\partial J_r}{\partial r} + \frac{\rho}{\mu} \cdot \frac{\partial^2 J_r}{\partial r^2}$$

$$\frac{\partial J_r}{\partial t} = \frac{\rho}{\mu} \cdot \left(\frac{1}{r} \cdot \frac{\partial J_r}{\partial r} + \frac{\partial^2 J_r}{\partial r^2} \right) \tag{2.31}$$

Como a corrente é alternada cossenoidal:

$$\dot{I} = I_{MAX} \cdot cos\omega t + j \cdot I_{MAX} \cdot sen\omega t$$

Pode-se escrever a mesma expressão em termos de densidade de corrente:

$$\dot{J} = J_{MAX} \cdot cos\omega t + j \cdot J_{MAX} \cdot sen\omega t$$

Utilizando a Relação de Euler ($e^{jx} = cos x + j \cdot sen x$):

$$\dot{J} = J_{MAX} \cdot e^{j\omega t}$$

Diferenciando em relação ao tempo:

$$\frac{\partial \dot{J}}{\partial t} = j \cdot \omega \cdot J_{MAX} \cdot e^{j\omega t} = j \cdot \omega \cdot \dot{J}$$

Substituindo esse valor na Equação (2.31):

$$j \cdot \omega \cdot \dot{J} = \frac{\rho}{\mu} \cdot \left(\frac{1}{r} \cdot \frac{\partial \dot{J}_r}{\partial r} + \frac{\partial^2 \dot{J}_r}{\partial r^2} \right)$$

Rearranjando:

$$\frac{\partial^2 \dot{J}_r}{\partial r^2} + \frac{1}{r} \cdot \frac{\partial \dot{J}_r}{\partial r} - \frac{j \cdot \omega \cdot \mu}{\rho} \dot{J}_r = 0 \tag{2.32}$$

Essa equação, com a densidade de corrente na forma complexa (já que é um fasor), é semelhante à seguinte expressão com variáveis reais:

$$\frac{\partial^2 y}{\partial x^2} + \frac{1}{x} \cdot \frac{\partial y}{\partial x} + k^2 y = 0 \tag{2.33}$$

que é uma forma de equação conhecida como uma das equações de Bessel [14].

Para sua solução, considera-se y como uma série infinita [15]:

$$y = a_o + a_1 x + a_2 x^2 + a_3 x^3 + a_4 x^4 + a_5 x^5 + a_6 x^6 + ... + a_n x^n + ... \quad (2.34)$$

Calculando:

$$\frac{d^2 y}{dx^2} = 2a_2 + 6a_3 x + 12a_4 x^2 + 20a_5 x^3 + 30a_6 x^4 + \ldots \quad (I2.35)$$

$$\frac{1}{x} \cdot \frac{dy}{dx} = \frac{a_1}{x} + 2a_2 + 3a_3 x + 4a_4 x^2 + 5a_5 x^3 + 6a_6 x^4 + \ldots \quad (2.36)$$

$$k^2 y = k^2 a_o + k^2 a_1 x + k^2 a_2 x^2 + k^2 a_3 x^3 + k^2 a_4 x^4 + ... \quad (2.37)$$

Para que a relação da Equação (2.33) seja atendida, a soma das Equações (2.35), (2.36) e (2.37) deve ser igual a zero. Para isso, a soma de cada termo referente a cada potência de x deve ser nula:

$$a_1 = 0$$

$$2a_2 + 2a_2 + k^2 a_o = 0$$

$$6a_3 + 3a_3 + k^2 a_1 = 0$$

$$12a_4 + 4a_4 + k^2 a_2 = 0$$

$$20a_5 + 5a_5 + k^2 a_3 = 0$$

$$30a_6 + 6a_6 + k^2 a_4 = 0$$

O resultado é:

$a_1 = a_3 = a_5 = 0$ (todos os coeficientes ímpares são nulos)

$$a_2 = -\frac{k^2 \cdot a_o}{2^2}$$

$$a_4 = \frac{k^4 \cdot a_o}{2^2 \cdot 4^2}$$

$$a_6 = -\frac{k^6 \cdot a_o}{2^2 \cdot 4^2 \cdot 6^2}$$

e, estendendo para outros termos, resultaria:

$$a_8 = \frac{k^8 \cdot a_o}{2^2 \cdot 4^2 \cdot 6^2 \cdot 8^2}$$

$$a_{10} = -\frac{k^{10} \cdot a_o}{2^2 \cdot 4^2 \cdot 6^2 \cdot 8^2 \cdot 10^2}$$

etc.

Substituindo esses coeficientes na Equação (2.34), chega-se à função de Bessel:

$$y = a_o \cdot \left[1 - \frac{k^2 \cdot x^2}{2^2} + \frac{k^4 \cdot x^4}{2^2 \cdot 4^2} - \frac{k^6 \cdot x^6}{2^2 \cdot 4^2 \cdot 6^2} + \frac{k^8 \cdot x^8}{2^2 \cdot 4^2 \cdot 6^2 \cdot 8^2} - \frac{k^{10} \cdot x^{10}}{2^2 \cdot 4^2 \cdot 6^2 \cdot 8^2 \cdot 10^2} + \ldots \right]$$

Para resolver a Equação (2.32) da mesma forma – compare (2.32) e (2.33) – chama-se:

$$y = \dot{J}_r, \quad x = r, \quad k^2 = -\frac{j \cdot \omega \cdot \mu}{\rho}$$

A solução seria a função:

$$\dot{J}_r = a_o \cdot \left[1 + j\frac{\omega\mu}{\rho} \cdot \frac{r^2}{2^2} - \left(\frac{\omega\mu}{\rho}\right)^2 \cdot \frac{r^4}{2^2 \cdot 4^2} - j\left(\frac{\omega\mu}{\rho}\right)^3 \cdot \frac{r^6}{2^2 \cdot 4^2 \cdot 6^2} + \left(\frac{\omega\mu}{\rho}\right)^4 \right.$$

$$\left. \cdot \frac{r^8}{2^2 \cdot 4^2 \cdot 6^2 \cdot 8^2} + j\left(\frac{\omega\mu}{\rho}\right)^5 \cdot \frac{r^{10}}{2^2 \cdot 4^2 \cdot 6^2 \cdot 8^2 \cdot 10^2} + \ldots \right]$$

A expressão entre colchetes pode ser dividida em uma parte real e uma parte imaginária:

$$Re(\dot{J}_r) = 1 - \left(\frac{\omega\mu}{\rho}\right)^2 \cdot \frac{r^4}{2^2 \cdot 4^2} + \left(\frac{\omega\mu}{\rho}\right)^4 \cdot \frac{r^8}{2^2 \cdot 4^2 \cdot 6^2 \cdot 8^2} - \ldots \tag{2.38}$$

$$Im(\dot{J}_r) = \frac{\omega\mu}{\rho} \cdot \frac{r^2}{2^2} - \left(\frac{\omega\mu}{\rho}\right)^3 \cdot \frac{r^6}{2^2 \cdot 4^2 \cdot 6^2} + \left(\frac{\omega\mu}{\rho}\right)^5 \cdot \frac{r^{10}}{2^2 \cdot 4^2 \cdot 6^2 \cdot 8^2 \cdot 10^2} - \ldots \tag{2.39}$$

e a densidade de corrente pode ser escrita como:

$$\dot{J}_r = a_o \cdot \left[Re(\dot{J}_{r_r}) + jIm(\dot{J}_r) \right]$$

Para a determinação de a_o, considere-se que a densidade de corrente J_R na superfície do condutor pode ser escrita como:

$$\dot{J}_R = a_o \cdot \left[Re(\dot{J}_R) + jIm(\dot{J}_R) \right]$$

(note que o índice nessa última expressão é *R* maiúsculo, diferente da expressão anterior, onde é usado *r* minúsculo).

$$a_o = \frac{\dot{J}_R}{Re(\dot{J}_R) + jIm(\dot{J}_R)}$$

Assim:

$$\dot{J}_r = \dot{J}_R \cdot \frac{Re(\dot{J}_r) + jIm(\dot{J}_r)}{Re(\dot{J}_R) + jIm(\dot{J}_R)} \tag{2.40}$$

A resistência elétrica é definida como $R = \rho \cdot \Delta\ell/S$ ou, por unidade de comprimento, $R = \rho/S$. A corrente elétrica é definida como $I = J \cdot S$. Portanto, pela Lei de Ohm, $V = R \cdot I$, $V = (\rho/S) \cdot J \cdot S = \rho \cdot J$. Então, a queda de tensão é:

$$\dot{V}_r = \rho \cdot \dot{J}_r$$

e a impedância, em Ω/m:

$$\dot{Z}_r = \frac{\dot{V}}{\dot{I}} = \frac{\rho \cdot \dot{J}_r}{\dot{I}_r}$$

Da Equação (2.23), $I = 2 \cdot \pi \cdot r \cdot H_r$. Portanto, para a determinação da corrente é necessário o cálculo do campo *H*.

Da Equação (2.28):

$$\frac{\partial H}{\partial t} = \frac{\rho}{\mu} \cdot \frac{\partial J_r}{\partial r}$$

Fasorialmente:

$$\frac{\partial}{\partial t}\left(H_{r_{MAX}} \cdot e^{jwt}\right) = \frac{\rho}{\mu} \cdot \frac{\partial \dot{J}_r}{\partial r}$$

$$j \cdot \omega \cdot H_{r_{MAX}} \cdot e^{j\omega t} = \frac{\rho}{\mu} \cdot \frac{\partial \dot{J}_r}{\partial r}$$

$$H_{r_{MAX}} \cdot e^{j\omega t} = -j\frac{\rho}{\omega\mu} \cdot \frac{\partial \dot{J}_r}{\partial r}$$

$$\dot{H} = H_{MAX} \cdot e^{j\omega t}$$

$$\dot{H}_r = -j\frac{\rho}{\omega\mu} \cdot \frac{\partial \dot{J}_r}{\partial r}$$

Substituindo a Equação (2.40) nessa última expressão:

$$\dot{H}_r = -j\frac{\rho}{\omega\mu} \cdot \frac{\partial}{\partial r}\left[\dot{J}_R \cdot \frac{Re(\dot{J}_r) + jIm(\dot{J}_r)}{Re(\dot{J}_R) + jIm(\dot{J}_R)}\right]$$

Como $\dot{J}_R$ e o denominador $Re(\dot{J}_R) + jIm(\dot{J}_R)$ são funções de R, invariáveis, deriva--se somente o numerador.

Para simplificar a notação, $\frac{\partial}{\partial r}\left[Re(\dot{J}_r)\right] = \mathrm{Re}\,\dot{J}'_r$ e $\frac{\partial}{\partial r}\left[Im(\dot{J}_r)\right] = Im\dot{J}'_r$

Para manter a similaridade, $Re(\dot{J}_r) = Re\dot{J}_R$ e $Im(\dot{J}_R) = Im\dot{J}_R$

Assim:

$$\dot{H}_r = -j\frac{\rho}{\omega\mu} \cdot \dot{J}_R \cdot \frac{Re\dot{J}'_r + jIm\dot{J}'_r}{Re\dot{J}_R + jIm\dot{J}_R}$$

ou:

$$\dot{H}_r = \frac{\rho}{\omega\mu} \cdot \dot{J}_R \cdot \frac{Im\dot{J}'_r - jRe\dot{J}'_r}{Re\dot{J}_R + jIm\dot{J}_R} \tag{2.41}$$

Voltando à Equação (2.23) na forma fasorial:

$$\dot{I}_r = 2 \cdot \pi \cdot r \cdot \dot{H}_r \tag{2.42}$$

Substituindo a Equação (2.41) na Equação (2.42):

$$\dot{I}_r = 2 \cdot \pi \cdot r \cdot \frac{\rho}{\omega\mu} \cdot \dot{J}_R \cdot \frac{Im\dot{J}'_r - jRe\dot{J}'_r}{Re\dot{J}_R + jIm\dot{J}_R} \tag{2.43}$$

Lembrando novamente, que a resistência elétrica é definida como $R = \rho \cdot \Delta\ell/S$ ou, por unidade de comprimento, $R = \rho/S$, e é a parte real da impedância; e que a corrente elétrica é definida como $I = J \cdot S$ e, portanto, pela Lei de Ohm, $V = R \cdot I$, $V = (\rho/S) \cdot J \cdot S = \rho \cdot J$; então, a queda de tensão é:

$$\dot{V}_r = \rho \cdot \dot{J}_r$$

e a impedância é definida por:

$$\dot{Z}_r = \frac{\dot{V}}{\dot{I}} = \frac{\rho \cdot \dot{J}_r}{\dot{I}_r} \quad (\Omega/\text{m}) \tag{2.44}$$

Substituindo a Equação (2.43) na Equação (2.44):

$$\dot{Z}_r = \frac{\rho \cdot \dot{J}_r}{2 \cdot \pi \cdot r \cdot \frac{\rho}{\omega\mu} \cdot \dot{J}_R \cdot \frac{Im\dot{J}'_r - jRe\dot{J}'_r}{Re\dot{J}_R + jIm\dot{J}_R}}$$

$$\dot{Z}_r = \frac{\rho \cdot \dot{J}_r}{2 \cdot \pi \cdot r \cdot \dot{J}_R} \cdot \frac{\omega\mu}{\rho} \cdot \frac{Re\dot{J}_R + jIm\dot{J}_R}{Im\dot{J}'_r - jRe\dot{J}'_r}$$

Racionalizando essa expressão:

$$\dot{Z}_r = \frac{\rho \cdot \dot{J}_r}{2 \cdot \pi \cdot r \cdot \dot{J}_R} \cdot \frac{\omega\mu}{\rho}$$

$$\cdot \left[\frac{\left(Re\dot{J}_R\right) \cdot \left(Im\dot{J}'_r\right) - \left(Im\dot{J}_R\right) \cdot \left(Re\dot{J}'_r\right)}{(Im\dot{J}'_r)^2 + (Re\dot{J}'_r)^2} \right.$$

$$\left. + j \frac{\left(Re\dot{J}_R\right) \cdot \left(Re\dot{J}'_r\right) + \left(Im\dot{J}_R\right) \cdot \left(Im\dot{J}'_r\right)}{(Im\dot{J}'_r)^2 + (Re\dot{J}'_r)^2} \right]$$

Nota: racionalização de um número complexo pela multiplicação e divisão pelo complexo conjugado do denominador:

$$\frac{a+jb}{c-jd}\cdot\frac{c+jd}{c+jd}=\frac{a\cdot c+ja\cdot d+jb\cdot c-b\cdot d}{c^2+d^2}=\frac{a\cdot c-b\cdot d}{c^2+d^2}+j\frac{a\cdot d+b\cdot c}{c^2+d^2}$$

Tomando a parte real da impedância como sendo a resistência elétrica em corrente alternada (R_{CA}):

$$R_{CA}=\frac{\rho\cdot \dot{J}_r}{2\cdot\pi\cdot r\cdot \dot{J}_R}\cdot\frac{\omega\mu}{\rho}\cdot\frac{\left(Re\dot{J}_R\right)\cdot\left(Im\dot{J}'_r\right)-\left(Im\dot{J}_R\right)\cdot\left(Re\dot{J}'_r\right)}{(Im\dot{J}'_r)^2+(Re\dot{J}'_r)^2}$$

As grandezas com índice r dizem respeito a qualquer raio interno e as grandezas com índice R referem-se ao condutor inteiro. Como se quer a resistência elétrica de todo o condutor, $r = R$:

$$R_{CA}=\frac{\rho\cdot \dot{J}_R}{2\cdot\pi\cdot R\cdot \dot{J}_R}\cdot\frac{\omega\mu}{\rho}\cdot\frac{\left(Re\dot{J}_R\right)\cdot\left(Im\dot{J}'_R\right)-\left(Im\dot{J}_R\right)\cdot\left(Re\dot{J}'_R\right)}{(Im\dot{J}'_R)^2+(Re\dot{J}'_R)^2}$$

ou, simplificando:

$$R_{CA}=\frac{\rho}{2\cdot\pi\cdot R}\cdot\frac{\omega\mu}{\rho}\cdot\frac{\left(Re\dot{J}_R\right)\cdot\left(Im\dot{J}'_R\right)-\left(Im\dot{J}_R\right)\cdot\left(Re\dot{J}'_R\right)}{(Im\dot{J}'_R)^2+(Re\dot{J}'_R)^2} \tag{2.45}$$

Reescrevendo as Equações (2.38) e (2.39):

$$Re(\dot{J}_r)=1-\left(\frac{\omega\mu}{\rho}\right)^2\cdot\frac{r^4}{2^2\cdot 4^2}+\left(\frac{\omega\mu}{\rho}\right)^4\cdot\frac{r^8}{2^2\cdot 4^2\cdot 6^2\cdot 8^2}-\ldots \tag{2.38}$$

$$Im(\dot{J}_r)=\frac{\omega\mu}{\rho}\cdot\frac{r^2}{2^2}-\left(\frac{\omega\mu}{\rho}\right)^3\cdot\frac{r^6}{2^2\cdot 4^2\cdot 6^2}+\left(\frac{\omega\mu}{\rho}\right)^5\cdot\frac{r^{10}}{2^2\cdot 4^2\cdot 6^2\cdot 8^2\cdot 10^2}-\ldots \tag{2.39}$$

Nota-se uma repetição constante do fator $\omega\cdot\mu/\rho$. Chamando:

$$m=\sqrt{\frac{\omega\cdot\mu}{\rho}} \tag{2.46}$$

Nota: ver Equação (2.52).

as Equações (2.38) e (2.39) ficam:

$$Re\dot{J}_R = 1 - \frac{(m \cdot R)^4}{2^2 \cdot 4^2} + \frac{(m \cdot R)^8}{2^2 \cdot 4^2 \cdot 6^2 \cdot 8^2} - \dots \tag{2.47}$$

$$Im\dot{J}_R = \frac{(m \cdot R)^2}{2^2} - \frac{(m \cdot R)^6}{2^2 \cdot 4^2 \cdot 6^2} + \frac{(m \cdot R)^{10}}{2^2 \cdot 4^2 \cdot 6^2 \cdot 8^2 \cdot 10^2} - \dots \tag{2.48}$$

Para o cálculo das derivadas de (2.45) é preciso lembrar que:

$$\frac{d(m \cdot R)^n}{dR} = n \cdot \left(m \cdot R\right)^{n-1} \cdot m$$

Assim:

$$Re\dot{J}'_R = -\frac{4 \cdot (m \cdot R)^3 \cdot m}{2^2 \cdot 4^2} + \frac{8 \cdot (m \cdot R)^7 \cdot m}{2^2 \cdot 4^2 \cdot 6^2 \cdot 8^2} - \dots$$

$$Re\dot{J}'_R = m \cdot \left[-\frac{4 \cdot (m \cdot R)^3}{2^2 \cdot 4^2} + \frac{8 \cdot (m \cdot R)^7}{2^2 \cdot 4^2 \cdot 6^2 \cdot 8^2} - \dots \right] \tag{2.49}$$

$$Im\dot{J}'_R = \frac{2 \cdot \left(m \cdot R\right) \cdot m}{2^2} - \frac{6 \cdot (m \cdot R)^5 \cdot m}{2^2 \cdot 4^2 \cdot 6^2} + \frac{10 \cdot (m \cdot R)^9 \cdot m}{2^2 \cdot 4^2 \cdot 6^2 \cdot 8^2 \cdot 10^2} - \dots$$

$$Im\dot{J}'_R = m \cdot \left[\frac{2 \cdot \left(m \cdot R\right)}{2^2} - \frac{6 \cdot (m \cdot R)^5}{2^2 \cdot 4^2 \cdot 6^2} + \frac{10 \cdot (m \cdot R)^9}{2^2 \cdot 4^2 \cdot 6^2 \cdot 8^2 \cdot 10^2} - \dots \right] \tag{2.50}$$

Para facilitar os cálculos:

$$X = Re\dot{J}_R = 1 - \frac{(m \cdot R)^4}{2^2 \cdot 4^2} + \frac{(m \cdot R)^8}{2^2 \cdot 4^2 \cdot 6^2 \cdot 8^2} - \dots \quad \text{ou:}$$

$$X = 1 - \frac{\left(mR\right)^4}{\left(2^2 \cdot 2!\right)^2} + \frac{\left(mR\right)^8}{\left(2^4 \cdot 4!\right)^2} - \frac{\left(mR\right)^{12}}{\left(2^6 \cdot 6!\right)^2} + \frac{\left(mR\right)^{16}}{\left(2^8 \cdot 8!\right)^2} - \frac{\left(mR\right)^{20}}{\left(2^{10} \cdot 10!\right)^2} \pm \dots$$

$$Y = Im\dot{J}_R = \frac{(m\cdot R)^2}{2^2} - \frac{(m\cdot R)^6}{2^2\cdot 4^2\cdot 6^2} + \frac{(m\cdot R)^{10}}{2^2\cdot 4^2\cdot 6^2\cdot 8^2\cdot 10^2} - \ldots \text{ ou:}$$

$$Y = Im\dot{J}_R = \frac{(m\cdot R)^2}{2^2} - \frac{(m\cdot R)^6}{\left(2^3\cdot 3!\right)^2} + \frac{(m\cdot R)^{10}}{\left(2^5\cdot 5!\right)^2} - \frac{(m\cdot R)^{14}}{\left(2^7\cdot 7!\right)^2} + \frac{(m\cdot R)^{18}}{\left(2^9\cdot 9!\right)^2}\ldots$$

$$P = \frac{\text{Re}\dot{J}'_R}{m} = -\frac{4\cdot(m\cdot R)^3}{2^2\cdot 4^2} + \frac{8\cdot(m\cdot R)^7}{2^2\cdot 4^2\cdot 6^2\cdot 8^2} - \ldots \text{ ou:}$$

$$P = \frac{\text{Re}\,\dot{J}'_R}{m} = -\frac{4\cdot(m\cdot R)^3}{\left(2^2\cdot 2!\right)^2} + \frac{8\cdot(m\cdot R)^7}{\left(2^4\cdot 4!\right)^2} - \frac{12\cdot\left(m\cdot R\right)^{11}}{\left(2^6\cdot 6!\right)^2} + \frac{16\cdot\left(m\cdot R\right)^{15}}{\left(2^8\cdot 8!\right)^2} - \ldots$$

$$Q = \frac{Im\dot{J}_R'}{m} = \frac{2\cdot\left(m\cdot R\right)}{2^2} - \frac{6\cdot(m\cdot R)^5}{2^2\cdot 4^2\cdot 6^2} + \frac{10\cdot(m\cdot R)^9}{2^2\cdot 4^2\cdot 6^2\cdot 8^2\cdot 10^2} \text{ ou:}$$

$$Q = \frac{Im\dot{J}_R'}{m} = \frac{2\cdot\left(m\cdot R\right)}{2^2} - \frac{6\cdot(m\cdot R)^5}{\left(2^3\cdot 3!\right)^2} + \frac{10\cdot(m\cdot R)^9}{\left(2^5\cdot 5!\right)^2} - \frac{14\cdot(m\cdot R)^{13}}{\left(2^7\cdot 7!\right)^2} + \ldots$$

Nota: $2^2.4^2.6^2.8^2 = (2.4.6.8)^2 = (2.1.2.2.2.3.2.4)^2 = (2.2.2.2.1.2.3.4)^2 = (2^4.4!)^2$

Retomando (2.45):

$$R_{CA} = \frac{\rho}{2\cdot\pi\cdot R}\cdot\frac{\omega\mu}{\rho}\cdot\frac{\left(Re\dot{J}_R\right)\cdot\left(Im\dot{J}'_R\right) - \left(Im\dot{J}_R\right)\cdot\left(Re\dot{J}'_R\right)}{(Im\dot{J}'_R)^2 + (Re\dot{J}'_R)^2} \qquad (2.45)$$

Substituindo (2.46):

$$R_{CA} = \frac{\rho}{2\cdot\pi\cdot R}\cdot m^2\cdot\frac{\left(Re\dot{J}_R\right)\cdot\left(Im\dot{J}'_R\right) - \left(Im\dot{J}_R\right)\cdot\left(Re\dot{J}'_R\right)}{(Im\dot{J}'_R)^2 + (Re\dot{J}'_R)^2}$$

Utilizando *X*, *Y*, *P* e *Q*:

$$R_{CA} = \frac{\rho\cdot m}{2\cdot\pi\cdot R}\cdot\frac{X\cdot Q - Y\cdot P}{Q^2 + P^2}$$

Na maioria das vezes, calcula-se um fator que, multiplicado pela resistência em corrente contínua, resulta no acréscimo em razão do efeito pelicular.

Considerando-se que a resistência em corrente contínua é, grosso modo:

$$R_{CC} = \frac{\rho}{\pi \cdot R^2} \quad (\Omega/\text{m})$$

$$\frac{R_{CA}}{R_{CC}} = \frac{\rho \cdot m \cdot \pi \cdot R^2}{2 \cdot \pi \cdot R \cdot \rho} \cdot \frac{X \cdot Q - Y \cdot P}{Q^2 + P^2}$$

$$\frac{R_{CA}}{R_{CC}} = \frac{m \cdot R}{2} \cdot \frac{X \cdot Q - Y \cdot P}{Q^2 + P^2} \tag{2.51}$$

O valor de R_{CC} utilizado é, em geral, corrigido para a temperatura de operação e leva em conta os fatores de torção dos fios. Para levar isso em consideração também no cálculo de m, pode-se substituir a resistividade ρ por $\pi \cdot R^2 \cdot R_{CC}$:

$$m = \sqrt{\frac{\omega \cdot \mu}{\pi \cdot R^2 \cdot R_{cc}}} = \sqrt{\frac{2 \cdot \pi \cdot f \cdot 4 \cdot \pi \cdot 10^{-7}}{\pi \cdot R^2 \cdot R_{cc}}} = \frac{1}{R} \cdot \sqrt{\frac{8 \cdot \pi \cdot f \cdot 10^{-7}}{R_{cc}}}$$

Assim, o valor de mR fica independente do raio do condutor:

$$m \cdot R = \sqrt{\frac{8 \cdot \pi \cdot f \cdot 10^{-7}}{R_{cc}}} \tag{2.52}$$

Simplificação

Harry Goldenberg publicou um artigo [16] em 1961 propondo cálculos simplificados para os casos em que:

- $\text{mR} \leq 2{,}8$
- $2{,}8 < \text{mR} \leq 3{,}8$
- $\text{mR} > 3{,}8$

A simplificação proposta por Goldenberg foi normatizada pela norma IEC 60287-1-1 [17], chamando $mr = x_s$, ou seja:

$$x_s = \sqrt{\frac{8 \cdot \pi \cdot f \cdot 10^{-7}}{R_{cc}}} \tag{2.53}$$

e:

- para $0 < x_s \leq 2{,}8$:

$$y_s = \frac{x_s^4}{192 + 0{,}8 \cdot x_s^4} \tag{2.54}$$

- para $2{,}8 < x_s \leq 3{,}8$:

$$y_s = -0{,}136 - 0{,}0177 \cdot x_s + 0{,}0563 \cdot x_s^2 \tag{2.55}$$

- para $x_s > 3{,}8$:

$$y_s = 0{,}354 \cdot x_s - 0{,}733 \tag{2.56}$$

Nota: os condutores normatizados pela IEC 60228 [2] ou ABNT NBR NM 280 [3] até 1200 mm² operando na frequência de 60 Hz têm mR ≤ 2,8.

O valor de y_s é usado na expressão seguinte, que considera o efeito pelicular:

$$\frac{R_{CA}}{R_{CC}} = 1 + y_s$$

Exemplos de aplicação

1) Cálculo da resistência em corrente alternada de um condutor de cobre classe 2, seção 630 mm², com diâmetro do condutor de 29 mm, Rcc_{20} = 0,0283 Ω/km e Rcc_{90} = 0,0361 · 10^{-3} Ω/m, em 60 Hz.

a) Usando o método simplificado dado pela norma IEC 60287-1-1:

$$x_s = \sqrt{\frac{8 \cdot \pi \cdot f \cdot 10^{-7}}{R_{cc90}}} = 2{,}0438$$

$$y_s = \frac{x_s^4}{192 + 0{,}8 \cdot x_s^4} = 0{,}0847$$

$$R_{CA} = R_{cc} \cdot (1 + y_s)$$

$$\frac{R_{CA}}{R_{CC}} = 1 + y_s = 1{,}08947$$

b) Usando o método desenvolvido neste texto:

$$m \cdot R = \sqrt{\frac{8 \cdot \pi \cdot f \cdot 10^{-7}}{R_{cc}}} = \sqrt{\frac{8 \cdot \pi \cdot 60 \cdot 10^{-7}}{0,0361 \cdot 10^{-3}}} = 2,0438$$

$$X = 0,7294 \quad Y = 1,0127 \quad P = -0,5255 \quad Q = 0,9295$$

$$\frac{R_{CA}}{R_{CC}} = \frac{m \cdot R}{2} \cdot \frac{X \cdot Q - Y \cdot P}{Q^2 + P^2} = 1,0848$$

2) Cálculo da resistência em corrente alternada de um condutor de alumínio (ρ = 28,264 Ω.mm²/km) Bluebell (1033,5 kcmil) – 523,41 mm² – diâmetro do condutor = 29,71 mm – Rcc_{20} = 0,0549 × 10^{-3} Ω/m e Rcc_{75} = 0,0671 × 10^{-3} Ω/m, em 60 Hz.

a) Usando o método simplificado dado pela norma IEC 60287-1-1:

$$x_s = \sqrt{\frac{8 \cdot \pi \cdot f \cdot 10^{-7}}{R_{cc75}}} = 1,4991$$

$$y_s = \frac{x_s^4}{192 + 0,8 \cdot x_s^4} = 0,0258$$

$$R_{CA} = R_{cc} \cdot (1 + y_s)$$

$$\frac{R_{CA}}{R_{CC}} = 1 + y_s = 1,0258$$

b) Usando o método desenvolvido neste texto:

$$m \cdot R = \sqrt{\frac{8 \cdot \pi \cdot f \cdot 10^{-7}}{R_{cc}}} = \sqrt{\frac{8 \cdot \pi \cdot 60 \cdot 10^{-7}}{0,0671 \cdot 10^{-3}}} = 1,4991$$

$$X = 0,9213 \quad Y = 0,5569 \quad P = -0,2096 \quad Q = 0,7299$$

$$\frac{R_{CA}}{R_{CC}} = \frac{m \cdot R}{2} \cdot \frac{X \cdot Q - Y \cdot P}{Q^2 + P^2} = 1,0258$$

3) Cálculo da resistência em corrente alternada de um condutor de cobre classe 2, seção 1,5 mm², com diâmetro do condutor de 1,56 mm, resistência em corrente contínua na temperatura de operação = 11,6 · 10^{-3} Ω/m, em uma frequência de 200 kHz.

a) Usando o método simplificado dado pela norma IEC 60287-1-1:

$$x_s = \sqrt{\frac{8 \cdot \pi \cdot f \cdot 10^{-7}}{R_{ccop.}}} = 6,5827$$

$$y_s = 0,354 \cdot x_s - 0,733 = 1,5973$$

$$R_{CA} = R_{cc} \cdot (1 + y_s)$$

$$\frac{R_{CA}}{R_{CC}} = 1 + y_s = 1,5973$$

b) Usando métodos aproximados de cálculo em altas frequências, chega-se a um valor de R_{CA}/R_{CC} em torno de 2,7.

c) Usando o método desenvolvido neste texto:

$$m \cdot R = \sqrt{\frac{8 \cdot \pi \cdot f \cdot 10^{-7}}{R_{cc}}} = \sqrt{\frac{8 \cdot \pi \cdot 200000 \cdot 10^{-7}}{11,6 \cdot 10^{-3}}} = 6,5827$$

$$X = -7,4314 \quad Y = -14,7944 \quad P = 5,8253 \quad Q = 14,5813$$

$$\frac{R_{CA}}{R_{CC}} = \frac{m \cdot R}{2} \cdot \frac{X \cdot Q - Y \cdot P}{Q^2 + P^2} = 2,5971$$

Nota: esse desenvolvimento teórico considera fios de material não magnético; portanto, o efeito pelicular pode resultar em um valor um pouco diferente caso se trate de um condutor como o ACSR, uma vez que a alma desse condutor é constituída por fios de aço.

2.2.2 CÁLCULO DA RESISTÊNCIA ELÉTRICA EM CORRENTE ALTERNADA

A resistência total de um condutor em corrente alternada na frequência industrial, conforme a IEC 60287-1-1 [17], é calculada por:

$$R_{CA} = R_{CC} \cdot (1 + y_S + y_P) \tag{2.57}$$

R_{CA} = resistência elétrica em corrente alternada na temperatura de operação (Ω/m);

R_{CC} = resistência elétrica em corrente contínua na temperatura de operação (Ω/m);

y_S = fator de efeito pelicular, conforme 2.2.1.

y_P = fator de efeito de proximidade.

O fator de efeito de proximidade y_P expressa a influência de outro condutor próximo na resistência elétrica em corrente alternada de um condutor, que fará com que a corrente se distribua de forma não uniforme, semelhante ao descrito para o efeito pelicular. Um equacionamento análogo ao de 2.2.1 existe para o efeito de proximidade [18], [19] (na verdade, alguns equacionamentos bastante semelhantes), mas o que se utiliza é a simplificação dada pela IEC 60287-1-1 [17]:

$$x_P = \sqrt{\frac{8 \cdot \pi \cdot f \cdot 10^{-7}}{R_{cc}} \cdot k_P} \tag{2.58}$$

f = frequência (Hz);

R_{CC} = resistência elétrica em corrente contínua na temperatura de operação (Ω/m);

k_P = coeficiente para o cálculo do efeito de proximidade:

- $k_P = 1$ para condutores de cobre de seção circular, sólidos ou encordoados;
- $k_P = 1$ para condutores de alumínio de seção circular, sólidos;
- $k_P = 0{,}8$ para condutores de alumínio de seção circular, encordoados;

(neste texto, todos os condutores são encordoados e não compactados formados por fios de seção circular ou encordoados compactados, resultando em um condutor de seção circular).

No caso de um cabo com dois condutores carregados ou dois cabos unipolares:

$$y_P = \frac{x_P^4}{192 + 0{,}8 \cdot x_P^4} \cdot \left(\frac{d_c}{s}\right)^2 \cdot 2{,}9 \tag{2.59}$$

No caso de um cabo com três condutores carregados ou três cabos unipolares:

$$y_P = \frac{x_P^4}{192 + 0{,}8 \cdot x_P^4} \cdot \left(\frac{d_c}{s}\right)^2 \cdot \left[0{,}312 \cdot \left(\frac{d_c}{s}\right)^2 + \frac{1{,}18}{\frac{x_P^4}{192 + 0{,}8 \cdot x_P^4} + 0{,}27}\right] \tag{2.60}$$

d_c = diâmetro do condutor (mm);

s = distância entre dois condutores adjacentes (mm).

Se a distância entre dois condutores adjacentes não for igual:

$$s = \sqrt{s_1 \cdot s_2}$$

A diferença entre a resistência elétrica em corrente alternada e em corrente contínua é desprezível em condutores de pequena seção e significativa em condutores de seções maiores. Por exemplo, em seções tais como 1,5, 2,5, 4, 6, 10 e 16 mm^2 a resistência elétrica em corrente alternada é praticamente igual à resistência elétrica em corrente contínua na temperatura de operação, mas pode chegar a ser mais de 80 % maior em seções maiores que 300 mm^2. Além disso, quanto maior for a temperatura de operação do condutor, maior é a diferença.

Os catálogos dos fabricantes de condutores elétricos trazem, geralmente, o valor da resistência elétrica; entretanto, o projetista precisa perceber qual valor da resistência elétrica foi catalogado. Muitos catálogos trazem o valor da resistência elétrica em corrente contínua a 20 °C, transcrevendo-o das normas técnicas de condutores ou outras publicações (ABNT NBR NM 280 [3], IEC 60228 [2], Aluminum Association [20] etc.). Às vezes, os valores estão ainda em corrente contínua, mas já corrigidos para a temperatura máxima de operação e muitas vezes os valores são dados (no caso de cabos isolados) para diversos tipos de instalação, em corrente alternada. Nesse último caso, já que a instalação e, portanto, a disposição dos cabos em relação aos demais está sendo considerada, a resistência elétrica em corrente alternada deve ser aquela na temperatura máxima de operação permanente e já contando com os fatores de efeito pelicular e efeito de proximidade. Entretanto, os catálogos de cabos para transmissão aérea de energia, para os cabos nus do tipo AAC, ACSR e semelhantes, quando trazem o valor da resistência elétrica em corrente alternada, o trazem somente com a participação do efeito pelicular: uma vez que o fabricante não conhece a disposição da linha, o valor catalogado não contempla o efeito de proximidade de outros cabos (que, aliás, é geralmente desprezível em linhas de transmissão, dada a grande distância entre as fases).

REFERÊNCIAS

[1] DEPARTMENT OF COMMERCE, USA GOVERNMENT. Circular of the Bureau of Standards number 31, Apêndice 5. Disponível em: www.archive.org/stream/copperwiretables31unituoft#page/n5/mode/2up. Acesso em: dez. 2012.

[2] INTERNATIONAL ELECTROTECHNICAL COMMISSION (IEC). (2004). Norma IEC 60228 – Conductors of insulated cables.

[3] ASSOCIAÇÃO BRASILEIRA DE NORMAS TÉCNICAS (ABNT). (2011). Norma NBR NM-280 – Condutores de cabos isolados.

[4] AMERICAN SOCIETY FOR TESTING AND MATERIALS (ASTM). (2014). Norma B33 – Standard specification for tinned soft or annealed copper wire for electrical purposes.

[5] AMERICAN SOCIETY FOR TESTING AND MATERIALS (ASTM). (2017). Norma B172 – Standard specification for rope-lay-stranded copper conductors having bunch-stranded members, for electrical conductors.

[6] AMERICAN SOCIETY FOR TESTING AND MATERIALS (ASTM). (2017). Norma B173 – Standard specification for rope-lay-stranded copper conductors having concentric-stranded members, for electrical conductors.

[7] AMERICAN SOCIETY FOR TESTING AND MATERIALS (ASTM). (2017). Norma B8 – Standard specification for concentric-lay-stranded copper conductors, hard, medium-hard, or soft.

[8] AMERICAN SOCIETY FOR TESTING AND MATERIALS (ASTM). (2016). Norma B496 – Standard specification for compact round concentric-lay-stranded copper conductors.

[9] AMERICAN SOCIETY FOR TESTING AND MATERIALS (ASTM). (2019). Norma B400 – Standard specification for compact round concentric-lay-stranded aluminum 1350 conductors.

[10] AMERICAN SOCIETY FOR TESTING AND MATERIALS (ASTM). Norma B230 – Standard specification for aluminum 1350-H19 wire for electrical purposes, 2016.

[11] AMERICAN SOCIETY FOR TESTING AND MATERIALS (ASTM). (2016). Norma B231 – Standard specification for concentric-lay-stranded aluminum 1350 conductors.

[12] AMERICAN SOCIETY FOR TESTING AND MATERIALS (ASTM). (2017). Norma B232 – Standard specification for concentric-lay-stranded aluminum conductors, coated-steel reinforced (ACSR).

[13] INSULATED CABLE ENGINEERS ASSOCIATION, INC. ICEA P-45-482. (1999). Short circuit characteristics of metallic shields and sheaths on insulated cable. (4. ed.).

[14] SKILLING, H. H. (1951). Electric transmission lines. McGraw-Hill Book Company, 1951.

[15] STEVENSON JR., William D. (1978). Elementos de análise de sistemas de potência. McGraw-Hill (1ª ed).

[16] GOLDENBERG, H. (1961). Some approximations to Arnold's formulae for skin and proximity effect factors for circular or shaped conductors. Electrical Research Association (England) – Report F/T 203.

[17] INTERNATIONAL ELECTROTECHNICAL COMMISSION (IEC). (2014). Norma IEC 60287-1-1 – Electric cables – Calculation of the current rating – Part 1-1: Current rating equations (100 % load factor) and calculation of losses – General.

[18] DWIGHT, H. B. (1923). Proximity effect in wires and thin tubes, Transactions of the American Institute of Electrical Engineers, Volume XLII.

[19] ARNOLD, A. H. M. (1941). Proximity effect in solid and hollow round conductors. *Journal of the Institution of Electrical Engineers – Part II: Power Engineering*, Volume 88, (4. ed).

[20] THE ALUMINUM ASSOCIATION, INC. (1989). Aluminum electrical conductor handbook.

CAPÍTULO 3

Dimensionamento da espessura da isolação

3.1 INTRODUÇÃO

Os materiais utilizados como isolação dos cabos elétricos têm uma rigidez dielétrica tão alta que esse parâmetro somente é considerado em média e alta tensão. A espessura da isolação de cabos de baixa tensão é definida mais por sua resistência mecânica, de forma empírica, pelas normas técnicas desses cabos.

Já os cabos de média e alta tensão – o limite não é perfeitamente definido, considerando-se média tensão valores acima de 3 kV ou até acima de 6 kV – têm normalmente sobre a isolação uma blindagem que necessita estar aterrada, garantindo uma tensão praticamente igual a zero sobre a superfície dessa isolação no ponto ou nos pontos de aterramento.

O termo "rigidez dielétrica" refere-se ora à tensão elétrica capaz de alterar as características elétricas do material da isolação, tornando-o condutivo instantaneamente, ora ao campo elétrico associado a essa tensão. Usam-se também termos como "gradiente elétrico máximo" ou "gradiente de perfuração do dielétrico" para designar o máximo campo elétrico suportável pela isolação do cabo. Evidentemente, não se quer que o cabo opere sob seu campo elétrico máximo, mas sob um valor bem menor que garanta seu bom desempenho ao longo dos anos.

3.2 DESENVOLVIMENTO TEÓRICO

Este desenvolvimento teórico tem como premissa que o campo elétrico sobre a isolação seja nulo e, para isso, é preciso que haja uma blindagem sobre essa isolação e que essa blindagem esteja aterrada em ao menos um ponto. Mesmo assim, conforme a distância aumenta em relação ao ponto de aterramento, a tensão na superfície da isolação aumenta (ver Capítulo 5 sobre curto-circuito em blindagens de cabos isolados); entretanto, se a tensão máxima admissível sobre a isolação dada nas normas de instalações elétricas [1], [2] for obedecida, esse valor de tensão induzida será baixo o suficiente para que, em operação normal, seja desconsiderado no dimensionamento da espessura da isolação. Cabos não blindados induzirão um campo elétrico que, praticamente, vai ao infinito e, por isso, o gradiente de tensão sobre a sua isolação será mais baixo.

Existem cabos tripolares com blindagem comum aos três condutores isolados. Esse cálculo não se aplica a tais casos e não será desenvolvida nesta obra a metodologia apropriada, uma vez que esses cabos estão praticamente em desuso. Entretanto, caso venham a ser fabricados, tanto a IEC como a ABNT permitem que se utilize a mesma espessura definida pelo gradiente elétrico máximo, conforme este texto.

Aplicando a equação de Poisson:

$$\nabla^2 U = -\frac{\rho_v}{\varepsilon}$$

U = potencial elétrico (V)

ρ_v = densidade volumétrica de cargas (C/m^3)

ε = permissividade do meio (F/m)

Assumindo que não existam cargas livres na isolação, $\rho_v = 0$, e tem-se a equação de Laplace:

$$\nabla^2 U = 0 \tag{3.1}$$

Em coordenadas cilíndricas (já que o cabo é um cilindro, bastante longo):

$$\nabla^2 U = \frac{1}{r} \cdot \frac{\partial}{\partial r}\left[r \cdot \frac{\partial U}{\partial r}\right] + \frac{1}{r^2} \cdot \frac{\partial^2 U}{\partial \theta^2} + \frac{\partial^2 U}{\partial z^2}$$

As variações em função do ângulo (θ) e do comprimento (z) inexistem; portanto:

$$\nabla^2 U = \frac{1}{r} \cdot \frac{\partial}{\partial r}\left[r \cdot \frac{\partial U}{\partial r}\right] \tag{3.2}$$

Igualando (3.1) e (3.2):

$$\frac{1}{r}\cdot\frac{\partial}{\partial r}\left[r\cdot\frac{\partial U}{\partial r}\right]=0$$

Chamando:

$$r\frac{\partial U}{\partial r}=K \tag{3.3}$$

e considerando que o potencial na superfície do condutor seja U_o e que o potencial na superfície da isolação seja zero:

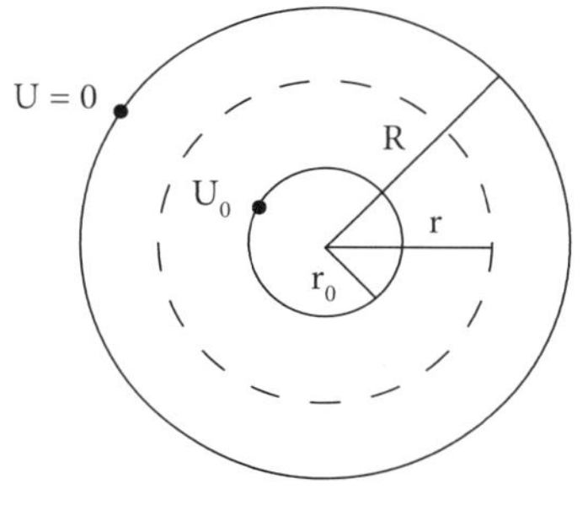

Figura 3.1 – Raios e tensões na seção transversal de um cabo.

Integrando (3.3) resulta:

$$dU=K\cdot\frac{dr}{r}$$

$$\int_{V_o}^{0}dU=\int_{r_o}^{R}K\cdot\frac{dr}{r}$$

$$-U_o=K\cdot ln\frac{R}{r_o}$$

$$K=-\frac{U_o}{ln\frac{R}{r_o}} \tag{3.4}$$

Igualando (3.4) e (3.3):

$$r\frac{\partial U}{\partial r}=-\frac{U_o}{ln\frac{R}{r_o}}$$

ou

$$-\frac{\partial V}{\partial r}=\frac{U_o}{r\cdot ln\frac{R}{r_o}} \tag{3.5}$$

Como

$$\vec{E}=-gradU=-\frac{\partial U}{\partial r}\vec{u}_r$$

$$E=-\frac{\partial U}{\partial r} \tag{3.6}$$

Comparando as Equações (3.5) e (3.6):

$$E=\frac{U_o}{r\cdot ln\frac{R}{r_o}} \tag{3.7}$$

O gradiente máximo $E_{máx.}$ ocorrerá no condutor, para $r = r_o$, e o gradiente mínimo $E_{mín.}$ ocorrerá sobre a isolação, para $r = R$:

$$E_{max.}=\frac{U_o}{r_o\cdot ln\frac{R}{r_o}} \qquad E_{min.}=\frac{U_o}{R\cdot ln\frac{R}{r_o}}$$

3.3 APLICAÇÃO

Usualmente, consideram-se os diâmetros, em vez dos raios, e o que se calcula é o gradiente máximo. Portanto:

$$E=\frac{2\cdot U_o}{d\cdot ln\frac{D}{d}} \tag{3.8}$$

sendo $D = 2 \cdot R$ (diâmetro sobre a isolação, abaixo da blindagem semicondutora da isolação) e $d = 2 \cdot r_o$ (diâmetro abaixo da isolação, acima da blindagem semicondutora do condutor). O diâmetro sobre a isolação é o diâmetro sob a isolação somado ao dobro da espessura da isolação ($D = d + 2 \cdot$ *espessura da isolação*), de modo que, da Equação (3.8), pode-se determinar a espessura por:

$$t = \frac{d}{2} \cdot \left(e^{\frac{2 \cdot U_o}{E \cdot d}} - 1 \right) \tag{3.9}$$

sendo t a espessura da isolação, em mm.

Essa é a espessura definida pelas normas ABNT e IEC. A norma IEC [3] determina as espessuras com um gradiente elétrico máximo para serviço contínuo de 3,5 kV/mm. Já a ABNT [4] especifica espessuras com base em um gradiente elétrico máximo de cerca de 4 kV/mm para isolação de EPR ou XLPE e espessuras reduzidas para isolação de EPR (ou XLPE, no caso de cabos multiplexados neutro-sustentados de média tensão), com gradiente máximo de cerca de 4,5 kV/mm.

Nos cabos de alta tensão, geralmente utilizam-se gradientes maiores para operação permanente, não havendo uma normatização. Encontram-se facilmente cabos trabalhando com gradientes de 6 kV/mm a 10 kV/mm, ou até mais que isso; teoricamente, os compostos e os processos são limpos o suficiente para evitar que impurezas causem problemas com esses altos gradientes.

Quanto aos ensaios, a IEC não utiliza o conceito de gradiente elétrico para a definição das tensões a aplicar no cabo. Já a ABNT especifica os valores de tensões a aplicar nos cabos isolados com EPR [5] ou XLPE [6] em função de gradientes. Por exemplo, utilizando a Equação (3.8), define-se o valor para o ensaio de tensão (U_o) para que o gradiente seja de 12 kV/mm.

Tipicamente, a curva da rigidez dielétrica com o tempo de um material tem a forma:

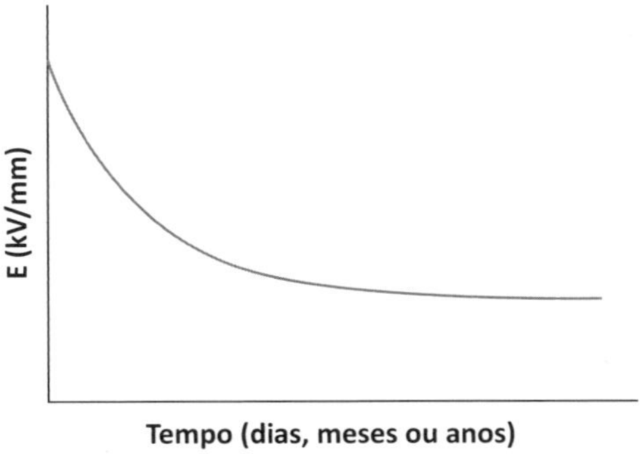

Figura 3.2 – Curva gradiente x tempo.

Como não se quer a ruptura do dielétrico, trabalha-se com um gradiente menor que o máximo suportável e com uma certa margem de segurança. A margem de segurança é necessária, pois fatores como temperatura, umidade, impurezas etc. podem alterar o valor máximo suportável do material. Muitas vezes, explora-se a curva realizando-se ensaios de tensão de curta duração.

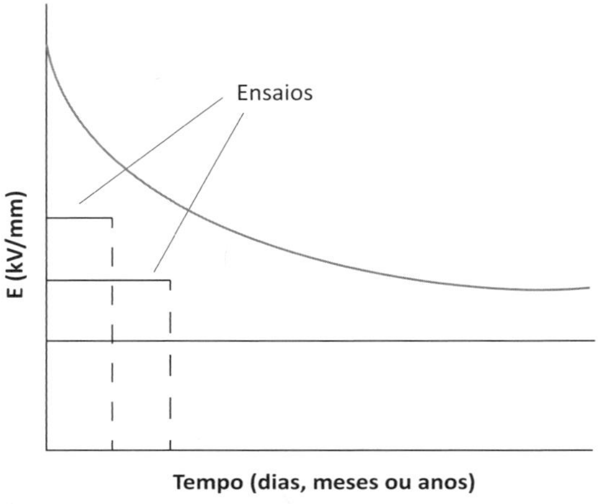

Figura 3.3 – Gradientes de ensaio e de operação.

REFERÊNCIAS

[1] ASSOCIAÇÃO BRASILEIRA DE NORMAS TÉCNICAS (ABNT). (2003). Norma NBR 14039. Instalações elétricas de média tensão de 1,0 a 36,2 kV.

[2] INTERNATIONAL ELECTROTECHNICAL COMMISSION (IEC). (2014). Norma IEC 61936-1. Power installations exceeding 1 kV a.c. – Part 1: Common rules.

[3] INTERNATIONAL ELECTROTECHNICAL COMMISSION (IEC). (2014). Norma IEC 60502-2. Power cables with extruded insulation and their accessories for rated voltages from 1 kV (Um = 1,2 kV) up to 30 kV (Um = 36 kV) – Part 2: Cables for rated voltages from 6 kV (Um = 7,2 kV) up to 30 kV (Um = 36 kV).

[4] ASSOCIAÇÃO BRASILEIRA DE NORMAS TÉCNICAS (ABNT). (2018). Norma ABNT NBR 6251. Cabos de potência com isolação extrudada para tensões de 1 kV a 35 kV. Requisitos construtivos.

[5] ASSOCIAÇÃO BRASILEIRA DE NORMAS TÉCNICAS (ABNT). (2015). Norma ABNT NBR 7286. Cabos de potência com isolação extrudada de borracha etilenopropileno (EPR, HEPR ou EPR 105) para tensões de 1 kV a 35 kV. Requisitos de desempenho.

[6] ASSOCIAÇÃO BRASILEIRA DE NORMAS TÉCNICAS (ABNT). (2019). Norma ABNT NBR 7287. Cabos de potência com isolação extrudada de polietileno reticulado (XLPE) para tensões de 1 kV a 35 kV. Requisitos de desempenho.

CAPÍTULO 4

Resistência de isolamento de condutores isolados

4.1 DEFINIÇÃO E CÁLCULO

Considere-se um condutor isolado (de comprimento *c*, raio do condutor *a* e raio da isolação *b*), ao qual se aplica uma tensão *U*, contínua e constante, entre o condutor e sua isolação:

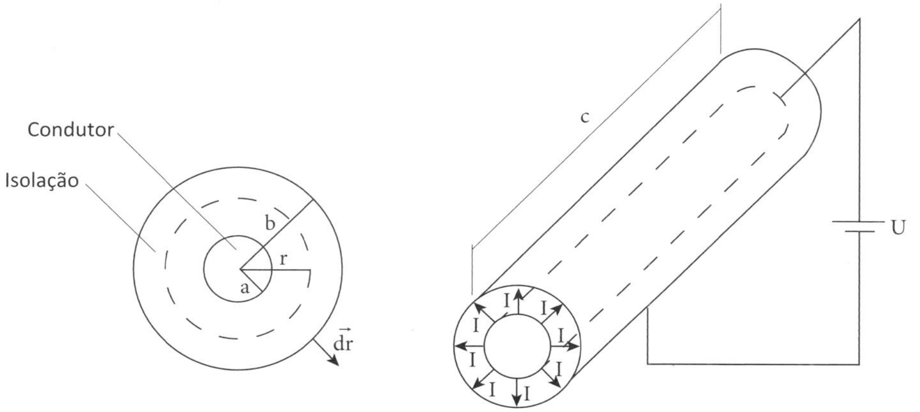

Figura 4.1 – Resistência de isolamento de condutor isolado.

Aplica-se, assim, um campo elétrico *E* do condutor para a periferia da isolação, criando-se condições para o surgimento de uma corrente elétrica *I* radial, do condutor para a superfície externa da isolação, ao longo de todo o comprimento do condutor isolado. Essa corrente não atravessa, portanto, o condutor, mas a isolação.

Existindo uma corrente *I*, passa a existir uma densidade de corrente que atravessa o dielétrico (isolação), dada por:

$$J = \frac{I}{S} \tag{4.1}$$

sendo *S* a seção transversal atravessada pela corrente elétrica *I*. Considerando o raio genérico *r*, essa seção vale:

$$S = 2 \cdot \pi \cdot r \cdot c \tag{4.2}$$

e, portanto, a densidade de corrente *J* seria:

$$J = \frac{I}{2 \cdot \pi \cdot r \cdot c} \tag{4.3}$$

A densidade de corrente é proporcional ao campo elétrico e a constante de proporcionalidade é a condutividade elétrica σ ($\sigma = 1/\rho$) do material:

$$J = \sigma \cdot E \tag{4.4}$$

ou

$$E = \frac{J}{\sigma} \tag{4.5}$$

Como a corrente elétrica percorre o dielétrico, a condutividade σ, ou seu inverso, a resistividade ρ, é a condutividade ou resistividade do material da isolação.

Portanto,

$$E = \frac{I}{2 \cdot \pi \cdot \sigma \cdot r \cdot c} \tag{4.6}$$

A tensão elétrica é definida pela integral de linha:

$$U = -\int_b^a \vec{E} \cdot \overrightarrow{dc} \tag{4.7}$$

Então:

$$U = -\int_b^a \frac{I}{2 \cdot \pi \cdot \sigma \cdot r \cdot c} \cdot dr = -\frac{I}{2 \cdot \pi \cdot \sigma \cdot r \cdot c} \cdot \int_b^a \frac{dr}{r}$$

$$U = -\frac{I}{2 \cdot \pi \cdot \sigma \cdot c} \cdot \left(lna - lnb \right) = \frac{I}{2 \cdot \pi \cdot \sigma \cdot c} \cdot \left(lnb - lna \right)$$

$$U = \frac{I}{2 \cdot \pi \cdot \sigma \cdot c} \cdot ln\frac{b}{a} \tag{4.8}$$

Como a resistência elétrica é definida por $R = U/I$,

$$R_i = \frac{1}{2 \cdot \pi \cdot \sigma \cdot c} \cdot ln\frac{b}{a} \tag{4.9}$$

Considerando-se a resistência de isolamento em 1 quilômetro (c = 1 km) e utilizando o diâmetro sobre a isolação ($D = 2 \cdot b$) e o diâmetro sob a isolação ($d = 2 \cdot a$),

$$R_i = \frac{1}{2 \cdot \pi \cdot \sigma} \cdot ln\frac{D}{d} \tag{4.10}$$

Essa equação é mais comumente encontrada com o logaritmo na forma decimal [2] e utilizando a resistividade em vez da condutividade:

$$R_i = \frac{\rho}{2 \cdot \pi} \cdot 2{,}302585 \cdot log\frac{D}{d} \tag{4.11}$$

ou, aproximadamente,

$$R_i = \frac{\rho}{2{,}728753} \cdot log\frac{D}{d} \tag{4.12}$$

Atualmente, muitas normas técnicas não mais especificam a resistência de isolamento, mas a resistividade ρ, em $\Omega \cdot$ cm, e/ou a constante de isolamento, em $M\Omega \cdot$ km [1], [2].

O valor de $\rho/2{,}728753$ é conhecido como constante de isolamento do material da isolação (K_i):

$$R_i = K_i \cdot log\frac{D}{d} \tag{4.13}$$

A unidade da condutividade σ é $1/(\Omega \cdot$ km); portanto, da Equação (4.10), a unidade de resistência de isolamento é $\Omega \cdot$ km.

A resistência de isolamento, combinando os dimensionais da isolação com as características do material e sendo uma medida em corrente contínua, é bastante utilizada na avaliação da qualidade dos condutores isolados. Entretanto, quando se necessita da resistência de isolamento de uma instalação, o valor especificado deve ser fornecido pela norma técnica da instalação [3], pois o valor final será uma associação das resistências de isolamento dos condutores, conectores, emendas, componentes conectados etc.

Esse é um ensaio normalmente requerido para cabos de baixa tensão, não sendo solicitado para cabos de média tensão, uma vez que a medida da resistência de isolamento incorporaria não somente a isolação como também as blindagens semicondutoras do condutor e da isolação. Em média tensão, esse ensaio é substituído pelo ensaio do fator de perdas, ou tangente delta, que analisa, indiretamente, a resistência elétrica da isolação em corrente alternada (ver Apêndice A).

4.2 VARIAÇÃO DA RESISTÊNCIA DE ISOLAMENTO COM A TEMPERATURA

A resistência de isolamento diminui com o aumento da temperatura. Por isso, em algumas normas técnicas [1], é possível encontrar tabelas do tipo:

Tabela 4.1 – Fatores de correção da resistência de isolamento com a temperatura

Temperatura °C	Coeficiente/°C								
	1,06	1,07	1,08	1,09	1,10	1,11	1,12	1,13	1,14
5	0,42	0,36	0,32	0,27	0,24	0,21	0,18	0,16	0,14
6	0,44	0,39	0,34	0,30	0,26	0,23	0,20	0,18	0,16
7	0,47	0,41	0,37	0,33	0,29	0,26	0,23	0,20	0,18
8	0,50	0,44	0,40	0,36	0,32	0,29	0,26	0,23	0,21
9	0,53	0,48	0,43	0,39	0,35	0,32	0,29	0,26	0,24
10	0,56	0,51	0,46	0,42	0,39	0,35	0,32	0,29	0,27
11	0,59	0,54	0,50	0,46	0,42	0,39	0,36	0,33	0,31
12	0,63	0,58	0,54	0,50	0,47	0,43	0,40	0,38	0,35
13	0,67	0,62	0,58	0,55	0,51	0,48	0,45	0,43	0,40
14	0,70	0,67	0,63	0,60	0,56	0,53	0,51	0,46	0,46
15	0,75	0,71	0,68	0,65	0,62	0,59	0,57	0,54	0,52

(continua)

Tabela 4.1 – Fatores de correção da resistência de isolamento com a temperatura (*continuação*)

Temperatura °C	Coeficiente/°C								
	1,06	**1,07**	**1,08**	**1,09**	**1,10**	**1,11**	**1,12**	**1,13**	**1,14**
16	0,79	0,76	0,74	0,71	0,68	0,66	0,64	0,61	0,59
17	0,84	0,82	0,79	0,77	0,75	0,73	0,71	0,69	0,67
18	0,89	0,87	0,86	0,84	0,83	0,81	0,80	0,78	0,77
19	0,94	0,93	0,93	0,92	0,91	0,90	0,89	0,88	0,88
20	1,00	1,00	1,00	1,00	1,00	1,00	1,00	1,00	1,00
21	1,06	1,07	1,08	1,09	1,10	1,11	1,12	1,13	1,14
22	1,12	1,14	1,17	1,19	1,21	1,23	1,25	1,28	1,30
23	1,19	1,23	1,26	1,30	1,33	1,37	1,40	1,44	1,48
24	1,26	1,31	1,36	1,41	1,46	1,52	1,57	1,63	1,69
25	1,34	1,40	1,47	1,54	1,61	1,69	1,76	1,84	1,93
26	1,42	1,50	1,59	1,68	1,77	1,87	1,97	2,08	2,19
27	1,50	1,61	1,71	1,83	1,95	2,08	2,21	2,35	2,50
28	1,59	1,72	1,85	1,99	2,14	2,30	2,48	2,66	2,85
29	1,69	1,84	2,00	2,17	2,36	2,56	2,77	3,00	3,25
30	1,79	1,97	2,16	2,37	2,59	2,84	3,11	3,39	3,71

Fonte: ABNT NBR 7286 [2].

A resistência de isolamento (ou a constante de isolamento, ou a resistividade do material da isolação) é, em geral, especificada na temperatura de 20 °C. Medindo-se a resistência de isolamento em outra temperatura, o valor medido deve ser dividido pelo fator tabelado em função da temperatura da isolação durante a medição. Entretanto, note-se que existem vários fatores para cada temperatura, cada um em uma coluna denominada por outros fatores de valores 1,06 – 1,07 – 1,08 – etc. Esses últimos são os "coeficientes por °C", simbolizados por *f*, enquanto os primeiros são os "fatores de correção", simbolizados por *F*.

A resistência de isolamento em uma dada temperatura é dada por:

$$R_i = K_i \cdot log \frac{D}{d} \tag{4.13}$$

ou seja:

$$R_{20} = K_{20} \cdot log \frac{D}{d}$$

$$R_{21} = K_{21} \cdot log \frac{D}{d}$$

O coeficiente por °C de cada material é definido por:

$$f = \frac{R_{20}}{R_{21}} = \frac{K_{20}}{K_{21}}$$

Assim,

$$R_{21} = \frac{R_{20}}{f}$$

$$R_{22} = \frac{R_{21}}{f} = \frac{R_{20}}{f^2}$$

$$R_{23} = \frac{R_{22}}{f} = \frac{R_{20}}{f^3}$$

$$R_T = \frac{R_{20}}{f^{(T-20)}} \quad (4.14)$$

Portanto, o fator de correção *F* é:

$$F = f^{(T-20)} \quad (4.14)$$

Assim, para fazer a correção de um valor de resistência ou de constante de isolamento de uma temperatura qualquer para a temperatura de 20 °C é preciso conhecer o valor do coeficiente por °C de cada material, e existe um ensaio definido para isso [4] (ver a seção seguinte).

Nota: as normas técnicas especificam o valor da constante de isolamento ou a resistividade do material na temperatura de operação como 1.000 vezes menor que o valor a 20 °C. Usando as expressões acima e sabendo que a temperatura de operação é 70 °C ou 90 °C, vê-se que, para isso, foi adotado $F = 1{,}10$ como coeficiente por °C. Quando surgiu a classe 105 °C, foi mantido o valor de 1.000 vezes menor, o que leva a $F = 1{,}08$ como coeficiente por °C.

4.3 ENSAIO PARA A DETERMINAÇÃO DO COEFICIENTE POR °C DE UM MATERIAL

O ensaio é simplesmente o de resistência de isolamento em diferentes temperaturas. O maior problema, em geral, é a definição do comprimento do corpo de prova.

A resistência de isolamento de um comprimento x é dada por:

$$R = \frac{K_i}{x} \cdot log \frac{D}{d}$$

R = resistência de isolamento, Mohm

K_i = constante de isolamento. Mohm·km

x = comprimento do corpo de prova, km

D = diâmetro sobre a isolação, mm

d = diâmetro abaixo da isolação, mm

Para o levantamento do coeficiente deve-se usar um condutor de 1,5 mm^2 isolado com uma espessura de 0,8 mm, de forma que d = 1,55 mm (diâmetro aproximado de um condutor 1,5 mm^2) e D = 1,55 + (2 · 0,8) = 3,15 mm.

O comprimento utilizado deve ser tal que a resistência de isolamento na menor temperatura seja de, no máximo, 25.000 Mohm.

A menor temperatura de ensaio é de 10 °C. A tabela das normas varia de um coeficiente de 1,06 até 1,23. No pior dos casos, tome-se 1,23. De 10 °C a 20 °C, tem-se 10 °C de diferença; portanto, faz-se:

$$1{,}23^{10} = 7{,}926$$

Estima-se a resistência de isolamento em 1 km a 20 °C:

$$R = K_i \cdot log \frac{D}{d}$$

Por exemplo, se K_i = 3.700 Mohm.km:

$$R = 3700 \cdot log \frac{3{,}15}{1{,}55} = 1139{,}5 \text{ Mohm.km}$$

O comprimento x será:

$$x = \frac{R \cdot 1{,}23^{10}}{25000}$$

Se R = 1139,5 Mohm.km, então o comprimento será x = 0,361 km, ou 361 metros. Qualquer comprimento maior do que este leva a uma resistência de isolamento menor que 25.000 Mohm.

Entretanto, o valor de K_i deve ser medido, pois costuma ser muito maior que o valor mínimo estipulado nas normas. No exemplo, se a constante de isolamento fosse de 10.000 Mohm·km em vez de 3.700 Mohm·km, o comprimento mínimo seria de 976 metros, em vez de 361. Às vezes, esse valor de K_i é tão alto que não se consegue medir o coeficiente, pois o megger não tem energia suficiente para medir um comprimento muito elevado.

Nesses casos, as normas preveem que se use o menor dos coeficientes (1,06), e é por isso que, em geral, não se mede o coeficiente e se utiliza esse menor valor.

REFERÊNCIAS

[1] INTERNATIONAL ELECTROTECHNICAL COMMISSION (IEC). (2009). Norma IEC 60502-1. Power cables with extruded insulation and their accessories for rated voltages from 1 kV (Um = 1,2 kV) up to 30 kV (Um = 36 kV) – Part 1: Cables for rated voltages of 1 kV (Um = 1,2 kV) and 3 kV (Um = 3,6 kV).

[2] ASSOCIAÇÃO BRASILEIRA DE NORMAS TÉCNICAS (ABNT). (2015). Norma NBR 7286. Cabos de potência com isolação extrudada de borracha etilenopropileno (EPR, HEPR ou EPR 105) para tensões de 1 kV a 35 kV. 2015.

[3] ASSOCIAÇÃO BRASILEIRA DE NORMAS TÉCNICAS (ABNT). (2004). Norma NBR 5410. Instalações elétricas de baixa tensão.

[4] ASSOCIAÇÃO BRASILEIRA DE NORMAS TÉCNICAS (ABNT). (2981). Norma NBR 6813. Fios e cabos elétricos. Ensaio de resistência de isolamento.

CAPÍTULO 5
Curto-circuito

5.1 INTRODUÇÃO

O foco deste capítulo é a capacidade de curto-circuito de condutores isolados de baixa, média e alta tensão e de condutores não isolados e não cobertos de linhas aéreas de transmissão e distribuição de energia elétrica. A corrente de curto-circuito que circulará no intervalo de tempo estipulado não poderá ser maior que o valor aqui calculado.

Existem dois métodos de cálculo:

1) Adiabático: considera-se que, durante o curto-circuito, todo o calor gerado é retido no componente por onde passa a corrente (condutor ou blindagem), não se transmitindo para o exterior nesse curto espaço de tempo.

2) Não adiabático: considera-se que o calor flui para o exterior.

Ambos os métodos são dados na norma IEC 60949 [1]. Na bibliografia sobre o assunto são encontradas algumas referências citando que o calor começa a fluir para o exterior depois de muito pouco tempo, alguns décimos de segundo, de forma que o método adiabático perde sua precisão conforme o tempo aumenta. Entretanto, como o método adiabático é mais conservador e como esse tempo limite não é conhecido (embora as normas brasileiras da ABNT definam o curto-circuito como tendo duração máxima de 5 segundos, o que é um valor enorme), o primeiro método é o mais universalmente usado e é o que será aqui tratado.

A corrente de curto-circuito admissível em um condutor é calculada por uma expressão derivada da integral de Joule, razoavelmente confirmada por ensaios:

$$I^2 \cdot t = \frac{\sigma \cdot (\beta + 20) \cdot 10^{-12}}{\rho_{20}} \cdot S^2 \cdot ln\left(\frac{\theta_f + \beta}{\theta_i + \beta}\right) \tag{5.1}$$

S = seção do condutor ou blindagem (mm^2)

I = corrente de curto-circuito (A)

t = duração do curto-circuito (s)

θ_f = temperatura do condutor ou blindagem no final do curto-circuito (°C)

θ_i = temperatura do condutor ou blindagem no início do curto-circuito (°C)

β = inverso do coeficiente de temperatura da resistência a 0 K (°C)

(mais conhecido por *inferred absolute temperature*, ver Capítulo 2)

σ = calor específico volumétrico a 20 °C (J/ °C · m^3)

ρ_{20} = resistividade elétrica a 20 °C (Ω · m)

Essa expressão é geralmente encontrada na forma:

$$I = K \cdot S \cdot \sqrt{\frac{1}{t} \cdot ln\left(\frac{\theta_f + \beta}{\theta_i + \beta}\right)} \tag{5.2}$$

e K, medido em A · $s^{1/2}$ · mm^{-2}, vale:

$$K = \sqrt{\frac{\sigma \cdot (\beta + 20) \cdot 10^{-12}}{\rho_{20}}} \tag{5.3}$$

Para cada metal existe um valor de K. Os valores das constantes para cada material são:

Tabela 5.1 – Constantes dos metais para o cálculo do curto-circuito

Material	ρ_{20} (Ω · m)	β (°C)	σ (J/°C · m³)	K (A · s$^{1/2}$ · mm^{-2})
Cobre	17,241 x 10^{-9}	234,5	3,45 x 10^{6}	226
Alumínio	28,264 x 10^{-9}	228	2,5 x 10^{6}	148
Chumbo	214 x 10^{-9}	230	1,45 x 10^{6}	41
Aço	138 x 10^{-9}	202	3,8 x 10^{6}	78
Bronze	35 x 10^{-9}	313	3,4 x 10^{6}	180

5.2 CURTO-CIRCUITO NO CONDUTOR DE CABOS ISOLADOS

Um sistema elétrico trifásico pode ter vários tipos de falha:

- curto-circuito assimétrico entre duas fases;
- curto-circuito assimétrico entre duas fases e terra;
- curto-circuito assimétrico entre uma fase e terra;
- curto-circuito simétrico entre as três fases;
- curto-circuito simétrico entre as três fases e a terra.

mas, do ponto de vista do cabo, não interessa qual o tipo de falha: o projetista deve definir qual a corrente de curto-circuito que circulará no condutor (ou na blindagem de cabos de média e alta tensão) e esse valor deve ser menor ou igual ao valor máximo definido para o cabo, calculado conforme descrito a seguir.

A temperatura máxima de curto-circuito é definida pelo material que está em contato com o condutor – camada semicondutora, isolação ou cobertura (no caso de cabos não isolados, somente cobertos) –, já que esses materiais estarão na mesma temperatura do condutor no ponto de contato e sua temperatura máxima no curto-circuito é mais baixa que a temperatura máxima para o metal.

Não se tem conhecimento de ensaios em que a temperatura de curto-circuito para cada material tenha sido definida, mas as normas técnicas trazem os valores a serem adotados, embora nem sempre esses valores sejam os mesmos em diferentes normas.

A norma brasileira para instalações elétricas de baixa tensão (ABNT NBR 5410) [2] – traz um valor para uma outra constante *K*, que, para evitar confusões, chamaremos de *K'*, calculado por:

$$K' = \sqrt{\frac{\sigma \cdot (\beta + 20) \cdot 10^{-12}}{\rho_{20}} \cdot ln\left(\frac{\theta_f + \beta}{\theta_i + \beta}\right)}$$

e, consistentemente, a corrente de curto-circuito é calculada por:

$$I = \frac{K' \cdot S}{\sqrt{t}}$$

Os valores especificados por essa norma têm restrições: emendas soldadas somente previstas para condutores isolados com PVC de seção menor ou igual a 300 mm^2 (provavelmente, esse texto deve ser revisado, pois a restrição para emendas soldadas é 160 °C, seja qual for a isolação), condutor mínimo com seção 10 mm^2 e duração máxima do curto-circuito de 5 segundos (talvez seja uma duração muito grande para se considerar o curto como adiabático).

Conforme a NBR 5410 [2], as temperaturas a se considerar no cálculo do curto-circuito são em função dos materiais da isolação:

Tabela 5.2 – Temperaturas dos materiais de isolação no curto-circuito

Material da isolação	Temperatura inicial (°C)	Temperatura final (°C)
PVC ≤ 300 mm^2	70	160
PVC > 300 mm^2	70	140
Polietileno	70*	130
EPR e HEPR 90	90	250
EPR 105	105	250
XLPE e TR XLPE 90	90	250

*75 °C para os cabos com isolação de PE de densidade de massa > 0,940 g/cm^3 a 23 °C.

Na ABNT NBR 14039 [3] –, as temperaturas para as isolações possíveis em média tensão (XLPE ou EPR) são as mesmas da Tabela 5.2 (90 °C ou 105 °C para a temperatura inicial e 250 °C para a temperatura final).

5.3 CURTO-CIRCUITO NA BLINDAGEM DE CABOS DE MÉDIA E ALTA TENSÃO ISOLADOS

Sempre que houver um curto-circuito para a terra em um cabo blindado e com blindagem aterrada em mais de um ponto, poderá haver circulação de corrente pela blindagem e, por isso, a seção da blindagem deve levar em conta essa possibilidade.

É preciso conhecer a corrente de curto na blindagem e o tempo de duração dessa corrente. Com esses dados, dimensiona-se a seção da blindagem por:

$$S = \frac{I \cdot \sqrt{t}}{K \cdot \sqrt{ln \frac{\theta_f + \beta}{\theta_i + \beta}}} \tag{5.4}$$

A temperatura inicial é a temperatura sobre a semicondutora da isolação em regime permanente. Para se ter uma ideia do valor dessa temperatura, considerando uma instalação ao ar livre, em trifólio, de cabos isolados com XLPE, as temperaturas na camada semicondutora da isolação seriam:

Tabela 5.3 – Cálculo da inicial do curto-circuito na blindagem

S mm²	Uo/U kV	d_{cond} mm	e_{smcc} mm	e_{isol} mm	e_{smci} mm	T_1 m.K/W	θ_{cond} °C	I A	R_{CA} Ω/km	$\theta_{smc\ is}$ °C
10	3,6/6	3,75	0,6	2,5	0,6	0,60700	90	94	2,3335	77
50	3,6/6	8,05	0,6	2,5	0,6	0,36316	90	235	0,4938	80
120	3,6/6	12,8	0,6	2,5	0,6	0,25414	90	417	0,1963	81
300	3,6/6	20,6	0,6	2,5	0,6	0,17096	90	744	0,0801	82
50	12/20	8,05	0,6	5,5	0,6	0,54593	90	243	0,4965	74
120	12/20	12,8	0,6	5,5	0,6	0,39902	90	426	0,1971	76
300	12/20	20,6	0,6	5,5	0,6	0,27912	90	751	0,0799	77
50	20/35	8,05	0,6	8,8	0,6	0,69537	90	249	0,4938	69
120	20/35	12,8	0,6	8,8	0,6	0,52417	90	433	0,1959	71
300	20/35	20,6	0,6	8,8	0,6	0,37794	90	757	0,0792	73

Nota: cálculo realizado para condutores de cobre compactados e conforme a série de normas IEC 60287.

S = seção do condutor

d_{cond} = diâmetro do condutor

e_{smcc} = espessura da semicondutora do condutor

T_1 = resistência térmica da isolação

θ_{cond} = temperatura no condutor

I = corrente nominal (antes do curto)

e_{isol} = espessura da isolação

e_{smci} = espessura da semicondutora da isolação

R_{CA} = resistência elétrica do condutor em C.A.

$\theta_{smc\ is}$ = temperatura na semicondutora da isolação

Nesse exemplo, a menor temperatura seria de 69 °C e a maior de 82 °C; maior temperatura inicial leva a uma seção de blindagem maior. Embora esse levantamento superficial não cubra todas as possibilidades, justifica, de certa forma, a adoção da menor variação prevista na norma ICEA P-45-482 [4], de 5 °C, também adotada pela norma ABNT NBR 6251 [5]:

Tabela 5.4 – Temperatura inicial da blindagem no curto-circuito

Temperatura máxima no condutor (°C)	Temperatura inicial (°C)
90	85
105	100

A temperatura final permissível depende do tipo de material da isolação e cobertura em contato com a blindagem, do tipo de emenda do cabo e se o cabo tem uma capa de chumbo.

Considerando-se que os cabos de média tensão, atualmente, são isolados somente com EPR ou XLPE, a temperatura máxima final em função da isolação seria de 250 °C (sendo aproximadamente a mesma na blindagem semicondutora da isolação), que é maior que a temperatura máxima dos tipos usuais de cobertura e, portanto, é essa última a que governa o curto-circuito na blindagem.

Com essas premissas, a ABNT NBR 6251 [5] estabeleceu que a temperatura inicial no curto-circuito seria 5 °C menor que a temperatura máxima no condutor e que a temperatura final deve ser:

Tabela 5.5 – Temperaturas finais de curto-circuito na blindagem

Material da cobertura	SE1/A, SHF2 e SE1/B	ST3	SHF1 e ST7	ST1 e ST2
Temperatura final máxima (°C)	220	150	180	200

Notas:

1) Conexões soldadas limitam a temperatura final máxima a 160 °C.
2) A presença de capa de chumbo limita a temperatura final máxima a 200 °C (ligas de chumbo) ou a 170 °C (chumbo)
3) SE1/A e SE1/B = policloropreno, polietileno clorosulfonado, polietileno clorado ou similares;

   SHF2 = composto poliolefínico termofixo não halogenado;

   SHF1 = composto poliolefínico termoplástico não halogenado;

   ST3 e ST7 = polietileno termoplástico;

   ST1 e ST2 = PVC.

A corrente de curto-circuito máxima suportada pelo cabo na quase totalidade dos casos é maior no condutor do que na blindagem, uma vez que a temperatura máxima final no curto-circuito no condutor é 250 °C, e normalmente a seção do condutor é maior que a seção da blindagem. Além disso, muitas vezes a corrente de curto é dividida por diversas blindagens, com a terra ou com um condutor neutro, o que possibilita reduzir sua seção.

Nota: como este texto não trata das instalações elétricas, somente do dimensionamento dos cabos, o cálculo aqui descrito limita-se a informar como dimensionar a blindagem – e, na seção anterior, o condutor – a partir de valores de corrente e duração do curto-circuito. Note que esses valores são diferentes para o condutor e a blindagem de um cabo unipolar.

Por outro lado, inúmeras vezes a blindagem não é dimensionada para conduzir a corrente de curto-circuito, por exemplo, os cabos padronizados encontrados no mercado brasileiro têm seção de blindagem de 6 mm^2, o que, para um curto-circuito com duração de 0,5 s e cobertura de PVC, resulta em uma corrente máxima de curto-circuito de 1 kA somente.

Evidentemente, a corrente de curto-circuito que ocorra em algum equipamento do sistema não precisa ser escoada pela blindagem. Na verdade, uma parcela pequena o é, sendo o restante escoado pela terra, condutor neutro ou de continuidade de terra, sendo este último sempre recomendável (conforme IEEE Std 575 [6]). E, se a blindagem for aterrada em somente um ponto, não há como servir de caminho para essas correntes de curto-circuito, de modo que a seção padronizada de 6 mm^2 é suficiente para o aterramento em um só ponto, levando a zero o potencial nesse ponto.

No caso de curto-circuito entre o condutor e a blindagem do cabo, supõe-se que, se o cabo for armado, ocorrerá a ruptura elétrica da separação blindagem-armação e esta última também servirá de caminho para a corrente de curto-circuito. Da mesma forma, pode-se inferir que um condutor de continuidade de terra em contato com a cobertura em todo o comprimento do cabo também serviria para escoar parte da corrente de curto-circuito pela ruptura elétrica da cobertura. Isso parece ser um tanto forçado, e pode ou não ocorrer, de forma que a melhor prática é o dimensionamento da blindagem como caminho para a corrente de curto-circuito, caso o aterramento não seja feito em um único ponto ou para curtos entre fase, ou fases, e terra, em qualquer caso.

Para cabos de distribuição, as perdas na blindagem podem às vezes ser reduzidas aumentando sua impedância por meio de uma redução de seu conteúdo de metal, mas essa abordagem é geralmente limitada pela magnitude e duração da corrente de falta para a blindagem. O requisito de duração da falta precisará considerar qualquer atraso introduzido pela falha da proteção do circuito primário e pela dependência de um esquema de proteção de "backup". Em várias normas técnicas, a quantidade necessária de metal na blindagem é especificada como uma fração da área da seção transversal do condutor. Por exemplo, a blindagem pode ter a mesma seção do condutor, 1/2, 1/3, 1/6 ou mesmo 1/12 da área da seção transversal do condutor.

5.3.1 TENSÃO INDUZIDA NA BLINDAGEM

O campo magnético produzido pela corrente elétrica no condutor induz uma tensão elétrica na blindagem. O valor dessa tensão é definido pelo produto entre a corrente elétrica no condutor e a reatância indutiva criada pela indutância entre o condutor e a blindagem:

$$V_s = X \cdot I \tag{5.5}$$

I = corrente elétrica no condutor (A)

X = reatância indutiva entre condutor e blindagem (Ω/km)

V_S = tensão induzida na blindagem (V/km)

A reatância indutiva é calculada por $X = 2 \cdot \pi \cdot f \cdot L$, sendo f a frequência em Hz e L a indutância, em H/km.

A indutância entre condutor e blindagem para um sistema trifásico, quando a blindagem é aterrada em um único ponto, vale (ver Capítulo 7):

$$L = 0{,}05 \cdot 10^{-3} + 0{,}2 \cdot 10^{-3} \cdot ln \frac{2 \cdot GMD}{d_c} \tag{5.6}$$

L = indutância de sequência positiva ou negativa (H/km)

GMD = distância média geométrica (mm)

d_c = diâmetro do condutor (mm)

Se a blindagem for aterrada em mais de um ponto, a indutância vale (ver Capítulo 7):

$$L = 0{,}05 \cdot 10^{-3} + 0{,}2 \cdot 10^{-3} \cdot ln \frac{2 \cdot GMD}{d_s} \tag{5.7}$$

L = indutância de sequência positiva ou negativa (H/km)

GMD = distância média geométrica (mm)

d_S = diâmetro interno da blindagem (mm)

Nota:

$$GMD_{3\,condutores} = \sqrt[3]{D_{12} \cdot D_{23} \cdot D_{31}}$$

sendo D a distância entre condutores

Com a blindagem aterrada em somente um ponto, a tensão ao longo do comprimento aumentará linearmente:

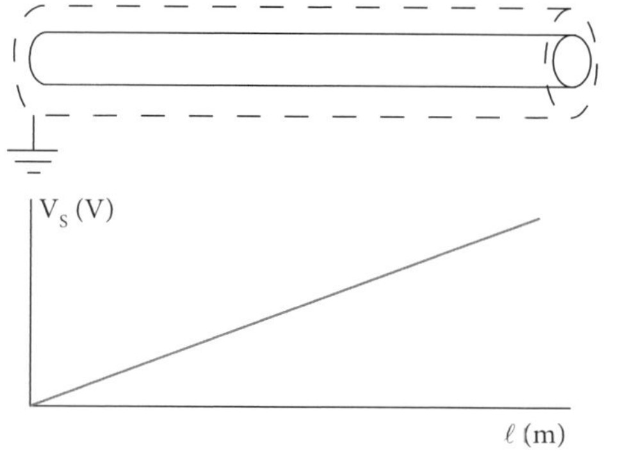

Figura 5.1 – Tensão induzida na blindagem aterrada em um único ponto.

Com a blindagem aterrada em dois pontos:

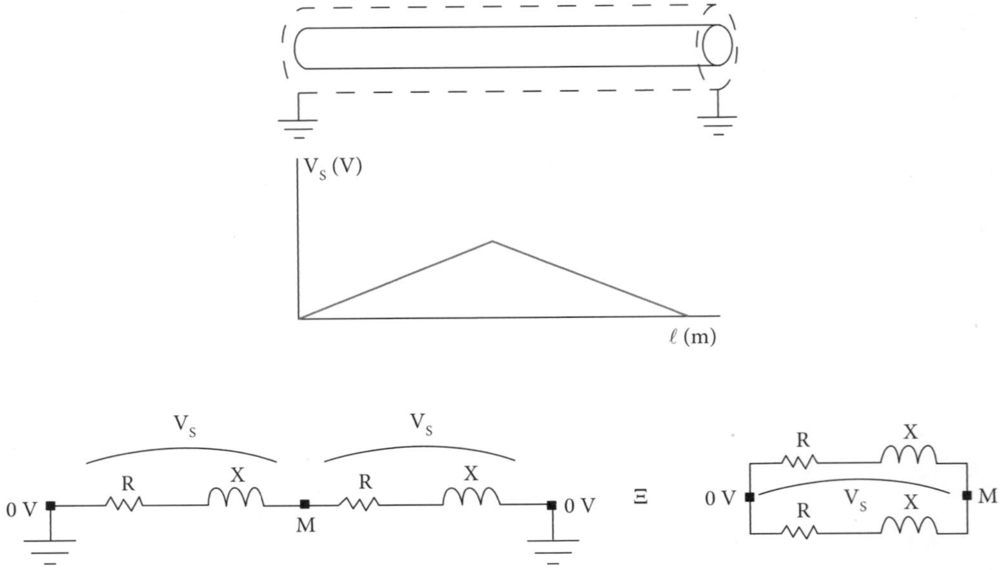

Figura 5.2 – Tensão induzida na blindagem aterrada em mais que um ponto.

Ao aterrar a blindagem em dois ou mais pontos, haverá circulação de corrente pela blindagem, o que aumenta as perdas e a temperatura do cabo, mas pode-se controlar o valor máximo da tensão induzida, aproximando-se os pontos de aterramento; aterrando somente um ponto, a tensão induzida pode atingir valores perigosos e esse tipo de aterramento só deve ser utilizado em comprimentos menores. Como a cobertura não tem a obrigação de ser isolante, a tensão em qualquer ponto da blindagem não deve ultrapassar a tensão limite de contato estabelecida pelas normas técnicas: por exemplo, a ABNT NBR 14039 [3] estabelece o valor máximo de 25 V para áreas externas e 50 V para áreas internas, quando a duração da corrente no condutor é igual ou superior a 10 s e outros valores quando essa duração é menor, conforme a figura seguinte:

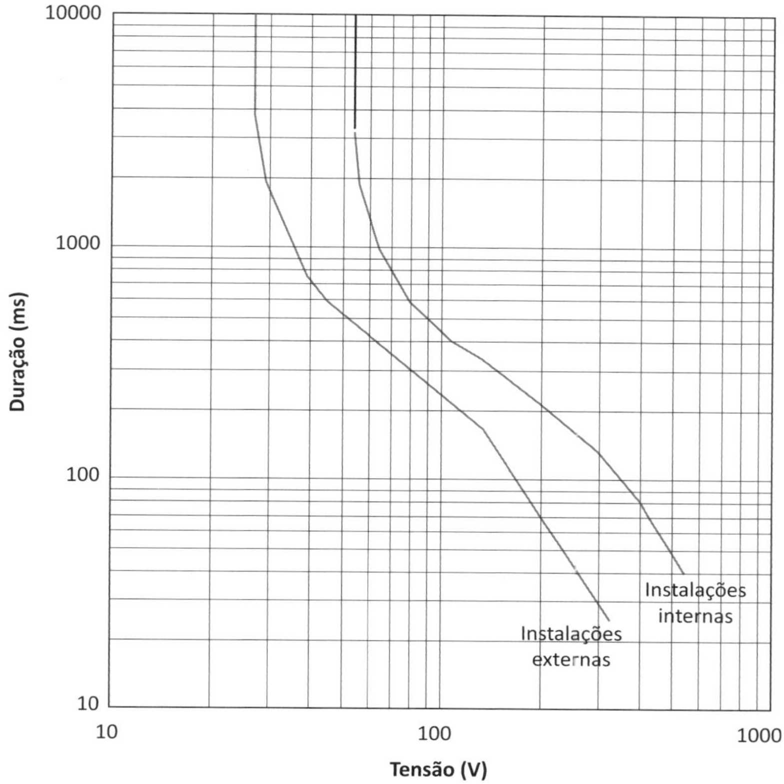

Figura 5.3 – Tensão máxima de contato conforme NBR 14039 para t < 10s.

A IEC 61936-1 [7] traz definições ligeiramente diferentes, que levam a tensões de toque mais elevadas para a mesma duração – provavelmente, a ABNT NBR 14039 será revisada e será adotado o gráfico dessa IEC (Figura 5.4).

Como a cobertura pode estar sujeita a valores elevados de tensão induzida na blindagem durante um curto-circuito, algumas coberturas, principalmente de cabos de transmissão (alta tensão), têm características elétricas além das mecânicas. Por isso, uma tinta semicondutora ou uma película de grafite é aplicada sobre a cobertura, ou uma cobertura de material semicondutor é utilizada, para que seja possível ensaiar a integridade elétrica da cobertura.

Como exemplo, o cabo de 150 mm^2, com isolação de XLPE para tensão 8,7/15 kV e blindagem a fios, tem reatância indutiva de 0,083 Ω/ km e, conduzindo corrente de 300 A, induz uma tensão de 25 V/km na blindagem. Portanto, em áreas externas, a blindagem desse cabo deve ser aterrada a cada 2 quilômetros, uma vez que entre dois pontos de aterramento a tensão máxima ocorre na metade da distância entre eles.

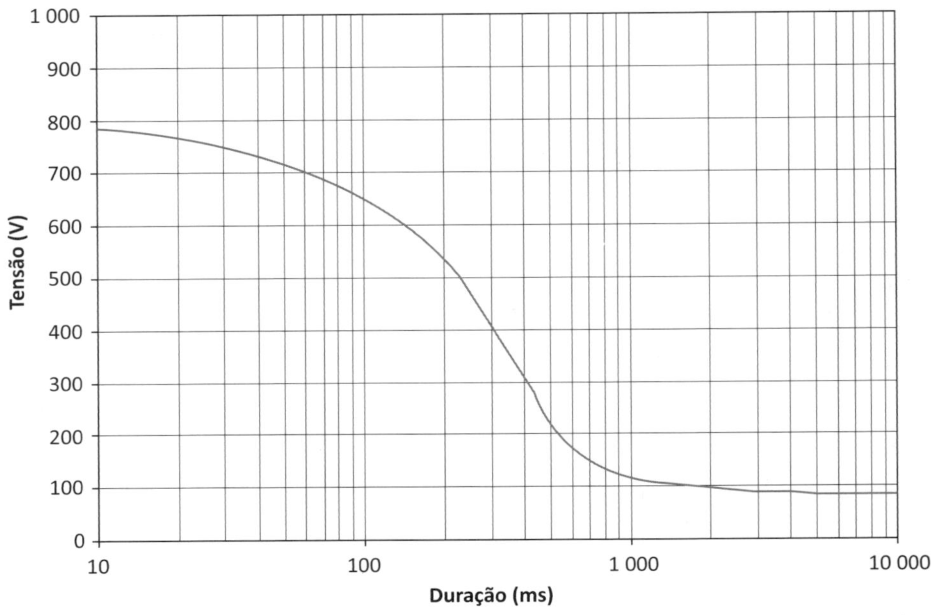

Figura 5.4 – Tensão máxima de contato conforme IEC 61936-1 para t < 10 s.

Esse mesmo cabo tem uma corrente máxima de curto-circuito de 30 kA durante 0,5 s. Nesse caso, como a duração da corrente de curto-circuito é menor que 10 segundos, a tensão máxima induzida permitida varia e, para duração de 0,5 s, a ABNT NBR 14039 [3] estabelece um valor máximo aproximado de 40 V para áreas externas e 90 V para áreas internas. Como a corrente de 30 kA induz uma tensão de 2.500 V/km na blindagem, o aterramento deveria ser feito a cada 32 metros, supondo que ocorra a corrente de curto máxima, o que dificilmente é feito. Entretanto, embora descumprindo o prescrito pela norma brasileira, a tensão máxima permitida na blindagem seria cerca de 220 V conforme a IEC 61936-1 [7], o que levaria a um aterramento a cada 176 metros.

Nota: esses valores de tensão induzida no curto-circuito não são precisos, uma vez que foram calculados adotando-se a reatância indutiva a 60 Hz, e essa é a frequência em regime permanente.

Porém, pode haver um outro problema. Suponha-se, no exemplo dado, que o aterramento da blindagem de fios de cobre – considerando-se que a blindagem seja formada por fios longitudinais – foi feito a cada 176 metros, mas que há um ou mais fios quebrados na blindagem, a 6 metros de um dos aterramentos. Durante o curto-circuito, são induzidos 2.500 V/km na blindagem, ou 2,5 V/m. Na ponta quebrada a 6 metros de um aterramento, a tensão atinge 15 V. Na outra ponta, que estará a 170 metros do aterramento seguinte, a tensão atingirá 425 V. Portanto, existe uma diferença de 410 V entre as duas pontas quebradas, que certamente estarão bem próximas, o que propiciará a abertura de um arco voltaico e a possibilidade de início de incêndio. Alguns fios podem ser quebrados durante a produção do cabo, mas isso também pode ocorrer durante a instalação. Algumas precauções são o uso de fios relativamente grossos, medida da resistência elétrica da blindagem, evitar o "kink" (dobramento do fio durante sua aplicação), passo de aplicação dos fios que permita a movimentação do cabo dentro dos limites de seu raio mínimo de curvatura sem provocar "kinks" e aplicação de fita de cobre ou fios de cobre helicoidais, em sentido oposto ao da aplicação dos fios.

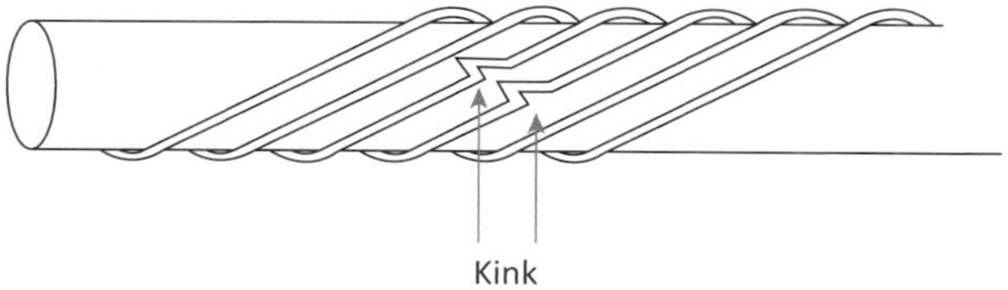

Figura 5.5 – Kink.

Em circuitos formados por cabos unipolares com altas correntes, as perdas por corrente circulante na blindagem, resultantes de múltiplos aterramentos, podem chegar a valores proibitivos. Para diminuir essas perdas são utilizados métodos alternativos de aterramento, conhecidos como "técnicas especiais de aterramento". Essas técnicas são mais utilizadas em circuitos de alta tensão, pois esses costumam ser mais longos e conduzir maiores correntes, mas também podem ser utilizadas em circuitos de média tensão.

As perdas na blindagem aumentam com o aumento de espaçamento entre cabos, por exemplo, cabos em eletrodutos separados ou cabos diretamente enterrados espaçados um do outro. O espaçamento, entretanto, reduz o aquecimento mútuo e o projeto da instalação deve levar em conta os dois efeitos: aquecimento mútuo e acoplamento magnético. De qualquer forma, existem técnicas especiais de aterramento da blindagem que podem reduzir as perdas e que também devem ser consideradas.

Além do aterramento em um único ponto e do aterramento em vários pontos, existem os aterramentos por impedância, aterramento *cross bonding* seccionalizado e aterramento *cross bonding* contínuo.

O aterramento por impedância (ou por transformadores) aumenta o custo da instalação, já que a impedância ou o transformador tem de ser projetado especificamente para as correntes de curto-circuito do sistema e necessitam de espaço adicional para sua instalação.

A colocação das blindagens em *cross bonding* essencialmente seccionaliza as blindagens em seções menores, que mudam de fase e, aproximadamente, neutralizam a tensão total induzida em três seções menores, que formam uma seção maior:

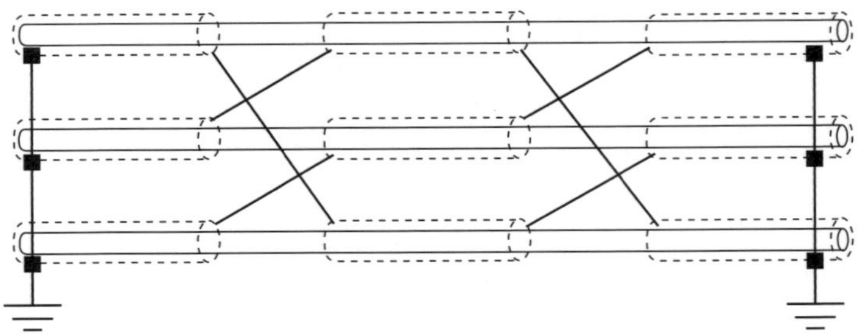

Figura 5.6 – Aterramento por *cross-bonding*.

No caso do *cross bonding* seccionalizado, aterra-se a blindagem a cada *cross bonding*.

5.3.2 FORÇA DE DESGARRAMENTO SOBRE A BLINDAGEM DURANTE O CURTO-CIRCUITO

O campo magnético gerado por um fio conduzindo corrente:

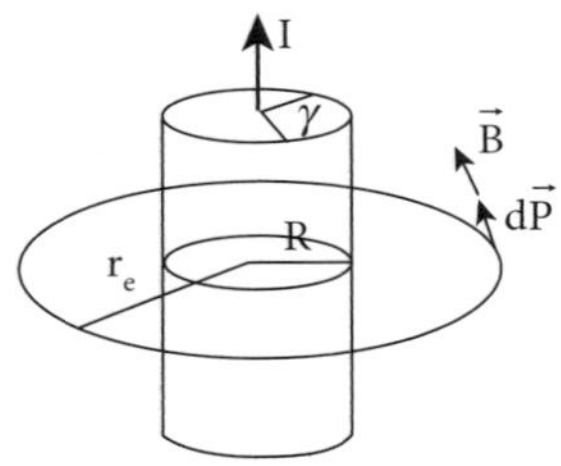

Figura 5.7 – Campo magnético externo a um fio conduzindo corrente.

em um ponto qualquer externo a esse fio pode ser determinado por:

Lei Circuital de Ampère:

$$\oint \vec{B} \cdot d\vec{P} = \mu_o \int_S \vec{J} \cdot \vec{n} dS$$

sendo:

$$\int_S \vec{J} \cdot \vec{n} dS = I$$

$$\int_0^{2\pi} B \cdot r_e d\gamma = \mu_o \cdot I \rightarrow B \cdot 2\pi \cdot r_e = \mu_o \cdot I \rightarrow B = \frac{\mu_o \cdot I}{2\pi \cdot r_e}$$

que é a Equação (2.22).

Se houver outro condutor por onde circule uma corrente elétrica I_2, paralelo ao primeiro, esse campo magnético concatenará o segundo condutor e surgirá sobre este uma força, dada pela Lei de Ampère:

$F = B \cdot I_2 \cdot \ell$, sendo ℓ o comprimento do paralelismo

Essa força será de atração se as duas correntes tiverem o mesmo sentido e de repulsão se os sentidos das correntes forem opostos.

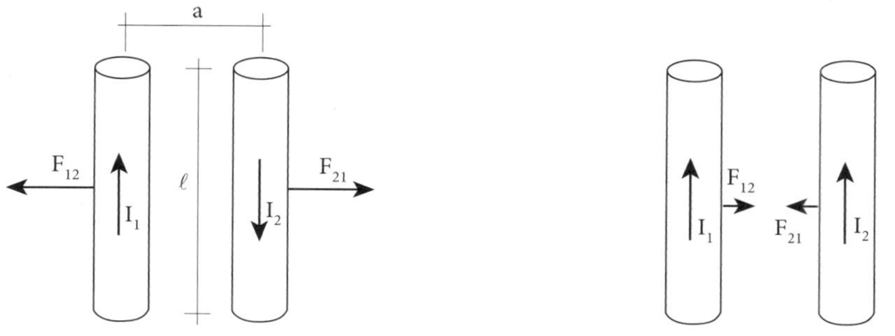

Figura 5.8 – Força entre condutores.

Assim, sendo I_1 a corrente que cria o campo e I_2 a corrente no condutor afetado:

$$F = \frac{\mu_o \cdot I_1}{2 \cdot \pi \cdot a} \cdot I_2 \cdot \ell \tag{5.8}$$

Havendo um curto-circuito entre dois condutores, a corrente circula de um condutor para o outro, fazendo, portanto, com que os sentidos das correntes, de mesmo valor, sejam opostos (força de repulsão):

$$I_1 = I_2 = I$$

$$F = \frac{\mu_o \cdot I^2}{2\pi \cdot a} \cdot \ell$$

$$F = \frac{4 \cdot \pi \cdot 10^{-7} \cdot I^2}{2\pi \cdot a} \cdot \ell$$

$$F = \frac{2 \cdot 10^{-7} \cdot I^2}{a} \cdot \ell$$

Se a corrente for expressa em kA, o comprimento do paralelismo em metros e a distância entre condutores em mm:

$$F = \frac{200 \cdot I^2}{a} \cdot \ell \ (\text{N})$$

ou, em kgf:

$$F = \frac{20 \cdot I^2}{a} \cdot \ell \ (\text{kgf}) \tag{5.9}$$

Essa força tende a arrancar a blindagem durante o curto-circuito.

Em uma blindagem a fios, a força sobre a blindagem é dividida por todos os fios. Assim, a expressão para cada fio será:

$$F = \frac{\mu_o \cdot I_1}{2\pi \cdot a} \cdot \frac{I_2}{N} \cdot \ell \ (\text{N})$$

sendo N o número de fios da blindagem. Rearranjando:

$$F = \frac{4 \cdot \pi \cdot 10^{-7} \cdot I_1}{2\pi \cdot a} \cdot \frac{I_2}{N} \cdot \ell \ (\text{N})$$

$$F = \frac{2 \cdot 10^{-7} \cdot I_1}{a} \cdot \frac{I_2}{N} \cdot \ell \ (\text{N})$$

Em kgf, com as correntes em kA, a em mm e ℓ em metros:

$$F = \frac{20 \cdot I_1}{a} \cdot \frac{I_2}{N} \cdot \ell \ (\text{kgf})$$

Se $I_1 = I_2 = I$:

$$F = \frac{20 \cdot I^2}{a \cdot N} \cdot \ell \ (\text{kgf}) \tag{5.10}$$

Supondo um cabo com blindagem a fios de cobre de seção total 25 mm², temperatura máxima de 90 °C no condutor e cobertura de PVC, a corrente máxima de curto-circuito na blindagem seria de 4,4 kA. Usando fios de diâmetro 0,7 mm, a blindagem seria composta por 65 fios. Se a distância entre a blindagem e o condutor for de 13 mm e o comprimento em questão de 1 km, cada fio estaria sujeito, no caso de curto condutor-blindagem, a uma força de:

$$F = \frac{20 \cdot 4,4^2}{13 \cdot 65} \cdot 1000 = 458 \text{ kgf}$$

Por isso, os fios devem estar razoavelmente imobilizados sob a cobertura, sendo que, em algumas construções, os fios são embutidos (*embedded*) na camada semicondutora da isolação.

5.4 CURTO-CIRCUITO EM LINHAS AÉREAS NUAS DE DISTRIBUIÇÃO E TRANSMISSÃO

O curto-circuito em linhas nuas também é calculado usando a integral de Joule:

$$I = K \cdot S \cdot \sqrt{\frac{1}{t} \cdot ln\left(\frac{\theta_f + \beta}{\theta_i + \beta}\right)} \tag{5.2}$$

Como os condutores são feitos de alumínio ou liga de alumínio, $K = 148$ A · $s^{1/2}$ · mm^{-2} e $\beta = 228$ °C. A temperatura inicial é a temperatura máxima em regime permanente do condutor, em geral de 50 °C, 75 °C ou 90 °C.

Como não há material da isolação para definir a temperatura final, essa é, em geral, a definição mais difícil de ser estabelecida. A norma técnica IEC 60865-1 [8] especifica 200 °C para qualquer liga de alumínio e 300 °C para o aço. A Aluminum Association [9], embora não contemple todas as ligas de alumínio, recomenda 340 °C (referência [9], página 6-11). Para as demais ligas, em geral se utiliza 300 °C, embora não haja um valor preciso definido. A norma de 1984, a ABNT NBR 8449 [10], que versa sobre cabos para-raios, estabelece 200 °C para o cabo de alumínio-liga com alma de aço e 400 °C para os cabos de aço.

Quanto aos cabos com alma de aço, a Aluminum Association é de opinião que possam atingir 645 °C, com o aço respondendo, a partir daí, pela resistência mecânica necessária. Entretanto, como o alumínio derrete a cerca de 700 °C e como a contribuição da resistência mecânica do alumínio é levada em consideração na determinação da resistência mecânica do condutor completo, teria lógica utilizar a mesma temperatura de 340 °C como valor final no curto-circuito para condutores com alma de aço, utilizando-se nos cálculos somente a seção do alumínio e coeficientes K e β do alumínio. Entretanto, a ABNT NBR 8449 [10] estabelece para o cabo ACSR a temperatura de 200 °C.

Assim, conservadoramente, este texto sugere os seguintes limites para a temperatura final de curto-circuito dos cabos:

- alumínio (AAC ou CA): 200 °C;

- alumínio-liga (AAAC ou CAL, liga 6201 ou 1120): 200 °C;
- alumínio ou alumínio liga com alma de aço (ACSR, AACSR ou CAA, CALA): 200 °C;
- alumínio com alma de alumínio-liga (CAAL ou ACAR): 200 °C;
- aço (para-raios): 300 °C.

Atualmente, existem os condutores conhecidos genericamente por HTLS (*High Temperature, Low Sag*), que operam em temperaturas de 150 °C, 210 °C e 230 °C em regime permanente [11]. Não há definição para sua temperatura de curto-circuito, mas existem valores estabelecidos para até uma hora de operação. Assumindo esses valores como limites para a temperatura de curto-circuito, enquanto valores mais bem definidos não são estabelecidos, essa temperatura seria de 230 °C, 280 °C e 400 °C para temperaturas de operação em regime permanente, respectivamente, de 150 °C, 210 °C e 230 °C.

REFERÊNCIAS

[1] INTERNATIONAL ELECTROTECHNICAL COMMISSION (IEC). (1988). Norma IEC 60949. Calculation of thermally permissible short-circuit currents, taking into account non-adiabatic heating effects.

[2] ASSOCIAÇÃO BRASILEIRA DE NORMAS TÉCNICAS (ABNT). (2004). Norma NBR 5410. Instalações elétricas de baixa tensão.

[3] ASSOCIAÇÃO BRASILEIRA DE NORMAS TÉCNICAS (ABNT). (2003). Norma NBR 14039. Instalações elétricas de média tensão de 1,0 a 36,2 kV.

[4] INSULATED CABLES ENGINEERS ASSOCIATION, INC. (1999). Publication ICEA P-45-482. Short circuit characteristics of metallic shields and sheaths on insulated cable, fourth edition.

[5] ASSOCIAÇÃO BRASILEIRA DE NORMAS TÉCNICAS (ABNT). (2018). Norma NBR 6251. Cabos de potência com isolação sólida extrudada para tensões de 1 kV a 35 kV. Requisitos construtivos.

[6] THE INSTITUTE OF ELECTRICAL AND ELECTRONICS ENGINEERS, INC. IEEE Std 575. (2014). IEEE guide for bonding shields and sheaths of single-conductor power cables rated 5 kV through 500 kV.

[7] INTERNATIONAL ELECTROTECHNICAL COMMISSION (IEC). (2014). Norma IEC 61936-1. Power installations exceeding 1 kV a.c. – Part 1: Common rules.

[8] INTERNATIONAL ELECTROTECHNICAL COMMISSION (IEC). (2011). Norma IEC 60865-1. Short-circuit currents – Calculation of effects – Part 1: Definition and calculation methods.

[9] THE ALUMINUM ASSOCIATION, INC. (1989). Aluminum electrical conductor handbook.

[10] ASSOCIAÇÃO BRASILEIRA DE NORMAS TÉCNICAS (ABNT). (1984). Norma NBR 8449. Dimensionamento de cabos para-raios para linhas aéreas de transmissão de energia elétrica.

[11] INTERNATIONAL ELECTROTECHNICAL COMMISSION (IEC). (2007). Norma IEC 62004. Thermal-resistant aluminium alloy wire for overhead line conductor.

CAPÍTULO 6

Capacitância, reatância e susceptância capacitiva

O conhecimento do valor da capacitância de um cabo elétrico é necessário em dois casos principais: quando se necessita conhecer seus parâmetros de transmissão, principalmente de sinais, caso que envolve cabos de telecomunicações, instrumentação, transmissão de dados e controle, que não são objetivo deste texto, e quando é necessário conhecer as perdas dielétricas de uma linha de energia. Nesse último caso, essa necessidade acontece quando se trata de linha em alta tensão e com comprimento longo, onde as perdas dielétricas começam a ser significativas.

6.1 CAPACITÂNCIA DE LINHAS AÉREAS NUAS DE TRANSMISSÃO

A capacitância é definida como o quociente da carga pela tensão elétrica:

$$C = \frac{Q}{V} \tag{6.1}$$

Portanto, para definir a capacitância é necessário definir a tensão elétrica entre os pontos de interesse e, para isso, tome-se uma linha de transmissão em seu caso mais genérico, com distâncias diferentes entre as fases A, B e C:

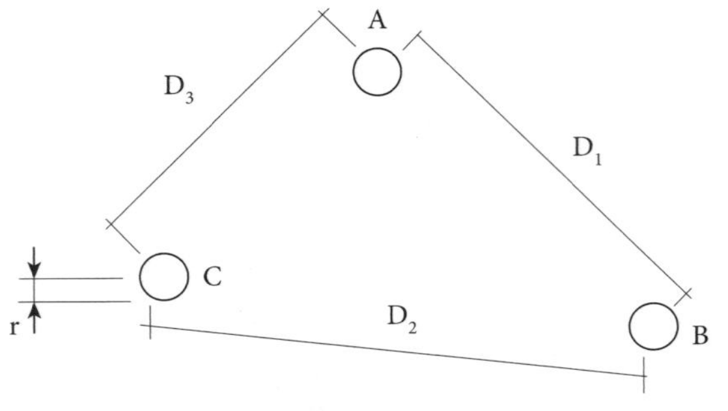

Figura 6.1 – Disposição da linha.

Como em realidade ocorre, todos os condutores têm o mesmo raio e transportam a mesma corrente elétrica, considerando-se um sistema trifásico equilibrado. Representando o vetor deslocamento em um condutor:

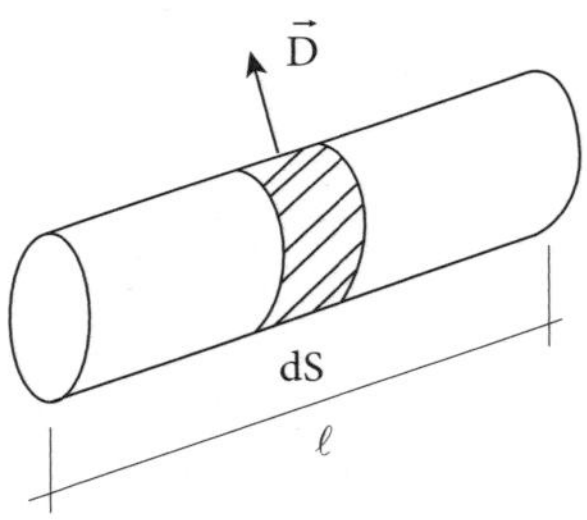

Figura 6.2 – Vetor deslocamento.

Por Maxwell:

$$\oint_S \vec{D} \cdot \overrightarrow{dS} = \int_v \rho_v dv \tag{6.2}$$

D = vetor deslocamento

ρ_v = densidade volumétrica de cargas

Considerando-se que a densidade de cargas é uniforme:

$$\int_v \rho_v dv = \rho_v dv = Q \tag{6.3}$$

O vetor deslocamento é constante em relação à superfície cilíndrica S e a área dessa superfície é:

$$S = 2 \cdot \pi \cdot r \cdot \ell \tag{6.4}$$

sendo r o raio do condutor e ℓ o seu comprimento.

Assim:

$$\oint_S \vec{D} \cdot \overrightarrow{dS} = Q$$

$$D \int_S dS = Q$$

$$D \cdot S = Q$$

$$D = \frac{Q}{S}$$

$$D = \frac{Q}{2 \cdot \pi \cdot r \cdot \ell} \tag{6.5}$$

O vetor deslocamento, em coordenadas cilíndricas, fica, então:

$$\vec{D} = \frac{Q}{2 \cdot \pi \cdot r \cdot \ell} \vec{u}_r \tag{6.6}$$

Como:

$$\vec{E} = \frac{\vec{D}}{\varepsilon}$$

$$\vec{E} = \frac{Q}{2 \cdot \pi \cdot \varepsilon \cdot r \cdot \ell} \vec{u}_r \tag{6.7}$$

sendo ε a permissividade dielétrica do meio e E o campo elétrico.

Com isso, define-se a tensão entre dois pontos P e M por:

$$V = \int_P^M \vec{E} \cdot \overrightarrow{d\ell} \tag{6.8}$$

Os condutores têm o mesmo potencial em todos os pontos da seção transversal, justamente por se tratar de materiais condutores. A tensão causada pela carga da fase A no ponto onde está a fase B (ver Figura 6.1) vale:

$$V_{A+} = \int_P^M \vec{E} \cdot \overrightarrow{d\ell} = \int_r^{D_1} \frac{Q_A}{2 \cdot \pi \cdot \varepsilon \cdot x \cdot \ell} dx = \frac{Q_A}{2 \cdot \pi \cdot \varepsilon \cdot \ell} \cdot ln \frac{D_1}{r}$$

A tensão relativa à carga da fase B no ponto onde está a fase A vale:

$$V_{A-} = \int_P^M \vec{E} \cdot \overrightarrow{d\ell} = \int_r^{D_1} \frac{Q_B}{2 \cdot \pi \cdot \varepsilon \cdot x \cdot \ell} dx = \frac{Q_B}{2 \cdot \pi \cdot \varepsilon \cdot \ell} \cdot ln \frac{D_1}{r}$$

Considerando-se somente esses dois condutores, a resultante V_{AB} será:

$$V_{AB} = V_{A+} - V_{A-} = \frac{Q_A}{2 \cdot \pi \cdot \varepsilon \cdot \ell} \cdot ln \frac{D_1}{r} + \frac{Q_B}{2 \cdot \pi \cdot \varepsilon \cdot \ell} \cdot ln \frac{r}{D_1}$$

$$V_{AB} = \frac{1}{2 \cdot \pi \cdot \varepsilon \cdot \ell} \cdot \left[Q_A \cdot ln \frac{D_1}{r} + Q_B \cdot ln \frac{r}{D_1} \right] \tag{6.9}$$

Na linha sem transposição, as diferentes tensões entre as linhas resultarão em diferentes capacitâncias. A assimetria das linhas não transpostas é pequena, de forma que usualmente consideram-se transpostas todas as linhas, para o cálculo da capacitância [1].

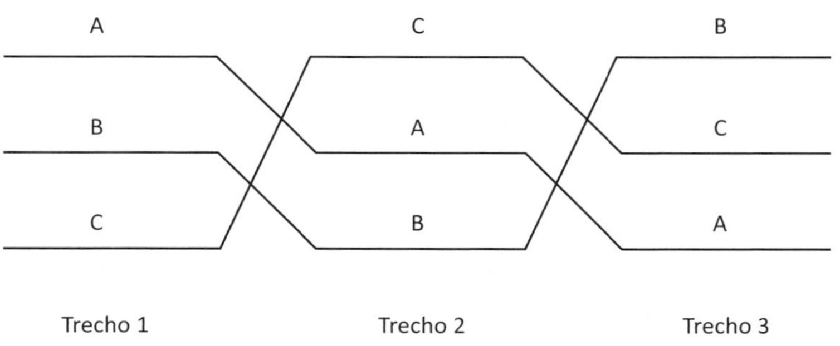

Figura 6.3 – Linha com transposição.

No trecho 1,

$$V_{AB1} = \frac{1}{2 \cdot \pi \cdot \varepsilon \cdot \ell} \cdot \left[Q_A \cdot ln \frac{D_1}{r} + Q_B \cdot ln \frac{r}{D_1} \right]$$

No trecho 2,

$$V_{AB2} = \frac{1}{2 \cdot \pi \cdot \varepsilon \cdot \ell} \cdot \left[Q_A \cdot ln \frac{D_2}{r} + Q_B \cdot ln \frac{r}{D_2} \right]$$

No trecho 3,

$$V_{AB3} = \frac{1}{2 \cdot \pi \cdot \varepsilon \cdot \ell} \cdot \left[Q_A \cdot ln \frac{D_3}{r} + Q_B \cdot ln \frac{r}{D_3} \right]$$

Considerando-se V_{AB} como a média desses três valores:

$$V_{AB} = \frac{V_{AB1} + V_{AB2} + V_{AB3}}{3} =$$

$$= \frac{1}{2 \cdot \pi \cdot \varepsilon \cdot \ell} \cdot \frac{1}{3} \cdot \left[Q_A \cdot \left(ln \frac{D_1}{r} + ln \frac{D_2}{r} + ln \frac{D_3}{r} \right) + Q_B \cdot \left(ln \frac{r}{D_1} + ln \frac{r}{D_2} + ln \frac{r}{D_3} \right) \right] =$$

$$= \frac{1}{2 \cdot \pi \cdot \varepsilon \cdot \ell} \cdot \frac{1}{3} \cdot \left[Q_A \cdot \left(ln \frac{D_1 \cdot D_2 \cdot D_3}{r^3} \right) + Q_B \cdot \left(ln \frac{r^3}{D_1 \cdot D_2 \cdot D_3} \right) \right] =$$

$$= \frac{1}{2 \cdot \pi \cdot \varepsilon \cdot \ell} \cdot \frac{1}{3} \cdot \left[Q_A \cdot \left(ln \frac{D_1 \cdot D_2 \cdot D_3}{r^3} \right) + Q_B \cdot \left(ln \frac{r^3}{D_1 \cdot D_2 \cdot D_3} \right) \right]$$

$$V_{AB} = \frac{1}{2 \cdot \pi \cdot \varepsilon \cdot \ell} \cdot \left[Q_A \cdot \left(ln \frac{\sqrt[3]{D_1 \cdot D_2 \cdot D_3}}{r} \right) + Q_B \cdot \left(ln \frac{r}{\sqrt[3]{D_1 \cdot D_2 \cdot D_3}} \right) \right] \tag{6.10}$$

A raiz cúbica do produto das três distâncias é conhecida como "distância média geométrica" ou *Geometric Mean Distance* (*GMD*):

$$\sqrt[3]{D_1 \cdot D_2 \cdot D_3} = GMD$$

Portanto:

$$V_{AB} = \frac{1}{2 \cdot \pi \cdot \varepsilon \cdot \ell} \cdot \left[Q_A \cdot ln \frac{GMD}{r} + Q_B \cdot ln \frac{r}{GMD} \right] \tag{6.11}$$

Por similaridade, fazendo o mesmo desenvolvimento para V_{AC}:

$$V_{AC} = \frac{1}{2 \cdot \pi \cdot \varepsilon \cdot \ell} \cdot \left[Q_A \cdot ln \frac{GMD}{r} + Q_C \cdot ln \frac{r}{GMD} \right] \tag{6.12}$$

A capacitância da linha é normalmente dada como a capacitância entre a fase e o neutro. Considerando o sistema trifásico equilibrado:

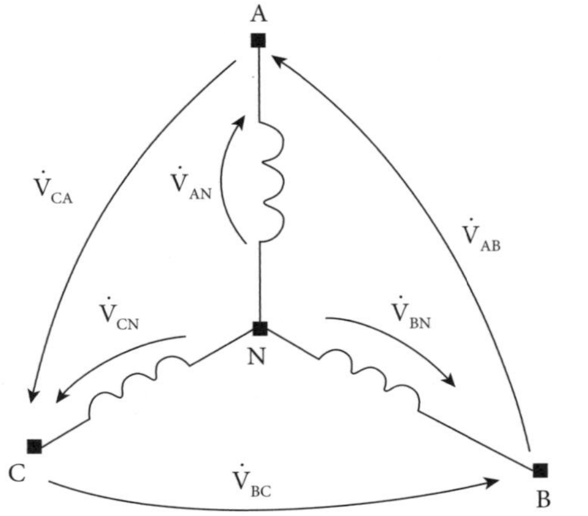

Figura 6.4 – Geração de um sistema trifásico equilibrado.

Fasorialmente:

Tensões fase-neutro:

$$\dot{V}_{AN} = V \angle 0^o$$

$$\dot{V}_{BN} = V \angle -120^o$$

$$\dot{V}_{CN} = V \angle 120^o$$

e

Tensões fase-fase:

$$\dot{V}_{AB} = \dot{V}_{AN} - \dot{V}_{BN}$$

$$\dot{V}_{BC} = \dot{V}_{BN} - \dot{V}_{CN}$$

$$\dot{V}_{CA} = \dot{V}_{CN} - \dot{V}_{AN}$$

Se $\dot{V}_{CA} = \dot{V}_{CN} - \dot{V}_{AN}$, então $\dot{V}_{AC} = \dot{V}_{AN} - \dot{V}_{CN}$

Somando:

$$\dot{V}_{AB} + \dot{V}_{AC} = \dot{V}_{AN} - \dot{V}_{BN} + \dot{V}_{AN} - \dot{V}_{CN} = 2 \cdot \dot{V}_{AN} - \dot{V}_{BN} - \dot{V}_{CN}$$

$$\dot{V}_{AB} + \dot{V}_{AC} = 2 \cdot V\angle 0^o - V\angle -120^o - V\angle 120^o$$

$$\dot{V}_{AB} + \dot{V}_{AC} = 2 \cdot V + \frac{1}{2} \cdot V + j\frac{\sqrt{3}}{2} \cdot V + \frac{1}{2} \cdot V - j\frac{\sqrt{3}}{2} \cdot V$$

$$V_{AB} + V_{AC} = 3 \cdot V \tag{6.13}$$

Somando as Expressões (6.11) e (6.12):

$$V_{AB} + V_{AC} = \frac{1}{2 \cdot \pi \cdot \varepsilon \cdot \ell} \cdot \left[Q_A \cdot ln\frac{GMD}{r} + Q_B \cdot ln\frac{r}{GMD} + Q_A \cdot ln\frac{GMD}{r} + Q_C \cdot ln\frac{r}{GMD} \right]$$

$$V_{AB} + V_{AC} = \frac{1}{2 \cdot \pi \cdot \varepsilon \cdot \ell} \cdot \left[2 \cdot Q_A \cdot ln\frac{GMD}{r} + \left(Q_B + Q_C\right) \cdot ln\frac{r}{GMD} \right]$$

Considerando-se que o sistema é equilibrado,

$$\dot{I}_A + \dot{I}_B + \dot{I}_C = 0 \Rightarrow \dot{I}_B + \dot{I}_C = -\dot{I}_A \Rightarrow \dot{Q}_B + \dot{Q}_C = -\dot{Q}_A$$

$$V_{AB} + V_{AC} = \frac{1}{2 \cdot \pi \cdot \varepsilon \cdot \ell} \cdot \left[2 \cdot Q_A \cdot ln\frac{GMD}{r} - Q_A \cdot ln\frac{r}{GMD} \right]$$

$$V_{AB} + V_{AC} = \frac{Q_A}{2 \cdot \pi \cdot \varepsilon \cdot \ell} \cdot \left[ln\frac{GMD^2}{r^2} - ln\frac{r}{GMD} \right]$$

$$V_{AB} + V_{AC} = \frac{Q_A}{2 \cdot \pi \cdot \varepsilon \cdot \ell} \cdot ln\frac{\frac{GMD^2}{r^2}}{\frac{r}{GMD}}$$

$$V_{AB} + V_{AC} = \frac{Q_A}{2 \cdot \pi \cdot \varepsilon \cdot \ell} \cdot ln\frac{GMD^3}{r^3}$$

$$V_{AB} + V_{AC} = \frac{3 \cdot Q_A}{2 \cdot \pi \cdot \varepsilon \cdot \ell} \cdot ln \frac{GMD}{r} \tag{6.14}$$

Comparando as Expressões (6.13) e (6.14):

$$V = \frac{Q_A}{2 \cdot \pi \cdot \varepsilon \cdot \ell} \cdot ln \frac{GMD}{r} \tag{6.15}$$

sendo V o módulo da tensão fase-neutro.

Como, em módulo, a cada instante, $Q_A = Q_B = Q_C = Q$;

Como a capacitância é definida pelo quociente da carga pela tensão;

$$C_{F-N} = \frac{Q}{V} = \frac{2 \cdot \pi \cdot \varepsilon \cdot \ell}{ln \frac{GMD}{r}} \left(\text{farads}\right)$$

A capacitância, em farads/metro (F/m), é obtida fazendo-se $\ell = 1$ metro:

$$C_{F-N} = \frac{2 \cdot \pi \cdot \varepsilon}{ln \frac{GMD}{r}} \quad \left(\text{F/m}\right) \tag{6.16}$$

O dielétrico das linhas aéreas nuas é o ar e, portanto:

$$\varepsilon = \varepsilon_o = \frac{1}{36 \cdot \pi} \cdot 10^{-9} \ \frac{\text{F}}{\text{m}} = 8{,}85 \cdot 10^{-12} \quad \text{F/m}$$

$$C_{F-N} = \frac{1}{18 \cdot ln \frac{GMD}{r}} \cdot 10^{-9} \quad \left(\text{F/m}\right) \tag{6.17}$$

Nota: por fase, sem outras linhas próximas e sem considerar o efeito da terra.

A terra afeta a capacitância de uma linha aérea de transmissão, uma vez que, sendo considerada um condutor perfeito, altera o campo elétrico da linha. Entretanto, a presença da terra é desprezada no cálculo da capacitância de sequência positiva e negativa de linhas aéreas nuas de transmissão, pois afeta muito pouco o resultado final. O efeito da terra pode ser determinado conforme descrito na referência [1].

Nota: a capacitância de um cabo isolado ou coberto não blindado em uma rede aérea com as fases separadas como na rede nua é praticamente a mesma de um cabo nu, uma vez que o acréscimo de capacitância dado pela isolação ou cobertura é muito pequeno, em vista da pequena espessura da isolação em relação às distâncias entre as fases [2].

Quando cada fase de um circuito for formada por mais que um cabo em paralelo (o que é chamado de *bundle*) ou quando houver dois circuitos iguais (mesma seção do condutor e mesma tensão) por torre, o valor do raio r na Equação (6.17) é substituído pelo valor do raio médio geométrico, conhecido por *GMR*. Como se utiliza o campo elétrico para a determinação da capacitância e o potencial é o mesmo em todos os pontos do condutor, o *GMR* utilizado no cálculo da capacitância é diferente daquele utilizado para o cálculo da indutância. Para evitar confusões, o *GMR* para o cálculo da capacitância será chamado neste texto de *GMR'*.

Para um circuito formado por um cabo por fase e sendo esse circuito único por torre, $GMR' = r$, de modo que a expressão geral para a capacitância será:

$$C = \frac{1}{18 \cdot ln \dfrac{GMD}{GMR'}} \cdot 10^{-9} \ \left(\text{F/m}\right) \tag{6.18}$$

6.1.1 CAPACITÂNCIA DE LINHAS AÉREAS COM 2 CIRCUITOS EM *BUNDLE* DE 4 CONDUTORES

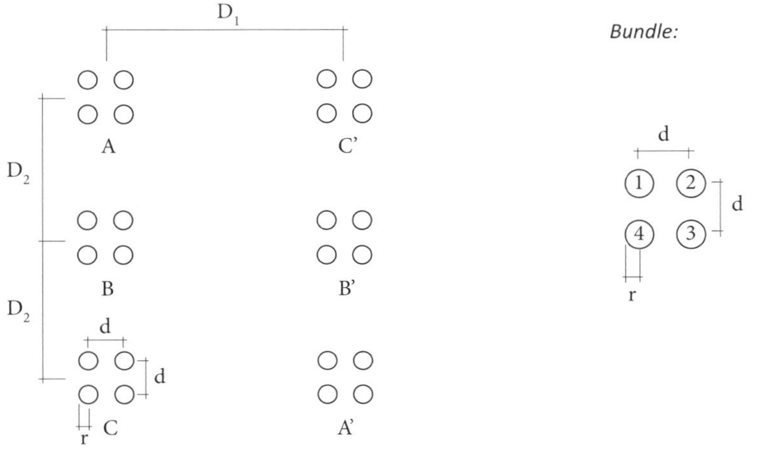

Figura 6.5 – Exemplo de disposição.

Os *bundles* são todos iguais (como é usual) e o raio médio geométrico de cada um é:

$$GMR'_{Bundle} = \sqrt[16]{\left(D_{11}D_{12}D_{13}D_{14}\right)\left(D_{21}D_{22}D_{23}D_{24}\right)\left(D_{31}D_{32}D_{33}D_{34}\right)\left(D_{41}D_{42}D_{43}D_{44}\right)}$$

$D_{11} = D_{22} = D_{33} = D_{44} = GMR'$ próprio $= r$

$$GMR'_{Bundle} = \sqrt[16]{\left(r \cdot d \cdot d\sqrt{2} \cdot d\right)\left(d \cdot r \cdot d \cdot d\sqrt{2}\right)\left(d\sqrt{2} \cdot d \cdot r \cdot d\right)\left(d \cdot d\sqrt{2} \cdot d \cdot r\right)}$$

$$GMR'_{Bundle} = \sqrt[16]{r^4 \cdot d^{12} \cdot 2^2} = \sqrt[4]{r \cdot d^3 \cdot \sqrt{2}}$$

$$GMR'_{Bundle} = \sqrt[8]{2} \cdot \sqrt[4]{r \cdot d^3}$$

O *GMR'* por fase será:

$$GMR'_A = GMR'_C = \sqrt{GMR'_{Bundle} \cdot D_{AA'}} = \sqrt{GMR'_{Bundle} \cdot \sqrt{D_1^2 + \left(2 \cdot D_2\right)^2}}$$

$$GMR'_B = \sqrt{GMR'_{Bundle} \cdot D_{BB'}} = \sqrt{GMR'_{Bundle} \cdot D_1}$$

e o *GMR'* total será:

$$GMR' = \sqrt[3]{GMR'_A \cdot GMR'_B \cdot GMR'_C}$$

Com a mesma metodologia, pode-se calcular o *GMR'* para qualquer número de condutores no *bundle*, como exemplificado em 6.1.2 e 6.1.3.

Já a distância média geométrica, *GMD*, é calculada da mesma forma que para a indutância, usando a aproximação feita em 6.1.2:

$$GMD_{AB} = GMD_{BC} \cong \sqrt[4]{D_{AB} \cdot D_{AB'} \cdot D_{A'B} \cdot D_{A'B'}} = \sqrt[4]{D_2 \cdot \sqrt{D_1^2 + D_2^2} \cdot \sqrt{D_1^2 + D_2^2} \cdot D_2}$$

$$GMD_{AB} = GMD_{BC} \cong \sqrt[4]{D_2^2 \cdot \left(D_1^2 + D_2^2\right)}$$

$$GMD_{CA} \cong \sqrt[4]{D_{CA} \cdot D_{CA'} \cdot D_{C'A} \cdot D_{C'A'}} = \sqrt[4]{2D_2 \cdot D_1 \cdot D_1 \cdot 2D_2} = \sqrt{2 \cdot D_1 \cdot D_2}$$

$$GMD = \sqrt[3]{GMD_{AB} \cdot GMD_{BC} \cdot GMD_{CA}}$$

6.1.2 CAPACITÂNCIA DE LINHAS AÉREAS COM UM CIRCUITO EM *BUNDLE* DE 2 CONDUTORES

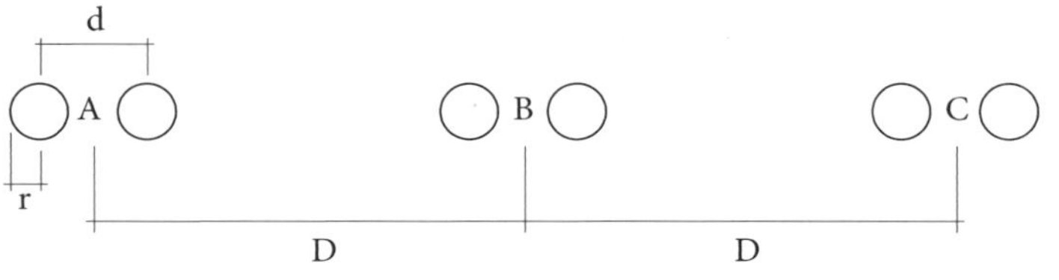

Figura 6.6 – Exemplo de disposição.

$$GMR'_A = GMR'_B = GMR'_C = \sqrt{r \cdot d}$$

$$GMR' = \sqrt[3]{GMR'_A \cdot GMR'_B \cdot GMR'_C} = \sqrt{r \cdot d}$$

$$GMD_{AB} = GMD_{BC} = \sqrt[4]{D \cdot (D+d)(D-d) \cdot D}$$

podendo ser feita a aproximação:

$$GMD_{AB} = GMD_{BC} = \sqrt[4]{D \cdot (D+d)(D-d) \cdot D} \cong D$$

Da mesma forma:

$$GMD_{CA} = \sqrt[4]{2D \cdot (2D+d)(2D-d) \cdot 2D} \cong 2D$$

$$GMD = \sqrt[3]{GMD_{AB} \cdot GMD_{BC} \cdot GMD_{CA}} \cong \sqrt[3]{D \cdot D \cdot 2D}$$

$$GMD \cong D \cdot \sqrt[3]{2}$$

6.1.3 CAPACITÂNCIA DE LINHAS AÉREAS COM DOIS CIRCUITOS E SEM *BUNDLE*

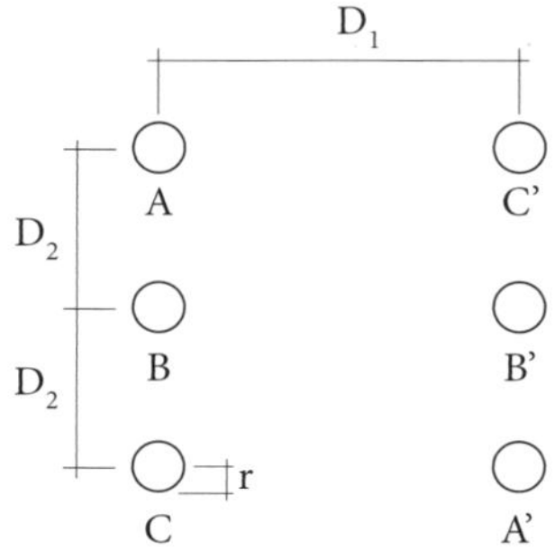

$$D_{AA'} = D_{CC'} = \sqrt{D_1^2 + (2D_2)^2}$$

$$D_{AB'} = D_{BA'} = D_{CB'} = D_{BC'} = \sqrt{D_1^2 + D_2^2}$$

$$D_{BB'} = D_1$$

Figura 6.7 – Exemplo de disposição.

$$GMR'_A = \sqrt{r \cdot D_{AA'}} \qquad GMR'_B = \sqrt{r \cdot D_{BB'}} \qquad GMR'_C = \sqrt{r \cdot D_{CC'}}$$

$$GMR' = \sqrt[3]{GMR'_A \cdot GMR'_B \cdot GMR'_C}$$

$$GMD_{AB} = \sqrt[4]{D_{AB} \cdot D_{AB'} \cdot D_{A'B} \cdot D_{A'B'}} = \sqrt{D_{AB} \cdot D_{AB'}}$$

$$GMD_{BC} = \sqrt[4]{D_{BC} \cdot D_{BC'} \cdot D_{B'C} \cdot D_{B'C'}} = \sqrt{D_{BC} \cdot D_{B'C}}$$

$$GMD_{CA} = \sqrt[4]{D_{CA} \cdot D_{CA'} \cdot D_{C'A} \cdot D_{C'A'}} = \sqrt{D_{CA} \cdot D_{C'A}}$$

$$GMD = \sqrt[3]{GMD_{AB} \cdot GMD_{BC} \cdot GMD_{CA}}$$

Exemplo

Cabo: ACSR Oriole. Linhas:

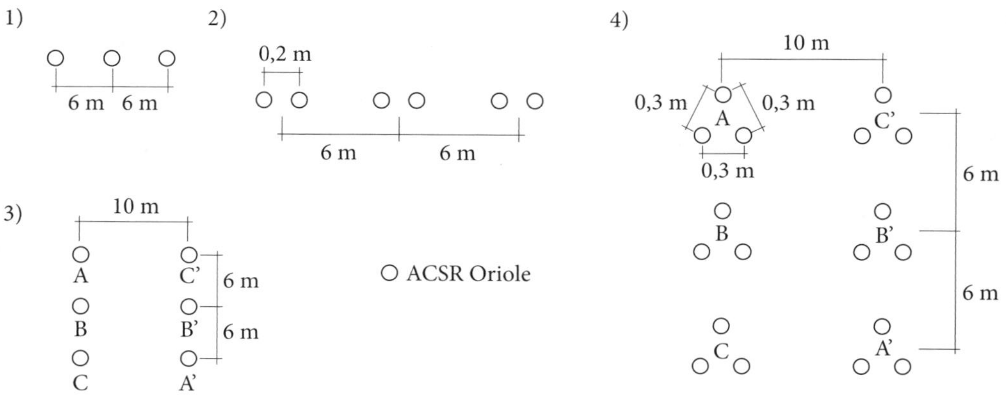

Figura 6.8 – Exemplos numéricos.

O diâmetro do ACSR Oriole, de 18,83 mm, pode ser encontrado nos catálogos dos fabricantes. Assim, o raio do condutor é r = 9,415 mm = 0,009415 m.

$$C = \frac{1}{18 \cdot ln \dfrac{GMD}{GMR'}} \cdot 10^{-9} \quad (\mathrm{F/m}) \tag{6.18}$$

1) $GMR' = r = 9,415 \text{ mm}$

$GMD = \sqrt[3]{6 \cdot 6 \cdot 2 \cdot 6} = 7,6 \text{ m} = 7600 \text{ mm}$

$C = 8,3 \cdot 10^{-12} \text{ F/m}$

2) $GMR' = \sqrt{r \cdot 200 \text{ mm}} = \sqrt{9,415 \cdot 200} = 43,39 \text{ mm}$

$GMD = \sqrt[3]{6 \cdot 6 \cdot 2 \cdot 6} = 7,6 \text{ m} = 7600 \text{ mm}$

$C = 10,8 \cdot 10^{-12} \text{ F/m}$

3) $D_{AA'} = D_{CC'} = \sqrt{10^2 + (2 \cdot 6)^2} = 15,62 \text{ m} \qquad D_{BB'} = 10 \text{ m}$

$GMR'_A = \sqrt{r \cdot D_{AA'}} \quad GMR'_B = \sqrt{r \cdot D_{BB'}} \quad GMR'_C = \sqrt{r \cdot D_{CC'}}$

$GMR'_A = 383,49 \text{ mm} \quad GMR'_B = 306,84 \text{ mm} \quad GMR'_C = 383,49 \text{ mm}$

$GMR' = \sqrt[3]{GMR'_A \cdot GMR'_B \cdot GMR'_C} = \sqrt[3]{383,49 \cdot 306,84 \cdot 383,49} = 356,02 \text{ mm}$

$GMD_{AB} = \sqrt[4]{D_{AB} \cdot D_{AB'} \cdot D_{A'B} \cdot D_{A'B'}} \Rightarrow \sqrt[4]{6 \cdot \sqrt{10^2 + 6^2} \cdot \sqrt{10^2 + 6^2} \cdot 6} = 8,36 \text{ m}$

$GMD_{BC} = GMD_{AB} = 8,36 \text{ m}$

$GMD_{CA} = \sqrt[4]{D_{CA} \cdot D_{CA'} \cdot D_{C'A} \cdot D_{C'A'}} = \sqrt[4]{12 \cdot 10 \cdot 10 \cdot 12} = 10,95 \text{ m}$

$GMD = \sqrt[3]{GMD_{AB} \cdot GMD_{BC} \cdot GMD_{CA}} = \sqrt[3]{8,36 \cdot 8,36 \cdot 10,95} = 9,15 \text{ m} = 9150 \text{ mm}$

$C = 17,1 \cdot 10^{-12} \text{ F/m}$

4) $GMR' = \sqrt[9]{(r \cdot 0,3 \cdot 0,3) \cdot (0,3 \cdot r \cdot 0,3) \cdot (0,3 \cdot 0,3 \cdot r)} = \sqrt[3]{r \cdot 0,3 \cdot 0,3} = 94,63 \text{ mm}$

$$GMD_{AB} = \sqrt[4]{D_{AB} \cdot D_{AB'} \cdot D_{A'B} \cdot D_{A'B'}} = \sqrt[4]{6 \cdot \sqrt{10^2 + 6^2} \cdot \sqrt{10^2 + 6^2} \cdot 6} = 8,36 \text{ m}$$

$$GMD_{BC} = GMD_{AB} = 8,36 \text{ m}$$

$$GMD_{CA} = \sqrt[4]{D_{CA} \cdot D_{CA'} \cdot D_{C'A} \cdot D_{C'A'}} = \sqrt[4]{12 \cdot 10 \cdot 10 \cdot 12} = 10,95 \text{ m}$$

$$GMD = \sqrt[3]{GMD_{AB} \cdot GMD_{BC} \cdot GMD_{CA}} = \sqrt[3]{8,36 \cdot 8,36 \cdot 10,95} = 9,15 \text{ m} = 9150 \text{ mm}$$

$$C = 12 \cdot 10^{-12} \text{ F/m}$$

6.2 CAPACITÂNCIA DE CABOS DE MÉDIA TENSÃO UNIPOLARES ISOLADOS

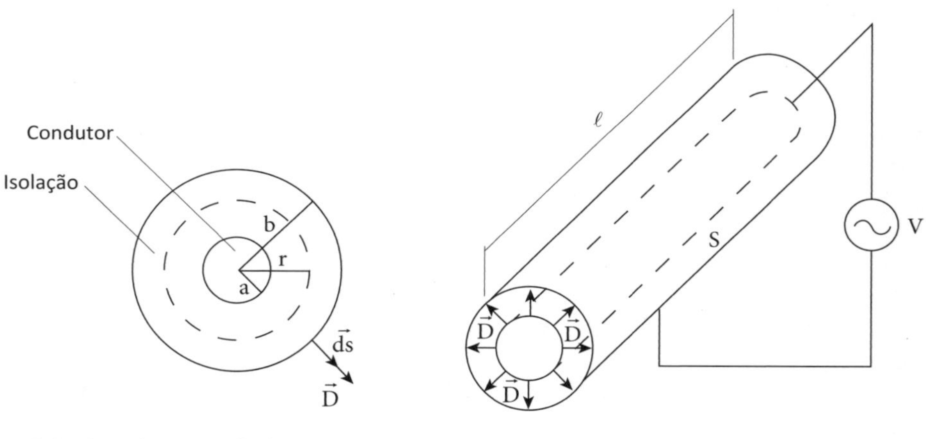

Figura 6.9 – Grandezas envolvidas na capacitância.

Aplicando-se uma tensão V entre o condutor e a blindagem (superfície da isolação), por Maxwell:

$$\oint_S \vec{D} \cdot d\vec{S} = \int_v \rho_v dv$$

sendo D o "vetor deslocamento" e ρ_v a densidade volumétrica de cargas contida no volume v da isolação.

Supondo que as cargas estejam uniformemente distribuídas:

$$\int_v \rho_v dv = \rho_v \cdot v = Q$$

O vetor deslocamento é constante em relação à superfície cilíndrica S e a área dessa superfície é $S = 2 \cdot \pi \cdot r \cdot \ell$, sendo r um raio genérico qualquer entre a e b:

$$\oint_S \vec{D} \cdot d\vec{S} = Q \Rightarrow D \cdot \int_S dS = Q \Rightarrow D \cdot S = Q \Rightarrow D \cdot 2 \cdot \pi \cdot r \cdot \ell = Q$$

Portanto:

$$D = \frac{Q}{2 \cdot \pi \cdot r \cdot \ell}$$

ou, vetorialmente (em coordenadas cilíndricas):

$$\vec{D} = \frac{Q}{2 \cdot \pi \cdot r \cdot \ell} \cdot \vec{u}_r \tag{6.19}$$

Como:

$$\vec{E} = \frac{\vec{D}}{\varepsilon}$$

usando a Equação (6.19):

$$\vec{E} = \frac{Q}{2 \cdot \pi \cdot \varepsilon \cdot r \cdot \ell} \cdot \vec{u}_r \tag{6.20}$$

Sendo a tensão entre a e b definida por:

$$V = \int_a^b \vec{E} \cdot \overrightarrow{d\ell}$$

então, integrando (6.20):

$$V = \int_a^b \frac{Q}{2 \cdot \pi \cdot \varepsilon \cdot r \cdot \ell} \cdot \vec{u}_r \cdot dr \cdot \vec{u}_r = \frac{Q}{2 \cdot \pi \cdot \varepsilon \cdot \ell} \cdot \int_a^b \frac{dr}{r}$$

Portanto:

$$V = \frac{Q}{2 \cdot \pi \cdot \varepsilon \cdot \ell} \cdot ln \frac{b}{a}$$

Como a capacitância é definida por $C = Q/V$, então:

$$C = \frac{Q}{\frac{Q}{2 \cdot \pi \cdot \varepsilon \cdot \ell} \cdot ln\frac{b}{a}}$$

ou seja:

$$C = \frac{2 \cdot \pi \cdot \varepsilon \cdot \ell}{ln\frac{b}{a}} \quad (\text{F})$$

Se $\ell = 1$ metro:

$$C = \frac{2 \cdot \pi \cdot \varepsilon}{ln\frac{b}{a}} \quad (\text{F/m}) \tag{6.21}$$

O diâmetro sobre a isolação pode ser representado por D e o diâmetro do condutor por d. No lugar da constante dielétrica ε é normalmente utilizado o valor da constante dielétrica relativa ε_r do material da isolação:

$$\varepsilon_r = \frac{\varepsilon}{\varepsilon_o} \Rightarrow \varepsilon = \varepsilon_r \cdot \varepsilon_o$$

ε_o é a permissividade, ou constante dielétrica, do vácuo e vale:

$$\varepsilon_o = \frac{1}{36 \cdot \pi} \cdot 10^{-9} \quad (\text{F/m})$$

Com isso, (6.21) fica:

$$C = \frac{2 \cdot \pi \cdot \frac{1}{36 \cdot \pi} \cdot 10^{-9} \cdot \varepsilon_r}{ln\frac{D}{d}}$$

Assim, a capacitância entre condutor e blindagem vale:

$$C = \frac{\varepsilon_r}{18 \cdot ln\frac{D}{d}} \cdot 10^{-9} \quad (\text{F/m}) \tag{6.22}$$

Nota: a Equação (6.22) é exatamente a mesma que dá a capacitância ao neutro de uma linha não isolada (6.17), com o $GMD = D/2$ e $r = d/2$, já que a constante dielétrica relativa do ar é, praticamente, $\varepsilon_r = 1$.

6.3 REATÂNCIA E SUSCEPTÂNCIA CAPACITIVA

A reatância capacitiva X_C é definida por:

$$X_C = \frac{1}{2 \cdot \pi \cdot f \cdot C} \quad (\Omega \cdot \text{m}) \tag{6.23}$$

sendo f a frequência, em Hz.

Note que a unidade é "ohm vezes metro".

A susceptância é o inverso da reatância. Portanto, a susceptância capacitiva B_C é calculada por:

$$B_C = 2 \cdot \pi \cdot f \cdot C \quad (\text{S/m}) \tag{6.24}$$

6.4 COMENTÁRIOS

6.4.1 REATÂNCIA CAPACITIVA DE CABOS NUS

Em linhas de transmissão aérea são utilizadas as expressões dadas pela Aluminum Association, no seu *Aluminum Electrical Conductor Handbook* [2].

Nesse texto, a reatância capacitiva é dada por:

$$X'_c = 0{,}0683 \cdot \frac{60}{f} \cdot log\frac{1}{r_n} + 0{,}0683 \cdot \frac{60}{f} \cdot log\, d_{AB} \quad (\text{M}\Omega \cdot \text{mi}) \tag{6.25}$$

sendo f a frequência em Hz, r_n o raio do condutor em pés e d_{AB} a distância ao condutor de retorno em pés.

O primeiro termo da Equação (6.25) é chamado de reatância capacitiva a um pé de distância (X'_a):

$$X'_a = 0{,}0683 \cdot \frac{60}{f} \cdot log\frac{1}{r_n} \quad (\text{M}\Omega \cdot \text{mi}) \tag{6.26}$$

e o segundo termo é chamado de componente de separação (X'_d):

$$X'_d = 0{,}0683 \cdot \frac{60}{f} \cdot log\, d_{AB} \quad (\text{M}\Omega \cdot \text{mi}) \tag{6.27}$$

Com essa divisão, é possível fornecer o valor de X'_a em uma tabela, já que depende somente do raio do condutor, e o valor de X'_d em outra tabela em função da distância d_{AB}.

Aplicando a Equação (6.17) na Equação (6.23):

$$X_C = \frac{1}{2 \cdot \pi \cdot f \cdot \frac{1}{18 \cdot ln \frac{GMD}{r}} \cdot 10^{-9}} = \frac{1}{2 \cdot \pi \cdot f \cdot 10^{-9}} \cdot 18 \cdot ln \frac{GMD}{r}$$

$$X_C = 47746483 \cdot ln \frac{GMD}{r} \quad (\Omega \cdot \text{m})$$

Transformando essa equação em MΩ·milha e usando logaritmo decimal e frequência de 60 Hz:

$$X_C = \frac{2{,}302585 \cdot 10^{-6}}{1609} \cdot 47746483 \cdot ln \frac{GMD}{r} = 0{,}0683 \cdot log \frac{GMD}{r} \quad (\text{M}\Omega \cdot \text{mi})$$

que é a Equação (6.25), com $GMD = d_{AB}$ e $r = r_n$

6.4.2 REATÂNCIA CAPACITIVA DE SEQUÊNCIA POSITIVA, NEGATIVA E ZERO

O valor de reatância calculado conforme a Equação (6.23) é o valor de sequência positiva, negativa e zero para cabos isolados blindados [3]. Já para linhas aéreas nuas, o valor da reatância capacitiva para a terra vale [2]:

$$X_e = \left[14{,}325 \cdot ln(2 \cdot h) + 17{,}02\right] \cdot 10^6 \quad (\Omega \cdot \text{m}) \tag{6.28}$$

sendo h a altura do condutor em relação à terra, em metros. Havendo três alturas diferentes, usa-se a média aritmética.

A reatância capacitiva de sequência zero da linha nua é calculada por:

$$X_{C_0} = X_C - 2 \cdot X_e \tag{6.29}$$

REFERÊNCIAS

[1] STEVENSON JR., WILLIAM D. (1986). Elementos de análise de sistemas de potência. (2. ed.). McGraw-Hill.

[2] ALUMINUM ASSOCIATION, INC. (1989). Aluminum Electrical Conductor Handbook. (3. ed.). The Aluminum Association.

[3] WESTINGHOUSE ELECTRIC CORPORATION. (1964). Electrical Transmission and Distribution Reference Book. (4. ed.).

CAPÍTULO 7

Indutância e reatância indutiva de sequências positiva e negativa

7.1 CONCEITOS BÁSICOS

Da física elementar, sabe-se que uma corrente elétrica *I* gera um campo magnético *B*:

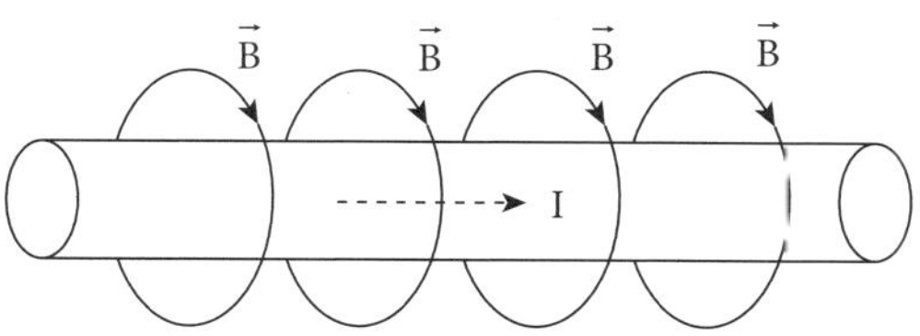

Figura 7.1 – Corrente e campo magnético.

A "circuitação" do vetor *B* são os pontos tangenciais desse vetor a uma distância qualquer do condutor percorrido pela corrente elétrica que gera o campo magnético:

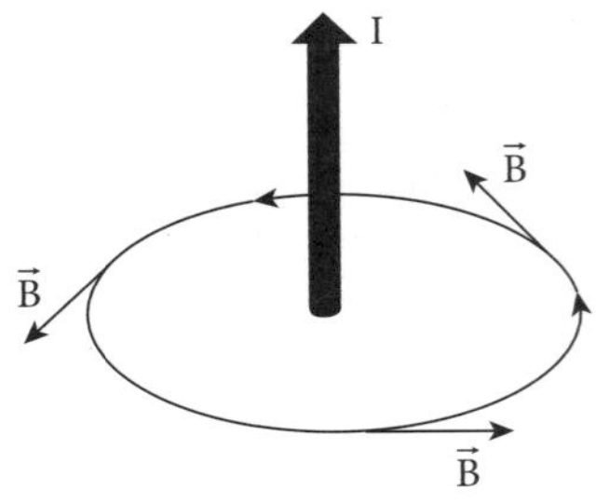

Figura 7.2 – Circuitação do vetor campo magnético.

Existe um campo magnético interno e um campo magnético externo a uma seção transversal de um fio metálico sólido percorrido por corrente elétrica:

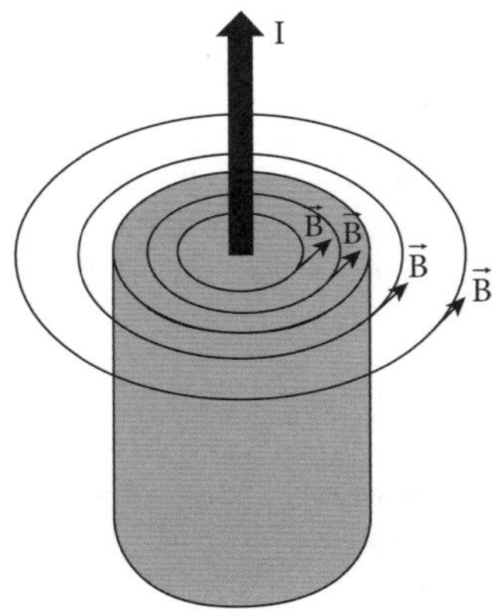

Figura 7.3 – Campo magnético de um condutor.

Considerando-se que a densidade de corrente no condutor seja constante, dentro do condutor o campo deve variar, aumentando do centro para a periferia, pois o total de corrente elétrica cresce do centro para a periferia.

Evidentemente, como está-se tratando da indutância, supõem-se correntes variáveis no tempo, como as senoidais.

A indutância para vários casos será deduzida nas seções seguintes. A reatância indutiva é definida pela expressão:

$$X_L = 2 \cdot \pi \cdot f \cdot L$$

X_L = reatância indutiva de sequência positiva ou negativa (Ω/m)

f = frequência (Hz)

L = indutância de sequência positiva ou negativa (H/m)

7.2 INDUTÂNCIA INTERNA DO CONDUTOR SÓLIDO

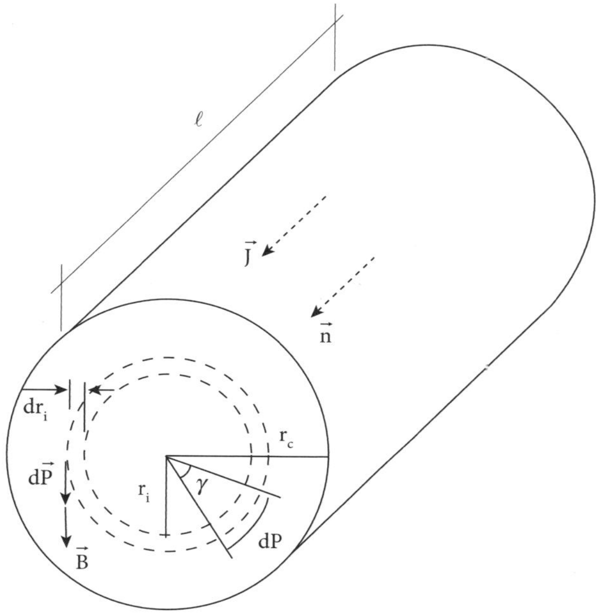

Figura 7.4 – Indutância interna.

Como a densidade de corrente *J* foi prevista como sendo constante:

$$J = \frac{I}{\pi \cdot r_c^2} = \text{cte.}$$

r_i = raio interno

r_c = raio do condutor

ℓ = comprimento do condutor

P = perímetro

Lei Circuital de Ampère:

$$\oint \vec{B} \cdot d\vec{P} = \mu_o \cdot \int_S \vec{J} \cdot \vec{n} dS$$

$$\int_0^{2\pi} \mathrm{B_i} \cdot \mathrm{r_i}\ \mathrm{d}\gamma = \mu_o \cdot \mathrm{J} \cdot \int \mathrm{dS}$$

$$dS = 2 \cdot \pi\ dr$$

$$B_i \cdot r_i \cdot 2 \cdot \pi = \mu_o \cdot J \cdot \int_0^{r_i} 2 \cdot \pi \cdot r_i \, dr = \mu_o \cdot \frac{I}{\pi \cdot r_c^2} \cdot 2 \cdot \pi \cdot \frac{r_i^2}{2}$$

$$B_i = \frac{\mu_o \cdot I}{2 \cdot \pi \cdot r_c^2} \cdot r_i$$

No elemento tubular com raio r_i e espessura dr_i, o fluxo magnético ($\phi = B \cdot S$) é:

$$d\phi = \frac{\mu_o \cdot I_i}{2 \cdot \pi \cdot r_c^2} \cdot r_i \cdot dr_i \cdot \ell$$

e o fluxo magnético por metro de condutor é:

$$d\phi = \frac{\mu_o \cdot I_i}{2 \cdot \pi \cdot r_c^2} \cdot r_i \cdot dr_i = \frac{\mu_o \cdot r_i}{2 \cdot \pi \cdot r_c^2} \cdot I_i \cdot dr_i$$

A corrente envolvida no raio r_i é:

$$I_i = J \cdot \pi \cdot r_i^2 = \frac{I}{\pi \cdot r_c^2} \cdot \pi \cdot r_i^2 = I \cdot \frac{r_i^2}{r_c^2}$$

e o fluxo resulta em:

$$d\phi = \frac{\mu_o \cdot r_i}{2 \cdot \pi \cdot r_c^2} \cdot I \cdot \frac{r_i^2}{r_c^2} \cdot dr_i$$

$$d\phi = \frac{\mu_o \cdot I \cdot r_i^3}{2 \cdot \pi \cdot r_c^4} \cdot dr_i$$

O fluxo interno total, em Wb/m, será, então:

$$\phi = \int_0^{r_c} \frac{\mu_o \cdot I \cdot r_i^3}{2 \cdot \pi \cdot r_c^4} \cdot dr_i = \frac{\mu_o \cdot I}{2 \cdot \pi \cdot r_c^4} \cdot \frac{r_c^4}{4} = \frac{\mu_o \cdot I}{8 \cdot \pi} = \frac{4 \cdot \pi \cdot 10^{-7} \cdot I}{8 \cdot \pi}$$

$$\phi = \frac{I}{2} \cdot 10^{-7}$$

Sendo a indutância $L = \phi/I$, a indutância interna de um condutor sólido [1], em H/m, é:

$$L = \frac{1}{2} \cdot 10^{-7} \tag{7.1}$$

ou $L = 0{,}05$ mH/km

Esse valor de indutância interna do condutor sólido é normalmente usado também para condutor compactado. Neste texto será usado o mesmo valor para condutores encordoados, mas nas seções finais, a partir da Seção 7.6, são informadas as alterações necessárias para adequar a expressão aos diversos condutores encordoados.

7.3 INDUTÂNCIA EXTERNA DO CONDUTOR

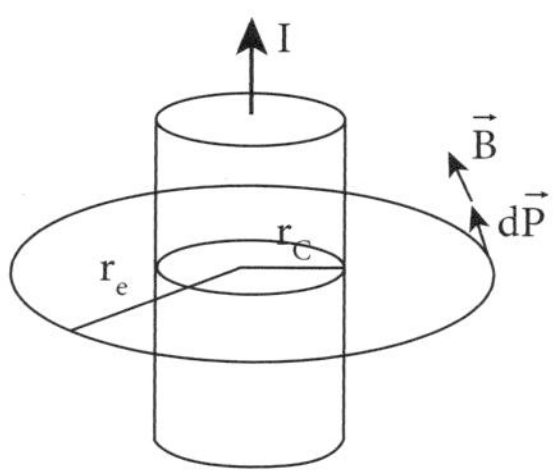

Figura 7.5 – Indutância externa.

Lei Circuital de Ampère:

$$\oint \vec{B} \cdot d\vec{P} = \mu_o \cdot \int_S \vec{J} \cdot \vec{n} dS$$

$$\int_S \vec{J} \cdot \vec{n} dS = I$$

$$\int_0^{2\pi} B \cdot r_e \, d\gamma = \mu_o \cdot I$$

$$B \cdot 2 \cdot \pi \cdot r_e = \mu_o \cdot I$$

$$B = \frac{\mu_o \cdot I}{2 \cdot \pi \cdot r_e}$$

Fluxo magnético externo:

$$\phi = \int_S \vec{B} \cdot \vec{n}\, dS = \int_{r_c}^{r_e} \frac{\mu_o \cdot I}{2 \cdot \pi \cdot r_e} dr_e = \frac{\mu_o \cdot I}{2 \cdot \pi} \cdot ln\frac{r_e}{r_c} = \frac{4 \cdot \pi \cdot 10^{-7}}{2 \cdot \pi} \cdot I \cdot ln\frac{r_e}{r_c}$$

$$\phi = 2 \cdot 10^{-7} \cdot I \cdot ln\frac{r_e}{r_c}$$

Sendo a indutância $L = \phi/I$, a indutância externa de um condutor sólido, em H/m, é:

$$L = 2 \cdot 10^{-7} \cdot ln\frac{r_e}{r_c} \tag{7.2}$$

7.4 INDUTÂNCIA E REATÂNCIA DE LINHA MONOFÁSICA

Considerando-se uma linha monofásica constituída por dois condutores de mesmo diâmetro:

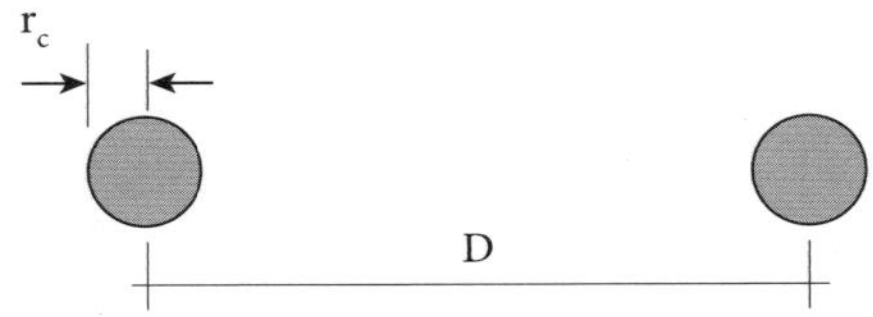

Figura 7.6 – Linha monofásica.

A indutância de cada condutor será a soma de sua indutância interna com a indutância externa com o outro condutor, ou:

$$L = \frac{1}{2} \cdot 10^{-7} + 2 \cdot 10^{-7} \cdot ln\frac{D}{r_c} \quad (\text{H/m}) \tag{7.3}$$

ou

$$L = 0{,}05 + 0{,}2 \cdot ln\frac{D}{r_c} \quad (\text{mH/km}) \tag{7.4}$$

A reatância indutiva de sequência positiva ou negativa, definida como $X_L = \omega \cdot L$, fica, então, $X_L = 2 \cdot \pi \cdot f \cdot L$, sendo f a frequência, em Hz, ou:

$$X_L = 2 \cdot \pi \cdot f \cdot 10^{-7} \cdot \left[\frac{1}{2} + 2 \cdot ln \frac{D}{r_c} \right] \ (\Omega/\text{m}) \tag{7.5}$$

ou

$$X_L = 2 \cdot \pi \cdot f \cdot 10^{-3} \cdot \left[0{,}05 + 0{,}2 \cdot ln \frac{D}{r_c} \right] \ (\Omega/\text{km}) \tag{7.6}$$

7.5 INDUTÂNCIA E REATÂNCIA DE LINHA TRIFÁSICA

Considerando-se um sistema trifásico equilibrado de cabos não blindados de mesma seção:

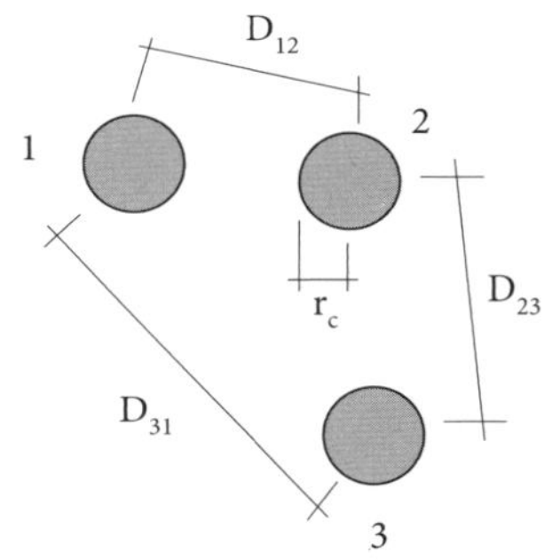

Figura 7.7 – Disposição genérica de um sistema trifásico.

Nota: isolação, capas e coberturas não estão representadas por não influenciarem o cálculo.

A indutância externa entre cada condutor e os outros dois será:

$$L_{12} = 2 \cdot 10^{-7} \cdot ln \frac{D_{12}}{r_c} \qquad L_{23} = 2 \cdot 10^{-7} \cdot ln \frac{D_{23}}{r_c} \qquad L_{31} = 2 \cdot 10^{-7} \cdot ln \frac{D_{31}}{r_c}$$

A indutância externa média será:

$$L_{ext} = \frac{L_{12} + L_{23} + L_{31}}{3}$$

$$L_{ext} = 2 \cdot 10^{-7} \cdot \frac{1}{3} \cdot \left[ln\frac{D_{12}}{r_c} + ln\frac{D_{23}}{r_c} + ln\frac{D_{31}}{r_c} \right]$$

$$L_{ext} = 2 \cdot 10^{-7} \cdot ln\sqrt[3]{\frac{D_{12} \cdot D_{23} \cdot D_{31}}{r_c^{\,3}}}$$

$$L_{ext} = 2 \cdot 10^{-7} \cdot ln\frac{\sqrt[3]{D_{12} \cdot D_{23} \cdot D_{31}}}{r_c}$$

Cada condutor terá, portanto, essa indutância externa, na média. A indutância total de cada condutor deve ser a soma de sua indutância interna com essa indutância externa:

$$L = \frac{1}{2} \cdot 10^{-7} + 2 \cdot 10^{-7} \cdot ln\frac{\sqrt[3]{D_{12} \cdot D_{23} \cdot D_{31}}}{r_c} \quad (\text{H/m}) \tag{7.7}$$

ou

$$L = 0{,}05 + 0{,}2 \cdot ln\frac{\sqrt[3]{D_{12} \cdot D_{23} \cdot D_{31}}}{r_c} \quad (\text{mH/km}) \tag{7.8}$$

A reatância indutiva de sequência positiva ou negativa, definida como $X_L = \omega \cdot L$, fica então $X_L = 2 \cdot \pi \cdot f \cdot L$, sendo f a frequência, em Hz, ou:

$$X_L = 2 \cdot \pi \cdot f \cdot 10^{-6} \cdot \left[0{,}05 + 0{,}2 \cdot ln\frac{\sqrt[3]{D_{12} \cdot D_{23} \cdot D_{31}}}{r_c} \right] \quad (\Omega/\text{m}) \tag{7.9}$$

ou

$$X_L = 2 \cdot \pi \cdot f \cdot 10^{-3} \cdot \left[\frac{1}{2} + 2 \cdot ln\frac{\sqrt[3]{D_{12} \cdot D_{23} \cdot D_{31}}}{r_c} \right] \quad (\Omega/\text{km}) \tag{7.10}$$

7.6 INDUTÂNCIA DE LINHAS AÉREAS NUAS

Conforme visto no Capítulo 1, os cabos utilizados em linhas aéreas nuas – cabos instalados em postes ou torres – são condutores formados por fios de alumínio ou liga de alumínio em camadas concêntricas, sendo esses condutores, às vezes, reforçados por fios internos ("alma") de aço ou outro material mais resistente mecanicamente que o alumínio. A Equação (7.10) foi desenvolvida considerando que o cabo tem o condutor sólido, podendo ser utilizada também para condutores compactados.

Dessa forma, uma vez que os condutores das linhas aéreas nuas não são sólidos ou compactados, uma tradição de décadas utiliza as expressões deduzidas para a indutância e reatância indutiva em sequência positiva ou negativa com modificações introduzidas pela Aluminum Association [2]. As alterações também se destinam a cobrir linhas de transmissão com mais de um condutor por fase (chamados de condutores em *bundle*) e a situação bastante comum em que, em uma mesma torre, são instalados mais de um circuito, com influência de um no outro em termos de indutância.

Um condutor que não seja sólido tem a indutância interna influenciada pela indutância entre os fios. Para considerar esse efeito, em vez de se utilizar o raio do condutor, utiliza-se o raio médio geométrico (*RMG* ou, em inglês, *GMR*).

Antes de definir o *GMR*, é feita uma alteração na forma da Equação (7.7):

$$L = \frac{1}{2} \cdot 10^{-7} + 2 \cdot 10^{-7} \cdot ln \frac{\sqrt[3]{D_{12} \cdot D_{23} \cdot D_{31}}}{r_c} \quad (\text{H/m}) \tag{7.7}$$

$$L = 10^{-7} \cdot \left(\frac{1}{2} + 2 \cdot ln \frac{\sqrt[3]{D_{12} \cdot D_{23} \cdot D_{31}}}{r_c} \right) = 2 \cdot 10^{-7} \cdot \left(\frac{1}{4} + ln \frac{\sqrt[3]{D_{12} \cdot D_{23} \cdot D_{31}}}{r_c} \right)$$

$$L = 2 \cdot 10^{-7} \cdot \left(lne^{\frac{1}{4}} + ln \frac{\sqrt[3]{D_{12} \cdot D_{23} \cdot D_{31}}}{r_c} \right) = 2 \cdot 10^{-7} \cdot ln \frac{e^{1/4} \cdot \sqrt[3]{D_{12} \cdot D_{23} \cdot D_{31}}}{r_c}$$

$$L = 2 \cdot 10^{-7} \cdot ln \frac{\sqrt[3]{D_{12} \cdot D_{23} \cdot D_{31}}}{r_c \cdot e^{-1/4}} \tag{7.11}$$

O termo $r_c \cdot e^{-1/4}$ é chamado de *GMR* próprio do fio, às vezes designado por *r'*.

Para a definição do *GMR*, considere, por exemplo, um condutor dos mais simples, com 7 fios de mesmo diâmetro. Chamando de r_f o raio de cada fio componente do condutor e *D* as distâncias entre os fios:

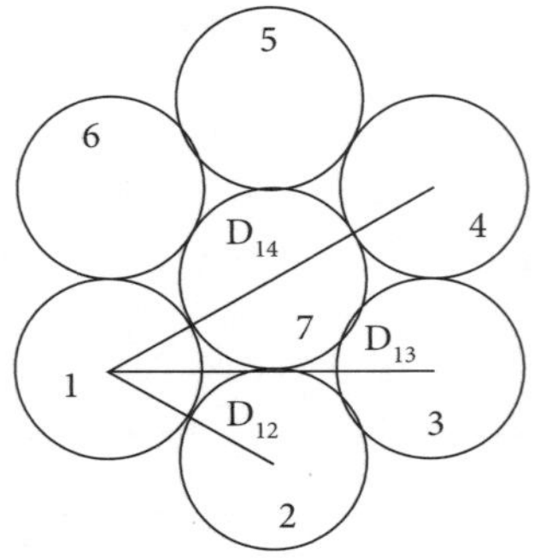

Figura 7.8 – Exemplo GMR.

$$D_{12} = D_{21} = D_{23} = D_{32} = \ldots = D_{27} = D_{72} = 2 \cdot r_f \left(24 \text{ termos}\right)$$

$$D_{14} = D_{41} = D_{25} = D_{52} = D_{36} = D_{63} = 4 \cdot r_f \left(6 \text{ termos}\right)$$

$$D_{13} = \sqrt{D_{14}^2 - D_{34}^2} = \sqrt{\left(4 \cdot r_f\right)^2 - \left(2 \cdot r_f\right)^2} = 2 \cdot r_f \cdot \sqrt{3}$$

$$\therefore D_{13} = D_{31} = D_{24} = D_{42} = \ldots = 2 \cdot r_f \cdot \sqrt{3} \quad \left(12 \text{ termos}\right)$$

$$D_{11} = D_{22} = D_{33} = D_{44} = D_{55} = D_{66} = D_{77} = r_f \cdot e^{-1/4} \left(7 \text{ termos}\right)$$

Há, portanto, um total de 49 termos. O *GMR* deste condutor é calculado pela média geométrica:

$$GMR = \sqrt[49]{\left(r_f \cdot e^{-1/4}\right)^7 \cdot \left(2 \cdot r_f\right)^{24} \cdot \left(2 \cdot r_f \cdot \sqrt{3}\right)^{12} \cdot \left(4 \cdot r_f\right)^6} = 2{,}1767 \cdot r_f$$

Generalizando, o *GMR* é calculado por:

$$GMR = \sqrt[n^2]{\left(r_f \cdot e^{-1/4}\right)^n \cdot D_{12} \cdot D_{13} \cdot \ldots \cdot D_{21} \cdot D_{23} \cdot \ldots \cdot D_{n(n-1)}}$$

Com esse desenvolvimento, percebe-se a dificuldade de definir o *GMR* para condutores com mais fios, ainda mais porque alguns condutores não têm todos os fios de mesmo diâmetro. Por isso, a Aluminum Association [2] elaborou tabelas com os valores do *GMR* dos condutores padronizados (em pés), valores conhecidos por GMR_{TAB} (*GMR* tabelado). Tais tabelas são reproduzidas em alguns catálogos de fabricantes, mas, como não constam em todos, as tabelas para os cabos mais comuns são reproduzidas a seguir, com o *GMR* já convertido para milímetros.

Tabela 7.1 – GMR_{TAB} dos AAC (ou ASC ou CA)

Condutor	Bitola (AWG ou kcmil)	GMR_{TAB} (mm)	Condutor	Bitola (AWG ou kcmil)	GMR_{TAB} (mm)
Peachbell	6	1,69	Violet	715,5	9,51
Rose	4	2,13	Nasturtium	715,5	9,57
Iris	2	2,69	Arbutus	795,0	10,0
Pansy	1	3,02	Lilac	795,0	10,1
Poppy	1/0	3,38	Anemone	874,5	10,5
Aster	2/0	3,81	Crocus	874,5	10,6
Phlox	3/0	4,27	Magnolia	954,0	11,0
Oxlip	4/0	4,82	Goldenrod	954,0	11,0
Daisy	266,8	5,39	Bluebell	1.033,5	11,4
Laurel	266,8	5,70	Larkspur	1.035,0	11,5
Tulip	336,0	6,40	Marigold	1.113,0	11,9
Canna	397,5	6,95	Hawthorn	1.192,0	12,3
Cosmos	477,0	7,62	Narcissus	1.272,0	12,7
Syringa	477,0	7,74	Columbine	1.351,0	13,1
Dahlia	556,5	8,23	Carnation	1.431,0	13,5
Mistletoe	556,5	8,38	Gladiolus	1.510,5	13,9
Orchid	636,0	8,96	Coreopsis	1.590,0	14,2

Fonte: Aluminum Electrical Conductor Handbook, Aluminum Association [2].

Tabela 7.2 – GMR_{TAB} dos ACSR (ou CAA)

Condutor	Bitola (AWG ou kcmil)	GMR_{TAB} (mm)	Condutor	Bitola (AWG ou kcmil)	GMR_{TAB} (mm)
Waxwing	266,8	6,00	Mallard	795,0	11,9
Partridge	266,8	6,61	Tern	795,0	10,7
Ostrich	300,0	7,01	Condor	795,0	11,2
Merlin	336,4	6,74	Ruddy	900,0	11,4
Linnet	336,4	7,44	Canary	900,0	11,9
Oriole	336,4	7,77	Comcrake	954,0	11,5
Chickadee	397,5	7,32	Rail	954,0	11,7
Ibis	397,5	8,08	Towhee	954,0	11,9
Lark	397,5	8,44	Redbird	954,0	12,1
Pelican	477,0	8,02	Cardinal	954,0	12,3
Flicker	477,0	8,63	Ortolan	1.033,5	12,2
Hawk	477,0	8,84	Curlew	1.033,5	12,8
Hen	477,0	9,27	Bluejay	1.113,0	12,7
Osprey	556,5	8,66	Finch	1.113,0	13,3
Parakeet	556,5	9,33	Bunting	1.192,5	13,1
Dove	556,5	9,54	Grackle	1.192,5	13,7
Eagle	556,5	10,0	Bittern	1.272,0	13,6
Peacock	605,0	9,72	Pheasant	1.272,0	14,2
Squab	605,0	9,97	Dipper	1.351,0	14,0
Teal	605,0	10,4	Martin	1.351,0	14,6
Kingbird	636,0	9,17	Bobolink	1.431,0	14,4
Swift	636,0	9,14	Plover	1.431,0	15,1
Rook	636,0	9,97	Nuthatch	1.510,0	14,8
Grosbeak	636,0	10,2	Parrot	1.510,0	15,5

(*continua*)

Tabela 7.2 – GMR_{TAB} dos ACSR (ou CAA) (*continuação*)

Condutor	Bitola (AWG ou kcmil)	GMR_{TAB} (mm)	Condutor	Bitola (AWG ou kcmil)	GMR_{TAB} (mm)
Egret	636,0	10,7	Lapwing	1.590,0	15,2
Flamingo	666,6	10,2	Falcon	1.590,0	15,9
Crow	715,5	11,3	Chukar	1.780,0	16,3
Starling	715,5	10,8	Mockingbird	2.034,5	16,9
Redwing	715,5	11,3	Bluebird	2.156,0	17,9
Coot	795,0	10,2	Kiwi	2.167,0	17,4
Cuckoo	795,0	11,0	Thrasher	2.312,0	18,3
Drake	795,0	11,4	Joree	2.515,0	18,9

Fonte: Aluminum Electrical Conductor Handbook, Aluminum Association [2].

Se o cabo tiver uma formação concêntrica com todos os fios de mesmo diâmetro, o GMR_{TAB} pode ser calculado por $GMR_{TAB} = k_2 \cdot$ diâmetro do fio, sendo:

Tabela 7.3 – Fator k_2

N_{fios}	k_2
7	1,09
19	1,89
37	2,69
61	3,47
91	4,26
127	5,04

Nota: os valores de GMR dos ACSR (ou CAA) com uma única camada de fios de alumínio não podem ser calculados com precisão pelos fatores da Tabela 7.3 em razão do efeito magnético do aço da alma, que é dependente da corrente e temperatura. Nesses casos, o valor da reatância indutiva deve, de preferência, ser determinado experimentalmente.

Portanto, o raio médio geométrico (*GMR*) de um fio sólido é dado por $r_c \cdot e^{-1/4}$ (sendo r_c o raio do fio) e o de um condutor encordoado é dado por seu GMR_{TAB}. Quando cada fase de um circuito for formada por mais que um cabo em paralelo (*bundle*), o *GMR* do condutor é substituído pelo *GMR* do *bundle* e quando, na mesma torre, houver mais que um circuito, sejam esses circuitos formados por condutores em *bundle* ou não, o *GMR* do condutor é substituído pelo *GMR* equivalente dos circuitos.

O *GMR* do *bundle* (GMR_{Bundle}) é a raiz n^2 do produto das n^2 distâncias entre os n condutores que formam um *bundle*. Genericamente:

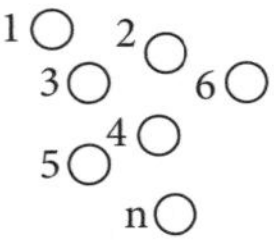

Figura 7.9 – *Bundle* genérico.

$$GMR_{Bundle} = \sqrt[n^2]{\left(D_{11} \cdot D_{12} \cdot D_{13} \cdot \ldots \cdot D_{1n}\right) \cdot \left(D_{21} \cdot D_{22} \cdot D_{23} \cdot \ldots \cdot D_{2n}\right) \cdot \ldots \cdot \left(D_{n1} \cdot D_{n2} \cdot D_{n3} \cdot \ldots \cdot D_{nn}\right)}$$

sendo D as distâncias entre os condutores e D_{11}, D_{22}, ..., D_{nn} o *GMR* próprio de cada condutor, o que se chamou de GMR_{TAB}.

Assim:

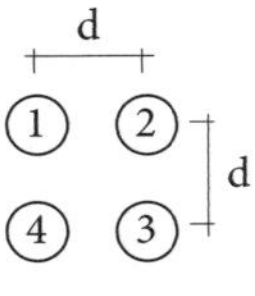

Figura 7.10 – *Bundle* de 4 condutores.

$$GMR_{Bundle} = \sqrt[16]{\left(D_{11}D_{12}D_{13}D_{14}\right)\left(D_{21}D_{22}D_{23}D_{24}\right)\left(D_{31}D_{32}D_{33}D_{34}\right)\left(D_{41}D_{42}D_{43}D_{44}\right)}$$

$$D_{11} = D_{22} = D_{33} = D_{44} = GMR \text{ próprio} = GMR_{TAB}$$

$$GMR_{Bundle} = \sqrt[16]{\left(GMR_{TAB}\, dd\sqrt{2}d\right)\left(dGMR_{TAB}\, dd\sqrt{2}\right)\left(d\sqrt{2}dGMR_{TAB}\, d\right)\left(dd\sqrt{2}dGMR_{TAB}\right)}$$

$$GMR_{Bundle} = \sqrt[16]{GMR_{TAB}{}^{4} \cdot d^{12} \cdot 2^{2}} = \sqrt[4]{GMR_{TAB} \cdot d^{3} \cdot \sqrt{2}}$$

$$GMR_{Bundle} = \sqrt[8]{2} \cdot \sqrt[4]{GMR_{TAB} \cdot d^{3}}$$

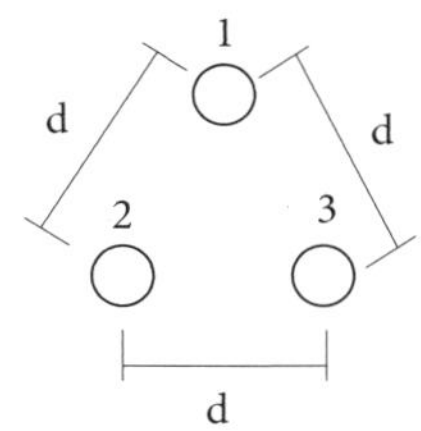

Figura 7.11 – *Bundle* de 3 condutores.

$$GMR_{Bundle} = \sqrt[9]{(D_{11}D_{12}D_{13})(D_{21}D_{22}D_{23})(D_{31}D_{32}D_{33})}$$

$$D_{11} = D_{22} = D_{33} = GMR \text{ próprio} = GMR_{TAB}$$

$$GMR_{Bundle} = \sqrt[9]{(GMR_{TAB} \cdot d \cdot d)(d \cdot GMR_{TAB} \cdot d)(d \cdot d \cdot GMR_{TAB})}$$

$$GMR_{Bundle} = \sqrt[9]{(GMR_{TAB})^3 \cdot d^6}$$

$$GMR_{Bundle} = \sqrt[3]{GMR_{TAB} \cdot d^2}$$

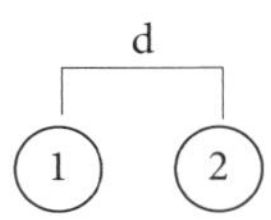

Figura 7.12 – *Bundle* de 2 condutores.

$$GMR_{Bundle} = \sqrt[4]{(D_{11}D_{12})(D_{21}D_{22})}$$

$$D_{11} = D_{22} = D_{33} = GMR \text{ próprio} = GMR_{TAB}$$

$$GMR_{Bundle} = \sqrt[4]{(GMR_{TAB} \cdot d)(d \cdot GMR_{TAB})}$$

$$GMR_{Bundle} = \sqrt{GMR_{TAB} \cdot d}$$

Havendo dois circuitos na mesma torre, ainda é necessário definir o *GMR* equivalente do conjunto:

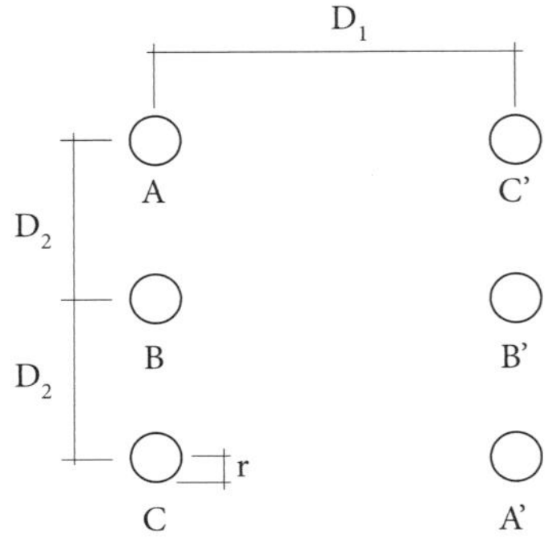

Figura 7.13 – Circuito duplo.

$$D_{AA'} = D_{CC'} = \sqrt{D_1^2 + (2D_2)^2}$$

$$D_{BB'} = D_1$$

$$GMR_A = \sqrt[4]{D_{AA} \cdot D_{AA'} \cdot D_{A'A'} \cdot D_{A'A}} = \sqrt{D_{AA} \cdot D_{AA'}}$$

$$GMR_B = \sqrt[4]{D_{BB} \cdot D_{BB'} \cdot D_{B'B'} \cdot D_{B'B}} = \sqrt{D_{BB} \cdot D_{BB'}}$$

$$GMR_C = \sqrt[4]{D_{CC} \cdot D_{CC'} \cdot D_{C'C'} \cdot D_{C'C}} = \sqrt{D_{CC} \cdot D_{CC'}}$$

D_{AA}, D_{BB}, D_{CC} são o *GMR* próprio de cada fase: GMR_{TAB} para o caso de não haver *bundles* ou GMR_{Bundle} quando há *bundles.*

Por fim, o *GMR* equivalente é definido por:

$$GMR_{EQ} = \sqrt[3]{GMR_A \cdot GMR_B \cdot GMR_C}$$

Voltando à Equação (7.11):

$$L = 2 \cdot 10^{-7} \cdot ln \frac{\sqrt[3]{D_{12} \cdot D_{23} \cdot D_{31}}}{r_c \cdot e^{-1/4}} \quad (7.11)$$

o numerador da expressão logarítmica é chamado de "distância média geométrica" (*DMG* ou, em inglês, *GMD*). Para a determinação do *GMD*, novamente, é preciso considerar se os condutores estão em *bundle* e se há mais que um circuito na torre, mas uma simplificação pode ser feita.

Por exemplo, considerando um só circuito com dois condutores em *bundle* por fase:

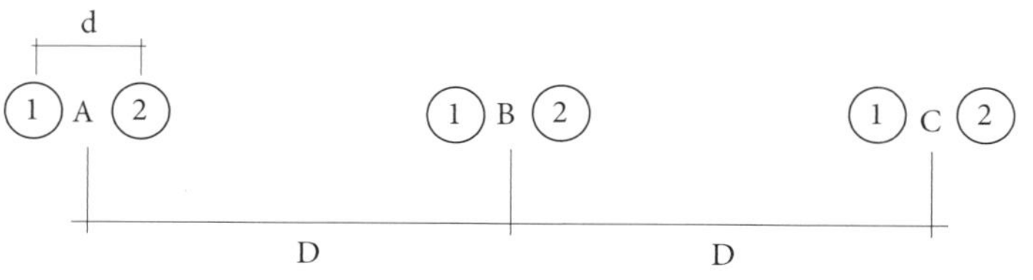

Figura 7.14 – Um circuito com dois condutores por fase.

O *GMD* entre as fases A e B (que é o mesmo que entre B e C) seria:

$$GMD_{AB} = \sqrt[4]{D_{A1B1} \cdot D_{A1B2} \cdot D_{A2B1} \cdot D_{A2B2}} = \sqrt[4]{D \cdot (D+d) \cdot (D-d) \cdot D}$$

mas pode ser feita a simplificação:

$$GMD_{AB} = \sqrt[4]{D \cdot (D+d) \cdot (D-d) \cdot D} \cong D$$

o que é equivalente a calcular o *GMD* entre os centros geométricos dos *bundles*.

Já o *GMD* entre as fases C e A seria:

$$GMD_{CA} = \sqrt[4]{D_{A1C1} \cdot D_{A1C2} \cdot D_{A2C1} \cdot D_{A2C2}} = \sqrt[4]{2D \cdot (2D+d) \cdot (2D-d) \cdot 2D}$$

Com a mesma simplificação:

$$GMD_{CA} = \sqrt[4]{2D \cdot (2D+d) \cdot (2D-d) \cdot 2D} \cong 2D$$

Portanto, calcular o *GMD* entre *bundles* torna-se calcular o *GMD* entre os centros geométricos desses *bundles*, fazendo com que o cálculo seja o mesmo, estejam os condutores em *bundle* ou não.

Por fim, calcula-se o *GMD* do circuito, fazendo:

$$GMD_{EQ} = \sqrt[3]{GMD_{AB} \cdot GMD_{BC} \cdot GMD_{CA}}$$

Havendo dois circuitos na mesma torre, estando os condutores em *bundle* ou não, pode-se utilizar essa simplificação:

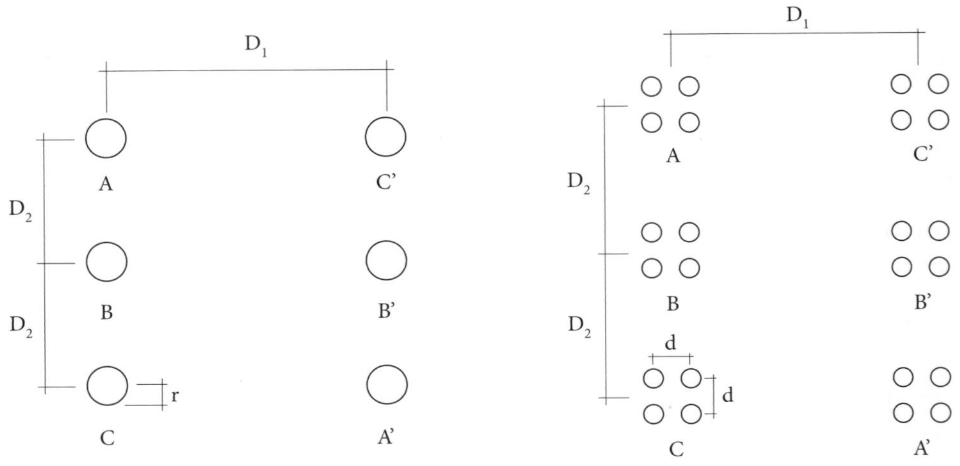

Figura 7.15 – Circuito duplo sem ou com *bundle*.

Para os dois casos da Figura 7.9:

$$GMD_{AB} = \sqrt[4]{D_{AB} \cdot D_{AB'} \cdot D_{A'B} \cdot D_{A'B'}} = \sqrt[4]{D_2 \cdot \sqrt{D_1^2 + D_2^2} \cdot \sqrt{D_1^2 + D_2^2} \cdot D_2}$$

$$GMD_{BC} = \sqrt[4]{D_{BC} \cdot D_{BC'} \cdot D_{B'C} \cdot D_{B'C'}} = \sqrt[4]{D_2 \cdot \sqrt{D_1^2 + D_2^2} \cdot \sqrt{D_1^2 + D_2^2} \cdot D_2}$$

$$GMD_{CA} = \sqrt[4]{D_{CA} \cdot D_{CA'} \cdot D_{C'A} \cdot D_{C'A'}} = \sqrt[4]{2D_2 \cdot D_1 \cdot D_1 \cdot 2D_2}$$

$$GMD_{EQ} = \sqrt[3]{GMD_{AB} \cdot GMD_{BC} \cdot GMD_{CA}}$$

Assim, a expressão geral para a indutância de linhas aéreas nuas é:

$$L = 2 \cdot 10^{-7} \cdot ln \frac{GMD_{EQ}}{GMR_{EQ}} \quad (\text{H/m}) \tag{7.12}$$

Exemplos:

Cabo: AAAC Flint. Linhas:

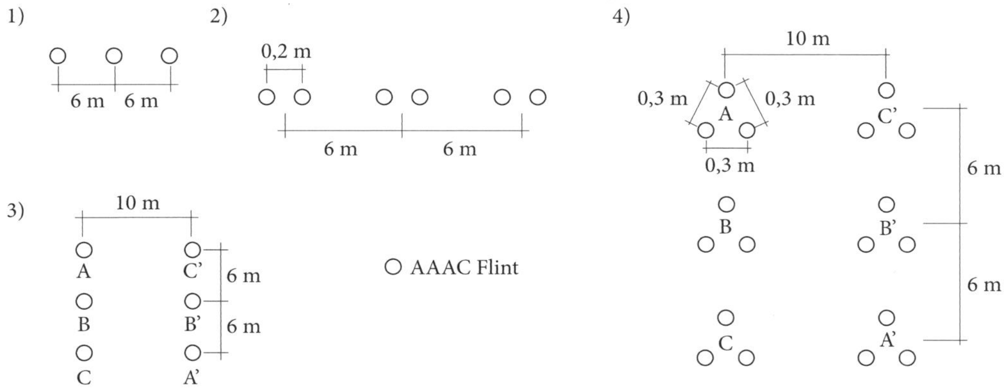

Os dados do AAAC Flint podem ser encontrados nos catálogos dos fabricantes, onde se vê que esse é um cabo de formação concêntrica com 37 fios de alumínio liga 6201 de diâmetro 3,59 mm cada fio. Usando a Tabela 7.3, pode-se calcular seu *GMR* tabelado:

$$GMR_{TAB} = 2{,}69 \cdot 3{,}59 = 9{,}66 \text{ mm}$$

$$L = 2 \cdot 10^{-7} \cdot ln \frac{GMD_{EQ}}{GMR_{EQ}} \quad (\text{H/m}) \tag{7.12}$$

1) $GMR_{EQ} = GMR_{TAB} = 9{,}66 \text{ mm}$

$$GMD_{EQ} = \sqrt[3]{6 \cdot 6 \cdot 2 \cdot 6} = 7{,}6 \text{ m} = 7600 \text{ mm}$$

$$L = 13{,}34 \cdot 10^{-7} \text{ H/m}$$

2) $GMR_{EQ} = \sqrt{GMR_{TAB} \cdot 200 \text{ mm}} = \sqrt{9{,}66 \cdot 200} = 43{,}95 \text{ mm}$

$$GMD_{EQ} = \sqrt[3]{6 \cdot 6 \cdot 2 \cdot 6} = 7{,}6 \text{ m} = 7600 \text{ mm}$$

$$L = 10{,}31 \cdot 10^{-7} \text{ H/m}$$

3) $D_{AA'} = D_{CC'} = \sqrt{10^2 + (2 \cdot 6)^2} = 15{,}62 \text{ m} = 15620 \text{ mm} \quad D_{BB'} = 10 \text{ m} = 10000 \text{ mm}$

$$GMR_A = \sqrt[4]{D_{AA} \cdot D_{AA'} \cdot D_{A'A'} \cdot D_{A'A}} = \sqrt{D_{AA} \cdot D_{AA'}} = \sqrt{GMR_{TAB} \cdot D_{AA'}} = 388{,}44 \text{ mm}$$

$$GMR_B = \sqrt[4]{D_{BB} \cdot D_{BB'} \cdot D_{B'B'} \cdot D_{B'B}} = \sqrt{D_{BB} \cdot D_{BB'}} = \sqrt{GMR_{TAB} \cdot D_{BB'}} = 310{,}81 \text{ mm}$$

$$GMR_C = \sqrt[4]{D_{CC} \cdot D_{CC'} \cdot D_{C'C'} \cdot D_{C'C}} = \sqrt{D_{CC} \cdot D_{CC'}} = \sqrt{GMR_{TAB} \cdot D_{CC'}} = 388{,}44 \text{ mm}$$

$$GMR_{EQ} = \sqrt[3]{GMR_A \cdot GMR_B \cdot GMR_C} = 360{,}62 \text{ mm}$$

$$GMD_{AB} = \sqrt[4]{D_{AB} \cdot D_{AB'} \cdot D_{A'B} \cdot D_{A'B'}} == \sqrt[4]{6 \cdot \sqrt{10^2 + 6^2} \cdot \sqrt{10^2 + 6^2} \cdot 6} = 8{,}36 \text{ m}$$

$$GMD_{BC} = GMD_{AB} = 8{,}36 \text{ m}$$

$$GMD_{CA} = \sqrt[4]{D_{CA} \cdot D_{CA'} \cdot D_{C'A} \cdot D_{C'A'}} = \sqrt[4]{12 \cdot 10 \cdot 10 \cdot 12} = 10{,}95 \text{ m}$$

$$GMD_{EQ} = \sqrt[3]{GMD_{AB} \cdot GMD_{BC} \cdot GMD_{CA}} = \sqrt[3]{8{,}36 \cdot 8{,}36 \cdot 10{,}95} = 9{,}15 \text{ m} = 9150 \text{ mm}$$

$$L = 6{,}47 \cdot 10^{-7} \text{ H/m}$$

4) $GMR_{Bundle} = \sqrt[9]{(D_{11}D_{12}D_{13})(D_{21}D_{22}D_{23})(D_{31}D_{32}D_{33})}$

$$D_{11} = D_{22} = D_{33} = GMRproprio = GMR_{TAB} = 9{,}66 \text{ mm}$$

$$D_{12} = D_{13} = D_{21} = D_{23} = D_{31} = D_{32} = 0{,}3 \text{ m} = 300 \text{ mm}$$

$$GMR_{Bundle} = \sqrt[9]{(9{,}66 \cdot 300 \cdot 300)(300 \cdot 9{,}66 \cdot 300)(300 \cdot 300 \cdot 9{,}66)} = 95{,}44 \text{ mm}$$

$$D_{AA'} = \sqrt{10^2 + 12^2} = 15{,}62 \text{ m} = 15620 \text{ mm} = D_{CC'} \qquad D_{BB'} = 10000 \text{ mm}$$

$$GMR_A = \sqrt[4]{D_{AA} \cdot D_{AA'} \cdot D_{A'A'} \cdot D_{A'A}} = \sqrt{D_{AA} \cdot D_{AA'}} = \sqrt{GMR_{Bundle} \cdot 15620} = 1220{,}97 \text{ mm}$$

$$GMR_B = \sqrt[4]{D_{BB} \cdot D_{BB'} \cdot D_{B'B'} \cdot D_{B'B}} = \sqrt{D_{BB} \cdot D_{BB'}} = \sqrt{GMR_{Bundle} \cdot 10000} = 976{,}93 \text{ mm}$$

$$GMR_C = \sqrt[4]{D_{CC} \cdot D_{CC'} \cdot D_{C'C'} \cdot D_{C'C}} = \sqrt{D_{CC} \cdot D_{CC'}} = \sqrt{GMR_{Bundle} \cdot 15620} = 1220{,}97 \text{ mm}$$

$$GMR_{EQ} = \sqrt[3]{GMR_A \cdot GMR_B \cdot GMR_C} = 1133{,}51 \text{ mm}$$

$$GMD_{AB} = \sqrt[4]{D_{AB} \cdot D_{AB'} \cdot D_{A'B} \cdot D_{A'B'}} = \sqrt[4]{6 \cdot \sqrt{10^2 + 6^2} \cdot \sqrt{10^2 + 6^2} \cdot 6} = 8{,}36 \text{ m}$$

$$GMD_{BC} = GMD_{AB} = 8{,}36 \text{ m}$$

$$GMD_{CA} = \sqrt[4]{D_{CA} \cdot D_{CA'} \cdot D_{C'A} \cdot D_{C'A'}} = \sqrt[4]{12 \cdot 10 \cdot 10 \cdot 12} = 10{,}95 \text{ m}$$

$$GMD_{EQ} = \sqrt[3]{GMD_{AB} \cdot GMD_{BC} \cdot GMD_{CA}} = \sqrt[3]{8{,}36 \cdot 8{,}36 \cdot 10{,}95} = 9{,}15 \text{ m} = 9150 \text{ mm}$$

$$L = 4{,}18 \cdot 10^{-7} \text{ H/m}$$

7.7 INDUTÂNCIA DE CABOS ISOLADOS

7.7.1 INDUTÂNCIA DE CABOS NÃO BLINDADOS

Utiliza-se a Equação (7.8) já desenvolvida:

$$L = 0{,}05 + 0{,}2 \cdot ln \frac{\sqrt[3]{D_{12} \cdot D_{23} \cdot D_{31}}}{r_c} \text{ (mH/km)} \tag{7.8}$$

7.7.2 INDUTÂNCIA DE CABOS BLINDADOS

Considere-se um circuito trifásico, como na maioria dos casos nos quais se utilizam cabos de potência isolados e blindados. A indutância definida anteriormente neste texto para os circuitos trifásicos com cabos sem blindagem metálica representa a influência em um condutor pelo fluxo magnético concatenado com esse condutor e criado pela corrente em cada um dos dois outros condutores.

Se o cabo tiver uma blindagem (caso seja um cabo formado por três condutores reunidos sob uma mesma cobertura externa, considera-se que exista uma blindagem sobre a isolação de cada condutor, como é a prática atualmente), a corrente no condutor induz corrente na blindagem que se opõe à variação do fluxo magnético que a cria (Lei de Lenz). Essa corrente somente circulará na blindagem se estiver aterrada em ao menos dois pontos; em blindagens aterradas em somente um ponto, surgirá uma tensão induzida de polaridade tal que criaria uma corrente que se oporia, da mesma forma, à variação do fluxo magnético que a cria. Além disso, se houver transposição da blindagem, a cada ciclo completo de transposição a tensão induzida resultante é nula.

7.7.2.1 Indutância entre condutor e blindagem

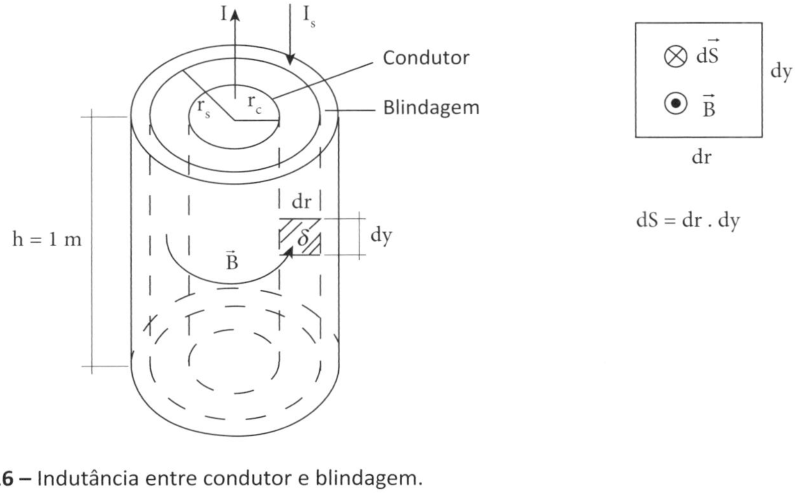

Figura 7.16 – Indutância entre condutor e blindagem.

O campo magnético *B* já foi definido na Seção 7.3 e, para $r_c < r < r_s$, vale:

$$B = \frac{\mu_o \cdot I}{2 \cdot \pi \cdot r}$$

sendo "*r*" a distância do ponto considerado ao centro do condutor.

$$\phi = \int_S \vec{B} \cdot d\vec{S} = \int_S B \cdot dS = \int_S \frac{\mu_o \cdot I}{2 \cdot \pi \cdot r} \cdot dr \cdot dy = \int_0^1 \int_{r_c}^{r_s} \frac{\mu_o \cdot I}{2 \cdot \pi \cdot r} \cdot dr \cdot dy$$

$$\phi = \int_0^1 \left[\frac{\mu_o \cdot I}{2 \cdot \pi} \cdot \left(ln r_s - ln r_c \right) \right] \cdot dy = \int_0^1 \frac{\mu_o \cdot I}{2 \cdot \pi} \cdot ln \frac{r_s}{r_c} \cdot dy = \frac{\mu_o \cdot I}{2 \cdot \pi} \cdot ln \frac{r_s}{r_c} \cdot \int_0^1 dy$$

$$\phi = \frac{\mu_o \cdot I}{2 \cdot \pi} \cdot ln \frac{r_s}{r_c}$$

Sendo $L = \phi / I$,

$$L_s = \frac{\mu_o}{2 \cdot \pi} \cdot ln \frac{r_s}{r_c}$$

ou

$$L_s = 2 \cdot 10^{-7} \cdot ln \frac{r_s}{r_c} \quad (\text{H/m}) \tag{7.13}$$

Notas:

a) Esse desenvolvimento é válido para blindagens aterradas em mais que um ponto; caso contrário, haverá somente correntes parasitas na blindagem.

b) Esse desenvolvimento é válido para um cabo blindado, sem a influência de outros cabos nas proximidades.

7.7.2.2 Indutância resultante

Como já foi dito, "a corrente no condutor induz corrente na blindagem que se opõe à variação do fluxo magnético que a cria (Lei de Lenz)". Assim, a indutância de cada condutor é definida como aquela estabelecida para o cabo sem blindagem menos a indutância L_s.

7.7.2.2.1 Indutância de linha monofásica

Já definida como:

$$L = \frac{1}{2} \cdot 10^{-7} + 2 \cdot 10^{-7} \cdot ln \frac{D}{r_c} \quad (\text{H/m})$$

passa a ser:

$$L = \frac{1}{2} \cdot 10^{-7} + 2 \cdot 10^{-7} \cdot ln \frac{D}{r_c} - 2 \cdot 10^{-7} \cdot ln \frac{r_s}{r_c}$$

$$L = \frac{1}{2} \cdot 10^{-7} + 2 \cdot 10^{-7} \cdot ln \frac{D}{r_s} \quad (\text{H/m}) \tag{7.14}$$

7.7.2.2.2 Indutância de linha trifásica

Já definida como:

$$L = \frac{1}{2} \cdot 10^{-7} + 2 \cdot 10^{-7} \cdot ln \frac{\sqrt[3]{D_{12} \cdot D_{23} \cdot D_{31}}}{r_c} \quad (\text{H/m})$$

passa a ser:

$$L = \frac{1}{2} \cdot 10^{-7} + 2 \cdot 10^{-7} \cdot ln \frac{\sqrt[3]{D_{12} \cdot D_{23} \cdot D_{31}}}{r_c} - 2 \cdot 10^{-7} \cdot ln \frac{r_s}{r_c}$$

$$L = \frac{1}{2} \cdot 10^{-7} + 2 \cdot 10^{-7} \cdot ln \frac{\sqrt[3]{D_{12} \cdot D_{23} \cdot D_{31}}}{r_s} \quad (\text{H/m}) \tag{7.15}$$

7.7.2.2.3 Resumo

O termo

$$\sqrt[3]{D_{12} \cdot D_{23} \cdot D_{31}}$$

é conhecido como "distância média geométrica" (*GMD* = *Geometric Mean Distance*) entre três condutores. Da mesma forma, para uma linha monofásica, pode-se dizer que a distância "*D*" entre os condutores é o *GMD* dessa linha. Portanto, generalizando:

Indutância entre cabos não blindados ou com blindagem aterrada em somente um ponto:

$$L = 0,05 + 0,2 \cdot ln \frac{2 \cdot GMD}{d_c} \quad (\text{mH/km})$$

$$GMD_{2\,condutores} = D$$

$$GMD_{3\,condutores} = \sqrt[3]{D_{12} \cdot D_{23} \cdot D_{31}}$$

D = distância entre os centros dos condutores

d_c = diâmetro do condutor

Indutância entre cabos blindados, com blindagem aterrada em ao menos 2 pontos:

$$L = 0,05 + 0,2 \cdot ln \frac{2 \cdot GMD}{d_s} \quad (\text{mH/km})$$

$$GMD_{2\,condutores} = D$$

$$GMD_{3\,condutores} = \sqrt[3]{D_{12} \cdot D_{23} \cdot D_{31}}$$

D = distância entre os centros dos condutores

d_s = diâmetro interno da blindagem

Note que:

1) Propositalmente, o desenvolvimento apresentado trata igualmente de cabos com condutores formados por:

- um fio sólido;
- fios encordoados e compactados;
- fios encordoados concentricamente;
- feixe ou feixes de fios (condutor flexível).

A indutância em H/m é dada por:

$$L = 2 \cdot 10^{-7} \cdot ln \frac{GMD}{GMR}$$

ou, em mH/km:

$$L = 0,2 \cdot ln \frac{GMD}{GMR}$$

O *GMR* é dado por um fator que multiplica o raio de cada fio, conforme já visto. O raio de um condutor encordoado concentricamente, não compactado, é dado por um outro fator que multiplica o mesmo raio de cada fio. Assim:

$$GMR = K_1 \cdot r_f$$

$$r_c = K_2 \cdot r_f$$

Por exemplo, para um condutor sólido, $K_1 = e^{-1/4}$ (7.11) e $K_2 = 1$ e para um condutor encordoado de 7 fios (Figura 7.8), $K_1 = 2{,}1767$ e $K_2 = 3$ (pela geometria do condutor).

Então, o *GMR* também pode ser escrito como $GMR = (K_1/K_2) \cdot r_c$ e pode-se expressar a indutância por:

$$L = 0,2 \cdot ln \frac{GMD}{\frac{K_1}{K_2} \cdot r_c} = 0,2 \cdot \left[ln \frac{GMD}{r_c} + ln \frac{1}{\frac{K_1}{K_2}} \right] = 0,2 \cdot ln \frac{1}{\frac{K_1}{K_2}} + 0,2 \cdot ln \frac{GMD}{r_c}$$

Utilizando logaritmo decimal:

$$L = 0,46 \cdot log \frac{K_2}{K_1} + 0,46 \cdot log \frac{GMD}{r_c}$$

A primeira parcela dessa soma é uma constante, chamada de K_L. Usando o diâmetro do condutor no lugar de seu raio:

$$L = K_L + 0,46 \cdot log \frac{2 \cdot GMD}{d_c}$$

Essa equação (com a indutância expressa em mH/km) é a mais encontrada na literatura sobre cabos isolados, que também informa o valor de K_L para cada formação:

Tabela 7.4 – Fator K_L

Nº de fios elementares que formam o condutor	K_L	Nº de fios elementares que formam o condutor	K_L	Nº de fios elementares que formam o condutor	K_L
7	0,064	20	0,0551	37	0,0528
11	0,0588	24	0,0543	42	0,0523
12	0,0581	27	0,0539	49	0,0519
14	0,0571	28	0,0537	50	0,0518
16	0,0563	30	0,0535	56	0,0516
19	0,0554	32	0,0532	61 ou mais	0,0515
Condutor sólido ou compactado					0,05

Nota: existem algumas variantes dessa tabela, algumas com K_L um pouco diferentes.

Entretanto, essa tabela é válida somente para condutores não flexíveis e muitos condutores na atualidade são flexíveis, com uma grande quantidade de fios. Nesse caso, uma vez que a variação de K_L é muito pequena, como se vê na tabela, não se considera em geral o encordoamento, ou seja, $K_L = 0{,}05$.

2) Originado no *Electrical Transmission and Distribution Reference Book, Westinghouse* Electric Corporation [3], alguma literatura, partindo da corrente induzida na blindagem de cabos blindados e com blindagem aterrada em ao menos dois pontos, estabelece que existe uma redução da indutância de cada condutor dada por:

$$L_s = \frac{X_m \cdot X_b}{R_b^2 + X_b^2}$$

X_m = indutância mútua

X_b = reatância indutiva da blindagem

R_b = resistência elétrica da blindagem

Essa abordagem é um tanto singular, uma vez que a indutância dependeria da resistência elétrica, além do fato de que não foi encontrada demonstração satisfatória para tal expressão.

REFERÊNCIAS

[1] STEVENSON JR., William D. (1978). Elementos de análise de sistemas de potência. McGraw-Hill.

[2] ALUMINUM ASSOCIATION, INC. (1989). Aluminum Electrical Conductor Handbook. The Aluminum Association.

[3] WESTINGHOUSE ELECTRIC CORPORATION. (1964). Electrical Transmission and Distribution Reference Book (4. ed).

CAPÍTULO 8
Queda de tensão

A queda de tensão nos cabos que interligam a entrada e a saída de um circuito é calculada pela resolução do circuito. Entretanto, antes mesmo do projeto desse circuito, é comum a necessidade de conhecer a queda de tensão nos possíveis cabos a serem utilizados, valor esse muitas vezes fornecido em catálogos de fabricantes. Esse cálculo preliminar é o foco deste capítulo.

8.1 CIRCUITO TRIFÁSICO EM CORRENTE ALTERNADA

Supondo carga em estrela (ou estrela equivalente a uma carga em triângulo):

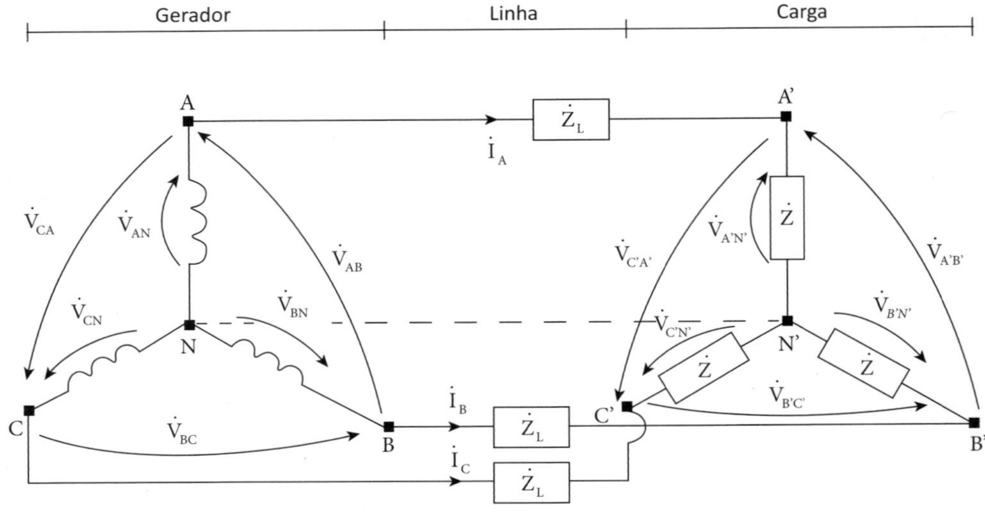

Figura 8.1 – Circuito trifásico.

Z = impedância da carga, Ω

Z_L = impedância por fase da linha (do cabo), Ω/km = $R_C + jX_C$

R_C = resistência elétrica em corrente alternada do cabo, na temperatura de operação, Ω/km

X_C = reatância indutiva de sequência positiva ou negativa do cabo, Ω/km

Estando o sistema equilibrado, as correntes e tensões de cada fase têm o mesmo módulo e estão defasadas de 120°, e a tensão $V_{NN'} = 0$. Tomando a fase A:

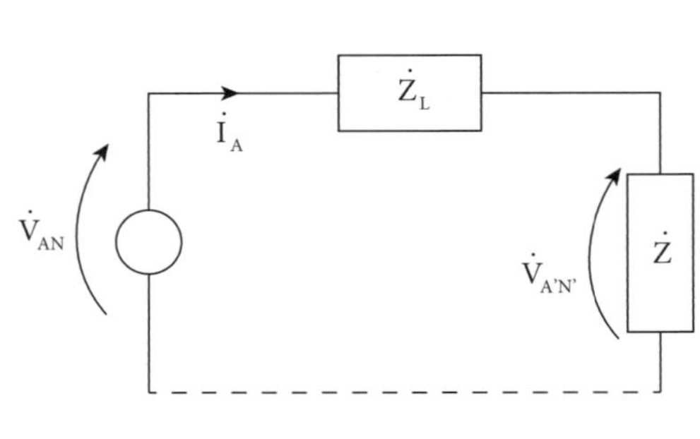

Figura 8.2 – Unifilar.

A queda de tensão fasorial na Figura 8.1 entre as tensões de linha é dada por:

$$\Delta \dot{V} = \dot{V}_{AB} - \dot{V}_{A'B'} \tag{8.1}$$

Na ligação estrela, em sequência positiva:

$$\dot{V}_{Linha} = \sqrt{3}\angle 30^{o} \cdot \dot{V}_{Fase} \tag{8.2}$$

Portanto,

$$\dot{V}_{AB} = \sqrt{3}\angle 30^{o} \cdot \dot{V}_{AN} \tag{8.3}$$

$$\dot{V}_{A'B'} = \sqrt{3}\angle 30^{o} \cdot \dot{V}_{A'N'} \tag{8.4}$$

Pela Figura 8.2:

$$\dot{V}_{AN} - \dot{V}_{A'N'} = \dot{Z}_{L} \cdot \dot{I}_{A} \tag{8.5}$$

Então:

$$\Delta\dot{V} = \dot{V}_{AB} - \dot{V}_{A'B'} = \sqrt{3}\angle 30^{o} \cdot \dot{Z}_{L} \cdot \dot{I}_{A} \tag{8.6}$$

A impedância da linha (ou do cabo) é dada por:

$$\dot{Z}_{L} = R_{C} + jX_{C} = \sqrt{R_{C}^{2} + X_{C}^{2}} \ \angle\, arctg\left(\frac{X_{C}}{R_{C}}\right) \tag{8.7}$$

Entretanto, nas instalações elétricas, interessa a diferença dos módulos:

$$\Delta V = \left|\dot{V}_{AB}\right| - \left|\dot{V}_{A'B'}\right| \tag{8.8}$$

Essa queda de tensão é especificada em termos de porcentagem da tensão de entrada:

$$\Delta V(\%) = \frac{\left|\dot{V}_{AB}\right| - \left|\dot{V}_{A'B'}\right|}{\left|\dot{V}_{AB}\right|} \cdot 100 \ (\%) \tag{8.9}$$

É muito usado um método aproximado para a definição da queda de tensão. Chamando o ângulo entre a tensão na carga e a corrente na carga de ϕ, o diagrama de fasores da Figura 8.2 é:

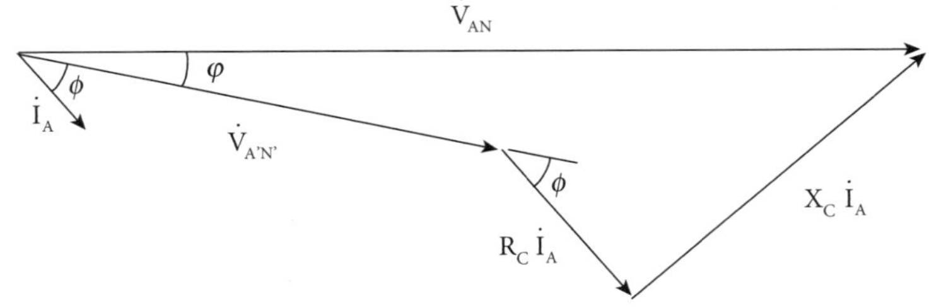

Figura 8.3 – Diagrama de fasores do circuito da Figura 8.2.

Nota: R_C e X_C nesse diagrama são dados em Ω, ou seja, são os valores em Ω/km do cabo multiplicados pelo comprimento da linha em km.

A fim de estabelecer as relações entre os fasores, são criadas algumas variáveis auxiliares:

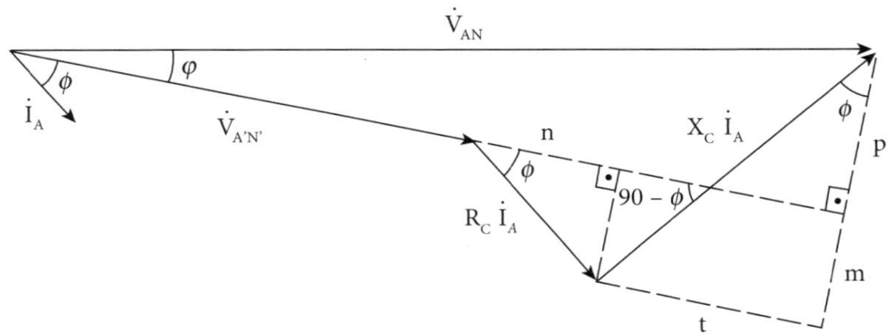

Figura 8.4 – Diagrama de fasores com variáveis auxiliares.

Desse diagrama, inferem-se as seguintes relações:

$$cos\phi = \frac{n}{R_C I_A} \rightarrow n = R_C I_A cos\phi \tag{8.10}$$

$$sen\phi = \frac{t}{X_C I_A} \rightarrow t = X_C I_A sen\phi \tag{8.11}$$

$$n + t = R_C I_A cos\phi + X_C I_A sen\phi \tag{8.12}$$

$$sen\phi = \frac{m}{R_C I_A} \rightarrow m = R_C I_A sen\phi \tag{8.13}$$

$$cos\phi = \frac{p+m}{X_C I_A} \rightarrow p+m = X_C I_A cos\phi \tag{8.14}$$

De (8.13) e (8.14):

$$p = X_C I_A cos\phi - R_C I_A sen\phi \tag{8.15}$$

$$V_{A'N'} + n + t = \sqrt{V_{AN}^2 - p^2}$$

$$V_{A'N'} = \sqrt{V_{AN}^2 - p^2} - (n+t)$$

De (8.12) e (8.15):

$$V_{A'N'} = \sqrt{V_{AN}^2 - (X_C I_A cos\phi - R_C I_A sen\phi)^2} - (R_C I_A cos\phi + X_C I_A sen\phi) \tag{8.16}$$

Como a queda de tensão por fase é a diferença dos módulos da tensão de entrada e da carga, essa diferença é calculada entre as tensões de linha, sendo o módulo da tensão de linha $\sqrt{3}\cdot$ módulo da tensão de fase:

$$\Delta V = \sqrt{3}\cdot\left\{V_{AN} - \left[\sqrt{V_{AN}^2 - (X_C I_A cos\phi - R_C I_A sen\phi)^2} - (R_C I_A cos\phi + X_C I_A sen\phi)\right]\right\} \tag{8.17}$$

Com R_C e X_C dados em Ω/km, essa queda de tensão é dada em V/km. Para o cálculo da queda de tensão no circuito, o resultado deve ser multiplicado pelo comprimento do cabo ℓ, em km:

$$\Delta V = \sqrt{3}\cdot\left\{V_{AN} - \left[\sqrt{V_{AN}^2 - (X_C cos\phi - R_C sen\phi)^2 I_A^2} - (R_C cos\phi + X_C sen\phi) I_A\right]\right\}\cdot\ell \tag{8.18}$$

O cálculo aproximado é feito assumindo-se que o ângulo entre a tensão de entrada e a tensão na carga (φ) é tão pequeno que pode ser desprezado. Assim, se $\varphi = 0°$ na Figura 8.4, $p = 0$ e, conforme Equação (8.15), $X_C \cdot I_A \cdot cos\phi - R_C \cdot I_A \cdot sen\phi = 0$, a Equação (8.17) fica:

$$\Delta V = \sqrt{3} \cdot \left(V_{AN} - V_{AN} + R_C I_A cos\phi + X_C I_A sen\phi \right)$$

$$\Delta V = \sqrt{3} \cdot \left(R_C I_A cos\phi + X_C I_A sen\phi \right)$$

sendo R_C e X_C, respectivamente, a resistência e indutância elétrica do cabo e ϕ o ângulo entre a tensão e a corrente na carga (ou seja, $cos\phi$ é o fator de potência da carga, e não do cabo). I_A é a corrente na carga e essa última expressão é escrita, mais genericamente, como:

$$\Delta V = \sqrt{3} \cdot \left(R_C cos\phi + X_C sen\phi \right) \cdot I \tag{8.19}$$

Caso R_C e X_C sejam dados em Ω/km, a Equação (8.18) é escrita como:

$$\Delta V = \sqrt{3} \cdot \left(R_C cos\phi + X_C sen\phi \right) \cdot I \cdot \ell \tag{8.20}$$

sendo ℓ o comprimento do cabo em km.

Nota: como é evidente, todo esse desenvolvimento foi feito desprezando a reatância capacitiva do cabo, o que é feito na maioria dos casos.

8.2 CIRCUITO MONOFÁSICO OU BIFÁSICO EM CORRENTE ALTERNADA

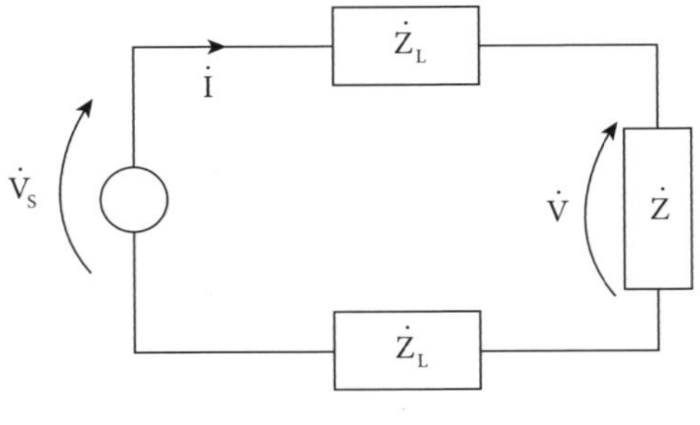

Figura 8.5 – Circuito monofásico ou bifásico.

Z = impedância da carga

Z_L = impedância da linha (do cabo) = $R_C + jX_C$

R_C = resistência elétrica em corrente alternada do cabo, na temperatura de operação

X_C = reatância indutiva de sequência positiva ou negativa do cabo

No circuito, a linha pode ser composta por dois condutores fase ou por um condutor fase e um condutor neutro, mas os dois condutores devem ser iguais. Equacionando o circuito:

$$\dot{V}_S = \dot{V} + 2 \cdot \dot{Z}_L \cdot \dot{I} \tag{8.21}$$

sendo $\dot{Z}_L = R_C + jX_C$, resultando no diagrama de fasores:

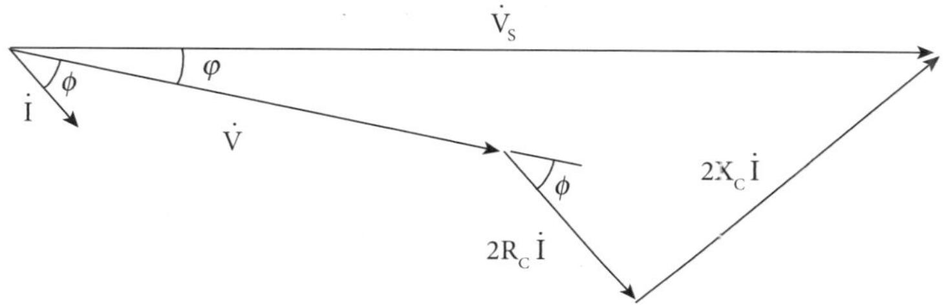

Figura 8.6 – Diagrama de fasores do circuito monofásico ou bifásico.

Com uma análise semelhante àquela feita para o diagrama de fasores do circuito trifásico, chega-se à equação da tensão na carga do circuito monofásico ou bifásico, dual à Equação (8.16):

$$V = \sqrt{V_S^2 - \left(2X_C I cos\phi - 2R_C I sen\phi\right)^2} - \left(2R_C I cos\phi + 2X_C I sen\phi\right) \tag{8.22}$$

Sendo $\Delta V = V_S - V$:

$$\Delta V = V_S - \left[\sqrt{V_S^2 - \left(2X_C I cos\phi - 2R_C I sen\phi\right)^2} - \left(2R_C I cos\phi - 2X_C I sen\phi\right)\right] \tag{8.23}$$

Com R_C e X_C dados em Ω/km, essa queda de tensão é dada em V/km. Para o cálculo da queda de tensão no circuito, o resultado deve ser multiplicado pelo comprimento do cabo ℓ, em km:

$$\Delta V = \left\{V_S - \left[\sqrt{V_S^2 - \left(2X_C I cos\phi - 2R_C I sen\phi\right)^2} - 2\left(R_C I cos\phi + X_C I sen\phi\right)\right]\right\} \cdot \ell \tag{8.24}$$

que é a expressão geral para o cálculo da queda de tensão em um circuito monofásico ou bifásico.

Assim como no circuito trifásico, considerando que o ângulo entre a tensão de entrada e a tensão na carga (φ) seja tão pequeno que possa ser considerado nulo, a parcela $2X_C I cos\phi - 2R_C I sen\phi$ também resulta nula e o cálculo aproximado pode ser feito por:

$$\Delta V = 2 \cdot \left(R_C cos\phi + X_C sen\phi \right) \cdot I \cdot \ell \qquad (8.25)$$

A queda de tensão é normalmente dada em porcentagem e é calculada por:

$$\Delta V \left(\% \right) = \frac{\Delta V}{V_s} \cdot 100 \qquad (8.26)$$

8.3 CIRCUITO EM CORRENTE CONTÍNUA

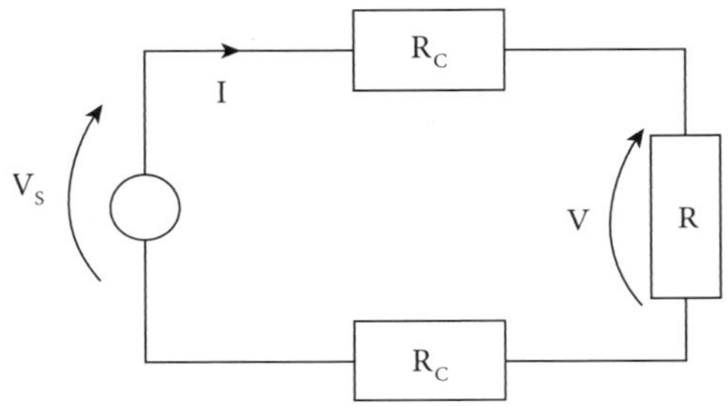

Figura 8.7 – Circuito em corrente contínua.

R = resistência elétrica c.c. da carga, na temperatura de operação, em Ω

R_C = resistência elétrica c.c. da linha (do cabo) na temperatura de operação, em Ω/km

A queda de tensão é dada por:

$$\Delta V = V_s - V \qquad (8.27)$$

Analisando a malha:

$$V_s - R_C \cdot I - V - R_L \cdot I$$

$$V_s - V = 2 \cdot R_C \cdot I$$

Uma vez que R_C é dado em Ω/km, será preciso multiplicar o resultado pelo comprimento da linha, em km (ℓ):

$$\Delta V = 2 \cdot R_C \cdot I \cdot \ell \qquad (8.28)$$

A queda de tensão é normalmente definida em porcentagem da tensão da fonte (V_s), ou seja:

$$\Delta V(\%) = \frac{\Delta V}{V_s} \cdot 100 \tag{8.29}$$

8.4 CONCLUSÃO

Foram definidas formas gerais e simplificadas para a definição da queda de tensão na linha para circuitos em corrente alternada monofásicos, bifásicos e trifásicos e para circuitos em corrente contínua.

Para o cálculo da queda de tensão na linha em circuitos em corrente alternada é preciso conhecer o valor da tensão da fonte, a resistência em corrente alternada na temperatura de operação e a reatância indutiva do cabo, o fator de potência da carga, o comprimento do circuito e a corrente na linha. Às vezes, em vez da corrente na linha, utiliza-se a capacidade de corrente do cabo, resultando na queda máxima de tensão. Para que o valor da queda de tensão seja dado para o cabo operando em circuitos de qualquer comprimento e qualquer corrente, usa-se o método simplificado e divide-se as expressões (8.20) e (8.25) pela corrente e pelo comprimento do circuito, obtendo-se a queda de tensão em V/(A · km):

$$\Delta V = \sqrt{3} \cdot \left(R_C cos\phi + X_C sen\phi \right) \quad (\mathrm{V/A \cdot km}) \text{ para circuitos trifásicos}$$

$$\Delta V = 2 \cdot \left(R_C cos\phi + X_C sen\phi \right) \quad (\mathrm{V/A \cdot km}) \text{ para circuitos monofásicos e bifásicos}$$

Já a queda de tensão em circuitos de corrente contínua depende somente da resistência elétrica em corrente contínua do condutor na sua temperatura máxima de operação (8.28), para ser definida por ampere e por comprimento:

$$\Delta V = 2 \cdot R_C \quad (\mathrm{V/A \cdot km})$$

CAPÍTULO 9

Tensão-deformação (*stress-strain*) e fluência (*creep*) em condutores para linhas aéreas de transmissão

9.1 INTRODUÇÃO

Os condutores para linhas aéreas de distribuição e transmissão, além de suas necessárias características elétricas, têm também de ser analisados sob o aspecto mecânico, pois ficam sob tração mecânica durante toda sua vida. Por maior que seja a força de tração, um condutor esticado entre duas torres ou postes formará sempre uma catenária e, nessa curva, definem-se o vão e a flecha:

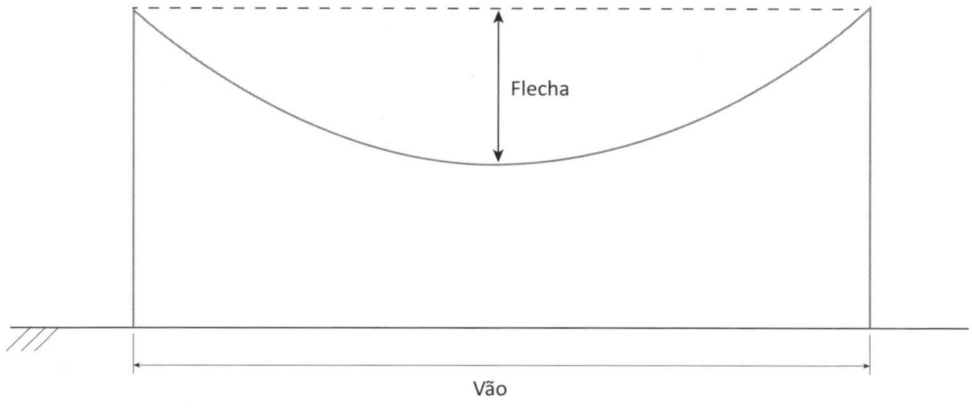

Figura 9.1 – Esquema básico de uma linha de transmissão.

A diferença entre a altura da torre ou poste e a flecha é a altura de segurança, para a qual há um valor mínimo, já que o ar é a isolação da linha. Uma linha é composta de vários vãos, muitos diferentes entre si, e vários desnivelados; isso é tratado no projeto da linha e não neste texto, exclusivamente sobre cabos.

A relação mais simples, em um vão nivelado, entre a força com que o condutor é tracionado e a flecha é dada por:

$$f = \frac{p \cdot A^2}{8 \cdot F} \tag{9.1}$$

f = flecha (m)

p = peso do condutor, acrescido do esforço causado pelo vento e, eventualmente, em locais frios, da carga de gelo (kgf/m)

A = vão (m)

F = força ou carga de tração (kgf)

Uma pequena variação na força de tração pode provocar um aumento proibitivo da flecha, e o comportamento do alongamento com a carga de tração é obtido da curva de tensão x deformação (*stress-strain*). Ao longo do tempo, estando o condutor submetido a uma carga constante, há uma fluência metalúrgica que faz com que o comprimento do condutor no vão – e, consequentemente, a flecha – aumente, e isso é estudado pela curva de fluência.

9.2 TENSÃO-DEFORMAÇÃO (*STRESS-STRAIN*)

Note-se que há uma interdependência entre flecha e carga de tração. Se a flecha diminuir – por exemplo, por ação da contração se a temperatura do condutor diminuir –, o esforço sobre o condutor aumenta.

Além disso, o projetista das linhas precisa de dados, tais como o coeficiente de dilatação térmica e de alongamento em função da tração, de forma a calcular a linha com todas as variações possíveis para que a altura de segurança seja respeitada em qualquer caso e que o condutor não se deteriore prematuramente.

A carga de tração na condição de trabalho de maior duração (conhecida como EDS = *EveryDay Stress*) – condição essa definida pela temperatura ambiente, corrente no condutor, velocidade do vento e, eventualmente, carga de gelo – é usualmente tomada como uma porcentagem da carga de ruptura do condutor ou, mais precisamente, da sua resistência mecânica calculada. Por exemplo, conforme a norma ABNT NBR 5422 [1], as cargas máximas recomendadas para condutores na condição de trabalho de maior duração e sem dispositivos de proteção contra vibração são:

- CA ou ASC ou AAC (All Aluminum Conductor) = 21 % da carga de ruptura;
- CAA ou ACSR (Aluminum Conductor Steel Reinforced) = 20 % da carga de ruptura;
- CAL ou AAAC (All Aluminum Alloy Conductor) = 18 % da carga de ruptura;
- CALA ou AACSR (Aluminum Alloy Conductor Steel Reinforced) = 16 % da carga de ruptura.

A carga de ruptura do condutor é calculada a partir da UTS (*Ultimate Tensile Strength*) do aço (norma ASTM B498 [2], por exemplo) e a partir da *Tensile Strength - Average for a Lot* do alumínio (ASTM B230 [3], por exemplo). Por ter sido calculada, essa carga de ruptura é conhecida como *RMC* (Resistência Mecânica Calculada).

Chama-se de tensão (*stress*) ao quociente entre a força aplicada longitudinalmente ao condutor e a área desse condutor. Normalmente, é medida em kgf/mm², kN/mm² ou MPa (nos Estados Unidos também é usado o psi – libras por polegada quadrada).

$$T = \frac{F(\text{kgf})}{S(\text{mm}^2)} \tag{9.2}$$

Nota: 1 kgf/mm² = 9,807 x 10^{-3} kN/mm² = 9,807 MPa (MPa = mega Pascal)

Chama-se de alongamento (*elongation*) ou deformação (*strain*) ao acréscimo de comprimento em relação ao original:

$$\varepsilon = \frac{L - L_o}{L_o} \tag{9.3}$$

ε = alongamento (p.u. = por unidade)

L = comprimento final após tracionamento

L_o = comprimento inicial

Exprimindo-se o alongamento em termos de porcentagem:

$$\varepsilon(\%) = \frac{L - L_o}{L_o} \cdot 100 = \varepsilon \cdot 100 \ (\%) \tag{9.4}$$

A curva de tensão-deformação (*stress-strain curve*) é aquela que relaciona a tensão aplicada com o alongamento:

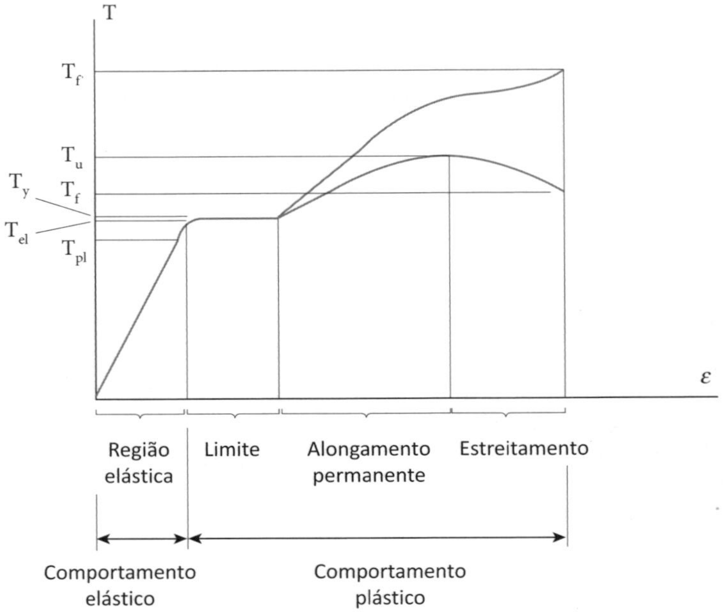

Figura 9.2 – Curva tensão-deformação.

T_{pl} = limite proporcional (*proportional limit*)

T_{el} = limite elástico (*elastic limit*)

T_{el} = limite de carga (*yielding stress* ou *yielding strength*)

T_f = tensão de ruptura (*fracture stress*)

T_u = tensão máxima (*ultimate stress* ou *ultimate tensile strength*)

T_f' = tensão real de ruptura (*true fracture stress*)

Na região elástica, o fio ou corda de fios torcidos entre si se alonga sob a aplicação da força, retornando ao seu comprimento original após a relaxação da tensão. Na maior parte dessa região, nota-se que a curva é na realidade uma reta, representando que existe uma proporcionalidade entre a tensão e o alongamento. O valor numérico dessa razão é conhecido como *Módulo de Elasticidade* ou *Módulo de Young*:

$$E = \frac{T}{\varepsilon} \tag{9.5}$$

E = módulo de elasticidade ou módulo de Young, kgf/mm^2

O limite superior dessa relação linear é chamado de *Limite Proporcional*, T_{pl} (*proportional limit*). Se a tensão exceder ligeiramente o limite proporcional, o material pode responder ainda elasticamente, mas a proporcionalidade deixa de existir, continuando assim até que a tensão atinja o *Limite Elástico*, T_{el} (*elastic limit*). Até alcançar esse ponto, se a tensão for relaxada, o material retorna à sua forma original. Para alguns materiais, por exemplo, o aço, o limite elástico é raramente determinado, pois é muito próximo do limite proporcional e difícil de ser detectado.

Um pequeno aumento na tensão, acima do limite elástico, resulta em uma deformação permanente do material. Essa tensão de *Carga Limite*, T_y (*yielding stress* ou *yielding point*), é o valor da tensão para o qual o alongamento continua, sem alteração do valor da tensão. O alongamento no *yielding*é de 10 a 40 vezes o valor do alongamento na região elástica – como a figura não está em escala, isso não pode ser notado. Esse estado do material é frequentemente referenciado como sendo "perfeitamente plástico".

Terminado o alongamento por *yielding*, o material continua seu alongamento em função da carga aplicada. Nesse ponto, o gráfico mostra duas curvas, sendo que a curva real é a que leva à tensão real de fratura. Ocorre que, nesse estado, a seção do material começa a diminuir, mas normalmente calcula-se a tensão em função da seção original, resultando na curva que leva ao *ultimate stress*. Na tensão referente à tensão teórica de *ultimate stress*, uma região do material começa a ter sua seção visivelmente diminuída, formando como que um "pescoço" no material, pouco antes da ruptura. As diferenças entre os valores teóricos e reais geralmente não são importantes, uma vez que na maioria das vezes trabalha-se na região elástica.

O alumínio, entretanto, não possui um *yielding point* bem definido e, por isso, é comum adotar-se uma prática padronizada para se estabelecer o *yielding strength* para esse material, utilizando um processo gráfico chamado de "método offset". Por esse método, um alongamento de 0,2 % é escolhido e, desse ponto no eixo dos alongamentos do diagrama de tensão-alongamento, uma linha paralela à linha de tensão-alongamento elástico é desenhada e, onde essa paralela intercepta a curva, fica definido o valor da tensão de *yielding*:

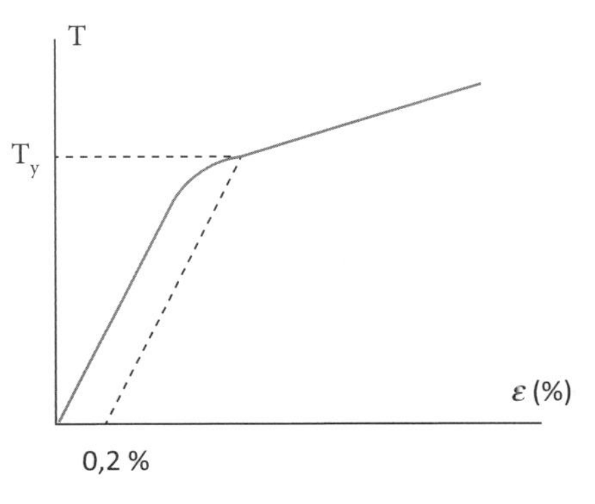

Figura 9.3 – Tração x alongamento do alumínio.

Normalmente, por serem muito próximos, o *yielding point*, o limite elástico e o limite proporcional são considerados coincidentes.

Todos os metais têm valores de *ultimate strength* mais baixos do que os medidos nos ensaios de tensão-deformação quando submetidos a tensões variáveis. Por exemplo, se a tensão varia em torno de 10 %, o *ultimate stress* pode resultar em cerca de 70 % do valor obtido nos ensaios. Esse valor é tomado então como o *Limite de Trabalho.*

9.2.1 CURVA DE TENSÃO-DEFORMAÇÃO

Por razões óbvias, os fios componentes dos condutores para OHL (*overhead lines*, ou linhas aéreas) devem trabalhar na região elástica, mas, por conta do encruamento (ou têmpera por trabalho a frio) e acomodação dos fios – e, ao longo do tempo, à fluência (*creep*) – o alongamento não é realmente elástico na região elástica.

Tomando uma amostra de fio de aço ou alumínio e aplicando uma tensão T_A, ocorre um alongamento ε_1. Estando essa tensão x alongamento na região elástica, relaxando-se a tensão, seria esperado que o comprimento voltasse ao original e o alongamento final fosse igual a zero, mas o que ocorre é que ainda resulta um valor ε_A maior que zero:

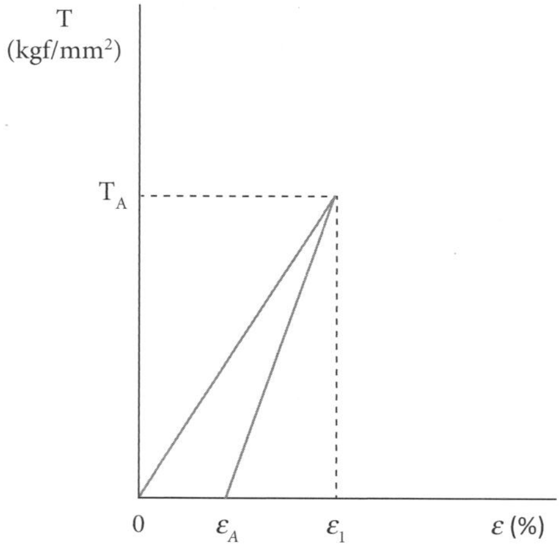

Figura 9.4 – Aplicação de tensão e relaxamento x alongamento.

Se a mesma amostra for tracionada novamente, com força de tração aumentando de T_A até T_B, relaxando-se a tensão, o alongamento aumenta de ε_A para ε_B. Os vários pontos em que cessa a tração antes de um relaxamento formam uma curva, enquanto o gráfico dos relaxamentos resulta em retas paralelas:

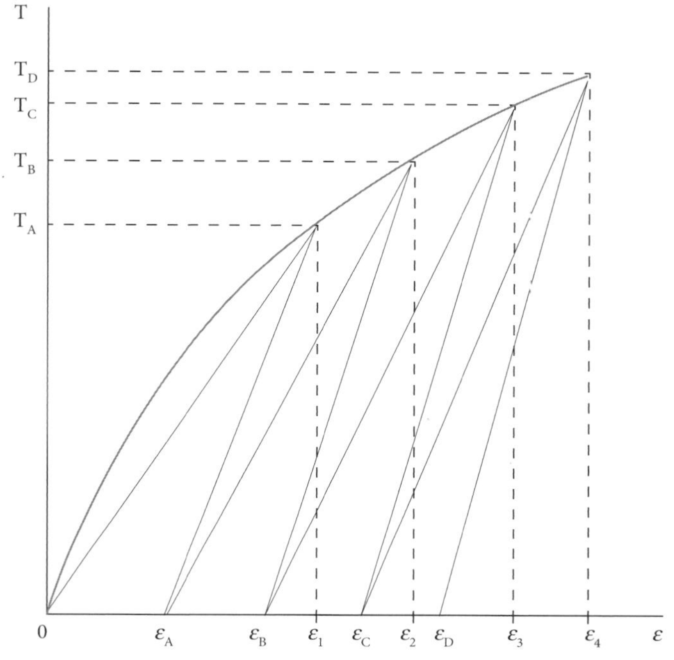

Figura 9.5 – Construção do gráfico tensão-deformação.

O significado desse gráfico é: tracionando-se o fio com uma tração T_A, há um alongamento ε_1; relaxando-se a tração T_A até zero, resta um alongamento residual ε_A. Tracionando-se o fio, agora com o comprimento inicial somado ao alongamento ε_A, com uma tração T_B, há um alongamento ε_2; relaxando-se a tração T_B até zero, resta um alongamento residual ε_B. Tracionando-se o fio, agora com o comprimento inicial somado aos alongamentos $\varepsilon_A + \varepsilon_B$, com uma tração T_C, há um alongamento ε_3; relaxando-se a tração T_C até zero, resta um alongamento residual ε_C. Tracionando-se o fio, agora com o comprimento inicial somado aos alongamentos $\varepsilon_A + \varepsilon_B + \varepsilon_C$, com uma tração T_D, há um alongamento ε_4; relaxando-se a tração T_D até zero, resta um alongamento residual ε_D.

Nota-se que as retas que representam a relaxação, chegando aos alongamentos ε_A, ε_B, ε_C e ε_D, são paralelas; sendo paralelas, o ângulo formado por essas retas com a horizontal é o mesmo. A tangente desse ângulo é o módulo de elasticidade:

$$E = \frac{T}{\varepsilon} \tag{9.5}$$

que é, portanto, constante para todos os pontos tração x alongamento na relaxação. A curva de aumento da tração é chamada de "inicial" e a curva (reta) de relaxação é chamada de "final". Essa é a curva de tensão-alongamento (ou tensão-deformação):

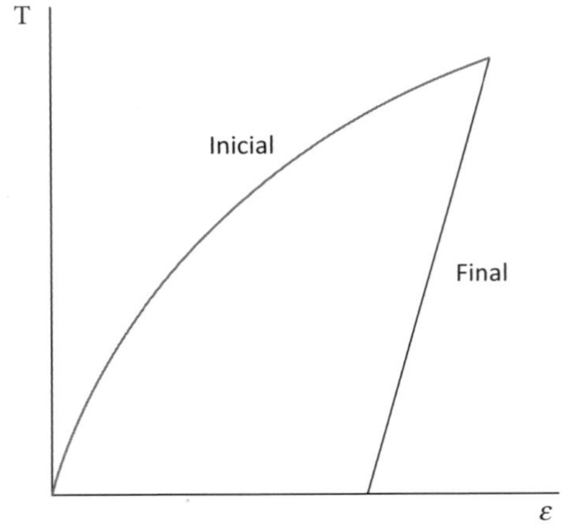

Figura 9.6 – Gráfico de tensão-alongamento de condutor homogêneo.

Iniciou-se este texto tratando da tração e alongamento de fios, mas o mesmo pode ser feito com condutores formados por fios encordoados, unicamente que, nesse caso, antes do ensaio propriamente dito para levantamento da curva, faz-se um pré-tensionamento a fim de acomodar os fios na corda. No caso de uma corda homogênea, com fios de mesmo material, o comportamento é o descrito para os fios. No caso de cabos compostos, como os cabos ACSR, constituídos por fios de aço e alumínio, a curva obtida é, em geral, um pouco diferente. A curva de tensionamento inicial pouco se diferencia do já descrito, mas a relaxação é bastante diferente, pois o módulo de elasticidade final altera-se com tensões mais baixas:

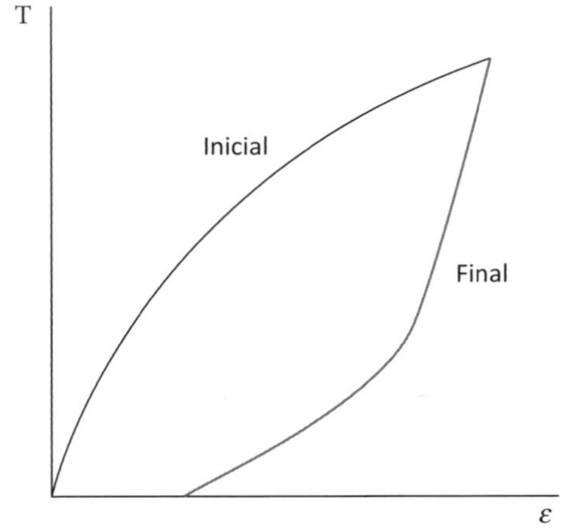

Figura 9.7 – Tensão-alongamento de condutor composto.

A partir de certo valor de força de tração, a carga é totalmente absorvida pelos fios de aço, uma vez que os fios de alumínio, tendo-se alongado mais que os de aço, deixam de absorver a carga.

O método de ensaio para o levantamento desse gráfico é dado na norma internacional IEC 61089 [4], pela publicação da Aluminum Association *A method of stress--strain testing of aluminum conductor and ACSR and a test method for determining the long time tensile creep of aluminum conductors in overhead lines* [10] ou, no Brasil, na norma ABNT NBR 7302 [5].

Os cabos completos são tracionados, por exemplo, até 30 %, 50 %, 70 % e 85 % da resistência mecânica calculada (*RMC*), sendo que, após atingida cada uma dessas cargas, é feito um relaxamento até zerar a carga. O alongamento é medido antes da relaxação, exceto após o carregamento com 70 % da *RMC*, quando o alongamento após relaxação também é medido (como já se sabe que as curvas de relaxação são paralelas, não é preciso medir outros alongamentos). No caso de cabos compostos, como os ACSR, o mesmo ensaio é feito também somente na alma de aço e, com isso, tem-se as curvas inicial e final para o condutor completo e as curvas inicial e final para o aço. As curvas inicial e final do alumínio são construídas por diferença entre as curvas do condutor completo e as curvas da alma de aço; entretanto, para que a determinação das curvas do alumínio possa ser feita por essa subtração, é preciso que as tensões sejam calculadas na mesma base, de modo que tanto a força aplicada no cabo completo como a força aplicada na alma são divididas pela área do cabo completo para a obtenção das tensões.

Essas curvas são construídas em função da tensão (força/área) em vez de em função somente da força porque se notou que praticamente não há variação da curva de tensão-deformação para uma mesma formação [6] (número de fios de cabos homogêneos ou número de fios da(s) coroa(s) e da alma de cabos compostos, independentemente do diâmetro desses fios). No caso dos ACSR, o mesmo comportamento para todos os cabos de mesma formação é possibilitado, pois cada formação tem a mesma porcentagem de alumínio e de aço em termos de seção transversal; por exemplo, os cabos com alma de 7 fios de aço e coroas com 26 fios de alumínio, independentemente da sua bitola, têm uma seção de alumínio que é 86 % da seção total e, consequentemente, 14 % da seção total é constituída pelo aço.

Essas curvas todas também podem ser apresentadas sob a forma de polinômios, o que é muito mais comum atualmente, para uso em softwares.

Exemplo de um gráfico tensão-deformação, tomando o condutor AAC (formado somente por fios de alumínio 1350) com 37 fios de mesmo diâmetro:

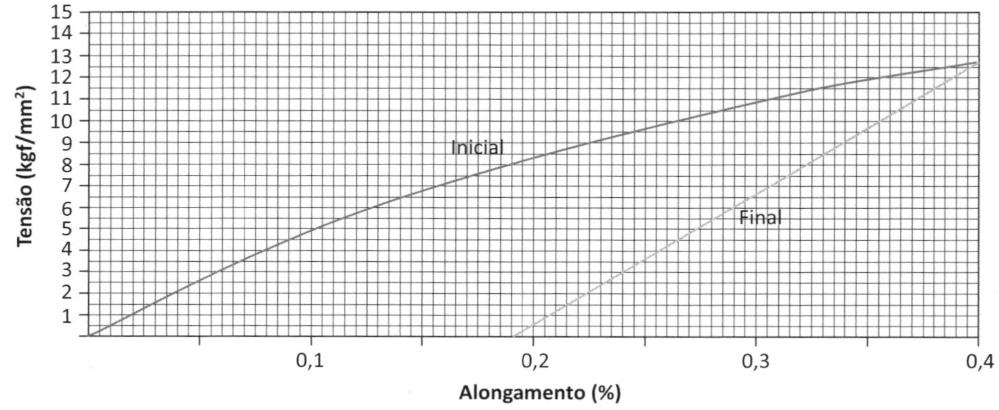

Figura 9.8 – Gráfico de tensão-deformação para o AAC 37 fios.

A curva "inicial" pode ser ajustada para o polinômio:

$$T = -6{,}7877 \cdot \varepsilon^3 - 46{,}755 \cdot \varepsilon^2 + 51{,}039 \cdot \varepsilon + 0{,}1165 \quad (9.6)$$

com T em kgf/mm^2 e ε em porcentagem.

Nota: a Equação (9.6) deveria ter o termo independente igual a zero, mas, como a regressão polinomial nunca tem precisão perfeita, em geral, há um resto para o termo independente.

A curva "final" pode ser ajustada para o polinômio:

$$T = 57{,}917 \cdot \varepsilon - 10{,}621 \quad (9.7)$$

também com T em kgf/mm^2 e ε em porcentagem.

Caso se trate de um condutor composto, como um ACSR, existirá um par de curvas inicial e final para o condutor completo, outro par para o aço e outro para o alumínio, com os respectivos polinômios. Os dados mais importantes são os propostos na curva inicial para o condutor completo, na curva final para o condutor completo e na curva final para o aço, já que, a partir de um certo ponto, para valores mais baixos de tração e alongamento, somente o aço é atuante. Um exemplo da Aluminum Association [6] para o ACSR é representado na figura seguinte:

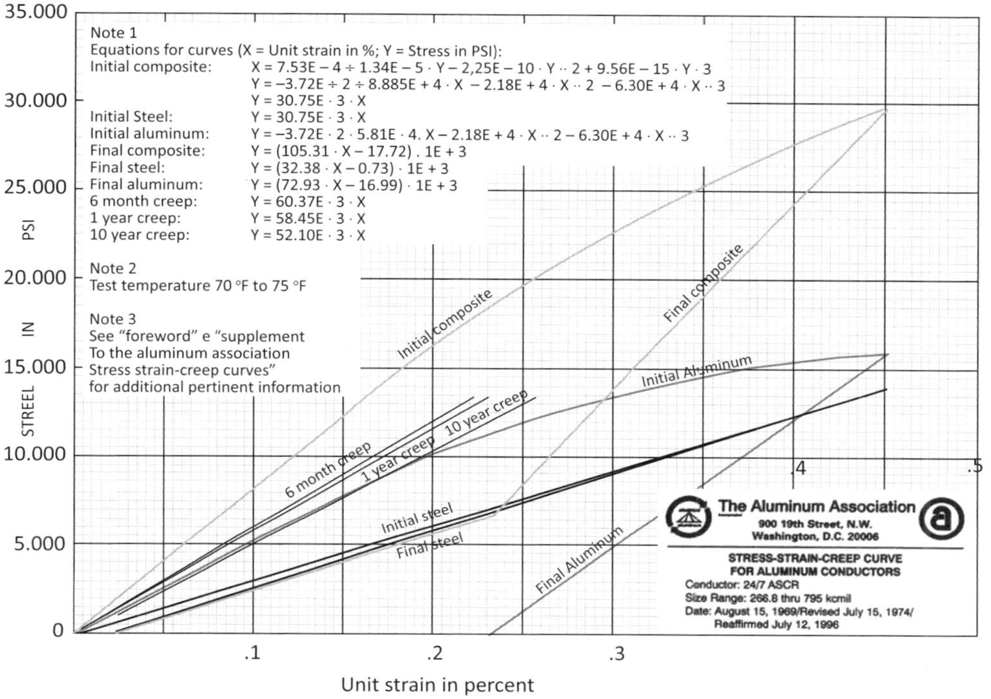

Figura 9.9 – Tensão-deformação de um ACSR (Aluminum Association).

Fonte: *Stress-strain-creep curves for aluminum overhead electrical conductors – a technical report of the Aluminum Association's Electrical Technical Committee*, Aluminum Association [6].

Nota: nessas curvas da Aluminum Association, as cargas (tensões) são dadas em "psi" (libras por polegada ao quadrado) e, nos polinômios, as tensões são chamadas de "Y" e os alongamentos de "X". Além disso, na mesma figura são representadas a tensão-deformação e a fluência (*creep*). É mais prático, no Brasil, utilizar as tensões em kgf/mm^2 e os alongamentos em p.u. (por unidade) ou em porcentagem. Os polinômios disponibilizados pela Aluminum Association [6], já convertidos para tensões em kgf/mm^2 e alongamentos em porcentagem, são dados no Apêndice E.

Esses polinômios são utilizados pelos projetistas das linhas de transmissão para prever o alongamento do cabo sob diversas trações, em geral utilizando programas computacionais específicos.

9.2.2 MÓDULO DE ELASTICIDADE E COEFICIENTE DE DILATAÇÃO INICIAL E FINAL

Pela Equação (9.5):

$$E = \frac{T}{\varepsilon} \tag{9.5}$$

já foi definido que o módulo de elasticidade é o quociente entre a tensão e o alongamento. No caso da curva final, que é na realidade uma reta, o módulo de elasticidade é o coeficiente angular dessa reta, ou seja, basta tomar dois pontos, cada um representado pelo par tensão x alongamento para a definição desse número. Note-se que, para que o resultado seja em kgf/mm², a tensão deve ser dada nessa unidade e o alongamento em p.u. ("por unidade"), ou seja, "porcentagem ÷ 100".

Pode-se, na reta "Final" da Figura 9.8, tomar dois pontos para encontrar o coeficiente angular, mas, como já se tem a equação da reta, $T = 57{,}917 \cdot \varepsilon - 10{,}621$ (9.7), o coeficiente angular é 57,917. Entretanto, nessa expressão, os alongamentos estão expressos em porcentagem e é preciso dividi-los por 100 para usar p.u.; portanto, o módulo de elasticidade pode ser obtido dividindo-se a tração em kgf/mm² pelo alongamento em porcentagem e multiplicando o resultado por 100. Assim, o módulo de elasticidade final resulta em $E_{final} = 5791{,}7$ kgf/mm² ou, arredondando, $E_{final} = 5792$ kgf/mm².

No caso de condutores compostos, como o ACSR, informa-se o módulo de elasticidade final do condutor completo e do aço, e o projetista usará um ou outro dependendo do alongamento que estiver considerando, lembrando que a área que foi considerada foi sempre a do cabo completo.

O mesmo cálculo, exatamente da mesma forma, não pode ser feito para o módulo inicial, uma vez que a relação tração x alongamento não é linear e, em cada ponto, haverá uma reta tangente que define o módulo de elasticidade inicial nesse ponto; isso é equivalente a dizer que o módulo de elasticidade inicial em cada ponto é a derivada da tensão em relação ao alongamento para o alongamento considerado. Por exemplo, retomando a Equação (9.6):

$$T = -6{,}7877 \cdot \varepsilon^3 - 46{,}755 \cdot \varepsilon^2 + 51{,}039 \cdot \varepsilon + 0{,}1165 \tag{9.6}$$

deriva-se (multiplicando por 100, já que os alongamentos foram dados em porcentagem):

$$E_{inicial} = 100 \cdot \frac{dT}{d\varepsilon} = 100 \cdot \frac{d}{d\varepsilon}\left(-6{,}7877 \cdot \varepsilon^3 - 46{,}755 \cdot \varepsilon^2 + 51{,}039 \cdot \varepsilon + 0{,}1165\right)$$

$$E_{inicial} = 100 \cdot \left(-20{,}3631 \cdot \varepsilon^2 - 93{,}510 \cdot \varepsilon + 51{,}039\right)$$

Quando, por exemplo, o alongamento for 0,10 %, o módulo inicial será $E_{inicial} =$ 4148 kgf/mm².

Nota: há casos em que, assumindo-se que até cerca de 0,20 % de alongamento a curva inicial é praticamente uma reta, calcula-se o módulo de elasticidade inicial como foi feito para o final, com menor precisão. Para o exemplo dado, para 0,10 % de alongamento, calcula-se a tensão para 0 % e 0,10 % de alongamento pela Equação (9.6):

$$T = -6,7877 \cdot 0^3 - 46,755 \cdot 0^2 + 51,039 \cdot 0 + 0,1165 = 0,1165 \text{ kgf/mm}^2$$

$$T = -6,7877 \cdot 0,10^3 - 46,755 \cdot 0,10^2 + 51,039 \cdot 0,10 + 0,1165 = 4,7461 \text{ kgf/mm}^2$$

e calcula-se o módulo de elasticidade inicial por:

$$E_{inicial} = \frac{4,7461 - 0,1165}{\frac{0,10 - 0}{100}} = 4630 \text{ kgf/mm}^2$$

Com os módulos de elasticidade inicial (para um determinado alongamento) e final, é possível determinar os coeficientes de dilatação inicial (para um determinado alongamento) e final de um cabo composto, conforme desenvolvido no Apêndice D, por:

$$\beta = \beta_{Al} \cdot \frac{E_{Al}}{E} + \beta_N \cdot \frac{E_N}{E}$$

β, β_{Al}, β_N = coeficiente de dilatação respectivamente do cabo, alumínio e núcleo ou alma

E, E_{Al}, E_N = módulo de elasticidade respectivamente do cabo, alumínio e núcleo ou alma

$\beta_{Al} = 23 \cdot 10^{-6}\ {}^{\circ}C^{-1}$

$\beta_N = 11,5 \cdot 10^{-6}\ {}^{\circ}C^{-1}$ para o aço.

Tomando-se um ACSR Grosbeak como exemplo, que tem características conhecidas, dadas pela norma ABNT NBR 7270 [8], bem como pela Aluminum Association [6]:

Formação: alma com 7 fios de aço de diâmetro 3,09 e duas coroas com fios de alumínio de diâmetro 3,97 mm

Módulo de elasticidade final (ABNT NBR 7270): 74000 MPa = 7546 kgf/mm^2

Coeficiente de dilatação inicial (Aluminum Association [6]): 17,8 · $10^{-6}\ {}^{\circ}C^{-1}$

Coeficiente de dilatação final (Aluminum Association [6]): 18,9 · $10^{-6}\ {}^{\circ}C^{-1}$

Polinômios (Apêndice E):

Inicial – cabo completo: $T = -0,360 + 60,6 \cdot \varepsilon - 8,30 \cdot \varepsilon^2 - 40,5 \cdot \varepsilon^3$

Inicial – aço: $T = 26,1 \cdot \varepsilon$

Inicial – alumínio: $T = -0,360 + 34,5 \cdot \varepsilon - 8,30 \cdot \varepsilon^2 - 40,5 \cdot \varepsilon^3$

Final – cabo completo: $T = 75,7 \cdot \varepsilon - 12,4$

Final – aço: $T = 27,2 \cdot \varepsilon - 0,457$

Final – alumínio: $T = 48,5 \cdot \varepsilon - 11,9$

(T em kgf/mm² e ε em %)

Módulo de elasticidade final do cabo: $E = 75,7 \cdot 100 = 7570$ kgf/mm²

Módulo de elasticidade final da alma ou núcleo: $E_N = 27,2 \cdot 100 = 2720$ kgf/mm²

Módulo de elasticidade final do alumínio: $E_{Al} = 48,5 \cdot 100 = 4850$ kgf/mm²

Módulo de elasticidade inicial (0,10 % de alongamento):

$$E_{cabo} = 100 \cdot \frac{dT}{d\varepsilon} = 100 \cdot \frac{d}{d\varepsilon}\left(-0,360 + 60,6 \cdot \varepsilon - 8,30 \cdot \varepsilon^2 - 40,5 \cdot \varepsilon^3\right)$$

$$E_{cabo} = 100 \cdot \left(60,6 - 16,60 \cdot \varepsilon - 121,5 \cdot \varepsilon^2\right) = 5773 \text{ kgf/mm}^2$$

$$E_{aço} = 100 \cdot \frac{dT}{d\varepsilon} = 100 \cdot \frac{d}{d\varepsilon}\left(26,1 \cdot \varepsilon\right) = 2610 \text{ kgf/mm}^2$$

$$E_{Al} = 100 \cdot \frac{dT}{d\varepsilon} = 100 \cdot \frac{d}{d\varepsilon}\left(-0,360 + 34,5 \cdot \varepsilon - 8,30 \cdot \varepsilon^2 - 40,5 \cdot \varepsilon^3\right)$$

$$E_{Al} = 100 \cdot \left(34,5 - 16,60 \cdot \varepsilon - 121,5 \cdot \varepsilon^2\right) = 3163 \text{ kgf/mm}^2$$

$$\beta = \beta_{Al} \cdot \frac{E_{Al}}{E} + \beta_N \cdot \frac{E_N}{E}$$

$$\beta_{inicial} = 23 \cdot 10^{-6} \cdot \frac{3163}{5773} + 11,5 \cdot 10^{-6} \cdot \frac{2610}{5773} = 17,8 \cdot 10^{-6} \ {}^{\circ}C^{-1}$$

$$\beta_{final} = 23 \cdot 10^{-6} \cdot \frac{4850}{7570} + 11,5 \cdot 10^{-6} \cdot \frac{2720}{7570} = 18,9 \cdot 10^{-6} \ {}^{\circ}C^{-1}$$

Existe uma metodologia para a definição do módulo de elasticidade e coeficiente de dilatação (somente valores finais), dada na IEC TR 61597 [7], que resulta em valores com menor precisão (ver Apêndice D).

9.2.3 TEMPERATURA DO *KNEE POINT*

Todos os condutores que usam material da alma diferente do material das coroas têm um *knee point* térmico. Nos ACSR e AACSR, a carga de tração é distribuída entre a alma e as coroas, mas, conforme a temperatura do condutor aumenta com a circulação da corrente elétrica, o coeficiente de dilatação das coroas faz com que elas alonguem mais que a alma, que tem um menor coeficiente, transferindo-lhe mais carga.

Suponha-se que o cabo, na temperatura θ_o e com comprimento L_o, seja instalado com uma força de tração no condutor *F*. Dividindo essa força pela área da seção transversal total do cabo *S*, obtém-se a carga de tração *T* ($T = F/S$). A divisão da carga de tração *T* pelo alongamento ε resulta no módulo de elasticidade *E*. Assim, pode-se representar o alongamento ε por:

$$\varepsilon = \frac{F}{E \cdot S} \tag{9.8}$$

Com esse alongamento, o cabo atingirá o comprimento L_1. O alongamento em p.u. (por unidade) também pode ser expresso por:

$$\varepsilon = \frac{L_1 - L_o}{L_o}$$

então $L_1 - L_o = \varepsilon \cdot L_o$

ou:

$$L_1 = L_o + \varepsilon \cdot L_o \tag{9.9}$$

Inserindo a Equação (9.8) em (9.9):

$$L_1 = L_o + \frac{F}{E \cdot S} \cdot L_o$$

$$L_1 = L_o \left[1 + \frac{F}{E \cdot S} \right] \tag{9.10}$$

Supondo que, em seguida, a temperatura varie de θ_o para θ, ocorrerá uma dilatação ou contração no, agora, comprimento L_1. A variação de comprimento causada pela variação de temperatura será:

$$\Delta L = L_1 \cdot \beta \cdot (\theta - \theta_o)$$

sendo β o coeficiente de dilatação térmica linear do cabo, dado em $^{\circ}C^{-1}$.

$$\Delta L = L_2 - L_1$$

$$L_2 = L_1\left[1+\beta\cdot(\theta-\theta_o)\right] \tag{9.11}$$

Substituindo a Equação (9.10) em (9.11):

$$L_2 = L_o\left[1+\frac{F}{E\cdot S}\right]\cdot\left[1+\beta\cdot(\theta-\theta_o)\right] \tag{9.12}$$

e o alongamento total, em metros, é:

$$L_2 = L_o\left[1+\frac{F}{E\cdot S}\right]\cdot\left[1+\beta\cdot(\theta-\theta_o)\right]-L_o \tag{9.13}$$

A temperatura em que ocorre o *knee point* é aquela acima da qual toda a tração recai sobre o núcleo (ou "alma"). Nesse ponto, o alongamento dos fios de alumínio e do núcleo será o mesmo:

$$L_{2_{Al}} - L_o = L_{2_{Nucleo}} - L_o$$

De (9.13):

$$L_o\left[1+\frac{F_A}{E_A\cdot S_A}\right]\cdot\left[1+\beta_A\cdot\left(\theta_{kp}-\theta_o\right)\right]-L_o = L_o\left[1+\frac{F_N}{E_N\cdot S_N}\right]\cdot\left[1+\beta_N\cdot\left(\theta_{kp}-\theta_o\right)\right]-L_o$$

ou:

$$\left[1+\frac{F_A}{E_A\cdot S_A}\right]\cdot\left[1+\beta_A\cdot\left(\theta_{kp}-\theta_o\right)\right]=\left[1+\frac{F_N}{E_N\cdot S_N}\right]\cdot\left[1+\beta_N\cdot\left(\theta_{kp}-\theta_o\right)\right]$$

F_A = força de tração nos fios de alumínio (kgf)

E_A = módulo de elasticidade final dos fios de alumínio no cabo (kgf/mm^2)

S_A = área da seção transversal de alumínio (mm^2)

F_N = força de tração no núcleo (kgf)

E_N = módulo de elasticidade final do núcleo no cabo (kgf/mm^2)

S_N = área da seção transversal do núcleo (mm^2)

β_A = coeficiente de dilatação térmica linear do alumínio ($^oC^{-1}$)

β_N = coeficiente de dilatação térmica linear do núcleo (°C^{-1})

θ_{kp} = temperatura do *knee point* (°C)

Desenvolvendo:

$$1+\beta_A\cdot\left(\theta_{kp}-\theta_o\right)+\frac{F_A}{E_A\cdot S_A}+\frac{F_A}{E_A\cdot S_A}\cdot\beta_A\cdot\left(\theta_{kp}-\theta_o\right)=$$

$$=1+\beta_N\cdot\left(\theta_{kp}-\theta_o\right)+\frac{F_N}{E_N\cdot S_N}+\frac{F_N}{E_N\cdot S_N}\cdot\beta_N\cdot\left(\theta_{kp}-\theta_o\right)$$

Desprezando os termos:

$$\frac{F_A}{E_A\cdot S_A}\cdot\beta_A\cdot\left(\theta_{kp}-\theta_o\right)$$

e

$$\frac{F_N}{E_N\cdot S_N}\cdot\beta_N\cdot\left(\theta_{kp}-\theta_o\right)$$

por serem muito pequenos (β é da ordem de 10^{-6}):

$$\beta_A\cdot\left(\theta_{kp}-\theta_o\right)+\frac{F_A}{E_A\cdot S_A}=\beta_N\cdot\left(\theta_{kp}-\theta_o\right)+\frac{F_N}{E_N\cdot S_N}$$

$$\frac{F_A}{E_A\cdot S_A}-\frac{F_N}{E_N\cdot S_N}+\left(\beta_A-\beta_N\right)\cdot\left(\theta_{kp}-\theta_o\right)=0 \tag{9.14}$$

A força de tração no condutor é a soma das forças nos fios de alumínio e no núcleo:

$$F=F_A+F_N$$

No *knee point*, a força de tração nos fios de alumínio é nula e toda a força de tração recai sobre o núcleo. Zerando a força nos fios de alumínio em (9.14):

$$\frac{F_N}{E_N\cdot S_N}=\left(\beta_A-\beta_N\right)\cdot\left(\theta_{kp}-\theta_o\right)$$

$$F_N=F_2=E_N\cdot S_N\cdot\left(\beta_A-\beta_N\right)\cdot\left(\theta_{kp}-\theta_o\right)$$

$$\theta_{kp} - \theta_o = \frac{F_2}{E_N \cdot S_N \cdot (\beta_A - \beta_N)} \tag{9.15}$$

Essa é uma mudança de estado. Tomando, portanto, a equação de mudança de estado (ver Capítulo 15), considerando que a carga p mantenha-se a mesma (mesmo peso do cabo, mesma velocidade do vento e, se a ocorrência for possível, mesma carga de gelo):

$$F_2^3 + F_2^2 \cdot \left[\frac{E \cdot S \cdot A^2 \cdot p_1^2}{24 \cdot F_1^2} + E \cdot S \cdot \beta_1 \cdot (\theta_2 - \theta_1) - F_1 \right] = \frac{E \cdot S \cdot A^2 \cdot p_2^2}{24} \tag{15.15}$$

$\theta_2 - \theta_1 = \theta_{kp} - \theta_o$ (°C)

$\beta_1 = \beta$ = coeficiente de dilatação do cabo em θ_o (°C^{-1})

$p_1 = p_2 = p$ = peso do cabo, pressão do vento e eventual carga de gelo (kgf/m) – (ver 15.2)

F_1 = força de tração no estado inicial (kgf)

A = vão (m)

E = módulo de elasticidade do cabo completo (kgf/mm^2)

S = área da seção transversal do cabo completo (mm^2)

$$F_2^3 + F_2^2 \cdot \left[\frac{E \cdot S \cdot A^2 \cdot p^2}{24 \cdot F_1^2} + E \cdot S \cdot \beta \cdot (\theta_{kp} - \theta_o) - F_1 \right] = \frac{E \cdot S \cdot A^2 \cdot p^2}{24}$$

Substituindo $\theta_{kp} - \theta_o$ (9.19):

$$F_2^3 + F_2^2 \cdot \left[\frac{E \cdot S \cdot A^2 \cdot p^2}{24 \cdot F_1^2} + E \cdot S \cdot \beta \cdot \frac{F_2}{E_N \cdot S_N \cdot (\beta_A - \beta_N)} - F_1 \right] = \frac{E \cdot S \cdot A^2 \cdot p^2}{24}$$

$$F_2^3 + F_2^3 \cdot E \cdot S \cdot \beta \cdot \frac{1}{E_N \cdot S_N \cdot (\beta_A - \beta_N)} + F_2^2 \cdot \left[\frac{E \cdot S \cdot A^2 \cdot p^2}{24 \cdot F_1^2} - F_1 \right] = \frac{E \cdot S \cdot A^2 \cdot p^2}{24}$$

$$F_2^3 \cdot \left[1 + \frac{E \cdot S \cdot \beta}{E_N \cdot S_N \cdot (\beta_A - \beta_N)} \right] + F_2^2 \cdot \left[\frac{E \cdot S \cdot A^2 \cdot p^2}{24 \cdot F_1^2} - F_1 \right] - \frac{E \cdot S \cdot A^2 \cdot p^2}{24} = 0$$

$$F_2^3 \cdot \left[1 + \frac{E \cdot S \cdot \beta}{E_N \cdot S_N \cdot (\beta_A - \beta_N)} \right] + F_2^2 \cdot \left[\frac{E \cdot S \cdot A^2 \cdot p^2}{24 \cdot F_1^2} - F_1 \right] - \frac{E \cdot S \cdot A^2 \cdot p^2}{24} = 0 \tag{9.16}$$

Analisando o coeficiente de F_2^3:

$$1+\frac{E\cdot S\cdot\beta}{E_N\cdot S_N\cdot(\beta_A-\beta_N)}=\frac{E_N\cdot S_N\cdot(\beta_A-\beta_N)+E\cdot S\cdot\beta}{E_N\cdot S_N\cdot(\beta_A-\beta_N)}$$

Tomando a Equação (D.5) do Apêndice D:

$$\beta=\beta_{Al}\cdot\frac{E_{Al}}{E}\cdot\frac{S_{Al}}{S}+\beta_{Aco}\cdot\frac{E_{Aco}}{E}\cdot\frac{S_{Aco}}{S} \qquad \text{(D.5)}$$

$$\beta=\beta_A\cdot\frac{E_A}{E}\cdot\frac{S_A}{S}+\beta_N\cdot\frac{E_N}{E}\cdot\frac{S_N}{S}$$

$$E\cdot S\cdot\beta=E_A\cdot S_A\cdot\beta_A+E_N\cdot S_N\cdot\beta_N \qquad (9.17)$$

Portanto:

$$1+\frac{E\cdot S\cdot\beta}{E_N\cdot S_N\cdot(\beta_A-\beta_N)}=\frac{E_N\cdot S_N\cdot\beta_A-E_N\cdot S_N\cdot\beta_N+E_A\cdot S_A\cdot\beta_A+E_N\cdot S_N\cdot\beta_N}{E_N\cdot S_N\cdot(\beta_A-\beta_N)}$$

$$1+\frac{E\cdot S\cdot\beta}{E_N\cdot S_N\cdot(\beta_A-\beta_N)}=\frac{(E_A\cdot S_A+E_N\cdot S_N)\cdot\beta_A}{E_N\cdot S_N\cdot(\beta_A-\beta_N)}$$

Analisando o denominador dessa última expressão:

$$E_N\cdot S_N\cdot(\beta_A-\beta_N)=E_N\cdot S_N\cdot\beta_A-E_N\cdot S_N\cdot\beta_N$$

De (9.21): $E_N\cdot S_N\cdot\beta_N=E\cdot S\cdot\beta-E_A\cdot S_A\cdot\beta_A$. Portanto:

$$E_N\cdot S_N\cdot(\beta_A-\beta_N)=E_N\cdot S_N\cdot\beta_A-E\cdot S\cdot\beta+E_A\cdot S_A\cdot\beta_A$$

$$E_N\cdot S_N\cdot(\beta_A-\beta_N)=(E_A\cdot S_A+E_N\cdot S_N)\cdot\beta_A-E\cdot S\cdot\beta$$

De (D.3) do Apêndice D, $E_A\cdot S_A+E_N\cdot S_N=E\cdot S$. Portanto:

$$E_N\cdot S_N\cdot(\beta_A-\beta_N)=E\cdot S\cdot\beta_A-E\cdot S\cdot\beta$$

O numerador $\left(E_A \cdot S_A + E_N \cdot S_N\right) \cdot \beta_A$, aplicando também a Equação (D.3) do Apêndice D, fica $E \cdot S \cdot \beta_A$

Assim:

$$1 + \frac{E \cdot S \cdot \beta}{E_N \cdot S_N \cdot \left(\beta_A - \beta_N\right)} = \frac{E \cdot S \cdot \beta_A}{E \cdot S \cdot \beta_A - E \cdot S \cdot \beta}$$

$$1 + \frac{E \cdot S \cdot \beta}{E_N \cdot S_N \cdot \left(\beta_A - \beta_N\right)} = \frac{\beta_A}{\beta_A - \beta}$$

Assim, a Equação (9.16):

$$F_2^3 \cdot \left[1 + \frac{E \cdot S \cdot \beta}{E_N \cdot S_N \cdot \left(\beta_A - \beta_N\right)}\right] + F_2^2 \cdot \left[\frac{E \cdot S \cdot A^2 \cdot p^2}{24 \cdot F_1^2} - F_1\right] - \frac{E \cdot S \cdot A^2 \cdot p^2}{24} = 0 \qquad (9.16)$$

fica:

$$F_2^3 \cdot \frac{\beta_A}{\beta_A - \beta} + F_2^2 \cdot \left[\frac{E \cdot S \cdot A^2 \cdot p^2}{24 \cdot F_1^2} - F_1\right] - \frac{E \cdot S \cdot A^2 \cdot p^2}{24} = 0$$

Dividindo por:

$$\frac{\beta_A}{\beta_A - \beta}$$

A expressão final fica:

$$F_2^3 + F_2^2 \cdot \frac{\beta_A - \beta}{\beta_A} \cdot \left[\frac{E \cdot S \cdot A^2 \cdot p^2}{24 \cdot F_1^2} - F_1\right] - \frac{\beta_A - \beta}{\beta_A} \cdot \frac{E \cdot S \cdot A^2 \cdot p^2}{24} = 0$$

Dessa última expressão, obtém-se F_2 e, com esse valor, calcula-se a temperatura na qual ocorre o *knee point* pela Equação (9.15).

Exemplo:

A comparação a seguir é feita calculando a temperatura do *knee point* para os ACSR convencionais, com temperatura máxima de operação permanente de 90 °C e os T-ACSR (ACSR usando alumínio-liga térmica), que têm temperatura máxima de operação permanente de 150 °C, conforme tabelado a seguir.

Tabela 9.1 – Exemplo de temperaturas do *knee point*

Cabo	kcmil	RMC Kgf	S mm²	S_N mm²	p kgf/m	F_1 kgf	E kgf/mm²	E_N kgf/mm²	$\beta \cdot 10^6$ °C⁻¹	θ_{kp} °C
Linnet	336,4	6416	198,38	27,83	0,690	1283	7568	18400	18,9	154
Grosbeak	636	11407	374,33	52,49	1,302	2281	7568	18400	18,9	152
Tern	795	10013	431,60	27,83	1,336	2003	6580	18400	20,7	221
Rail	954	11791	517,38	33,54	1,603	2358	6580	18400	20,7	219
Bluejay	1113	13532	604,39	38,90	1,871	2706	6580	18400	20,7	219
Thrasher	2312	25682	1235,36	63,94	3,762	5136	6661	18400	21,4	260
T-Linnet	336,4	6254	198,38	27,83	0,690	1251	7568	18400	18,9	153
T-Grosbeak	636	11224	374,33	52,49	1,302	2245	7568	18400	18,9	151
T-Tern	795	9638	431,60	27,83	1,336	1928	6580	18400	20,7	219
T-Rail	954	11475	517,38	33,54	1,603	2295	6580	18400	20,7	217
T-Bluejay	1113	13217	604,39	38,90	1,871	2643	6580	18400	20,7	218
T-Thrasher	2312	25036	1235,36	63,94	3,762	5007	6661	18400	21,4	236

A temperatura inicial considerada foi de 25 °C e a força de tração inicial de 20 % da resistência mecânica calculada (*RMC*). O vão considerado foi de 300 metros e foi considerado vento nulo. O coeficiente de dilatação do alumínio e do alumínio-liga térmica é $23 \cdot 10^{-6}$ °C^{-1} e do aço, para todos os cabos, é de $11{,}5 \cdot 10^{-6}$ °C^{-1}.

Os resultados mostram que a temperatura do *knee point* é bem maior que a temperatura máxima de operação permanente no caso dos cabos ACSR convencionais, mas podem aproximar-se bastante dessa temperatura máxima no caso dos T-ACSR, ainda mais porque, embora ainda não existam no Brasil, há T-ACSR que operam em temperaturas de 210 °C e 230 °C. Entretanto, se a temperatura inicial for 10 °C e o vão for 100 m, a temperatura do *knee point* do Linnet, por exemplo, que era de 154 °C, cai para 87 °C.

No caso da temperatura de operação ser maior ou igual à temperatura do *knee point*, é preciso considerar que o cabo é sustentado somente pela sua alma nessa temperatura de operação.

9.3 FLUÊNCIA (*CREEP*)

O *creep* é uma deformação permanente que cresce vagarosamente, como resultado de uma tração contínua aplicada ao condutor e que ao final leva à ruptura do material.

Os condutores elétricos têm uma carga de ruptura definida pelos seus materiais constituintes, dimensões e coeficientes de projeto. Por exemplo, um determinado fio pode ter uma resistência à tração de 6 kgf/mm^2; se esse fio tiver 10 mm^2 de área de seção transversal, deve quebrar-se quando submetido a uma tração longitudinal de, pelo menos, 60 kgf. Usualmente, esses fios são reunidos em coroas, formando um condutor. Uma coroa com 37 fios teria, então, uma carga de ruptura de 37 × 60 = 2.220 kgf; entretanto, por conta da torção dos fios para formar o condutor, admite-se uma redução dessa carga, digamos, de 5 %. Portanto, a carga de ruptura mínima desse condutor seria 0,95 × 2.220 = 2.109 kgf. Essa carga, teórica, é chamada de "resistência mecânica calculada" (*RMC*).

Evidentemente, não se quer que o condutor rompa em uma linha de transmissão, de forma que há fatores normatizados aplicados à *RMC* que levam à carga de projeto, ou às cargas de projeto – mais que uma carga, pois há várias condições de vento, temperatura, rotas, desníveis e outras a serem consideradas; entretanto, sempre haverá um valor de maior ocorrência, geralmente chamado de *everyday stress* (EDS), que é uma porcentagem da RMC. Por exemplo, para um projeto, a carga pode ser de 25 % da RMC, que no exemplo do parágrafo anterior seria 2.109 × 0,25 = 527 kgf. Porém, se o condutor for tracionado continuamente com essa carga, seu comprimento vai aumentar com o tempo, e a isso dá-se o nome de fluência (ou, em inglês, *creep*).

9.3.1 IMPORTÂNCIA E USO DOS DADOS DE FLUÊNCIA

Evidentemente, uma vez que o comprimento aumenta, a seção diminui e, portanto, a resistência à tração diminui. Porém, muito antes do colapso mecânico da linha ocorre o aumento de flecha e diminuição da altura de segurança.

A flecha pode ser calculada pela Equação (9.1) e a diferença entre a altura da torre e a flecha é a altura de segurança. Por exemplo, se em um vão de 300 m houver um condutor de peso 0,845 kgf/m submetido a uma tração de 1820 kgf, sem vento e sem carga de gelo, a flecha será:

$$f = \frac{0,845 \cdot 300^2}{8 \cdot 1820} = 5,22 \text{ m}$$

Já que o condutor forma uma catenária, seu comprimento é um pouco maior que o comprimento do vão; o comprimento do condutor nesse vão pode ser calculado por:

$$L = A + \frac{8 \cdot f^2}{3 \cdot A} \tag{9.17}$$

Para o exemplo dado, o comprimento do cabo no vão de 300 metros é de:

$$L = 300 + \frac{8 \cdot 5{,}22^2}{3 \cdot 300} = 300{,}24 \text{ m}$$

Suponhamos que em 20 anos a fluência sofrida por esse condutor seja de 0,08 %, que é um número de grandeza bastante comum de se encontrar para esse fenômeno. O comprimento do cabo terá então aumentado e será de 300,24 + 0,0008 × 300,24 = 300,48 m. A diferença de comprimento é bastante pequena, mas suficiente para aumentar a flecha de 5,22 m para, rearranjando a Equação (9.1):

$$f = \sqrt{\frac{3 \cdot A \cdot (L - A)}{8}} = \sqrt{\frac{3 \cdot 300 \cdot (300{,}48 - 300)}{8}} = 7{,}35 \text{ m}$$

Uma vez que a flecha aumentou 7,35 – 5,22 = 2,13 m, a altura de segurança diminuiu de 2,13 m, podendo ter ficado abaixo do valor mínimo especificado. Ou seja, um aumento insignificante no comprimento do condutor no vão causa um aumento significativo da flecha e, por isso, a fluência deve ser considerada.

9.3.2 LEVANTAMENTO DOS DADOS DE FLUÊNCIA (*CREEP*)

O ensaio para o levantamento dos dados de fluência é um ensaio de tração e é possível generalizar o resultado para algumas formações. Por exemplo, os ensaios realizados para um cabo com alma de 7 fios de aço e com 30 fios de alumínio nas coroas valem para todos os que têm essa formação, independentemente do diâmetro dos fios [6].

Como na primeira hora ocorrem os maiores alongamentos, com a acomodação dos fios e sua deformação elástica, pode-se contar o tempo a partir desse momento (a hora 1 é, na verdade, a hora 2, por exemplo) e o alongamento a partir do comprimento medido após essa primeira hora.

Os ensaios realizam-se com diferentes valores de tração, cada um deles mantido constante durante cada ensaio e, ao longo do tempo, mede-se o alongamento obtido. Como exemplo, seguem resultados típicos de ensaios:

Tabela 9.2 – Resultados hipotéticos de ensaio

Ensaio 1			Ensaio 2			Ensaio 3	
15 % *RMC*			25 % *RMC*			35 % *RMC*	
Tempo (h)	Alongamento (%)		Tempo (h)	Alongamento (%)		Tempo (h)	Alongamento (%)
1	0,0010		1	0,0030		1	0,0050
6	0,0015		6	0,0045		6	0,0080
12	0,0020		12	0,0060		12	0,0110
24	0,0025		24	0,0075		24	0,0130
100	0,0040		100	0,0100		100	0,0190
1000	0,0100		1000	0,0200		1000	0,0350

Nota: as medidas devem ser feitas de hora em hora nas 10 primeiras horas, de 10 em 10 horas até completar 100 horas e de 100 em 100 horas até completar mil horas de ensaio, resultando em 28 medidas. Esse exemplo fictício não segue esse critério para economia de espaço no texto.

Cada uma dessas tabelas dá origem a uma reta, em um gráfico di-log, cuja equação pode ser obtida pelo método dos mínimos quadrados (para cada carga há $N = 6$ pares de tempo e alongamento):

Tabela 9.3 – Tratamento dos resultados – carga de 15 % da *RMC*

Ensaio 1 – 15 % *RMC*							
N	Tempo (h)	Alongamento (%)	Alongamento (*ε*) (p.u.)	Log(*t*) *x*	Log(*ε*) *y*	*x*2	*x·y*
1	1	0,0010	0,000010	0,000000	–5,000000	0,000000	0,000000
2	6	0,0015	0,000015	0,778151	–4,823909	0,605519	–3,753731
3	12	0,0020	0,000020	1,079181	–4,698970	1,164632	–5,071040
4	24	0,0025	0,000025	1,380211	–4,602060	1,904983	–6,351815
5	100	0,0040	0,000040	2,000000	–4,397940	4,000000	–8,795880
6	1.000	0,0100	0,000100	3,000000	–4,000000	9,000000	–12,000000
Soma				**8,237544**	**–27,522879**	**16,675135**	**–35,972466**

Tabela 9.4 – Tratamento dos resultados – carga de 25 % da *RMC*

Ensaio 2 – 25 % *RMC*							
N	Tempo (h)	Alongamento (%)	Alongamento (ε) (p.u.)	Log(*t*) *x*	Log(ε) *y*	*x*2	*x*·*y*
1	1	0,0030	0,000030	0,000000	–4,522879	0,000000	0,000000
2	6	0,0045	0,000045	0,778151	–4,346787	0,605519	–3,382458
3	12	0,0060	0,000060	1,079181	–4,221849	1,164632	–4,556140
4	24	0,0075	0,000075	1,380211	–4,124939	1,904983	–5,693287
5	100	0,0100	0,000100	2,000000	–4,000000	4,000000	–8,000000
6	1.000	0,0200	0,000200	3,000000	–3,698970	9,000000	–11,096910
Soma				**8,237544**	**–24,915424**	**16,675135**	**–32,728795**

Tabela 9.5 – Tratamento dos resultados – carga de 35 % da *RMC*

Ensaio 3 – 35 % *RMC*							
N	Tempo (h)	Alongamento (%)	Alongamento (ε) (p.u.)	Log(*t*) *x*	Log(ε) *y*	*x*2	*x*·*y*
1	1	0,0050	0,000050	0,000000	–4,301030	0,000000	0,000000
2	6	0,0080	0,000080	0,778151	–4,096910	0,605519	–3,188016
3	12	0,0110	0,000110	1,079181	–3,958607	1,164632	–4,272055
4	24	0,0130	0,000130	1,380211	–3,886057	1,904983	–5,363579
5	100	0,0190	0,000190	2,000000	–3,721246	4,000000	–7,442493
6	1.000	0,0350	0,000350	3,000000	–3,455932	9,000000	–10,367796
Soma				**8,237544**	**–23,419782**	**16,675135**	**–30,633938**

$$\log(\varepsilon) = m \cdot \log(t) + n \qquad m = \frac{N \cdot \sum x \cdot y - \sum x \sum y}{N \cdot \sum x^2 - \left(\sum x\right)^2} \qquad n = \frac{\sum x^2 \sum y - \sum x \sum x \cdot y}{N \cdot \sum x^2 - \left(\sum x\right)^2}$$

Tabela 9.6 – Equacionamento

Ensaio 1 (15 % *RMC*)	m = 0,3381447	n = – 5,051393	Log(ε) = 0,3381447 · Log(t) – 5,051393 ou ε (p.u.) = 0,0000088840 · $t^{0,3381447}$
Ensaio 2 (25 % *RMC*)	m = 0,2754927	n = –4,530801	Log(ε) = 0,2754927 · Log(t) – 4,530801 ou ε (p.u.) = 0,0000294577 · $t^{0,2754927}$
Ensaio 3 (35 % *RMC*)	m = 0,2832187	n = –4,292135	Log(ε) = 0,2832187 · Log(t) – 4,292135 ou ε (p.u.) = 0,0000510347 · $t^{0,2832187}$

As três equações logarítmicas podem ser colocadas em forma de gráfico:

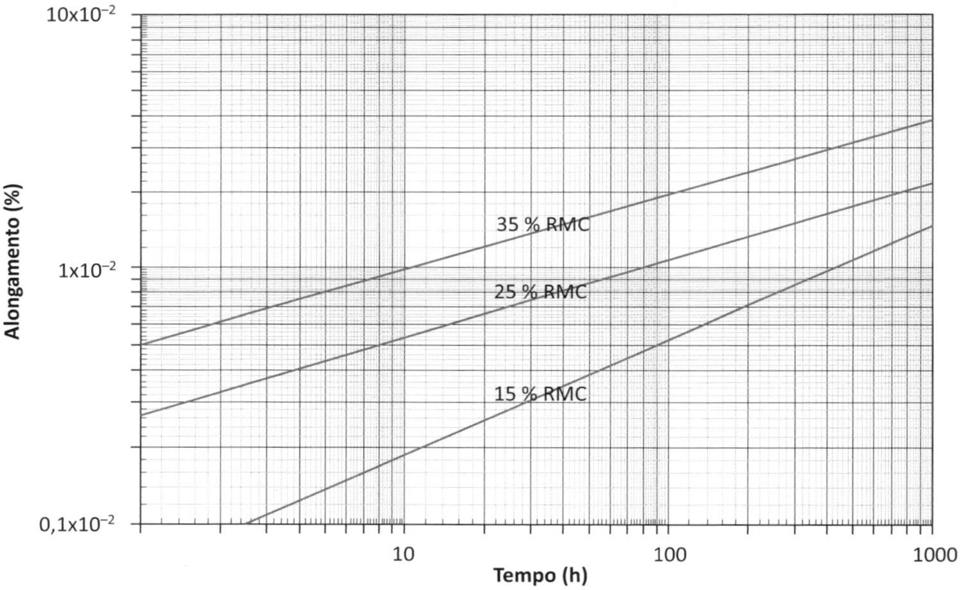

Figura 9.10 – Gráfico da fluência medida.

O esperado seria que as três retas tivessem a mesma inclinação, já que deveriam responder linearmente ao aumento da carga de tração. As pequenas diferenças nas declividades podem ser atribuídas a incertezas na medida do alongamento, acomodação diferente dos fios com as diferentes cargas, pequenas diferenças na ancoragem do corpo de prova sob ensaio e outros motivos. Portanto, o gráfico esperado para cada carga seria, por exemplo:

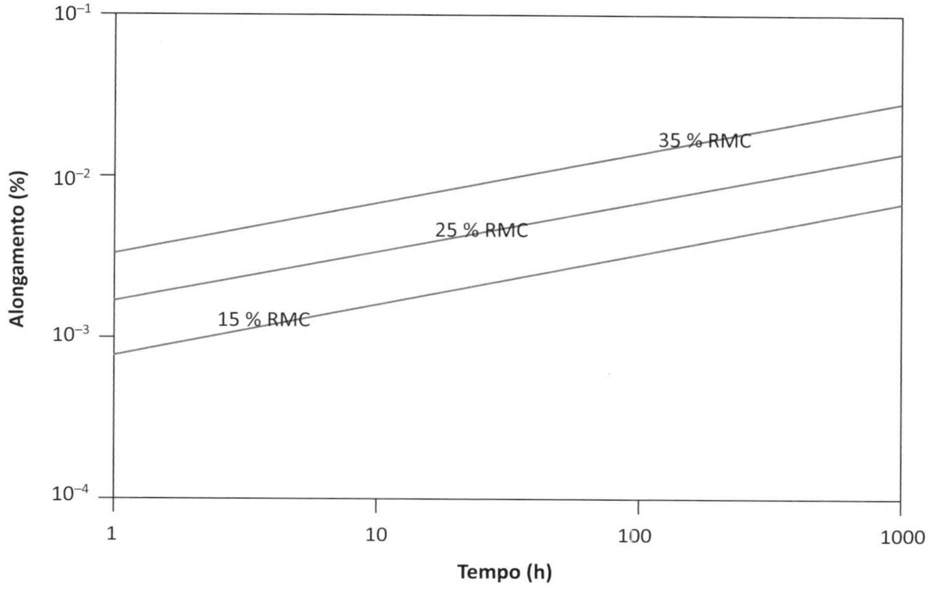

Figura 9.11 – Gráfico teórico da fluência.

Se a carga aplicada (EDS) for uma das três utilizadas, já se pode extrapolar o alongamento após anos. Entretanto, muitas vezes a carga aplicada é diferente das cargas utilizadas na medição; assim, é bastante comum mostrar-se a relação entre carga e alongamento após um período longo (6 meses, 1 ano e 10 anos). Evidentemente, da Figura 9.10, ou ainda melhor, das expressões logarítmicas que a originaram, é possível obter essas relações.

Supondo que o condutor desse exemplo, cujos ensaios geraram as tabelas anteriores, tenha uma carga de ruptura de 30 kgf/mm^2, as cargas de tração utilizadas seriam 4,5 kgf/mm^2, 7,5 kgf/mm^2 e 10,5 kgf/mm^2, equivalentes, respectivamente, a 15 %, 25 % e 35 % da *RMC*. Utilizando-se as expressões logarítmicas para cada carga de tração, pode-se calcular o alongamento sofrido em função da carga, para um determinado período decorrido, embora tenha de ser feito um ajuste: pelas imprecisões das medições e cálculos, é raro que o gráfico cruze a origem, mas isso é mandatório: sem carga aplicada, não deve haver alongamento, já que somente uma temperatura é utilizada (não se consideram as dilatações térmicas). Calculando o alongamento para cada carga e um determinado período, acrescentando que, na origem, o alongamento é nulo quando a carga for nula:

Tabela 9.7 – Alongamento x carga x duração

6 meses		1 ano		10 anos	
Carga (kgf/mm²)	**Alongamento (%)**	**Carga (kgf/mm²)**	**Alongamento (%)**	**Carga (kgf/mm²)**	**Alongamento (%)**
0	0	0	0	0	0
4,5	0,0151	4,5	0,0191	4,5	0,0417
7,5	0,0297	7,5	0,0359	7,5	0,0677
10,5	0,0549	10,5	0,0668	10,5	0,1281

Voltando a utilizar o método dos mínimos quadrados, assumindo a origem em (0;0), a expressão que rege o alongamento em função da carga de tração é linear (não logarítmica):

$$T = m \cdot \varepsilon \tag{9.18}$$

sendo T a carga de tração (kgf/mm²) e ε o alongamento, em "por unidade" (p.u.)

Tabela 9.8 – Aplicação do método dos mínimos quadrados – 6 meses

6 meses				
T	**ε**	**ε**		
kgf/mm² y	**%**	**p.u. x**	**x^2**	**$x.y$**
0	0	0	0	0
4,5	0,0151	$1{,}51 \cdot 10^{-4}$	$2{,}29 \cdot 10^{-8}$	$6{,}81 \cdot 10^{-4}$
7,5	0,0297	$2{,}97 \cdot 10^{-4}$	$8{,}81 \cdot 10^{-8}$	$22{,}26 \cdot 10^{-4}$
10,5	0,0549	$5{,}49 \cdot 10^{-4}$	$30{,}09 \cdot 10^{-8}$	$57{,}60 \cdot 10^{-4}$
Total			$41{,}19 \cdot 10^{-8}$	$86{,}66 \cdot 10^{-4}$

Tabela 9.9 – Aplicação do método dos mínimos quadrados – 1 ano

1 ano				
T	ε	ε		
kgf/mm² y	**%**	**p.u.** x	x^2	$x.y$
0	0	0	0	0
4,5	0,0191	$1{,}91 \cdot 10^{-4}$	$3{,}66 \cdot 10^{-8}$	$8{,}61 \cdot 10^{-4}$
7,5	0,0359	$3{,}59 \cdot 10^{-4}$	$12{,}90 \cdot 10^{-8}$	$26{,}94 \cdot 10^{-4}$
10,5	0,0668	$6{,}68 \cdot 10^{-4}$	$44{,}56 \cdot 10^{-8}$	$70{,}09 \cdot 10^{-4}$
Total			$61{,}11 \cdot 10^{-8}$	$105{,}64 \cdot 10^{-4}$

Tabela 9.10 – Aplicação do método dos mínimos quadrados – 10 anos

10 anos				
T	ε	E		
kgf/mm² y	**%**	**p.u.** x	x^2	$x.y$
0	0	0	0	0
4,5	0,0417	$4{,}17 \cdot 10^{-4}$	$17{,}37 \cdot 10^{-8}$	$18{,}75 \cdot 10^{-4}$
7,5	0,0677	$6{,}77 \cdot 10^{-4}$	$45{,}88 \cdot 10^{-8}$	$50{,}80 \cdot 10^{-4}$
10,5	0,1281	$12{,}81 \cdot 10^{-4}$	$164{,}19 \cdot 10^{-8}$	$134{,}54 \cdot 10^{-4}$
Total			$227{,}44 \cdot 10^{-8}$	$204{,}10 \cdot 10^{-4}$

O valor da declividade de retas que partem da origem é dado por:

$$m = \frac{\sum x \cdot y}{\sum x^2}$$

Com os valores das Tabelas 9.8, 9.9 e 9.10, encontra-se o valor da declividade da reta para cada período:

$t = 6$ meses $= 4380$ h: $m = 21042$

$t = 1$ ano $= 8760$ h: $m = 17284$

$t = 10$ anos $= 87600$ h: $m = 8974$

e o polinômio para cada intervalo de tempo é:

$t = 6$ meses

$$T = 21042 \cdot \varepsilon$$

$t = 1$ ano

$$T = 17284 \cdot \varepsilon$$

$t = 10$ anos

$$T = 8974 \cdot \varepsilon$$

Graficamente:

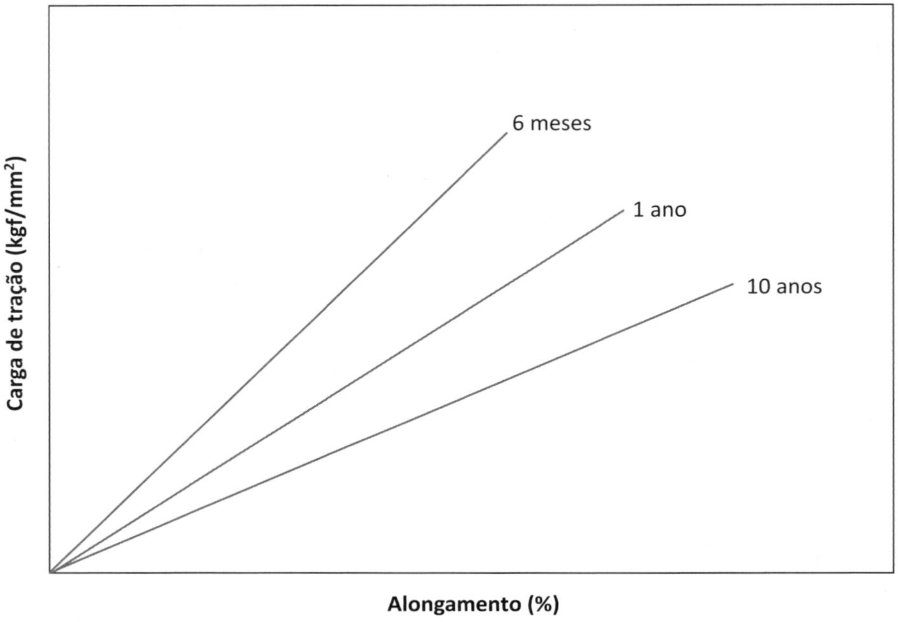

Figura 9.12 – Gráfico usual da fluência.

Nota: pelas equações dadas na Tabela 9.6, os alongamentos por fluência após 10 anos seriam:

15 % da *RMC*: ε = 0,0417 % ou, arredondando, 0,04 %

25 % da *RMC*: ε = 0,0677 % ou, arredondando, 0,07 %

35 % da *RMC*: ε = 0,1281 % ou, arredondando, 0,1 %

Utilizando a expressão final $T = 8974 \cdot \varepsilon$ e a carga de 30 kgf/mm^2, esses alongamentos seriam:

15 % da *RMC*: ε = 0,0501 % ou, arredondando, 0,05 %

25 % da *RMC*: ε = 0,0836 % ou, arredondando, 0,08 %

35 % da *RMC*: ε = 0,1170 % ou, arredondando, 0,1 %

O primeiro cálculo é um pouco mais preciso, mas utilizando a expressão $T = 8974 \cdot \varepsilon$, que é a utilizada nos gráficos da Aluminum Association [6], é possível calcular o alongamento para qualquer carga. Por exemplo, se a carga EDS for de 20 % da carga de ruptura de 30 kgf/mm^2 desse exemplo, um valor de carga para o qual a fluência não foi medida, o valor estimado dessa fluência pode ser calculado, resultando em 0,07 %.

Os métodos de ensaio normalmente utilizados para a determinação do gráfico e do polinômio da fluência de condutores elétricos são a norma internacional IEC 61395 [9], o método da Aluminum Association [10] e, no Brasil, a norma ABNT NBR 7303 [11].

A precisão desse ensaio é bastante discutível e, muitas vezes, equipamentos de ensaio não adequados introduzem enormes erros. Medem-se variações milimétricas de comprimento em condutores em geral robustos, com cargas enormes, e qualquer descuido muda radicalmente os resultados.

Esse não é um ensaio concebido para o controle de qualidade do produto, mas para o levantamento de dados para o projeto da linha de transmissão. Dessa forma, quanto mais ensaios forem feitos em vários corpos de prova e laboratórios diferentes, com seus resultados comparados, reunidos e resumidos em um único, que englobe todos e elimine aqueles que tragam resultados possivelmente incorretos, maior será a precisão dos dados que se terá para o projeto. Enfim, os dados resultantes podem não ter a precisão que se desejaria, mas, certamente, isso é melhor do que não ter nenhum dado disponível.

Assim, os polinômios da Aluminum Association [6] são utilizados no projeto de linhas de transmissão, mas não há polinômios para todos os condutores existentes; a Aluminum Association publicou os resultados médios de vários ensaios para cabos AAC, AAAC (liga 5005, que praticamente não se utiliza, e liga 6201) e ACSR para as formações tradicionais. Como não existem polinômios para outras formações ou para outros condutores, como o ACAR, AAAC com liga 1120, ACSS, condutores formados por fios de alumínio de ligas térmicas e outros, os fabricantes devem levantar esses polinômios por meio dos ensaios citados.

Esses ensaios devem ser feitos em uma temperatura estritamente controlada, evitando-se o efeito da dilatação e contração por variações de temperatura, que mascarariam a fluência. Normalmente, o ensaio é feito em uma temperatura em torno dos 20 °C.

A publicação IEEE 1283 [12] traz método para cálculo do alongamento em função da carga, tempo sob essa carga e temperatura (*creep predictor equations*). Seria, então, um método muito melhor, mais útil e mais fácil, do que o levantamento do polinômio. Entretanto, esse método é descrito somente para o AAC, ACSR, AAAC, ACAR, ACSR e AACSR, sendo que já há polinômios da Aluminum Association [6] para boa parte desses condutores. O problema é que as expressões dadas pela IEEE 1283 [12] não são aderentes aos polinômios da Aluminum Association [6] e o próprio IEEE ressalta que não é o único método disponível e que ele não é uma recomendação dessa instituição.

9.3.3 USO DAS CURVAS DE FLUÊNCIA DA ALUMINUM ASSOCIATION

As curvas dadas pela Aluminum Association em sua publicação *Stress-strain-creep curves for aluminum overhead electrical conductors* [6] trazem expressões para o cálculo do alongamento por fluência de vários cabos, após 6 meses, um ano e 10 anos, mas esse cálculo não pode ser feito diretamente pela expressão dada.

Nos ensaios de fluência, ocorre um grande alongamento na primeira hora e esse valor deve ser desprezado. Entretanto, as expressões da Aluminum Association englobam esse alongamento inicial, que deve ser retirado do resultado [10]. Para isso, é preciso tomar o valor da tração horizontal e, com ele, calcular o alongamento pela expressão chamada de *initial composite* (inicial – cabo completo). Com a mesma tração, calcula-se a fluência (usualmente, pela expressão de *10 year creep*, ou fluência – 10 anos) e desse resultado subtrai-se o valor encontrado inicialmente pela expressão inicial do cabo completo, obtendo, nesse caso, o valor do alongamento por fluência durante 10 anos.

Assim, por exemplo, para a formação 26/7 (26 fios de aço e 7 fios de alumínio), são dadas as expressões (ver Apêndice E), com T em kgf/mm^2 e ε em %:

Inicial – cabo completo:

$$\varepsilon = 4{,}07 \cdot 10^{-3} + 1{,}82 \cdot 10^{-2} \cdot T - 2{,}38 \cdot 10^{-4} \cdot T^2 + 1{,}62 \cdot 10^{-5} \cdot T^3$$

Fluência – 10 Anos:

$$T = 37{,}6 \cdot \varepsilon$$

Essas expressões são sempre desse tipo para qualquer formação, ou seja:

Inicial – cabo completo:

$$\varepsilon = A + B \cdot T + C \cdot T^2 + D \cdot T^3$$

Fluência – 10 anos:

$$T = M \cdot \varepsilon$$

Para o exemplo dado, da formação 26/7, calcula-se o alongamento inicial para a carga EDS de definição da fluência (por exemplo, 20 % da RMC) e assume-se esse valor como sendo a fluência de 1 hora. Esse valor é subtraído do valor calculado com a expressão da fluência.

Por exemplo, considere-se o ACSR Linnet, que tem RMC = 6416 kgf, área total de 198,38 mm², e considere-se o EDS como sendo 20 % da RMC.

A carga de tração T será:

$$T = \frac{0,20 \cdot 6416}{198,38} = 6,468 \text{ kgf/mm}^2$$

Usando esse valor para calcular o valor de ε_{ic} na expressão inicial do cabo completo, chega-se a um alongamento ε_{ic} = 0,116215 %. Calculando o alongamento pela expressão da fluência, utilizando-se também o valor de T = 6,468 kgf/mm², chega-se a ε_{cr} = 0,172021 %.

O valor do alongamento por fluência, entre 1 h e 10 anos é considerado, então, como sendo:

$$\varepsilon = \varepsilon_{cr} - \varepsilon_{ic} = 0,172021 - 0,116215 = 0,055806 \ \%$$

Nota: como o coeficiente de dilatação do ACSR Linnet é $18,9 \cdot 10^{-6}$ °C^{-1}, o equivalente térmico da fluência desse cabo será $\Delta\theta = (0,055806 / 100) / 18,9 \cdot 10^{-6} = 30$ °C.

REFERÊNCIAS

[1] ASSOCIAÇÃO BRASILEIRA DE NORMAS TÉCNICAS. (1985). ABNT NBR 5422. (1985). Projeto de linhas aéreas de transmissão de energia elétrica.

[2] AMERICAN SOCIETY FOR TESTING AND MATERIALS (ASTM). (2019). Norma B 498. Standard specification for zinc-coated (galvanized) steel core wire for use in overhead electrical conductors.

[3] AMERICAN SOCIETY FOR TESTING AND MATERIALS (ASTM). (2016). Norma B 230. Standard specification for aluminum 1350-H19 wire for electrical purposes.

[4] INTERNATIONAL ELECTROTECHNICAL COMMISSION. (1991). IEC 61089. Round wire concentric lay overhead electrical stranded conductors.

[5] ASSOCIAÇÃO BRASILEIRA DE NORMAS TÉCNICAS. (2015). ABNT NBR 7302. Condutores elétricos de alumínio – tensão-deformação em condutores de alumínio – Método de ensaio.

[6] THE ALUMINUM ASSOCIATION, INCORPORATED. (1997). Stress-strain--creep curves for aluminum overhead electrical conductors – a technical report of the Aluminum Association's Electrical Technical Committee.

[7] INTERNATIONAL ELECTROTECHNICAL COMMISSION. (2021). IEC TR-61597. Overhead electrical conductors – calculation methods for stranded bare conductors.

[8] ASSOCIAÇÃO BRASILEIRA DE NORMAS TÉCNICAS. (2010). ABNT NBR 7270. Cabos de alumínio nus com alma de aço zincado para linhas aéreas - Especificação.

[9] INTERNATIONAL ELECTROTECHNICAL COMMISSION. (1998). IEC 61395. Overhead electrical conductors – Creep test procedures for stranded conductors.

[10] THE ALUMINUM ASSOCIATION, INCORPORATED. (1999). A method of stress-strain testing of aluminum conductor and ACSR and a test method for determining the long time tensile creep of aluminum conductors in overhead lines.

[11] ASSOCIAÇÃO BRASILEIRA DE NORMAS TÉCNICAS. (1982). ABNT NBR 7303. Condutores elétricos de alumínio – Fluência em condutores de alumínio.

[12] THE INSTITUTE OF ELECTRICAL AND ELECTRONICS ENGINEERS. (2013). IEEE Std 1283. Guide for determining the effects of high-temperature operation on conductors, connectors, and accessories.

CAPÍTULO 10
Potencial induzido por linhas aéreas de energia

10.1 INTRODUÇÃO

As normas técnicas especificam alturas de segurança para linhas aéreas de transmissão de energia elétrica, bem como largura de faixas de segurança, também chamadas de faixas de servidão, em razão do potencial induzido a certas alturas do solo, mas, por sua função não ser didática, essas normas não definem como esses potenciais devem ser calculados [1], [2]. Evidentemente, uma pessoa ou veículo que atravesse por baixo de uma linha de transmissão não deve ser afetado pela corrente elétrica gerada pela diferença entre o potencial induzido pela linha no ponto mais elevado dessa pessoa ou veículo e a terra, que está, teoricamente, no potencial zero. Outras situações podem ocorrer em linhas de distribuição ou de subtransmissão, quando, em certas situações, não há prescrições sobre distâncias mínimas e deve-se respeitar um valor mínimo de potencial induzido.

Desenvolve-se a seguir, didaticamente, uma forma de cálculo desses potenciais para um sistema equilibrado em regime de operação permanente, incluindo um exemplo.

10.2 CAMPO ELÉTRICO PRODUZIDO POR UM CONDUTOR CILÍNDRICO E RETILÍNEO

Se um condutor longo, reto e cilíndrico tem uma carga elétrica uniforme ao longo de seu comprimento e está isolado de outras cargas de modo que sua carga esteja uniformemente distribuída, o campo elétrico gerado por esse condutor será radial, a menos do campo em suas extremidades. Considerando o condutor extremamente longo – como é comum na realidade, uma vez que o comprimento é extremamente maior que o diâmetro do condutor, pode-se desprezar a distorção do campo nas extremidades.

Dessa forma, todos os pontos equidistantes desse condutor pertencem a uma mesma superfície equipotencial e têm a mesma densidade de fluxo elétrico que, a x metros do centro do condutor, pode ser calculada imaginando-se uma superfície cilíndrica concêntrica, de raio x. Tomando-se um comprimento ℓ de condutor, a área dessa superfície será $2 \cdot \pi \cdot x \cdot \ell$ e a carga pode ser expressa como sendo a circuitação do vetor densidade de fluxo elétrico na superfície:

$$q = \oint_S \vec{D} \cdot \vec{n} dS = \mathrm{D} \cdot 2\pi x \cdot \ell$$

Assim, o módulo do vetor densidade de fluxo elétrico é dado por:

$$D = \frac{q}{2 \cdot \pi \cdot x \cdot \ell} \quad \left(\mathrm{C/m^2}\right)$$

ou, considerando $\ell = 1$ metro:

$$D = \frac{q}{2 \cdot \pi \cdot x} \quad \left(\mathrm{C/m^2}\right)$$

Sendo o campo elétrico definido pelo quociente do fluxo elétrico pela permissividade do meio, seu módulo será:

$$E = \frac{D}{\varepsilon} \rightarrow E = \frac{q}{2\pi \cdot \varepsilon \cdot x} \quad \left(\mathrm{V/m}\right)$$

Se o meio for o vácuo ou o ar, $\varepsilon = \varepsilon_o = 8{,}8542 \cdot 10^{-12}$ F/m

10.3 DIFERENÇA DE POTENCIAL ENTRE UM CONDUTOR E UM PONTO NO ESPAÇO

A diferença de potencial entre dois pontos situados em duas superfícies equipotenciais, distantes D_1 e D_2 do centro do condutor, sendo $D_1 < D_2$, será:

$$V_{12} = \int_{P_1}^{P_2} E.dx = \int_{D_1}^{D_2} \frac{q}{2\pi.\varepsilon.x} dx \rightarrow V_{12} = \frac{q}{2\pi.\varepsilon} \cdot ln \frac{D_2}{D_1} \qquad (10.1)$$

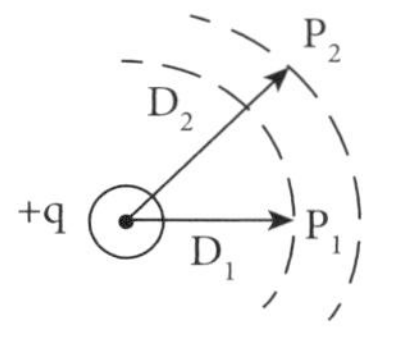

Figura 10.1 – Superfícies equipotenciais em torno de um condutor.

Considerando-se que a primeira seja a superfície do próprio condutor, a distância D_1 será então o raio do condutor e, chamando D_2 simplesmente por D:

$$V_{12} = \frac{q}{2\pi.\varepsilon} \cdot \ln \frac{D}{R}$$

10.4 DIFERENÇA DE POTENCIAL ENTRE O CONDUTOR E A TERRA

A Equação (10.1) somente será válida se o condutor estiver em um espaço totalmente livre de outras cargas, de forma que as superfícies equipotenciais criadas pela carga q nesse condutor serão concêntricas e as linhas de campo do campo elétrico serão radiais:

Figura 10.2 – Campo elétrico criado por uma carga elétrica.

Na realidade, o condutor está a uma certa distância do solo, que pode ser considerado um plano perfeitamente condutor e no potencial zero, e as linhas de campo terão a forma:

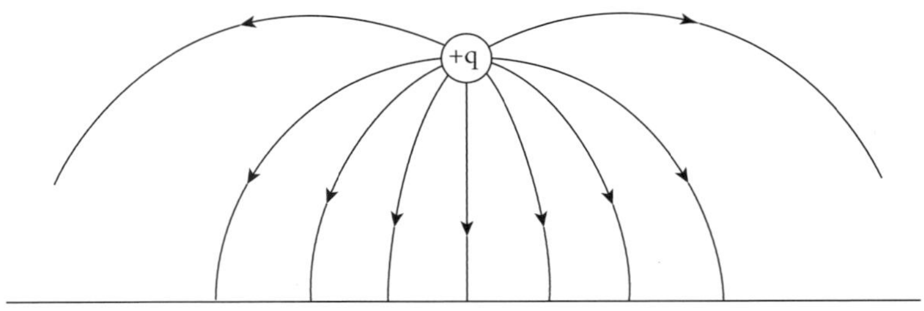

Figura 10.3 – Campo entre uma carga e a terra.

Essa mesma distribuição de linhas de campo existiria caso houvesse uma outra carga, negativa, de mesmo valor da carga considerada, situada abaixo do solo a uma distância da superfície igual à altura da carga $+q$, formando como que uma imagem da carga (método das imagens):

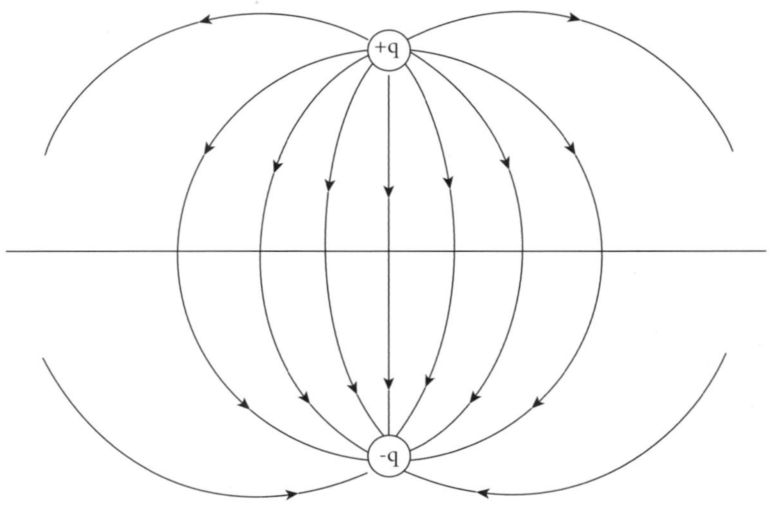

Figura 10.4 – Campo criado por uma carga e sua imagem.

Chamando de V_o a tensão fase-terra e sendo o potencial da terra igual a zero, tem-se a seguinte situação:

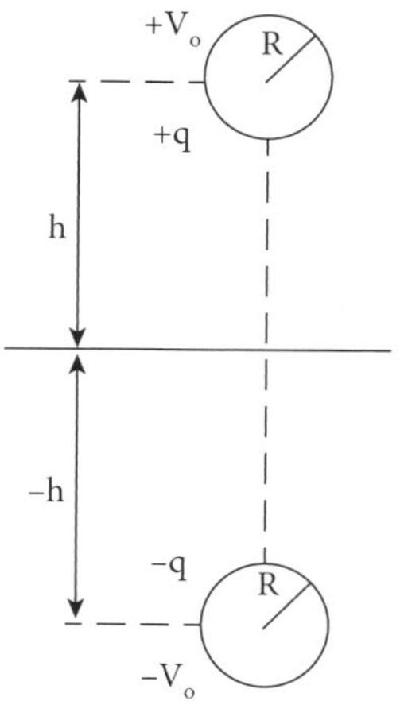

Figura 10.5 – Dimensões e potenciais entre a carga e sua imagem.

Imaginando-se um plano cartesiano xy, adota-se o eixo y coincidente com a reta que une o centro das distribuições de cargas e a origem na intersecção dessa reta com o solo. Com isso, a carga $+q$ terá coordenadas (0; h) e a carga virtual $-q$ terá coordenadas (0; -h).

Voltando à Equação (10.1), considere-se as seguintes coordenadas para os pontos P_1 e P_2:

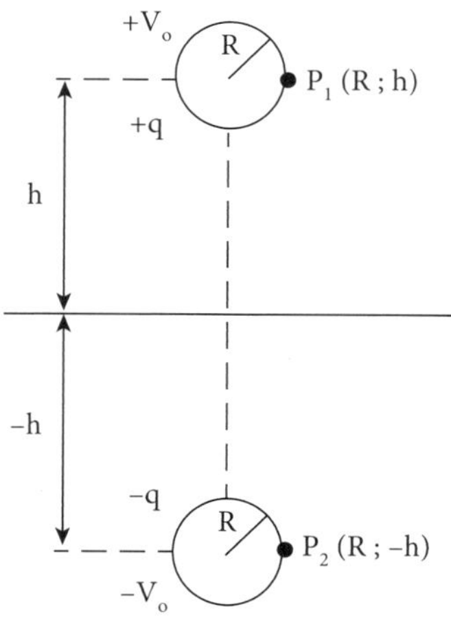

Figura 10.6 – Coordenadas das cargas.

Utilizando a Equação (10.1) e o princípio da superposição, calcula-se a tensão entre os pontos 1 e 2, eliminando a carga negativa, e realiza-se o mesmo cálculo eliminando a carga positiva, superpondo-se em seguida os dois efeitos.

- Tensão entre os pontos 1 e 2 em razão da carga positiva:

$$V_{12+} = \frac{q}{2\pi\varepsilon} \cdot ln \frac{D_{2+}}{D_{1+}}$$

$$D_{1+} = \sqrt{(0-R)^2 + (h-h)^2} = R$$

$$D_{2+} = \sqrt{(0-R)^2 + (h+h)^2} = \sqrt{R^2 + 4 \cdot h^2} \cong 2 \cdot h \quad (\text{uma vez que } R << h)$$

sendo o raio do condutor $R = d / 2$ (d = diâmetro do condutor),

$$V_{12+} = \frac{q}{2\pi\varepsilon} \cdot ln \frac{4 \cdot h}{d}$$

- Tensão entre os pontos 1 e 2 por conta da carga negativa:

$$V_{12-} = \frac{-q}{2\pi\varepsilon} \cdot ln \frac{D_{2-}}{D_{1-}}$$

$$D_{1-} = \sqrt{(0-R)^2 + (-h-h)^2} = \sqrt{R^2 + 4 \cdot h^2} \cong 2 \cdot h \quad (\text{uma vez que } R << h)$$

$D_{2-} = \sqrt{(0-R)^2 + (-h+h)^2} = R$; sendo o raio do condutor $R = d/2$,

$$V_{12-} = \frac{-q}{2\pi\varepsilon} \cdot ln \frac{d}{4 \cdot h}$$

Portanto, a tensão total entre os pontos 1 e 2 será:

$$V_{12} = V_{12+} + V_{12-} = \frac{q}{2\pi\varepsilon} \cdot ln \frac{4 \cdot h}{d} - \frac{q}{2\pi\varepsilon} \cdot ln \frac{d}{4 \cdot h} = \frac{q}{2\pi\varepsilon} \cdot ln \left(\frac{4 \cdot h}{d} \cdot \frac{4 \cdot h}{d} \right)$$

$$V_{12} = \frac{q}{2\pi\varepsilon} \cdot ln \left(\frac{4 \cdot h}{d} \right)^2$$

$$V_{12} = \frac{q}{\pi\varepsilon} \cdot ln \frac{4 \cdot h}{d}$$

Como $V_{12} = V_o - (-V_o) = 2 \cdot V_o$:

$$V_o = \frac{q}{2\pi\varepsilon} \cdot ln \frac{4 \cdot h}{d} \tag{10.2}$$

10.5 POTENCIAL INDUZIDO EM UM PONTO DO ESPAÇO

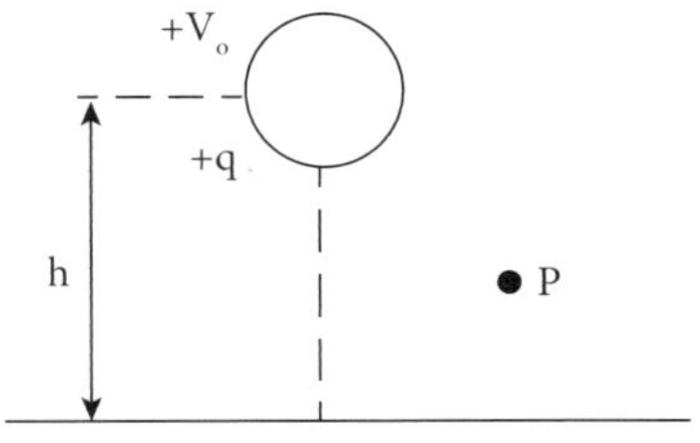

Figura 10.7 – Ponto "P" no espaço.

Sendo:

$\nabla \cdot \vec{D} = \rho_v$ (Lei de Gauss na forma diferencial)

sendo ρ_v a densidade volumétrica de cargas.

$\vec{D} = \varepsilon \cdot \vec{E}$

ε a permissividade do meio

$\vec{E} = -\nabla V$ (função potencial elétrico)

Decorre:

$\nabla \cdot \varepsilon\vec{E} = \rho_v$

Se ε = constante:

$\varepsilon \cdot \nabla \cdot \vec{E} = \rho_v$

Escrevendo o vetor campo elétrico como o divergente do potencial:

$$\vec{E} = -\nabla V$$

$$\varepsilon \cdot \nabla\left(-\nabla V\right) = \rho_v$$

$$\therefore \varepsilon \nabla^2 V = -\rho_v$$

Em coordenadas cilíndricas:

$$\nabla^2 V = \frac{1}{r} \cdot \frac{\partial}{\partial r}\left(r \cdot \frac{\partial V}{\partial r}\right) + \frac{1}{r^2} \cdot \frac{\partial^2 V}{\partial \theta^2} + \frac{\partial^2 V}{\partial z^2}$$

Supondo o cabo suficientemente longo de modo que a distorção do campo em suas extremidades possa ser desprezada e que a distribuição de cargas em volta do condutor seja uniforme, o potencial só terá variações na direção radial, de forma que:

$$\frac{\partial^2 V}{\partial \theta^2} = 0 \quad \text{e} \quad \frac{\partial^2 V}{\partial z^2} = 0$$

e, assim:

$$\nabla^2 V = \frac{1}{r} \cdot \frac{\partial}{\partial r}\left(r \cdot \frac{\partial V}{\partial r}\right)$$

Considerando-se que a região do espaço onde está o condutor seja livre de cargas, $\rho_v = 0$. Portanto:

$$\varepsilon \nabla^2 V = -\rho_v = 0$$

$$\varepsilon \cdot \frac{1}{r} \cdot \frac{\partial}{\partial r}\left(r \cdot \frac{\partial V}{\partial r}\right) = 0$$

Como ε é constante em relação a *r*, pode ser colocado na derivada:

$$\frac{1}{r} \cdot \frac{\partial}{\partial r}\left(\varepsilon \cdot r \cdot \frac{\partial V}{\partial r}\right) = 0$$

Uma vez que $1/r$ é diferente de zero, então:

$$\frac{\partial}{\partial r}\left(\varepsilon \cdot r \cdot \frac{\partial V}{\partial r}\right) = 0$$

Para que a derivada seja zero,

$$\varepsilon \cdot r \cdot \frac{\partial V}{\partial r} = \text{constante}$$

Portanto:

$$\varepsilon \cdot r \cdot \frac{\partial V}{\partial r} = K_1$$

$$\partial V = \frac{K_1}{\varepsilon} \cdot \frac{1}{r} \partial r$$

$$\int \partial V = \int \frac{K_1}{\varepsilon} \cdot \frac{1}{r} \partial r$$

$$V = \frac{K_1}{\varepsilon} \cdot ln\, r + K_2$$

Utilizando o método das imagens:

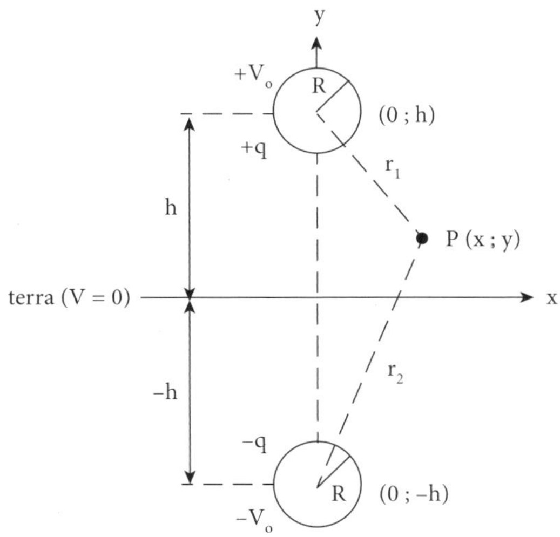

Figura 10.8 – Potencial no ponto.

$$V_P = \frac{K_1}{\varepsilon} \cdot ln\, r_1 + K_2 - \frac{K_1}{\varepsilon} \cdot ln\, r_2 - K_2$$

$$V_P = \frac{K_1}{\varepsilon} \cdot ln \frac{r_1}{r_2}$$

Para a determinação de K_1, adota-se um ponto na superfície do condutor, onde $V_P = V_o$:

$$r_1 = \sqrt{(x - x_1)^2 + (y - y_1)^2}$$

$$r_1 = \sqrt{(0 - 0)^2 + (h - R - h)^2} = R$$

$$r_2 = \sqrt{(x - x_2)^2 + (y - y_2)^2}$$

$$r_2 = \sqrt{(0 - 0)^2 + [h - R - (-h)]^2} = \sqrt{(2 \cdot h - R)^2}$$

Considerando-se que R é muito menor que h, então:

$$r_2 = \sqrt{(2 \cdot h - R)^2} = \sqrt{(2 \cdot h)^2} = 2 \cdot h$$

Como $R = d/2$:

$$r_1 = \frac{d}{2} \qquad r_2 = 2 \cdot h$$

Portanto:

$$V_P = \frac{K_1}{\varepsilon} \cdot ln \frac{r_1}{r_2} = V_o = \frac{K_1}{\varepsilon} \cdot ln \frac{d}{4h} \Rightarrow K_1 = \frac{\varepsilon \cdot V_o}{ln \frac{d}{4 \cdot h}}$$

e, como

$$V_P = \frac{K_1}{\varepsilon} \cdot ln \frac{r_1}{r_2}$$

então:

$$V_P = \frac{V_o}{ln \frac{d}{4h}} \cdot ln \frac{r_1}{r_2}$$

De (10.2):

$$V_o = \frac{q}{2\pi\varepsilon} \cdot ln\frac{4 \cdot h}{d}$$

$$ln\frac{4 \cdot h}{d} = \frac{2\pi\varepsilon V_o}{q}$$

$$ln\,4 \cdot h - ln\,d = \frac{2\pi\varepsilon V_o}{q}$$

$$-ln\,4 \cdot h + ln\,d = \frac{-2\pi\varepsilon V_o}{q}$$

$$ln\frac{d}{4 \cdot h} = \frac{-2\pi\varepsilon V_o}{q}$$

Portanto,

$$V_P = \frac{V_o}{ln\frac{d}{4h}} \cdot ln\frac{r_1}{r_2} = \frac{-q}{2\pi\varepsilon} \cdot ln\frac{r_1}{r_2} = \frac{-q}{2\pi\varepsilon} \cdot \left(ln\,r_1 - ln\,r_2\right) = \frac{q}{2\pi\varepsilon} \cdot \left(ln\,r_2 - ln\,r_1\right)$$

$$V_P = \frac{q}{2\pi\varepsilon} \cdot ln\frac{4 \cdot h}{d} \qquad (10.3)$$

Sendo o potencial elétrico uma função escalar, em havendo mais que um condutor na linha de transmissão, como é o caso na realidade, o potencial induzido no ponto é a soma dos potenciais induzidos por cada condutor, sejam ou não do mesmo circuito.

Como a tensão indutora é um fasor, a carga elétrica também é fasorial. Considerando que:

r_1 = distância do cabo "i" até o ponto P = $D_{iP} = \sqrt{\left(x_i - x_P\right)^2 + \left(y_i - y_P\right)^2}$

r_2 = distância da imagem do cabo "i" até o ponto P = $D_{i'P} = \sqrt{\left(x_{i'} - x_P\right)^2 + \left(y_{i'} + y_P\right)^2}$

a expressão geral para o potencial induzido no ponto P será o módulo:

$$V_P = \left| \frac{1}{2\pi\varepsilon} \cdot \sum_{i=1}^{n} \dot{q}_i \cdot ln\frac{D_{i'P}}{D_{iP}} \right| \qquad (10.4)$$

No caso de condutores em *bundle*, os valores de $D_{i'P}$ e D_{iP} devem ser medidos do centro geométrico do *bundle*.

10.6 CÁLCULO DO VALOR DAS CARGAS q_i

Embora a Equação (10.4) seja a forma final de cálculo procurada, não foi definido como se pode encontrar os valores das cargas de cada condutor.

Para isso, pode-se imaginar um ponto 1 coincidente com a superfície do condutor 1. A Equação da tensão (10.3) entre esse condutor e a terra (com potencial assumido igual a zero) será a resultante do efeito de cada carga de cada condutor existente, ou seja:

$$\dot{V}_1 = \frac{\dot{q}_1}{2\pi\varepsilon} \cdot ln\frac{D_{1'1}}{D_{11}} + \frac{\dot{q}_2}{2\pi\varepsilon} \cdot ln\frac{D_{2'1}}{D_{21}} + \frac{\dot{q}_3}{2\pi\varepsilon} \cdot ln\frac{D_{3'1}}{D_{31}} + \ldots + \frac{\dot{q}_n}{2\pi\varepsilon} \cdot ln\frac{D_{n'1}}{D_{n1}}$$

sendo que o mesmo pode ser feito para cada um dos condutores:

$$\dot{V}_2 = \frac{\dot{q}_1}{2\pi\varepsilon} \cdot ln\frac{D_{1'2}}{D_{12}} + \frac{\dot{q}_2}{2\pi\varepsilon} \cdot ln\frac{D_{2'2}}{D_{22}} + \frac{\dot{q}_3}{2\pi\varepsilon} \cdot ln\frac{D_{3'2}}{D_{32}} + \ldots + \frac{\dot{q}_n}{2\pi\varepsilon} \cdot ln\frac{D_{n'2}}{D_{n2}}$$

$$\dot{V}_3 = \frac{\dot{q}_1}{2\pi\varepsilon} \cdot ln\frac{D_{1'3}}{D_{13}} + \frac{\dot{q}_2}{2\pi\varepsilon} \cdot ln\frac{D_{2'3}}{D_{23}} + \frac{\dot{q}_3}{2\pi\varepsilon} \cdot ln\frac{D_{3'3}}{D_{33}} + \ldots + \frac{\dot{q}_n}{2\pi\varepsilon} \cdot ln\frac{D_{n'3}}{D_{n3}}$$

$$\dot{V}_n = \frac{\dot{q}_1}{2\pi\varepsilon} \cdot ln\frac{D_{1'n}}{D_{1n}} + \frac{\dot{q}_2}{2\pi\varepsilon} \cdot ln\frac{D_{2'n}}{D_{2n}} + \frac{\dot{q}_3}{2\pi\varepsilon} \cdot ln\frac{D_{3'n}}{D_{3n}} + \ldots + \frac{\dot{q}_n}{2\pi\varepsilon} \cdot ln\frac{D_{n'n}}{D_{nn}}$$

ou, em forma matricial:

$$\begin{bmatrix} \dot{V}_1 \\ \dot{V}_2 \\ \dot{V}_3 \\ \ldots \\ \dot{V}_n \end{bmatrix} = \frac{1}{2\pi\varepsilon} \cdot \begin{bmatrix} ln\frac{D_{11'}}{D_{11}} & ln\frac{D_{12'}}{D_{12}} & ln\frac{D_{13'}}{D_{13}} & \ldots & ln\frac{D_{1n'}}{D_{1n}} \\ ln\frac{D_{21'}}{D_{21}} & ln\frac{D_{22'}}{D_{22}} & ln\frac{D_{23'}}{D_{23}} & \ldots & ln\frac{D_{2n'}}{D_{2n}} \\ ln\frac{D_{31'}}{D_{31}} & ln\frac{D_{32'}}{D_{32}} & ln\frac{D_{33'}}{D_{33}} & \ldots & ln\frac{D_{3n'}}{D_{3n}} \\ \ldots & \ldots & \ldots & \ldots & \ldots \\ ln\frac{D_{n1'}}{D_{n1}} & ln\frac{D_{n2'}}{D_{n2}} & ln\frac{D_{n3'}}{D_{n3}} & \ldots & ln\frac{D_{nn'}}{D_{nn}} \end{bmatrix} \cdot \begin{bmatrix} \dot{q}_1 \\ \dot{q}_2 \\ \dot{q}_3 \\ \ldots \\ \dot{q}_n \end{bmatrix}$$

As tensões $\dot{V}_1, \dot{V}_2, \dot{V}_{3,...,} \dot{V}_n$ são os fasores das tensões fase-terra de cada condutor e as distâncias são conhecidas. Quando os condutores forem dispostos em *bundle*, as distâncias D_{nn} são o raio médio geométrico do *bundle*, dado por:

$$GMR_B = \sqrt[N^2]{R^N \cdot a_{I-II} \cdot a_{II-I} \cdot ... \cdot a_{N-1} \cdot a_N}$$

sendo N o número de condutores do *bundle*, R o raio de cada condutor do *bundle* e a cada uma das distâncias entre os condutores do *bundle*. Dessa forma, obviamente, se os condutores não forem dispostos em *bundle*, $N = 1$ e $D_{nn} = R$.

Chamando a matriz das tensões de $\left[\dot{V}\right]_{n\,x\,1}$, a matriz dos coeficientes de $\left[H\right]_{n\,x\,n}$ e a matriz das cargas de $\left[\dot{q}\right]_{n\,x\,1}$, pode-se escrever:

$$\left[\dot{V}\right]_{n\,x\,1} = \frac{1}{2\pi\varepsilon} \cdot \left[H\right]_{n\,x\,n} \cdot \left[\dot{q}\right]_{n\,x\,1}$$

Como as tensões e os valores de H são conhecidos, as cargas podem ser determinadas fazendo-se:

$$\left[\dot{q}\right]_{n\,x\,1} = 2\pi\varepsilon \cdot \left[H\right]^{-1}_{n\,x\,n} \cdot \left[\dot{V}\right]_{n\,x\,1} \tag{X.5}$$

Exemplo:

Determinar a tensão entre o ponto P e a terra para a linha de transmissão seguinte:

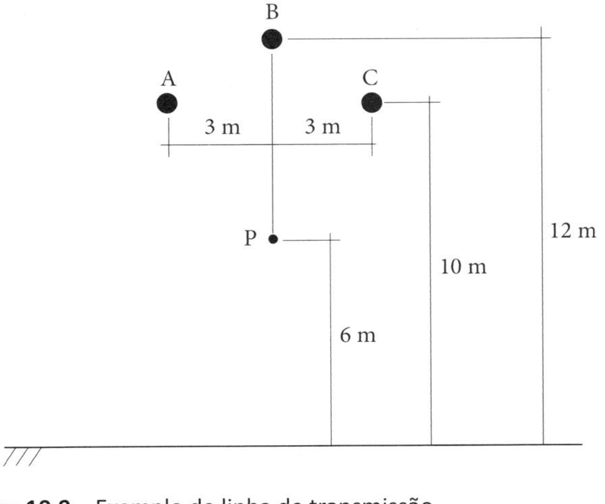

Tensão fase-fase: 138 kV
Sistema trifásico equilibrado
Sistema trifásico simétrico
Diâmetro do condutor: 25 mm

Figura 10.9 – Exemplo de linha de transmissão.

Estabelecendo um sistema arbitrário de coordenadas cartesianas onde o ponto P tem as coordenadas (x;y) = (0;6), então as fases terão coordenadas:

A (–3;10) B (0;12) C (3;10)

A tensão fase-terra é:

$$V = \frac{138}{\sqrt{3}} = 79{,}674 \text{ kV} = 79674 \text{ V}$$

Como o diâmetro do condutor é igual a 25 mm, seu raio, em metros, é 0,0125 m. Assim,

$$D_{AA} = D_{BB} = D_{CC} = 0{,}0125 \text{ m}$$

Sendo o sistema simétrico e equilibrado, adotou-se o ângulo de fase da fase A de –120°, da fase B de 0° e da fase C de +120°.

Portanto, as tensões fase-terra são:

$$\dot{V}_A = 79674\angle -120^{\circ} = -39837 - j69000 \ (\text{V})$$

$$\dot{V}_B = 79674\angle 0^{\circ} = 79674 + j0 \ (\text{V})$$

$$\dot{V}_C = 79674\angle 120^{\circ} = -39837 + j69000 \ (\text{V})$$

As distâncias devem considerar também a imagem do circuito:

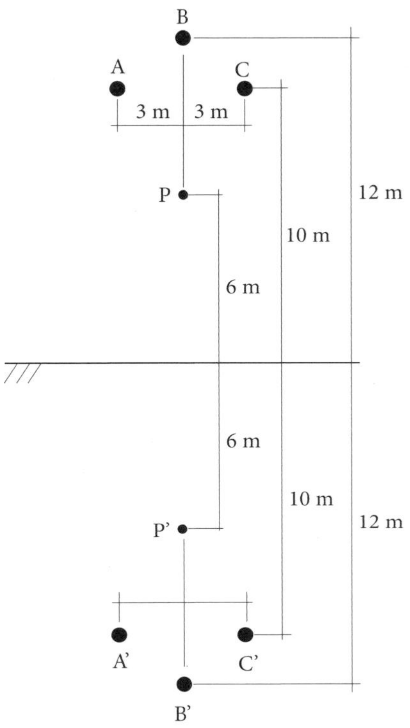

$$D_{AA'} = \sqrt{\left[-3-(-3)\right]^2 + \left[10-(-10)\right]^2} = 20 \text{ m}$$

$$D_{AB} = D_{BA} = \sqrt{\left[-3-0\right]^2 + \left[10-12\right]^2} = 3{,}606 \text{ m}$$

$$D_{AB'} = D_{BA'} = \sqrt{\left[-3-0\right]^2 + \left[10-(-12)\right]^2} = 22{,}204 \text{ m}$$

$$D_{AC} = D_{CA} = \sqrt{\left[-3-3\right]^2 + \left[10-10\right]^2} = 6 \text{ m}$$

$$D_{AC'} = D_{CA'} = \sqrt{\left[-3-3\right]^2 + \left[10-(-10)\right]^2} = 20{,}881 \text{ m}$$

$$D_{BB'} = \sqrt{\left[0-0\right]^2 + \left[12-(-12)\right]^2} = 24 \text{ m}$$

$$D_{BC} = D_{CB} = \sqrt{\left[0-3\right]^2 + \left[12-10\right]^2} = 3{,}606 \text{ m}$$

$$D_{BC'} = D_{C'B} = \sqrt{\left[0-3\right]^2 + \left[12-(-10)\right]^2} = 22{,}204 \text{ m}$$

$$D_{CB'} = \sqrt{\left[3-0\right]^2 + \left[10-(-12)\right]^2} = 22{,}204 \text{ m}$$

$$D_{CC'} = \sqrt{\left[3-3\right]^2 + \left[10-(-10)\right]^2} = 20 \text{ m}$$

Figura 10.10 – Condutores e imagens.

Montando a matriz *H*:

$$H = \begin{bmatrix} ln\dfrac{D_{AA'}}{D_{AA}} & ln\dfrac{D_{AB'}}{D_{AB}} & ln\dfrac{D_{AC'}}{D_{AC}} \\ ln\dfrac{D_{BA'}}{D_{BA}} & ln\dfrac{D_{BB'}}{D_{BB}} & ln\dfrac{D_{BC'}}{D_{BC}} \\ ln\dfrac{D_{CA'}}{D_{CA}} & ln\dfrac{D_{CB'}}{D_{CB}} & ln\dfrac{D_{CC'}}{D_{CC}} \end{bmatrix} = \begin{bmatrix} 7{,}378 & 1{,}818 & 1{,}247 \\ 1{,}818 & 7{,}560 & 1{,}818 \\ 1{,}247 & 1{,}818 & 7{,}378 \end{bmatrix}$$

Invertendo a matriz *H*:

$$H^{-1} = \begin{bmatrix} 0{,}146 & -0{,}031 & -0{,}017 \\ -0{,}031 & 0{,}147 & -0{,}031 \\ -0{,}017 & -0{,}031 & 0{,}146 \end{bmatrix}$$

As cargas q podem agora ser calculadas pela Equação (10.5):

$$\begin{bmatrix} \dot{q}_A \\ \dot{q}_B \\ \dot{q}_C \end{bmatrix} = 2 \cdot \pi \cdot \varepsilon \cdot \begin{bmatrix} 0,146 & -0,031 & -0,017 \\ -0,031 & 0,147 & -0,031 \\ -0,017 & -0,031 & 0,146 \end{bmatrix} \cdot \begin{bmatrix} \dot{V}_A \\ \dot{V}_B \\ \dot{V}_C \end{bmatrix}$$

Como $\varepsilon = \varepsilon_o = 8,8542 \cdot 10^{-12}$ F/m e as tensões são conhecidas:

$$\begin{bmatrix} \dot{q}_A \\ \dot{q}_B \\ \dot{q}_C \end{bmatrix} = 2 \cdot \pi \cdot 8,8542 \cdot 10^{-12} \cdot \begin{bmatrix} 0,146 & -0,031 & -0,017 \\ -0,031 & 0,147 & -0,031 \\ -0,017 & -0,031 & 0,146 \end{bmatrix} \cdot \begin{bmatrix} -39837 - j69000 \\ 79674 + j0 \\ -39837 + j69000 \end{bmatrix}$$

os valores das cargas são calculados:

$$\dot{q}_A = (-4,234 - j6,261) \cdot 10^{-7} \text{ C}$$

$$\dot{q}_B = (7,899 + j0) \cdot 10^{-7} \text{ C}$$

$$\dot{q}_C = (-4,234 + j6,261) \cdot 10^{-7} \text{ C}$$

Usando a Equação (10.4), pode-se calcular o potencial induzido no ponto P, mas antes é preciso determinar as distâncias do ponto P aos condutores e às suas imagens, usando a Figura 10.10.

Coordenadas do ponto P: (0;6)

$$D_{AP} = \sqrt{\left[(-3) - 0\right]^2 + \left[10 - 6\right]^2} = 5 \text{ m}$$

$$D_{A'P} = \sqrt{\left[(-3) - 0\right]^2 + \left[(-10) - 6\right]^2} = 16,279 \text{ m}$$

$$D_{BP} = \sqrt{\left[0 - 0\right]^2 + \left[12 - 6\right]^2} = 6 \text{ m}$$

$$D_{B'P} = \sqrt{\left[0 - 0\right]^2 + \left[(-12) - 6\right]^2} = 18 \text{ m}$$

$$D_{CP} = \sqrt{\left[3 - 0\right]^2 + \left[10 - 6\right]^2} = 5 \text{ m}$$

$$D_{C'P} = \sqrt{\left[3 - 0\right]^2 + \left[(-10) - 6\right]^2} = 16,279 \text{ m}$$

Tomando a Equação (10.4):

$$V_P = \left| \frac{1}{2\pi\varepsilon} \cdot \sum_{i=1}^{n} \dot{q}_i \cdot ln \frac{D_{i'P}}{D_{iP}} \right|$$

$$V_P = \left| \frac{1}{2 \cdot \pi \cdot 8{,}8542.10^{-12}} \right.$$

$$\cdot \left[\left(-4{,}234 - j6{,}261\right) \cdot 10^{-7} \cdot ln \frac{16{,}279}{5} + \left(7{,}899 + j0\right) \cdot 10^{-7} \cdot ln \frac{18}{6} \right.$$

$$\left. \left. + \left(-4{,}234 + j6{,}261\right) \cdot 10^{-7} \cdot ln \frac{16{,}279}{5} \right] \right|$$

$$V_P = 2370 \ V$$

Nota: propositalmente, nesse exemplo foram tomadas tensão e altura da linha incompatíveis, de modo a não representar nenhum caso real; no projeto de uma linha de transmissão, devem ser levadas em conta muitas variáveis – tensão, local por onde a linha está passando, flecha etc. – e o projeto deve ser feito conforme normas técnicas – no Brasil, conforme a norma ABNT NBR 5422 [1].

REFERÊNCIAS

[1] ASSOCIAÇÃO BRASILEIRA DE NORMAS TÉCNICAS. (1985). ABNT NBR 5422. Projeto de linhas aéreas de transmissão de energia elétrica.

[2] Labegalini, P. R.; Labegalini, J. A.; Fuchs, R. D.; Almeida, M. T. (1992). Projetos Mecânicos das linhas aéreas de transmissão. (2. ed.). Edgard Blücher Ltda.

CAPÍTULO 11
Capacidade de corrente de linhas aéreas nuas

11.1 INTRODUÇÃO

O cálculo da capacidade de corrente de linhas aéreas com condutores nus (não isolados e não cobertos) parte de um balanço simples: o calor gerado pela passagem de corrente no condutor mais o calor recebido do sol deve ser igual ao calor emitido pelo condutor por convecção e irradiação.

Há muitos anos esse cálculo vem sendo realizado conforme a metodologia da IEEE 738 [1], bastante didática e contando, inclusive, com exemplos em sua edição mais recente, tendo sido baseada na publicação de Tuttle e House [2] de 1958, porém ampliando o volume de informações ao longo do tempo. Uma metodologia semelhante, com simplificações, é dada pelo IEC-TR 61597 [3], tendo uma resolução governamental [4] sobre o assunto.

No texto a seguir será reproduzida a metodologia da IEEE 738, com algumas observações para tornar o texto ainda mais claro.

11.2 REGIME PERMANENTE

O regime permanente é definido como aquele no qual a temperatura do condutor estabilizou-se e mantém-se em um valor constante. A temperatura máxima do condutor em regime permanente é dada por fatores diversos, dependendo do condutor, por exemplo:

- ACSR: nesse condutor formado por uma alma de aço zincado envolvida por fios de alumínio têmpera dura (H19), a temperatura máxima é estabelecida em 90 °C (por segurança, na maioria dos casos utiliza-se 75 °C) para que não haja recozimento do alumínio, transformando-o em alumínio mole, com perda de características mecânicas.
- ACSS: esse é um ACSR, porém utilizando alumínio mole; como o alumínio já está recozido, a temperatura máxima passa a ser 200 °C, na qual pode se iniciar a fissuração da zincagem dos fios de aço.
- HTLS: recebe esse nome por trabalhar em altas temperaturas e com baixas flechas (*High Temperature, Low Sag*); esses condutores são feitos de ligas especiais de alumínio que não perdem suas características mecânicas até temperaturas de 150 °C a 230 °C.

11.2.1 EQUACIONAMENTO DO BALANÇO TÉRMICO

$$q_c + q_r = q_s + R \cdot I^2 \tag{11.1}$$

Capacidade de condução de corrente:

$$I = \sqrt{\frac{q_c + q_r - q_s}{R}} \tag{11.2}$$

q_c = calor emitido por convecção (W/m)

q_r = calor emitido por radiação (W/m)

q_s = calor absorvido do sol (W/m)

R = resistência elétrica do condutor em corrente alternada na temperatura máxima de operação (Ω/m)

I = capacidade de condução de corrente elétrica (A)

11.2.2 RESISTÊNCIA ELÉTRICA

A IEEE 738 traz algumas considerações sobre o cálculo da resistência elétrica, porém esse mesmo texto reconhece que o método indicado é um cálculo aproximado. Assim, recomenda-se utilizar a metodologia dada no Capítulo 2 e na norma IEC 60287-1-1 [5], complementada pelos dados das normas dos condutores mais utilizados em redes aéreas, conforme segue nos subitens seguintes.

Primeiramente, é preciso determinar o valor da resistência elétrica máxima em corrente contínua na temperatura de 20 °C do condutor. Conforme o Capítulo 2, a resistência elétrica em corrente contínua de um fio é dada por:

$$R_f = \frac{\rho_{20}}{S} \tag{11.3}$$

ρ_{20} = resistividade elétrica a 20 °C do metal do condutor ($\Omega \cdot mm^2/m$)

S = seção do fio (mm^2)

R_f = resistência elétrica em corrente contínua do fio a 20 °C (Ω/m)

A seção do fio é calculada por:

$$S = \frac{\pi \cdot d^2}{4} \tag{11.4}$$

S = seção do fio (mm^2)

d = diâmetro nominal do fio (mm)

A resistência elétrica nominal do condutor a 20 °C, em corrente contínua, é a associação em paralelo de todos os fios que formam o condutor, considerando o fator de passo (ver Capítulo 2). Para um condutor com todos os fios de mesmo diâmetro:

$$R_{cc20} = \frac{\rho_{20}}{N \cdot \frac{\pi \cdot d^2}{4}} \cdot F_p \tag{11.5}$$

R_{cc20} = resistência elétrica em corrente contínua do condutor a 20 °C (Ω/m)

ρ_{20} = resistividade elétrica a 20 °C do metal do condutor ($\Omega \cdot mm^2/m$)

d = diâmetro do fio (mm)

N = número de fios no condutor

F_p = fator de passo

Uma vez que os fios são torcidos para formar o condutor, em um metro de condutor existe mais que um metro de cada fio, o que faz com que a resistência elétrica aumente. O fator de passo é o que considera esse aumento; embora possa ser calculado para cada passo usado no condutor, em geral as normas dos condutores estabelecem um valor médio a ser utilizado, como na tabela seguinte.

Tabela 11.1 – Exemplos de fatores de passo dados nas normas ABNT

AAC (NBR 7271 [6])		AAAC 1120 (NBR 16686 [7])		AAAC 6201 (NBR 10298 [8])
$S < 1000\ mm^2$	$F_p = 1,02$	$N = 7$	$F_p = 1,013$	$F_p = 1,02$
$1000\ mm^2 \leq S < 1500\ mm^2$	$F_p = 1,03$	$N = 19$	$F_p = 1,018$	
$1500\ mm^2 \leq S < 2000\ mm^2$	$F_p = 1,04$	$N = 37$	$F_p = 1,02$	
		$N = 61$	$F_p = 1,022$	
		$N = 91$	$F_p = 1,030$	

ACSR (NBR 7270 [9])									AACSR (NBR 5369 [10])		
N_{Al}	$N_{aço}$	F_p	N_{Al}	$N_{aço}$	F_p	N_{Al}	$N_{aço}$	F_p	N_{Al}	$N_{aço}$	F_p
6	1	1,015	24	7	1,025	72	7	1,03	26	7	1,025
7	1	1,015	26	7	1,025	16	19	1,025	30	7	1,0275
8	1	1,02	30	7	1,025	30	19	1,0275	30	19	1,0275
18	1	1,02	45	7	1,0275	54	19	1,03	54	19	1,03
36	1	1,02	48	7	1,025	76	19	1,03	84	19	1,03
12	7	1,025	54	7	1,025	84	19	1,03			

S = seção do condutor

N = número de fios

N_{Al} = número de fios de alumínio ou de alumínio-liga

$N_{aço}$ = número de fios de aço

Nota: para eventuais formações diferentes das listadas, o fator de encordoamento pode ser calculado pelo fator de passo de cada camada.

No Brasil, os vários condutores para linhas de transmissão – AAC, ACSR, ACAR, AAAC, AACSR etc. – são especificados por normas brasileiras (ABNT) ou por normas norte-americanas (ASTM). As normas ABNT e ASTM são equivalentes, exceto, principalmente, por dois detalhes:

1) Nas normas ASTM, o valor da resistência elétrica é dado como nominal e não é informado como calcular o valor máximo, o que leva a considerar, em

geral, o valor nominal como máximo. Nas normas ABNT, para a maioria dos cabos, é permitido um acréscimo de 2 % na resistência elétrica nominal para chegar ao valor máximo.

2) Com relação aos condutores com alma de aço, como o ACSR e o AACSR, a ASTM considera o aço no cálculo da resistência elétrica. A ABNT seguiu o padrão da IEC e não considera a contribuição do aço, uma vez que a norma para o fio de aço não traz um valor máximo permitido para a sua resistividade elétrica. Aliás, considerando o aço, como faz a ASTM, seria preciso considerar os efeitos de magnetização do núcleo de aço para os cabos com esses fios em camadas ímpares (uma ou três camadas).

As resistividades máximas do alumínio ou ligas de alumínio utilizadas são:

Tabela 11.2 – Resistividade elétrica máxima

Metal	Resistividade máxima a 20 °C (Ω · mm²/m)	
	ABNT	ASTM
Alumínio	0,028264	0,028265
Alumínio-liga 6201	0,032841	0,032841
Alumínio-liga 1120	0,0293	Liga não normatizada

Uma vez calculada a resistência elétrica nominal a 20 °C, é preciso expressar seu valor na temperatura máxima de operação do condutor:

$$R_{cc} = R_{cc20} \cdot \left[1 + \alpha_{20} \cdot (T - 20)\right] \tag{11.6}$$

R_{cc} = resistência elétrica em corrente contínua na temperatura de operação (Ω/m)

R_{cc20} = resistência elétrica em corrente contínua do condutor a 20 °C (Ω/m)

T = temperatura de operação (°C)

α_{20} = coeficiente de variação a 20 °C da resistência elétrica com a temperatura do material do condutor (°C^{-1})

As normas ASTM não trazem valores para α_{20} e os valores dados pelas normas ABNT são conforme a tabela seguinte.

Tabela 11.3 – Coeficientes de variação da resistência elétrica com a temperatura

Metal	α_{20} (°C^{-1})
Alumínio	0,00403
Alumínio-liga 6201	0,00347
Alumínio-liga 1120	0,00390

Esses valores são utilizados tanto quando o cálculo é feito pela ABNT como, por falta de outros, pelos cálculos conforme a ASTM.

Note-se que em cabos não homogêneos não há como ter-se um único valor de α_{20}. Por exemplo, no caso dos ACAR (núcleo de alumínio-liga 6201 circundado por fios de alumínio), é preciso calcular a resistência elétrica dos fios de alumínio e corrigir esse valor para a temperatura de operação; em seguida, calcula-se a resistência elétrica dos fios de alumínio-liga e corrige-se o valor para a temperatura de operação com o valor adequado de α_{20}. Por fim, calcula-se o valor da resistência equivalente das resistências dos fios de alumínio e de alumínio-liga em paralelo:

$$R_{cc20(1)} = \frac{4 \cdot \rho_{1350}}{N_{1350} \cdot \pi \cdot d_{1350}^2}$$

$$R_{cc20(2)} = \frac{4 \cdot \rho_{6201}}{N_{6201} \cdot \pi \cdot d_{6201}^2}$$

ρ_{1350} = resistividade do alumínio 1350 a 20 °C = 0,028264 Ω · mm²/m

ρ_{6201} = resistividade do alumínio liga 6201 a 20 °C = 0,032841 Ω · mm²/m

N_{1350} = número de fios de alumínio 1350

N_{6201} = número de fios de alumínio liga 6201

d_{1350} = diâmetro dos fios de alumínio 1350 (mm)

d_{6201} = diâmetro dos fios de alumínio liga 6201 (mm)

O valor da resistência elétrica a 20 °C dado nas normas deve ser calculado por:

$$R_{cc20} = \frac{R_{cc20(1)} \cdot R_{cc20(2)}}{R_{cc20(1)} + R_{cc20(2)}} \cdot F_p$$

A norma ABNT NBR 15770 traz os valores de fator de encordoamento para o ACAR conforme a tabela seguinte.

Tabela 11.4 – Fatores de passo do ACAR

ACAR (NBR 15770)	
S < 1011 mm²	F_p = 1,02
1011 mm² ≤ S <1520 mm²	F_p = 1,03

Entretanto, o cálculo da resistência elétrica na temperatura de operação é feito para cada um dos metais:

$$R_{cc1} = R_{cc20(1)} \cdot \left[1 + 0,00403 \cdot \left(T_c - 20\right)\right]$$

$$R_{cc2} = R_{cc20(2)} \cdot \left[1 + 0,00347 \cdot \left(T_c - 20\right)\right]$$

e calcula-se a resistência elétrica máxima multiplicando o resultado por 1,02 (2 % de acréscimo na resistência nominal para chegar-se ao valor máximo, conforme a ABNT) da associação em paralelo dessas duas últimas:

$$R_{cc} = \frac{R_{cc1} \cdot R_{cc2}}{R_{cc1} + R_{cc2}} \cdot 1,02 \cdot F_p$$

Se for necessário conhecer o coeficiente de variação da resistência com a temperatura a 20 °C (α_{20}), pode-se obtê-lo, para o ACAR, por:

$$\alpha_{20} = \frac{R_{cc} - R_{cc20}}{R_{cc20} \cdot \left(T_c - 20\right)}$$

A partir do valor da resistência elétrica na temperatura de operação, calcula-se a resistência em corrente alternada na temperatura de operação, seguindo o estabelecido pelo Capítulo 2 e pela norma IEC 60287-1-1 [5], e, depois de serem calculados os fatores do efeito pelicular e do efeito de proximidade, calcula-se a resistência elétrica em corrente alternada por:

$$R = R_{cc} \cdot \left(1 + y_s + y_p\right) \tag{11.7}$$

R = resistência em corrente alternada na temperatura de operação (Ω/m)

R_{cc} = resistência do condutor em CC na temperatura de operação (Ω/m)

y_s = fator do efeito pelicular

y_p = fator do efeito de proximidade

A própria IEEE Std 738-2012 alerta, em sua Seção 3.4.7, que a resistência deve ser calculada por qualquer meio apropriado, e esse dado no Capítulo 2 e na IEC é o mais utilizado e o mais aderente à realidade.

Os catálogos de condutores trazem a resistência elétrica em corrente alternada sem a contribuição do efeito de proximidade, pois os fabricantes não poderiam prever todas as disposições possíveis dos condutores nas várias linhas. Na verdade, considerando a distância normal entre condutores de linhas aéreas, o efeito de proximidade é desprezível.

11.2.3 CALOR EMITIDO POR CONVECÇÃO

11.2.3.1 Convecção forçada (com vento)

Há duas expressões para a determinação do calor emitido por convecção forçada, a primeira para ventos de baixa velocidade e a segunda para ventos de alta velocidade. Com qualquer velocidade de vento, os dois valores devem ser calculados e adota-se o maior.

$$q_c = \left[1{,}01 + 0{,}0372 \cdot \left(\frac{D \cdot \rho_f \cdot V}{\mu}\right)^{0{,}52}\right] \cdot k \cdot K_a \cdot (T_c - T_a) \qquad (11.8)$$

ou

$$q_c = 0{,}0119 \cdot \left(\frac{D \cdot \rho_f \cdot V}{\mu}\right)^{0{,}6} \cdot k \cdot K_a \cdot (T_c - T_a) \qquad (11.9)$$

q_c = calor emitido por convecção (W/m)

D = diâmetro do condutor (mm)

ρ_f = densidade do ar (kg/m^3)

V = velocidade do vento (m/s)

μ = viscosidade dinâmica do ar (Pa · s = N · s/m^2)

k = condutividade térmica do ar na temperatura T_f (W/m · °C)

T_f = média entre as temperaturas do condutor e ambiente (°C)

K_a = fator de direção do vento

T_c = temperatura no condutor (°C)

T_a = temperatura ambiente (°C)

$$T_f = \frac{T_c + T_a}{2} \qquad (11.10)$$

$$\mu = \frac{1,458 \cdot 10^{-6} \cdot \left(T_f + 273\right)^{1,5}}{T_f + 383,4} \tag{11.11}$$

$$\rho_f = \frac{1,293 - 1,525 \cdot 10^{-4} \cdot H_e + 6,379 \cdot 10^{-9} \cdot H_e^2}{1 + 0,00367 \cdot T_f} \tag{11.12}$$

H_e = elevação do condutor acima do nível do mar (m)

$$k = 2,424 \cdot 10^{-2} + 7,477 \cdot 10^{-5} \cdot T_f - 4,407 \cdot 10^{-9} \cdot T_f^2 \tag{11.13}$$

$$K_a = 1,194 - cos\phi + 0,194 \cdot cos2\phi + 0,368 \cdot sen2\phi \tag{11.14}$$

ϕ = ângulo entre a velocidade do vento e o eixo do condutor (graus).

Nota 1: dificilmente se conhece esse ângulo e adota-se ϕ = 90°, que resulta em K_a = 1.

Nota 2: conforme a IEC TR 61597 [3], o calor emitido por convecção determina-se por:

$$q_c = k_f \cdot Nu \cdot \left(T_c - T_a\right) \cdot \pi$$

k_f = condutividade térmica do filme de ar em contato com o condutor, assumida como constante e igual a 0,02585 W/K·m

T_c = temperatura no condutor (°C)

T_a = temperatura ambiente (°C)

Nu = número de Nusselt

$$Nu = 0,65 \cdot Re^{0,2} \cdot 0,23 \cdot Re^{0,61}$$

Re = número de Reynolds

$$Re = 1,644 \cdot 10^6 \cdot V \cdot D \cdot \left[T_a + 273 + 0,5 \cdot \left(T_c - T_a\right)\right]^{-1,78}$$

V = velocidade do vento (m/s)

D = diâmetro do condutor (mm)

T_c = temperatura no condutor (°C)

T_a = temperatura ambiente (°C)

Sejam quais forem as condições (temperatura, altitude, diâmetro do condutor, velocidade do vento), o resultado do calor dissipado calculado conforme a IEC TR 61597 [3] sempre resultará maior que o valor calculado conforme a IEEE Std 738 [1].

11.2.3.2 Convecção natural (sem vento)

$$q_c = 0{,}0205 \cdot \rho_f^{0,5} \cdot D^{0,75} \cdot \left(T_c - T_a\right)^{1,25} \tag{11.15}$$

ρ_f = densidade do ar (kg/m^3) – Equação (11.12)

D = diâmetro do condutor (mm)

T_c = temperatura no condutor (ºC)

T_a = temperatura ambiente (ºC)

Nota: o método da IEC TR 61597 [3] não contempla a convecção natural, pois, se não houver vento, considera nulo o calor dissipado por convecção.

11.2.4 CALOR RECEBIDO POR RADIAÇÃO SOLAR

Basicamente, tanto a IEC TR 61597 [3] como a IEEE Std 738 [1] calculam esse valor pela mesma expressão, que é, unificando as notações:

$$q_s = \alpha \cdot Q_s \cdot D \cdot 10^{-3} \cdot sen\theta \tag{11.16}$$

q_s = calor recebido por radiação solar (W/m)

α = coeficiente de absorção solar

Q_s = intensidade da radiação solar (W/m^2)

D = diâmetro do condutor (mm)

θ = ângulo de incidência dos raios solares (graus)

A IEC TR 61597 [3] não traz o termo $sen\theta$ (ou seja, considera que o ângulo de incidência dos raios solares é sempre de 90º). Esse ângulo e o valor da intensidade da radiação solar, pela IEEE Std 738 [1], dependem de inúmeros fatores imponderáveis, mutáveis e imprecisos. Leva em conta desde a latitude, passando por azimute, altura do sol, pela hora do dia e dia do ano, e chegando a uma definição de "atmosfera limpa" ou "atmosfera industrial". Por isso, na imensa maioria dos casos, adota-se $sen\theta$ = 1, sem maiores considerações. A intensidade da radiação solar varia, evidentemente, mas costuma-se adotar 1000 W/m² (a IEC TR 61597 [3], em um exemplo de cálculo, adota 900 W/m² e o exemplo da IEEE Std 738 [1], após vários cálculos, chega em 1023 W/m²).

O coeficiente de absorção solar varia entre 0,2 e 0,9 durante a vida do cabo, tendo um valor quando o condutor é novo e outro quando escurecido (IEEE Std 738-2012 [1], seção 4.4). O valor utilizado quase unanimemente é $\alpha = 0{,}5$, até porque esse é um valor difícil de ser medido.

Assim, o cálculo de q_s simplifica-se bastante, e pode-se escrever:

$$q_s = \alpha \cdot Q_s \cdot D \cdot 10^{-3} \tag{11.17}$$

q_s = calor recebido por radiação solar (W/m)

α = coeficiente de absorção solar = 0,5

Q_s = intensidade da radiação solar = 1000 W/m²

D = diâmetro do condutor (mm)

Entretanto, algumas concessionárias definem os parâmetros a serem utilizados e, por isso, segue em 11.2.4.1 o método de determinação das variáveis envolvidas no cálculo de q_s conforme a IEEE 738 [1].

11.2.4.1 Método completo de determinação de q_s conforme IEEE 738 [1]

Além dos dados usuais (temperatura ambiente, velocidade do vento etc.), devem ser informados:

- Direção da linha de transmissão (por exemplo, leste-oeste)
- Latitude (graus)
- Atmosfera limpa ou industrial
- Hora e dia do ano em que se quer o cálculo
- Elevação do condutor (m)

Calcula-se:

N = dia do ano (por exemplo, 4 de março será N = 31 + 28 + 4 = 63, sendo 31 o número de dias de janeiro e 28 o número de dias de fevereiro)

δ = declinação solar, em graus:

$$\delta = 23,4583 \cdot sen\left(\frac{284+N}{365} \cdot 360\right) \tag{11.18}$$

O azimute solar e a altura (ou elevação) solar são medidos conforme a Figura 11.1, sendo que o azimute é medido a partir do norte no sentido horário:

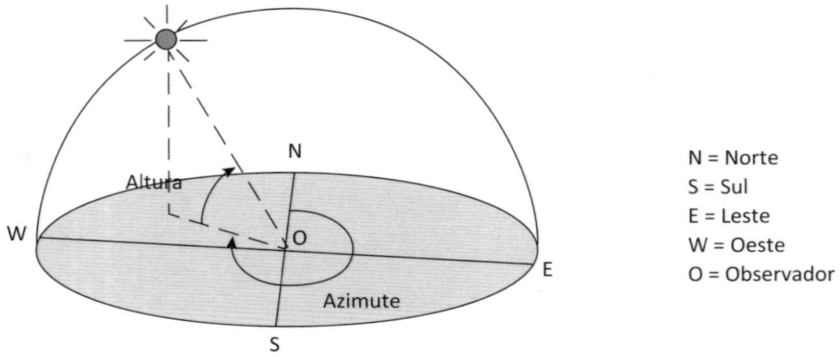

Figura 11.1 – Azimute e altura solar.

Ω = horas a partir do meio-dia local multiplicadas por 15. Cada fuso horário tem 15° (360° ÷ 24 horas = 15°). Assim, para 11 horas da manhã, $\omega = -15°$, e para as 2 horas da tarde, $\omega = 30°$.

$$H_c = arcsen\left[cos(Lat) \cdot cos(\delta) \cdot cos(\omega) + sen(Lat) \cdot sen(\delta)\right] \tag{11.19}$$

H_c = altura do sol (graus)

Lat = latitude (graus), sendo positiva para o hemisfério norte e negativa para o sul

$$\chi = \frac{sen(\omega)}{sen(Lat) \cdot cos(\omega) - cos(Lat) \cdot tg(\delta)} \tag{11.20}$$

χ = variável do azimute solar (graus)

$$Z_c = C + arctg(\chi) \tag{11.21}$$

Z_c = azimute solar (graus)

C = constante do azimute solar (graus), dada por:

Tabela 11.5 – Valores de *C*

ω	*C* para $\chi \geq 0$	*C* para $\chi < 0$
$-180° \leq \omega < 0°$	0°	180°
$0 \leq \omega \leq 180°$	180°	360°

Com esses dados, é possível determinar o ângulo de incidência dos raios solares da Equação (11.16) por:

$$\theta = arccos\left[cos\left(H_c\right) \cdot cos\left(Z_c - Z_1\right)\right] \quad (11.22)$$

onde:

Z_l = azimute da linha de transmissão (graus)

Por exemplo, se a linha corre de leste para oeste, o azimute é 90°.

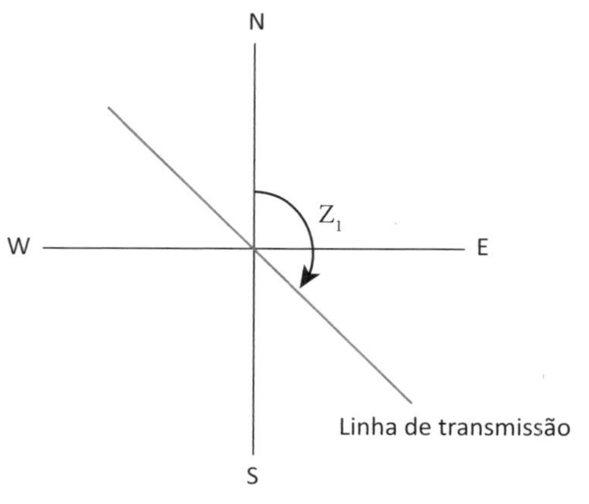

Figura 11.2 – Azimute da linha de transmissão.

Para a determinação de Q_s na Equação (11.16) são considerados o tipo de atmosfera e a altura em relação ao nível do mar:

$$Q_s = K_{solar} \cdot \gamma_{solar} \quad (11.23)$$

$$K_{solar} = 1 + 1{,}148 \cdot 10^{-4} \cdot H_e - 1{,}108 \cdot 10^{-8} \cdot H_e^2 \quad (11.24)$$

sendo H_e a altura da linha de transmissão em relação ao mar, em metros.

$$\gamma_{solar} = A + B \cdot H_c + C \cdot H_c^2 + D \cdot H_c^3 + E \cdot H_c^4 + F \cdot H_c^5 + G \cdot H_c^6 \tag{11.25}$$

sendo:

Tabela 11.6 – Coeficientes para o cálculo de γ_{solar}

Fator	Atmosfera limpa	Atmosfera industrial
A	−42,2391	53,1821
B	63,8044	14,2110
C	−1,9220	$6,6138 \cdot 10^{-1}$
D	$3,46921 \cdot 10^{-2}$	$-3,1658 \cdot 10^{-2}$
E	$-3,61118 \cdot 10^{-4}$	$5,4654 \cdot 10^{-4}$
F	$1,94318 \cdot 10^{-6}$	$-4,3446 \cdot 10^{-6}$
G	$-4,07608 \cdot 10^{-9}$	$1,3236 \cdot 10^{-8}$

11.2.5 CALOR EMITIDO POR RADIAÇÃO

$$q_r = 0,0178 \cdot D \cdot \varepsilon \cdot \left[\left(\frac{T_c + 273}{100} \right)^4 - \left(\frac{T_a + 273}{100} \right)^4 \right] \tag{11.26}$$

D = diâmetro do condutor (mm)

ε = coeficiente de emissividade

T_c = temperatura no condutor (°C)

T_a = temperatura ambiente (°C)

O coeficiente de emissividade varia durante a vida do cabo, tendo um valor quando o condutor é novo e outro quando escurecido (IEEE Std 738-2012 [1], Seção 4.4). O valor utilizado quase unanimemente é $\varepsilon = 0,5$, até porque esse é um valor difícil de ser medido.

Nota: o calor perdido por radiação é calculado dessa mesma forma pelo método da IEC TR 61597 [3].

11.3 REGIME NÃO PERMANENTE

Pode-se chamar os casos de curto-circuito, emergência ou sobrecarga e cargas variáveis, como regime não permanente. Se o condutor estiver operando em sua carga máxima, um curto-circuito ou sobrecarga sempre vai fazer com que sua temperatura ultrapasse o valor máximo de operação. Já quando existem cargas cíclicas ou variáveis, costuma-se projetar o condutor para o maior valor dessas cargas, de modo que se opera sempre com uma margem de segurança.

A operação de um condutor em uma temperatura superior à sua temperatura máxima pode causar aumento da flecha e consequente diminuição da altura de segurança, redução da vida e comprometimento da integridade dos conectores, aceleração do envelhecimento do condutor, diminuição de resistência à tração do condutor, aumento de perdas Joule e danificação de equipamentos conectados aos condutores. Os problemas são usualmente maiores quanto maior for a temperatura excedente e o tempo de duração dessa temperatura.

A IEEE Std 1283 [6] traz método de determinação da queda da carga de ruptura pelo aumento da temperatura e tempo nessa temperatura, que deixamos de reproduzir porque a temperatura de operação permanente embutida nas expressões é muito maior que a usualmente aceita para o alumínio e suas ligas (90 °C). A própria publicação ressalta que não é o único método disponível e que ele não é uma recomendação do IEEE.

Dessa forma, a conclusão deste texto é que a temperatura x tempo de operação no regime de emergência ou sobrecarga é assunto que ainda necessita de maiores estudos, e, por isso, não é aqui tratado; por ora, o ideal é que a temperatura de emergência seja considerada como a máxima em regime permanente. Já o curto-circuito é discutido no Capítulo 5.

REFERÊNCIAS

[1] THE INSTITUTE OF ELECTRICAL AND ELECTRONICS ENGINEERS. (2012). IEEE Std 738 – IEEE. Standard for calculating the current-temperature of bare overhead conductors.

[2] HOUSE, H.E. and TUTTLE, P.D. (1958). Current-Carrying Capacity of ACSR, AIEE. Winter General Meeting.

[3] INTERNATIONAL ELECTROTECHNICAL COMMISSION. (2021). IEC TR 61597. Overhead electrical conductors – Calculation methods for stranded bare conductors.

[4] GOVERNO FEDERAL DO BRASIL. (2020). Resolução Normativa ANEEL N° 906, de 8 de dezembro de 2020, Anexo II. Cálculo da capacidade operativa de longa duração de linhas aéreas de transmissão, Ministério de Minas e Energia, Agência Nacional de Energia Elétrica.

[5] INTERNATIONAL ELECTROTECHNICAL COMMISSION. (2014). IEC 60287-1-1. Current rating equations (100 % load factor) and calculation of losses – General.

[6] ASSOCIAÇÃO BRASILEIRA DE NORMAS TÉCNICAS (ABNT). (2009). Norma NBR 7271. Cabos de alumínio nus para linhas aéreas.

[7] ASSOCIAÇÃO BRASILEIRA DE NORMAS TÉCNICAS (ABNT). (2018). Norma NBR 16686. Cabos de alumínio-liga 1120 para linhas aéreas.

[8] ASSOCIAÇÃO BRASILEIRA DE NORMAS TÉCNICAS (ABNT). (2010). Norma NBR 10298. Cabos de liga alumínio-magnésio-silício, nus, para linhas aéreas – Especificação.

[9] ASSOCIAÇÃO BRASILEIRA DE NORMAS TÉCNICAS (ABNT). (2010). Norma NBR 7270. Cabos de alumínio nus com alma de aço zincado para linhas aéreas – Especificação.

[10] ASSOCIAÇÃO BRASILEIRA DE NORMAS TÉCNICAS (ABNT). (2010). Norma NBR 5369. Cabos de liga alumínio-magnésio-silício nus com alma de aço zincado para linhas aéreas – Especificação.

CAPÍTULO 12

Capacidade de condução de corrente de condutores isolados

12.1 CONCEITO

A metodologia mais difundida para a determinação da corrente máxima que pode circular em regime permanente em um condutor isolado foi consolidada por J. H. Neher e M. H. McGrath [1] em 1957. Ainda na década de 1960, a IEC publicou uma norma técnica – a IEC 287 –, normatizando os cálculos sugeridos em 1957; a IEC 287 deu origem a uma série (IEC 60287), até o momento com 9 normas; a IEC 287 (revisão de 1982) deu origem também a uma norma brasileira em 1990, a ABNT NBR 11301 [2], que não foi atualizada desde sua publicação, como têm sido as normas IEC. Em paralelo, foram tabeladas correntes máximas no condutor para diversas instalações e tipos de condutor e essas tabelas estão incorporadas nas normas brasileiras de instalações elétricas: ABNT NBR 5410 [3] para instalações de baixa tensão e ABNT NBR 14039 [4] para instalações de média tensão. Entretanto, a origem de muitas das tabelas da ABNT NBR 5410 [3] é incerta: algumas parecem ter sido baseadas nas normas francesas, outras parecem ter sido calculadas conforme a série de normas IEC 60287, tendo a ABNT tomado essas tabelas da norma IEC 60364-5-52 [5], e muitas aparentam ser empíricas. A vantagem dessas tabelas é que não trazem somente os valores de capacidade de condução de corrente, mas também fatores de correção para diversas condições distintas daquelas definidas para os valores de capacidade de corrente tabelados, o que faz com que a maioria dos projetistas as usem, em vez de efetuar os cálculos bem mais complexos previstos nas normas IEC 60287. Outros países têm normas com tabelas semelhantes, mas não iguais, e mesmo a IEC acrescentou um anexo informativo à norma IEC 60502-2 [6] com tabelas de capacidade de condução de corrente e fatores de correção para cabos de média tensão.

A utilização das tabelas das normas brasileiras ABNT NBR 5410 [3] e ABNT NBR 14039 [4] é limitada porque é impossível prever tabelas para todos os tipos e detalhes de instalação. Por isso, é bastante desejável que o projetista saiba também dimensionar a seção do cabo condutor a ser utilizada por meio de cálculo, que talvez seja o cálculo mais complexo no projeto de uma instalação. Existem no mercado vários softwares para esse cálculo, mas, para sua correta utilização, o usuário deve conhecer a metodologia para que possa inserir os dados corretamente e saber interpretar os resultados. Esses softwares utilizam as normas IEC 60287 como sua principal fonte, mas muitos cálculos derivam de artigos técnicos publicados ao longo dos anos.

A metodologia da IEC 60287 baseia-se principalmente nas trocas de calor entre os elementos do cabo entre si e com o ambiente, estabelecendo limites de temperatura para alguns desses elementos. O mais comum é o estabelecimento de uma temperatura máxima para a isolação do cabo, temperatura essa que, se ultrapassada, iniciaria a deterioração da isolação. Como a isolação está em contato com o condutor, essa temperatura passa a ser a máxima admissível no condutor.

Com isso, é criado um circuito térmico análogo a um circuito elétrico em corrente contínua, onde a diferença de temperatura entre dois pontos é análoga à diferença de potencial (tensão) em um circuito elétrico, o fluxo de calor é análogo à corrente elétrica e a resistência térmica dos componentes do cabo atravessados pelo calor é análoga à resistência elétrica.

Assim, um cabo como o seguinte tem o circuito térmico indicado a seguir:

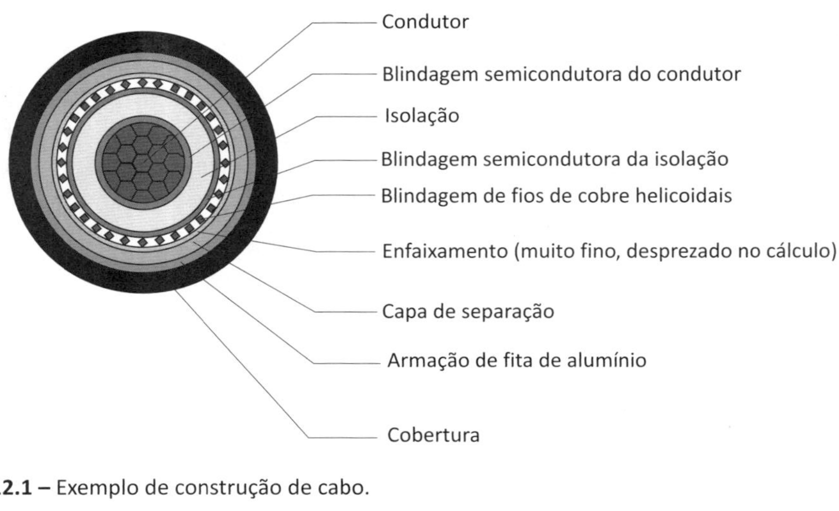

Figura 12.1 – Exemplo de construção de cabo.

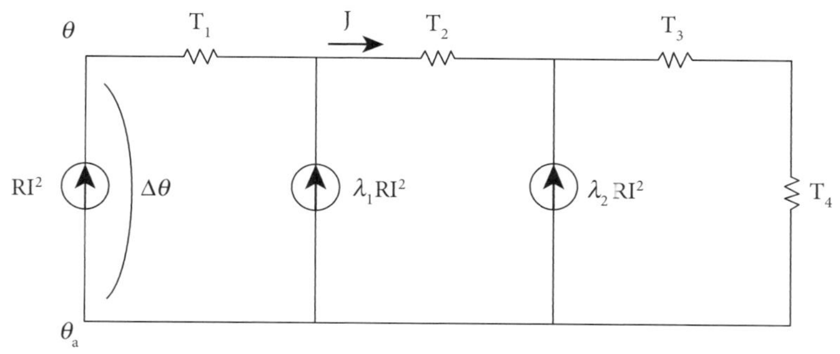

Figura 12.2 – Exemplo de circuito térmico.

R = resistência elétrica do condutor, em corrente alternada (Ω/m)

I = corrente elétrica (A)

J = quantidade de calor por segundo

θ_a = temperatura ambiente (°C)

θ = temperatura no condutor (°C)

T_1 = resistência térmica da isolação, incluindo semicondutoras (K · m/W)

T_2 = resistência térmica da capa de separação (K · m/W)

T_3 = resistência térmica da cobertura (K · m/W)

T_4 = resistência térmica externa do cabo (K · m/W)

λ_1 = relação entre as perdas na blindagem e as perdas no condutor

λ_2 = relação entre as perdas na armação e as perdas no condutor

Tratando esse circuito com as leis dos circuitos elétricos, chega-se a uma equação que relaciona a corrente aos demais parâmetros:

$$\Delta\theta = R \cdot I^2 \cdot T_1 + R \cdot I^2 \cdot \left(1+\lambda_1\right) \cdot T_2 + R \cdot I^2 \cdot \left(1+\lambda_1+\lambda_2\right) \cdot \left(T_3+T_4\right) \tag{12.1}$$

sendo:

$$\Delta\theta = \theta - \theta_a \tag{12.2}$$

Fixando a temperatura no condutor como a temperatura de operação máxima, dada pelo material da isolação, usa-se esse dado para determinar qual a máxima corrente elétrica que pode circular por esse cabo, colocando a expressão em função dessa corrente:

$$I = \sqrt{\frac{\Delta\theta}{R \cdot T_1 + R \cdot (1+\lambda_1) \cdot T_2 + R \cdot (1+\lambda_1+\lambda_2) \cdot (T_3+T_4)}} \tag{12.3}$$

(essa expressão para a corrente é válida somente para o cabo das Figuras 12.1 e 12.2).

O valor da corrente assim determinado é também conhecido como "capacidade de condução de corrente a 100 % de fator de carga", pois é o valor que, percorrendo continuamente o condutor, leva sua temperatura à máxima permitida. Valores maiores de corrente podem ser obtidos quando o fator de carga é menor que 100 %, para certos ciclos de carga (ver Capítulo 13).

Para a determinação da capacidade de condução de corrente é necessário, então, desenvolver uma forma de determinação de cada um dos parâmetros da expressão anterior. A seguir serão apresentadas as expressões mais comuns para cada um desses termos, conforme descrito na série de normas IEC 60287, deixando de lado cabos mais exóticos e outros que praticamente não são mais fabricados, como cabos com condutores setoriais ou cabos a óleo fluido ou em papel impregnado. Com isso, espera-se que o entendimento deste texto seja mais fácil e forneça conhecimento suficiente para a compreensão de outros detalhes de cálculo conforme as normas IEC; assim, com o objetivo de tornar este texto mais fluido, muitos casos previstos nas normas da série IEC 60287 ou na ABNT NBR 11301 não foram citados. Ao final, logo após a apresentação simplificada da metodologia, vários exemplos de cálculo são fornecidos, sendo essa considerada a forma mais direta de informação de detalhes do dimensionamento.

Infelizmente, não existe metodologia para todas as instalações possíveis. Embora a série de normas IEC 60287 apresente formas de dimensionamento de circuitos bastante específicos, tais como cabos instalados em túneis ventilados (IEC 60287-2-3 [7]), não existe metodologia para casos muito comuns, como dezenas de cabos encostados uns aos outros em bandejas horizontais ou verticais. Para esses casos, em geral buscam-se artigos técnicos que tratem do assunto ou uma metodologia própria deve ser desenvolvida.

De uma forma geral, a série de normas IEC 60287 desenvolveu uma metodologia para somente um circuito ao ar livre (quando há uma separação razoável entre os circuitos, a influência térmica de um no outro torna-se desprezível) e metodologias para um ou mais circuitos enterrados, sejam eles diretamente enterrados, em dutos enterrados ou em banco de dutos enterrado; entretanto, em se tratando de vários circuitos enterrados, só trata especificamente daqueles que estão separados entre si. Mesmo havendo essas metodologias para o dimensionamento de mais que um circuito, em geral os circuitos devem ser formados pelos mesmos cabos percorridos pela mesma corrente (caso contrário, pode-se utilizar a IEC 60287-3-3 [8]).

A quase totalidade das resistências térmicas e perdas calculadas depende das características dos cabos, exceto a resistência térmica externa T_4, que depende fundamentalmente da instalação. Assim, pode-se calcular todos os parâmetros para um determinado cabo, menos o valor de T_4, definindo-se este último, e a respectiva capacidade de condução de corrente, para vários tipos de instalação. Também dependente da instalação, mais especificamente da distância e disposição dos cabos, são as perdas na blindagem de cabos de média e alta tensão e a resistência elétrica do condutor.

Nota: este texto não é uma "cópia" da metodologia completa, dada principalmente pelas normas IEC da série 60287, que devem ser consultadas. O objetivo é somente esclarecer pontos dos dimensionamentos mais comuns, uma vez que normas técnicas não têm função didática.

A prática mais comum para o dimensionamento da seção do condutor por capacidade de condução de corrente não é o cálculo realizado conforme este capítulo, mas a utilização de tabelas que trazem os valores máximos de corrente para cada seção sob condições definidas e que são alterados por fatores que são aplicados a esses valores para outras condições de instalação, fatores esses dados em outras tabelas. Todos esses dados são comumente consultados em catálogos de fabricantes de cabos, que na verdade reproduzem tabelas das normas técnicas (no Brasil, as tabelas da norma ABNT NBR 5410 [3] para instalações de baixa tensão ou da norma ABNT NBR 14039 [4] para instalações de média tensão); deve ser notado, entretanto, que essas normas citam, em vários locais, a possibilidade do cálculo conforme descrito neste capítulo. Existem ainda inúmeras outras normas técnicas que trazem valores tabelados, tais como a norma francesa NF C 13-200 [9] e o Anexo B da IEC 60502-2 [6] (média tensão) ou a IEC 60364-5-52 [5] (baixa tensão).

Em geral, os valores de cada norma são definidos para condições diferentes de instalação, mas, mesmo quando colocados nas mesmas bases, não coincidem. Isso porque, para que seja possível tabelar esses valores, foi preciso calculá-los e fazer aproximações, para reunir várias características em uma mesma tabela. E, claro, quando não havia como definir matematicamente algum fator, um fator prático foi adotado em alguns casos (como na norma francesa).

A utilização dos valores das tabelas é uma forma rápida e fácil de dimensionar a seção do condutor a ser utilizada e não traz grandes diferenças de um valor calculado para as mesmas condições dadas nas tabelas, mas é preciso respeitar totalmente os limites dados. Por exemplo, se existe um valor tabelado para um cabo em um banco de dutos de determinadas dimensões, o valor tabelado não é válido se for utilizado um banco com outras dimensões, devendo ser calculado o valor da corrente por seção do condutor do cabo. Mesmo para os casos mais comuns, a utilização de tabelas em geral resulta em valores maiores que aqueles calculados.

Enfim, o uso das tabelas das normas de instalações elétricas, que deveria ser encarado somente como uma agilização no dimensionamento de instalações mais simples e comuns, tornou-se sinônimo de dimensionamento de condutores, a ponto de fazer com que, atualmente, pouquíssimas pessoas saibam como calcular os valores tabelados.

12.2 RESISTÊNCIA ELÉTRICA EM CORRENTE ALTERNADA

Quando as normas técnicas especificam o valor máximo da resistência elétrica em corrente contínua a 20 °C, este deve ser o valor de partida. Caso não exista especificação para esse valor, deve-se calculá-lo conforme o Capítulo 2.

Como o condutor trabalhará, provavelmente, em uma temperatura diferente de 20 °C, calcula-se a resistência elétrica em corrente contínua na temperatura de operação, conforme o Capítulo 2, seguida pelo cálculo da resistência em corrente alternada, conforme esse mesmo capítulo.

12.3 PERDAS DIELÉTRICAS

As perdas dielétricas somente são aplicáveis a circuitos em corrente alternada e, como dependem da tensão, somente são significativas a partir de 63,5/110 kV em cabos isolados com EPR ou XLPE. Seu cálculo pode ser feito por:

$$W_d = 2 \cdot \pi \cdot f \cdot C \cdot U_0^2 \cdot tg\delta \tag{12.4}$$

W_d = perdas dielétricas (W/m)

f = frequência (Hz)

C = capacitância (F/m)

U_o = tensão fase-terra (V)

$tg\delta$ = fator de perdas no dielétrico na temperatura máxima de operação

- Isolação de XLPE com carga ou qualquer EPR: $tg\delta$ = 0,005

- Isolação de XLPE sem carga: $tg\delta$ = 0,001

$$C = \frac{\varepsilon}{18 \cdot ln \dfrac{D_i}{d_c}} \cdot 10^{-9} \tag{12.5}$$

ε = constante dielétrica relativa da isolação

- Isolação de XLPE com carga ou qualquer EPR: ε = 3,0

- Isolação de XLPE sem carga: ε = 2,5

D_i = diâmetro sobre a isolação (mm)

d_c = diâmetro abaixo da isolação (mm)

Nota: o XLPE pode ter cargas minerais ou inorgânicas para melhorar suas características mecânicas; são materiais tais como carbonita de cálcio, silicato de magnésio hidratado ("talco") e outros.

Se a tensão do cabo da Figura 12.1 for maior que ou igual a 63,5/110 kV, considerando as perdas dielétricas, o circuito térmico seria:

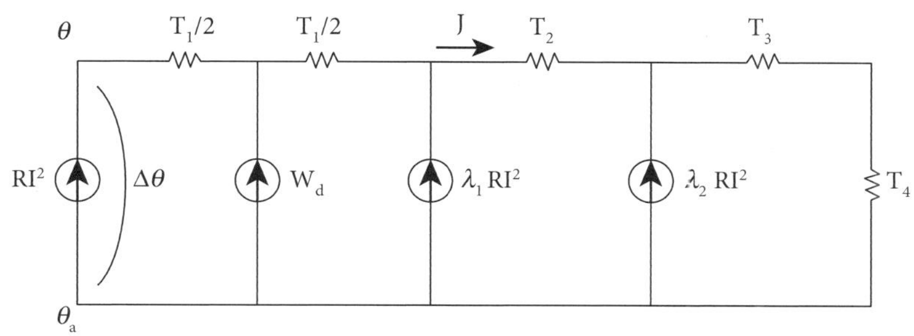

Figura 12.3 – Exemplo de circuito térmico.

(divide-se a resistência térmica T_1 para fazer uma média, já que a perda dielétrica ocorre desigualmente ao longo da espessura do dielétrico, com a tensão U_o junto ao condutor e tensão nula junto à blindagem),

o que resultaria em:

$$\Delta\theta = R \cdot I^2 \cdot \left[T_1 + (1+\lambda_1)\cdot T_2 + (1+\lambda_1+\lambda_2)\cdot(T_3+T_4)\right] + W_d \cdot (0,5\cdot T_1 + T_2 + T_3 + T_4) \tag{12.6}$$

e a expressão para a capacidade de condução de corrente fica:

$$I = \sqrt{\frac{\Delta\theta - W_d \cdot (0,5\cdot T_1 + T_2 + T_3 + T_4)}{R\cdot T_1 + R\cdot(1+\lambda_1)\cdot T_2 + R\cdot(1+\lambda_1+\lambda_2)\cdot(T_3+T_4)}} \tag{12.7}$$

12.4 RESISTÊNCIA TÉRMICA DA ISOLAÇÃO (T_1)

A resistência térmica da isolação de cabos com condutores de seção circular e isolação extrudada é dada por:

$$T_1 = \frac{\rho_1}{2\cdot\pi}\cdot ln\left(1+\frac{2\cdot t_1}{d_c}\right) \tag{12.8}$$

T_1 = resistência térmica da isolação (K · m/W)

ρ_1 = resistividade térmica do material da isolação (K · m/W)

t_1 = espessura da isolação (mm)

d_c = diâmetro abaixo da isolação (mm)

Nota: a demonstração dessa expressão é feita no Apêndice C.

Caso se trate de cabo de média ou alta tensão, com blindagens semicondutoras do condutor e da isolação, as espessuras dessas camadas semicondutoras devem ser somadas à espessura da isolação para compor o valor de t_1.

As resistividades térmicas normatizadas para os materiais de isolação mais comuns são dadas na tabela seguinte.

Tabela 12.1 – Resistividade térmica dos materiais de isolação

Material	ρ_1 K · m/W
Polietileno	3,5
Polipropileno	5,5
PVC	5,0
XLPE (qualquer tensão)	3,5
EPR (baixa tensão)	3,5
EPR (média e alta tensão)	5,0

Nota: (12.8) é a expressão para a resistência térmica de um cilindro e considera que todos os pontos na superfície da isolação estão na mesma temperatura, ou seja, que aí exista uma isoterma. Isso não ocorre em certos casos, por exemplo, em um cabo tripolar de baixa tensão: os pontos de contato entre as veias devem estar a uma temperatura diferente dos demais pontos; entretanto, esse efeito é quase sempre desprezado.

12.5 RESISTÊNCIA TÉRMICA DAS CAPAS E COBERTURA (T_2, T_3)

$$T_2 = \frac{\rho_2}{2 \cdot \pi} \cdot ln\left(1 + \frac{2 \cdot t_2}{d_2}\right) \tag{12.9}$$

$$T_3 = \frac{\rho_3}{2 \cdot \pi} \cdot ln\left(1 + \frac{2 \cdot t_3}{d_3}\right) \tag{12.10}$$

T_2, T_3 = resistência térmica do material da capa e cobertura, respectivamente (K · m/W)

ρ_2, ρ_3 = resistividade térmica do material da capa e cobertura, respectivamente (K · m/W)

t_2, t_3 = espessura da capa e cobertura, respectivamente (mm)

d_2, d_3 = diâmetro sob a capa e cobertura, respectivamente (mm)

Notas:

1) A cobertura é a camada extrudada externa ao cabo e chamamos de capa qualquer outra camada interna; essas camadas internas, extrudadas, recebem vários nomes, tais como capa interna, capa de separação, enchimento ou acolchoamento.
2) A IEC 60287-2-1 traz expressões diferentes para esse cálculo para cabos particulares, por exemplo, cabos tripolares blindados com fita de cobre.
3) A demonstração dessas expressões é feita no Apêndice C.

As resistividades térmicas normatizadas para os materiais de capa e cobertura mais comuns são dadas na tabela seguinte.

Tabela 12.2 – Resistividade térmica dos materiais de capa e cobertura

Material	ρ_2, ρ_3 K · m/W
PVC (cabos até 35 kV)	5,0
PVC (cabos acima de 35 kV)	6,0
Polietileno e SHF 1 (adotado)	3,5

Nota: quando usado o PVC como material de cobertura de cabos de alta tensão (o que é raro), acima de 35 kV, e de cabos de média tensão, até 35 kV, o material é, em geral, o mesmo, não havendo motivo para a utilização de diferentes resistividades térmicas. A IEC, entretanto, optou por adotar as mesmas resistividades térmicas do PVC para média e alta tensão que seriam utilizados como isolação, o que atualmente não é mais permitido, mas as resistividades diferentes foram mantidas para a cobertura. Isso praticamente não traz diferenças para o valor final calculado da capacidade de condução de corrente do condutor.

12.6 PERDAS NAS PROTEÇÕES METÁLICAS

As proteções metálicas são a blindagem, armação ou capa metálica. A blindagem metálica existe em praticamente todos os cabos de média tensão (acima de 3,6/6 kV). Armações e capas metálicas são mais raras e não serão tratadas neste texto.

A blindagem metálica é constituída comumente por:

- espiral de fios de cobre;
- trança de fios de cobre;
- fita de cobre.

A construção atual mais comum de cabos de média tensão é aquela com a blindagem aplicada em cada condutor isolado, sejam cabos unipolares ou tripolares. As perdas na blindagem são representadas por λ_1.

A blindagem deve ser aterrada em dois ou mais pontos ou ser aterrada em somente um ponto. Quando o aterramento for em um único ponto, a tensão induzida na blindagem pela corrente no condutor somente poderá criar correntes parasitas na blindagem e, no caso de aterramento em dois ou mais pontos, surgem correntes circulantes, muito maiores que as parasitas, e essas últimas são então desconsideradas. De forma geral:

$$\lambda_1 = \lambda'_1 + \lambda''_1 \qquad (12.11)$$

sendo λ'_1 o fator referente às correntes circulantes e λ''_1 o fator referente às correntes parasitas.

A IEC 60287-1-1 [10] traz várias configurações para a blindagem, existindo aquelas usadas na quase totalidade dos casos e outras bastante particulares.

A metodologia de cálculo descrita a seguir é a aplicável à configuração com a blindagem aterrada em ao menos dois pontos e nas configurações de dois cabos, três cabos em trifólio ou três cabos em formação diferente do trifólio, mas com transposição (nesse caso, os cabos devem ter transposição regular e as blindagens aterradas a cada três transposições). Para outras configurações, a IEC 60287-1-1 deve ser consultada.

Considera-se somente as correntes circulantes; as correntes parasitas são desprezíveis:

$$\lambda_1 = \lambda_1^{'} = \frac{R_S}{R} \cdot \frac{1}{1 + \left(\frac{R_S}{X}\right)^2} \tag{12.12}$$

R_S = resistência elétrica da blindagem na sua temperatura de operação (Ω/m)

R = resistência elétrica do condutor na sua temperatura máxima de operação e em corrente alternada (Ω/m)

X = reatância indutiva entre condutor e blindagem (Ω/m), sendo:

$$X = 2 \cdot \omega \cdot 10^{-7} \cdot ln \frac{2 \cdot GMD}{d_S} \tag{12.13}$$

GMD = distância média geométrica entre os eixos dos condutores (mm)

d_S = diâmetro médio da blindagem (mm)

Nota: d_S deveria ser o diâmetro interno da blindagem, conforme demonstrado no Capítulo 7, mas a IEC adotou o diâmetro médio da blindagem; isso praticamente não influencia o resultado.

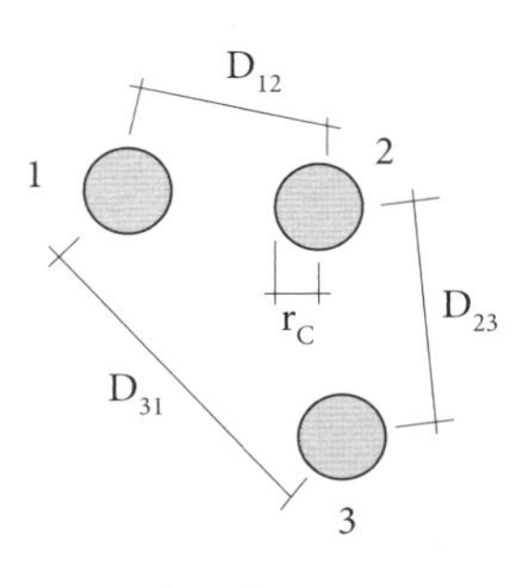

Figura 12.4 – Três condutores em disposição aleatória.

$$GMD = \sqrt[3]{D_{12} \cdot D_{23} \cdot D_{31}} \tag{12.14}$$

Assim:

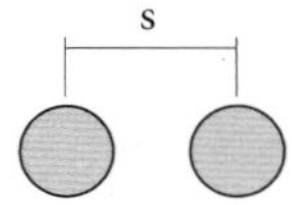

$$GMD = s$$

Figura 12.5 – *GMD* entre dois condutores.

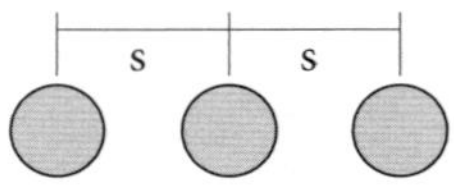

$$GMD = \sqrt[3]{s \cdot s \cdot 2 \cdot s} = s \cdot \sqrt[3]{2}$$

Figura 12.6 – *GMD* entre três condutores no plano.

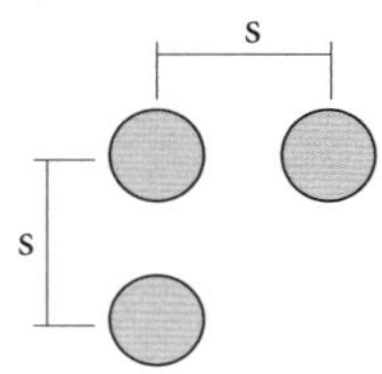

$$GMD = \sqrt[3]{s \cdot s \cdot s \cdot \sqrt{2}} = s \cdot \sqrt[6]{2}$$

Figura 12. 7 – *GMD* entre três condutores em trifólio aberto.

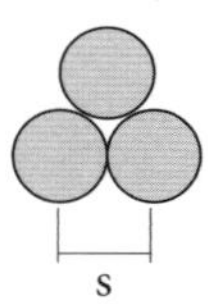

$$GMD = \sqrt[3]{s \cdot s \cdot s} = s$$

Figura 12. 8 – *GMD* entre três condutores em trifólio.

Essa última forma de cálculo aplica-se a três cabos unipolares ou a cabos tripolares, cada um com sua própria blindagem.

Nota: o campo magnético produzido pela corrente elétrica no condutor induz uma tensão elétrica na blindagem. O valor dessa tensão é definido pelo produto entre a corrente elétrica no condutor e a reatância indutiva criada pela indutância entre o condutor e a blindagem, conforme já visto no Capítulo 5:

$$V_s = X \cdot I \tag{5.5}$$

I = corrente elétrica no condutor (A)

X = reatância indutiva entre condutor e blindagem (Ω/m)

V_S = tensão induzida na blindagem (V/m)

As perdas Joule no condutor são dadas por $R \cdot I^2$ e na blindagem por $R_S \cdot I_S^2$, onde:

R = resistência elétrica do condutor em corrente alternada, na temperatura de operação do condutor (Ω/m)

I = corrente elétrica no condutor (A)

R_S = resistência elétrica da blindagem, na temperatura de operação da blindagem (Ω/m)

I_S = corrente elétrica na blindagem (A)

(a corrente elétrica na blindagem tem o mesmo valor em corrente contínua ou alternada).

A relação entre as perdas na blindagem e as perdas no condutor é chamada de fator de perdas (λ_1):

$$\lambda_1 = \frac{R_s \cdot I_s^2}{R \cdot I^2}$$

O módulo da impedância da blindagem é:

$$Z_S = \sqrt{R_S^2 + X^2}$$

Portanto, a corrente circulante entre dois pontos de aterramento da blindagem será:

$$I_S = \frac{V_S}{Z_S} = \frac{X \cdot I}{\sqrt{R_S^2 + X^2}}$$

Portanto,

$$\frac{I_S^2}{I^2} = \frac{X^2}{R_S^2 + X^2}$$

Então:

$$\lambda_1 = \frac{R_s \cdot I_s^2}{R \cdot I^2} = \frac{R_s}{R} \cdot \frac{X^2}{R_S^2 + X^2} = \frac{R_s}{R} \cdot \frac{1}{\frac{R_S^2 + X^2}{X^2}} = \frac{R_s}{R} \cdot \frac{1}{1 + \left(\frac{R_S}{X}\right)^2}$$

que é a Equação (12.12).

12.7 RESISTÊNCIA TÉRMICA EXTERNA (T_4)

No estado de equilíbrio térmico, existe uma região próxima à superfície do cabo ou do eletroduto onde a temperatura é maior que a temperatura ambiente. Logicamente, essa região é diferente em situações distintas, tais como cabos ao ar livre protegidos do sol, cabos ao ar livre expostos ao sol, cabos em eletrodutos enterrados etc. A resistência térmica externa T_4 é a resistência térmica dessa região e depende, para um mesmo cabo ou eletroduto, do tipo da instalação.

Os tipos de instalação dividem-se em instalações ao ar livre e instalações enterradas, existindo ainda um tipo misto, as instalações em canaletas enterradas. Os cabos podem estar ao ar livre expostos ao sol ou protegidos da radiação solar e podem estar inseridos em dutos e esses ao ar livre. Os cabos podem ser diretamente enterrados, colocados em eletrodutos e esses enterrados ou os eletrodutos podem ser envolvidos em concreto e enterrados (banco de dutos).

12.7.1 CABOS EM ELETRODUTOS

Um cabo de dois condutores ou um cabo tripolar só poderá ser instalado em um único eletroduto. Circuitos formados por cabos unipolares podem ser instalados em um único eletroduto, com os dois ou três cabos contidos nele, ou cada cabo pode ser instalado em um eletroduto. Nesse último caso, os eletrodutos podem ser instalados em contato um com o outro ou espaçados, via de regra, na horizontal.

O cálculo da resistência térmica externa em instalações em eletrodutos é dividido em três parcelas:

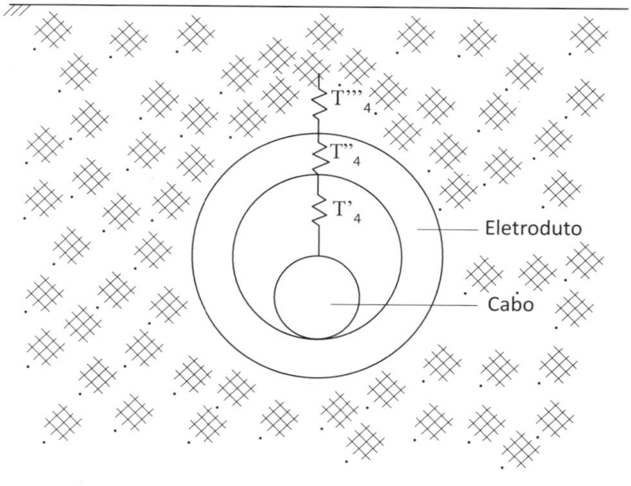

Figura 12.9 – Resistências térmicas externas de um cabo em um eletroduto.

T'_4 = resistência térmica entre o cabo e a parede interna do eletroduto;

T''_4 = resistência térmica do eletroduto;

T'''_4 = resistência térmica externa ao eletroduto.

de forma que:

$$T_4 = T'_4 + T''_4 + T'''_4 \quad (12.15)$$

12.7.1.1 Definição do eletroduto

Conforme a norma ABNT NBR 5410 [3], as taxas máximas de ocupação de eletrodutos por cabos de baixa tensão são:

> 53 % no caso de um cabo;

> 31 % no caso de dois cabos;

> 40 % no caso de três ou mais cabos.

Nota: a ABNT NBR 5410:2004 [3] cita "condutores" onde deveria citar "cabos", como escrito acima.

Conforme a norma ABNT NBR 14039 [4], as taxas máximas de ocupação de eletrodutos por cabos de média tensão são:

> 40 % no caso de um cabo;

> 30 % no caso de dois ou mais cabos.

Chamando t = 0,53; 0,40; 0,31; 0,30 para taxas de ocupação de 53 %, 40 %, 31 % e 30 %, respectivamente, o diâmetro interno mínimo do eletroduto deve ser:

$$\varnothing = D_e \cdot \sqrt{\frac{n}{t}} \quad (12.16)$$

onde n é o número de cabos por eletroduto e D_e é o diâmetro externo desses cabos.

Alguns dutos existentes são:

Tabela 12.3 – Dimensões de dutos

Dutos de PVC					Dutos de polietileno	
Diâmetro	Diâmetro	Espessura	Diâm. int.		Diâm. ext.	Diâm. int.
polegadas	mm	mm	mm		mm	mm
1/2"	12,7	1,8	9,1		110	95,2
3/4"	19,1	2,3	14,5		126	107,5
1"	25,4	2,7	20		141	121
1.1/4"	31,75	2,9	25,95		161	135,5
1.1/2"	38,1	3,0	32,1			
2"	50,8	3,1	44,6			
2.1/2"	63,5	3,8	55,9			
3"	76,2	4,0	68,2			
4"	101,6	5,0	91,6			

12.7.1.2 Cálculo de T'_4

$$T'_4 = \frac{U}{1 + 0{,}1 \cdot \left(V + Y \cdot \theta_m\right) \cdot D_f} \tag{12.17}$$

θ_m = temperatura média dentro do eletroduto (°C)

D_f = diâmetro equivalente do cabo ou grupo de cabos no eletroduto (mm)

1 cabo no eletroduto: $D_f = D_e$

2 cabos no eletroduto: $D_f = 1{,}65 \cdot D_e$

3 cabos no eletroduto: $D_f = 2{,}15 \cdot D_e$

4 cabos no eletroduto: $D_f = 2{,}50 \cdot D_e$

D_e = diâmetro externo do cabo (mm)

Nota: a expressão para o cálculo de T_4' é uma simplificação feita originalmente por Neher--McGrath [1] e, assim como nesse artigo, a IEC 60287-2-1 [11] estabelece que o cálculo é válido para cabos com diâmetro externo de 25 mm a 100 mm (na verdade, no artigo original de Neher-McGrath, seria válido para cabos com diâmetro externo nessa faixa caso fossem cabos tripolares, usando o diâmetro equivalente para cabos unipolares; por exemplo, 2,15 x diâmetro para 3 cabos unipolares). Entretanto, como não há alternativa normatizada para o cálculo de T_4' para diâmetros fora da faixa dada, utiliza-se a mesma expressão para todos os casos (pelo artigo original, 2,15 x 11,6 = 25 mm, ou seja, a expressão seria válida para 3 cabos unipolares com diâmetro de, pelo menos, 11,6 mm). Pela documentação do Cableizer (software) na internet, conclui-se que faz o mesmo.

A temperatura média no eletroduto é calculada como a média entre a temperatura na superfície do(s) cabo(s) e a superfície interna do eletroduto. Como essas temperaturas não são conhecidas no princípio, adota-se uma temperatura (por exemplo, 20 °C menor que a temperatura do condutor, ou outra) e calcula-se T'_4, T_4 e a capacidade de condução de corrente *I*. Utilizando-se o circuito térmico do cabo, calcula-se nova temperatura média no eletroduto e refazem-se as determinações de T'_4, T_4 e da capacidade de condução de corrente *I*. Após algumas iterações, a temperatura média no eletroduto converge para um único valor.

Os fatores *U, V* e *Y* da Equação (12.17) são dados na tabela seguinte.

Tabela 12.4 – Fatores *U, V, Y*

Material	*U*	*V*	*Y*
Duto metálico	5,2	1,4	0,011
Duto de fibra no ar	5,2	0,83	0,006
Duto de fibra no concreto	5,2	0,91	0,010
Duto plástico	1,87	0,312	0,0037
Duto cerâmico	1,87	0,28	0,0036
Duto com água	0,1	0,03	0,001

Fonte: IEC 60287-2-1 [11] e ABNT NBR 11301 [2].

12.7.1.3 Cálculo de T''_4

$$T''_4 = \frac{\rho_d}{2 \cdot \pi} \cdot \ln \frac{D_o}{D_d} \tag{12.18}$$

ρ_d = resistividade térmica do eletroduto (K · m/W), conforme a Tabela 12.5

D_o = diâmetro externo do duto (mm)

D_d = diâmetro interno do duto (mm)

Tabela 12.5 – Resistividade térmica dos materiais para dutos

Materiais para dutos	Resistividade térmica (K · m/W)
Metal	~0,0
Concreto	1,0
Fibra	4,8
Cerâmica	1,2
PVC	6,0
Polietileno	3,5

Fonte: IEC 60287-2-1 [11] e ABNT NBR 11301 [2].

12.7.1.4 Cálculo de T'''_4

O cálculo dessa última resistência térmica externa do eletroduto é feito da mesma forma que para um cabo, já que ambos são um cilindro que emitem calor. Esse cálculo varia conforme a instalação e é descrito nas próximas seções.

12.7.1.5 Capacidade de corrente

Para o desenvolvimento desta seção, serão considerados cabos de média tensão, por terem elementos adicionais aos de baixa tensão. Assim, serão tomados três cabos unipolares de média tensão (formados por condutor, blindagem semicondutora, isolação, blindagem semicondutora, blindagem metálica e cobertura) e um cabo tripolar também de média tensão (formado por condutor, blindagem semicondutora, isolação, blindagem semicondutora, blindagem metálica, reunião de três condutores blindados e cobertura).

Considerem-se as três situações possíveis:

1) Um cabo tripolar instalado em um eletroduto

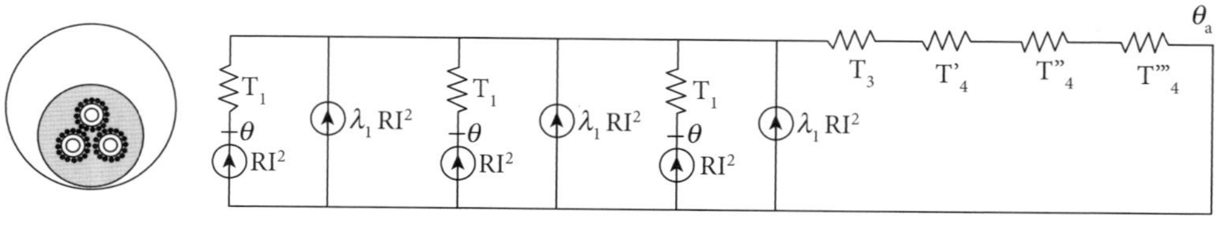

Figura 12.10 – Cabo tripolar em eletroduto e seu circuito térmico.

Equacionando o circuito térmico:

$$\theta-\theta_a=R\cdot I^2\cdot T_1+3\cdot R\cdot I^2\cdot(1+\lambda_1)\cdot T_3+3\cdot R\cdot I^2\cdot(1+\lambda_1)\cdot(T'_4+T''_4+T'''_4)$$

ou, considerando que o número de condutores no cabo é $n = 3$ e o número de condutores no eletroduto é $n_{cc} = 3$:

$$\theta-\theta_a=R\cdot I^2\cdot T_1+n\cdot R\cdot I^2\cdot(1+\lambda_1)\cdot T_3+n_{cc}\cdot R\cdot I^2\cdot(1+\lambda_1)\cdot(T'_4+T''_4+T'''_4)$$

o que resulta na expressão para a capacidade de condução de corrente:

$$I=\sqrt{\frac{\theta-\theta_a}{R\cdot T_1+n\cdot R\cdot(1+\lambda_1)\cdot T_3+n_{cc}\cdot R\cdot(1+\lambda_1)\cdot(T'_4+T''_4+T'''_4)}}$$

2) Três cabos unipolares instalados em um eletroduto

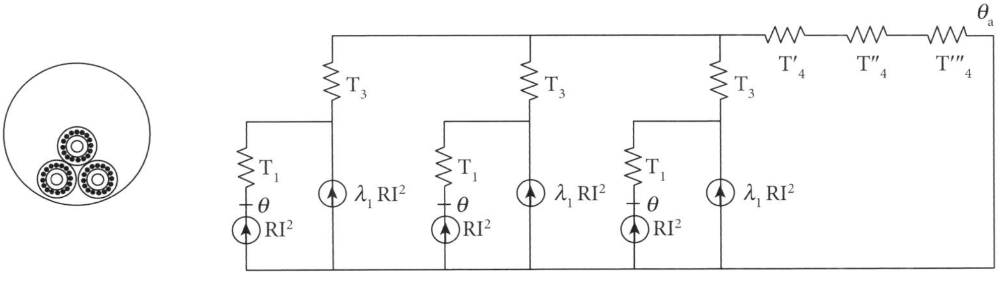

Figura 12.11 – Três cabos unipolares em eletroduto e seu circuito térmico.

Equacionando o circuito térmico:

$$\theta-\theta_a=R\cdot I^2\cdot T_1+1\cdot R\cdot I^2\cdot(1+\lambda_1)\cdot T_3+3\cdot R\cdot I^2\cdot(1+\lambda_1)\cdot(T'_4+T''_4+T'''_4)$$

ou, considerando que o número de condutores no cabo é $n = 1$ e o número de condutores no eletroduto é $n_{cc} = 3$:

$$\theta-\theta_a=R\cdot I^2\cdot T_1+n\cdot R\cdot I^2\cdot(1+\lambda_1)\cdot T_3+n_{cc}\cdot R\cdot I^2\cdot(1+\lambda_1)\cdot(T'_4+T''_4+T'''_4)$$

o que resulta na expressão para a capacidade de condução de corrente:

$$I = \sqrt{\frac{\theta - \theta_a}{R \cdot T_1 + n \cdot R \cdot (1+\lambda_1) \cdot T_3 + n_{cc} \cdot R \cdot (1+\lambda_1) \cdot (T'_4 + T''_4 + T'''_4)}}$$

idêntica à anterior.

3) Três cabos unipolares instalados em três eletrodutos distintos

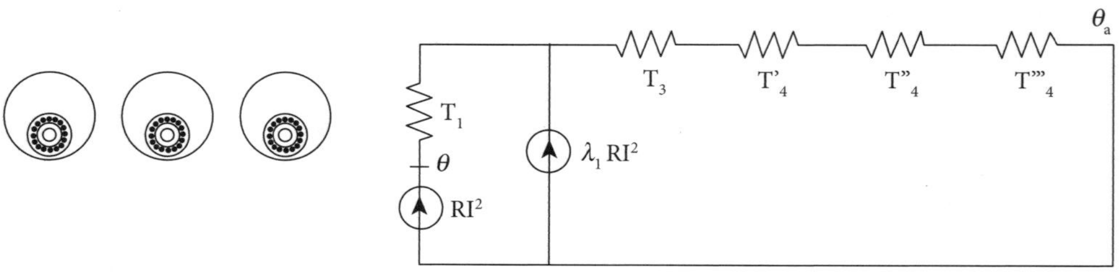

Figura 12.12 – Um cabo unipolar em eletroduto e seu circuito térmico.

Equacionando o circuito térmico:

$$\theta - \theta_a = R \cdot I^2 \cdot T_1 + 1 \cdot R \cdot I^2 \cdot (1+\lambda_1) \cdot T_3 + 1 \cdot R \cdot I^2 \cdot (1+\lambda_1) \cdot (T'_4 + T''_4 + T'''_4)$$

ou, considerando que o número de condutores no cabo é $n = 1$ e o número de condutores no eletroduto é $n_{cc} = 1$:

$$\theta - \theta_a = R \cdot I^2 \cdot T_1 + n \cdot R \cdot I^2 \cdot (1+\lambda_1) \cdot T_3 + n_{cc} \cdot R \cdot I^2 \cdot (1+\lambda_1) \cdot (T'_4 + T''_4 + T'''_4)$$

o que resulta na expressão para a capacidade de condução de corrente:

$$I = \sqrt{\frac{\theta - \theta_a}{R \cdot T_1 + n \cdot R \cdot (1+\lambda_1) \cdot T_3 + n_{cc} \cdot R \cdot (1+\lambda_1) \cdot (T'_4 + T''_4 + T'''_4)}}$$

que é a mesma expressão obtida para os casos anteriores.

Um cabo de dois condutores ou circuitos com dois condutores unipolares levaria ao mesmo resultado, de forma que se pode generalizar que a capacidade de corrente de cabos em dutos pode ser expressa por:

$$I = \sqrt{\frac{\theta - \theta_a}{R \cdot T_1 + n \cdot R \cdot (1+\lambda_1) \cdot T_3 + n_{cc} \cdot R \cdot (1+\lambda_1) \cdot (T'_4 + T''_4 + T'''_4)}} \quad (12.19)$$

T_1 = resistência térmica da isolação (K · m/W)

T_3 = resistência térmica da cobertura (K · m/W)

T_4' = resistência térmica entre o cabo e o duto (K · m/W)

T_4'' = resistência térmica do eletroduto (K · m/W)

T_4''' = resistência térmica externa do duto (K · m/W)

λ_1 = fator de perdas na blindagem

R = resistência elétrica do condutor, em corrente alternada e na temperatura de operação permanente (Ω/m)

I = capacidade de condução de corrente (A)

θ = temperatura do condutor (°C)

θ_a = temperatura ambiente (°C)

12.7.2 INSTALAÇÃO AO AR LIVRE

Inicialmente, calcula-se o coeficiente h:

Para cabos:

$$h = \frac{Z}{(D_e^*)^g} + E \quad (12.20)$$

Para eletrodutos:

$$h = \frac{Z}{(D_o^*)^g} + E \quad (12.21)$$

h = coeficiente de dissipação térmica ($W/m^2.K^{5/4}$)

D_e^* = diâmetro externo do cabo, em metros (m)

D_o^* = diâmetro externo do eletroduto, em metros (m)

Z, E, g = constantes da Tabela 12.6

Tabela 12.6 – Valores das constantes *Z, E, g*

Instalação	*Z*	*E*	*g*	Modo
Instalação com convecção livre (sobre isoladores, bandeja tipo escada etc.), *De ou *Do** < 0,15 m**				
Cabo ou eletroduto único[a]	0,21	3,94	0,60	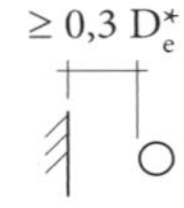
Dois cabos ou eletrodutos em contato, na horizontal	0,29	2,35	0,50	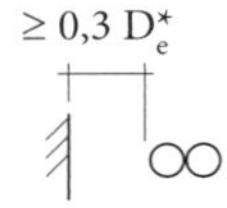
Três cabos ou eletrodutos em trifólio	0,96	1,25	0,20	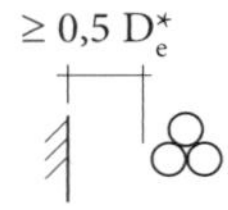
Três cabos ou eletrodutos em contato, na horizontal	0,62	1,95	0,25	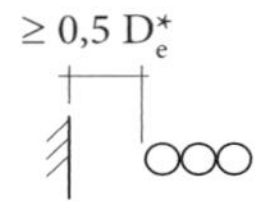
Dois cabos ou eletrodutos em contato, na vertical	1,42	0,86	0,25	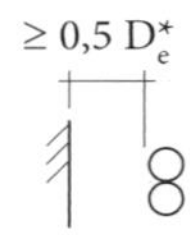
Dois cabos ou eletrodutos espaçados de D_e^* ou D_o^*, na vertical	0,75	2,80	0,30	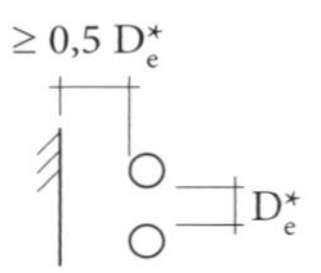
Três cabos ou eletrodutos em contato, na vertical	1,61	0,42	0,20	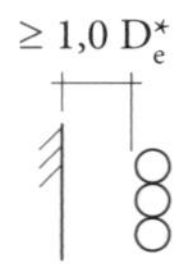
Três cabos ou eletrodutos espaçados de D_e^* ou D_o^*, na vertical	1,31	2,00	0,20	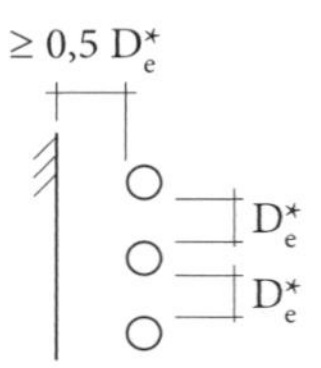

(*continua*)

Tabela 12.6 – Valores das constantes *Z, E, g* (*continuação*)

Instalação	*Z*	*E*	*g*	Modo
Instalação com convecção livre (sobre isoladores, bandeja tipo escada etc.), *De ou *Do** < 0,15 m**				
Cabos ou eletrodutos instalados encostados em paredes, *De ou *Do** menor que 0,08 m**				
Cabo ou eletroduto único	1,69	0,63	0,25	
Cabos ou eletroduto em trifólio	0,94	0,79	0,20	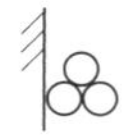

[a] Valores para um cabo ou eletroduto único aplicam-se também a cada cabo ou eletroduto de um grupo quando espaçados horizontalmente com uma distância entre cabos ou eletrodutos de, ao menos, 0,75 vez o diâmetro externo de cada cabo ou eletroduto.

Fonte: IEC 60287-2-1, ABNT NBR 11301.

Calcula-se o valor do coeficiente K_A:

Para cabos:

$$K_A = \frac{\pi \cdot D_e^* \cdot h}{1+\lambda_1} \cdot \left[\frac{T_1}{n} + (T_2 + T_3) \cdot (1+\lambda_1) \right] \tag{12.22}$$

Para eletrodutos:

$$K_A = \frac{\pi \cdot D_o^* \cdot h}{1+\lambda_1} \cdot \left[\frac{T_1}{n} + (T_3 + T_4' + T_4'') \cdot (1+\lambda_1) \right] \tag{12.23}$$

K_A = coeficiente

n = número de condutores do cabo (exemplos: três cabos unipolares em trifólio: $n = 1$; um cabo com três condutores blindados individualmente reunidos sob uma cobertura comum: $n = 3$)

Caso o cabo ou eletroduto esteja exposto ao sol em algum instante e em alguma parte de seu comprimento, calcula-se $\Delta\theta_{ds}$:

Para cabos:

$$\Delta\theta_{ds} = \frac{\sigma \cdot D_e^* \cdot H}{1+\lambda_1} \cdot \left[\frac{T_1}{n} + (T_2 + T_3) \cdot (1+\lambda_1) \right] \tag{12.24}$$

Para eletrodutos:

$$\Delta\theta_{ds} = \frac{\sigma \cdot D_o^* \cdot H}{1+\lambda_1} \cdot \left[\frac{T_1}{n} + \left(T_3 + T_4^{'} + T_4^{''}\right) \cdot \left(1+\lambda_1\right) \right] \tag{12.25}$$

σ = coeficiente de absorção solar (σ = 0,6 para o PVC, σ = 0,4 para o polietileno e σ = 0,8 para cobertura de policloroprene)

H = intensidade de radiação solar – em geral, adota-se H = 1000 W/m^2. Se não houver exposição ao sol, $H = 0$ e $\Delta\theta_{ds} = 0$.

Nota: conforme a IEC 60287-2-1:2015, para o cálculo de T_4''' considera-se o eletroduto como cabo; assim, substituindo-se D_e* por D_o* para o cálculo de K_A e $\Delta\theta_{ds}$:

$$K_A = \frac{\pi \cdot D_o^* \cdot h}{1+\lambda_1} \cdot \left[\frac{T_1}{n} + T_3 \cdot \left(1+\lambda_1\right) \right]$$

$$\Delta\theta_{ds} = \frac{\sigma \cdot D_o^* \cdot H}{1+\lambda_1} \cdot \left[\frac{T_1}{n} + T_3 \cdot \left(1+\lambda_1\right) \right]$$

porém, dessa forma não se consideram todas as resistências térmicas até esse ponto, faltando o T_4' e o T_4''.

Conforme a NBR 11301, para eletrodutos:

$$K_A = \frac{\pi \cdot D_o^* \cdot h}{1+\lambda_1} \cdot \left[\frac{T_1}{n} + \left(T_3 + T_4^{'} + T_4^{''}\right) \cdot \left(1+\lambda_1\right) \right]$$

$$\Delta\theta_{ds} = \frac{\sigma \cdot D_o^* \cdot H}{1+\lambda_1} \cdot \left[\frac{T_1}{n} + \left(T_3 + T_4^{'} + T_4^{''}\right) \cdot \left(1+\lambda_1\right) \right]$$

Porém, na NBR 11301, T_4' e T_4'' estão multiplicados por 3, o que não parece correto. Na NBR 11301, n é claramente o número de condutores no cabo (o número de condutores no eletroduto é dado por n_x nessa norma). Dada a omissão da IEC 60287-2-1:2015 sobre esse ponto, seguiu-se a NBR 11301, para que o cálculo tivesse respaldo em alguma norma técnica.

Calcula-se $\Delta\theta_d$, caso W_d não tenha sido desprezado:

$$\Delta\theta_d = W_d \cdot \left(\frac{1}{1+\lambda_1} - \frac{1}{2} \right) \cdot T_1 \tag{12.26}$$

Se W_d for considerado nulo, $\Delta\theta_d = 0$

Nota: como uma eventual armação não está sendo considerada, o fator de perdas na armação não aparece nessas expressões, onde seria somado a λ_1.

Calcula-se $(\Delta\theta_s)^{1/4}$:

$$\left(\Delta\theta_s\right)_{q+1}^{1/4} = \sqrt[4]{\frac{\Delta\theta + \Delta\theta_d + \Delta\theta_{ds}}{1 + K_A \cdot \left(\Delta\theta_s\right)_q^{1/4}}} \tag{12.27}$$

O cálculo de $(\Delta\theta_s)^{1/4}$ é iterativo. Inicia-se com $(\Delta\theta_s)^{1/4} = 2$ e itera-se até que a diferença entre o valor atual e o anterior seja menor que 0,001.

Finalmente, pode-se determinar T_4 para cabos:

$$T_4 = \frac{1}{\pi \cdot D_e^* \cdot h \cdot \left(\Delta\theta_s\right)^{1/4}} \tag{12.28}$$

ou, para eletrodutos:

$$T'''_4 = \frac{1}{\pi \cdot D_o^* \cdot h \cdot \left(\Delta\theta_s\right)^{1/4}} \tag{12.29}$$

Nessa instalação, quando o cabo estiver exposto ao sol, aumenta-se o valor da temperatura ambiente em razão da radiação solar, o que é feito por uma modificação na expressão da capacidade de corrente. Desprezando W_d e considerando cabo não armado diretamente exposto ao sol, e ao ar livre, a expressão para a capacidade de corrente é:

$$I = \sqrt{\frac{\Delta\theta - \sigma \cdot D_e^* \cdot H \cdot T_4}{R \cdot T_1 + n \cdot R \cdot \left(1 + \lambda_1\right) \cdot \left(T_3 + T_4\right)}} \tag{12.30}$$

e, para o mesmo cabo em eletroduto ao ar livre:

$$I = \sqrt{\frac{\Delta\theta - \sigma \cdot D_o^* \cdot H \cdot T_4}{R \cdot T_1 + n \cdot R \cdot \left(1 + \lambda_1\right) \cdot T_3 + n_{cc} \cdot R \cdot \left(1 + \lambda_1\right) \cdot \left(T'_4 + T''_4 + T'''_4\right)}} \tag{12.31}$$

sendo o acréscimo $\sigma \cdot D_e^* \cdot H \cdot T_4$ ou $\sigma \cdot D_o^* \cdot H \cdot T_4$ composto por:

σ = coeficiente de absorção da radiação solar da cobertura

σ = 0,6 para cobertura de PVC

σ = 0,4 para cobertura de polietileno

$\sigma = 0{,}8$ para cobertura de policloroprene

D_e^* = diâmetro externo do cabo, em metros

D_o^* = diâmetro externo do cabo, em metros

H = intensidade da radiação solar, em geral tomada como 1.000 W/m^2

n = número de condutores do cabo

n_{cc} = número de condutores por eletroduto

Nota: o numerador da raiz quadrada que define a capacidade de condução de corrente não pode ser menor que zero e, portanto, o produto $\sigma \cdot D_o^* \cdot H \cdot T_4$ tem que ser menor que a diferença entre a temperatura do condutor e a ambiente ($\Delta\theta$). Em alguns casos, esse produto resulta maior que a diferença de temperatura e não há capacidade de corrente. Entretanto, nos casos em que isso não ocorre, a capacidade de corrente na instalação exposta ao sol é tão menor que a protegida do sol - dependendo do material e dimensões do duto e do cabo - que não faz sentido utilizar-se cabos em eletrodutos expostos ao sol.

12.7.3 INSTALAÇÃO EM CANALETA NO PISO

Figura 12.13 – Instalação em canaleta no piso.

A capacidade de condução de corrente de cabos instalados em canaletas é calculada do mesmo modo que a capacidade de um cabo ao ar livre (conforme Seção 12.7.2), com a temperatura ambiente acrescida de $\Delta\theta_{tr}$, dado por:

$$\Delta\theta_{tr} = \frac{W_{TOT}}{3 \cdot P} \qquad (12.32)$$

$\Delta\theta_{tr}$ = elevação da temperatura do ar na canaleta acima da temperatura ambiente (°C)

W_{TOT} = potência total dissipada pelos cabos instalados na canaleta (W/m)

P = parte do perímetro da canaleta efetivo para dissipação de calor (m)

Considera-se que a tampa da canaleta não é efetiva para a dissipação de calor se estiver exposta ao sol e que é efetiva para essa dissipação se não houver essa exposição. Assim, "P" é a soma de duas alturas com duas larguras da canaleta se ela não puder ser exposta ao sol em nenhum trecho e em nenhum momento e "*P*" é a soma de duas alturas com uma largura da canaleta se ela puder ser exposta ao sol em algum trecho e em algum momento.

Nota: conforme Anders [12], se a canaleta estiver exposta ao sol, a capacidade de corrente ao ar livre a ser usada é aquela do cabo exposto ao sol.

Em cabos sem armação e com blindagem individual:

$$W_{TOT} = n_x \cdot \left(R \cdot I^2 + W_d + \lambda_1 \cdot R \cdot I^2 \right) \tag{12.33}$$

n_x = número de condutores carregados na canaleta

R = resistência elétrica do condutor, em corrente alternada, na temperatura máxima de operação (Ω/m)

I = capacidade de corrente do cabo ao ar livre (A)

W_d = perdas dielétricas, quando consideradas (W/m)

λ_1 = fator de perdas na blindagem

Com W_{TOT}, calcula-se $\Delta\theta_{tr}$, soma-se esse valor à temperatura ambiente e recalcula-se a corrente, voltando, com essa, a calcular novo W_{TOT}, e assim por diante. Depois de algumas iterações, o valor da corrente deve convergir. Entretanto, algumas vezes isso não ocorre – o valor não converge ou varia entre um número muito baixo e um número muito alto – e métodos particulares devem ser utilizados [13]. Existem algumas metodologias alternativas [14], mas que não são normatizadas.

12.7.4 CABOS E ELETRODUTOS DIRETAMENTE ENTERRADOS

Se se tratar de um único eletroduto enterrado ou um cabo único enterrado, como um cabo com três condutores blindados ou um cabo de baixa tensão com dois condutores isolados, reunidos e com uma cobertura extrudada em comum ou ainda um cabo unipolar totalmente separado dos demais:

$$T_4 = \frac{\rho_4}{2 \cdot \pi} \cdot ln\left(u + \sqrt{u^2 - 1} \right) \tag{12.34}$$

ρ_4 = resistividade térmica do solo (K · m/W)

Para cabos:

$$u = \frac{2 \cdot L}{D_e} \tag{12.35}$$

Para eletrodutos:

$$u = \frac{2 \cdot L}{D_o} \tag{12.36}$$

L = profundidade de enterramento – distância da superfície do solo ao eixo do cabo ou eletroduto (mm)

D_e = diâmetro externo do cabo (mm)

D_o = diâmetro externo do eletroduto (mm)

Nota: se u > 10, essa expressão reduz-se a:

$$T_4 = \frac{\rho_4}{2 \cdot \pi} \cdot ln(2 \cdot u)$$

Se o caso for de instalação de eletrodutos ou cabos unipolares, várias configurações poderão ocorrer:

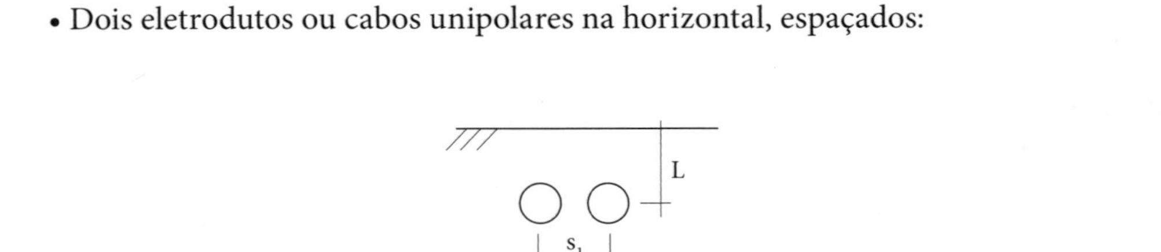

Figura 12.14 – Disposições de eletrodutos ou cabos unipolares enterrados.

- Dois eletrodutos ou cabos unipolares na horizontal, espaçados:

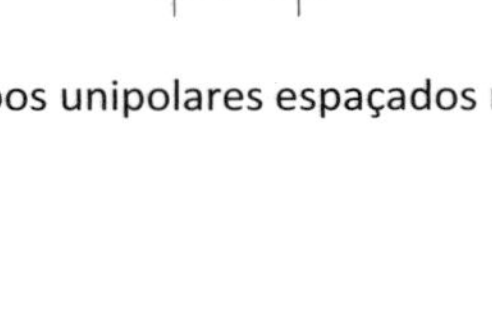

Figura 12.15 – Dois eletrodutos ou cabos unipolares espaçados na horizontal.

$$T_4 = \frac{\rho_4}{2 \cdot \pi} \cdot \left\{ ln\left(u + \sqrt{u^2 - 1}\right) + \frac{1}{2} \cdot ln\left[1 + \left(\frac{2 \cdot L}{s_1}\right)^2\right]\right\} \tag{12.37}$$

- Três eletrodutos ou cabos unipolares na horizontal, espaçados:

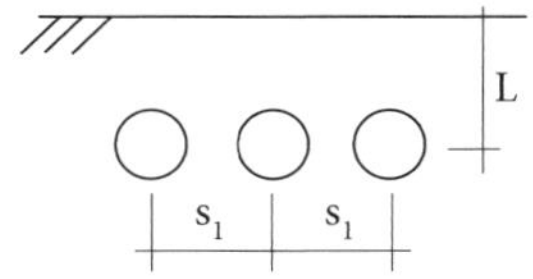

Figura 12.16 – Três eletrodutos ou cabos unipolares espaçados na horizontal.

$$T_4 = \frac{\rho_4}{2 \cdot \pi} \cdot \left\{ ln\left(u + \sqrt{u^2 - 1}\right) + ln\left[1 + \left(\frac{2 \cdot L}{s_1}\right)^2\right]\right\} \tag{12.38}$$

- Dois eletrodutos ou cabos unipolares na horizontal, encostados:

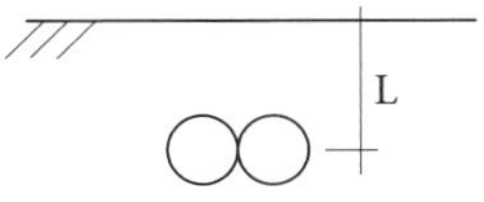

Figura 12.17 – 2 eletrodutos ou cabos unipolares encostados um ao outro na horizontal.

$$T_4 = \frac{\rho_4}{\pi} \cdot \left[ln(2 \cdot u) - 0,295 \right] \tag{12.39}$$

Essa expressão é válida para $L > 2,5 \cdot D_e$ ou $L > 2,5 \cdot D_o$

Nota: existem outras expressões para os casos de cabos blindados cuja blindagem crie uma isoterma na cobertura ou imediatamente abaixo da cobertura.

- Três eletrodutos ou cabos unipolares na horizontal, encostados:

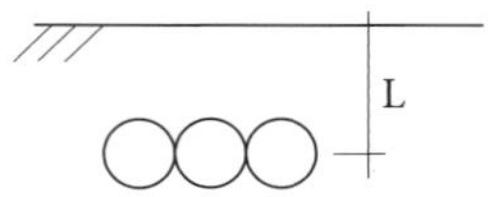

Figura 12.18 – 3 eletrodutos ou cabos unipolares encostados um ao outro na horizontal.

$$T_4 = \rho_4 \cdot \left[0,475 \cdot ln\left(2 \cdot u\right) - 0,142\right] \tag{12.40}$$

Essa expressão é válida para $L > 2,5 \cdot D_e$ ou $L > 2,5 \cdot D_o$

Nota: existem outras expressões para os casos de cabos blindados cuja blindagem crie uma isoterma na cobertura ou imediatamente abaixo da cobertura.

- Três eletrodutos ou cabos unipolares em trifólio:

(com o vértice do trifólio voltado para cima – como na figura seguinte – ou para baixo).

Figura 12.19 – Três eletrodutos ou cabos unipolares em trifólio.

$$T_4 = \frac{\rho_4}{2 \cdot \pi} \cdot \left[ln\left(2 \cdot u\right) + 2 \cdot ln\left(u\right)\right] \tag{12.41}$$

Nota: existem outras expressões para os casos de cabos blindados cuja blindagem crie uma isoterma na cobertura ou imediatamente abaixo da cobertura.

12.7.5 MÉTODO DAS IMAGENS

Até este ponto, os métodos apresentados para determinar a resistência térmica envolvem somente um, dois ou três eletrodutos ou cabos, tendo sido desenvolvidos para cabos e depois estendidos para eletrodutos e, por isso, tratam somente de um cabo (com dois ou mais condutores), dois cabos unipolares (circuito monofásico ou bifásico) e três cabos (circuito trifásico). A resistência térmica externa trata da troca de calor entre esses elementos, considerando o elemento mais quente: por exemplo, a resistência térmica para a situação de três cabos na horizontal é, na verdade, a resistência térmica do cabo central, o mais aquecido dos três pelos outros dois e pela sua própria geração de calor.

O problema que se impõe é como calcular essa resistência térmica, ou seja, como considerar a troca de calor quando há mais que três cabos, seja por haver mais que um circuito ou por haver mais que um condutor por fase (note-se que, em termos de troca de calor, o efeito é o mesmo). Quando os cabos são instalados ao ar livre e protegidos da radiação solar, é possível usar a metodologia da IEC 60287-2-2 [15], embora ela seja um tanto limitada. Para cabos enterrados, Neher e McGrath [1] desenvolveram uma única metodologia, que é conhecida como "método das imagens" ou "método da superposição".

Há três situações de disposição da instalação possíveis:

- vários cabos espaçados;
- gupos de cabos em contato, sendo os grupos espaçados entre si;
- vários cabos em contato.

Nas três situações considera-se que os cabos sejam iguais e igualmente carregados, como é a situação mais comumente encontrada.

A IEC 60287-2-1 apresenta metodologia de dimensionamento somente para o primeiro caso, de vários cabos espaçados, enquanto o artigo original de Neher-McGrath [1] não fazia distinção entre esses casos para o cálculo da capacidade de corrente com o agrupamento. Assim, para a aplicação do método das imagens, é preciso desprezar o descrito na Seção 12.7.4 para a maioria das disposições, considerando um único cabo e, portanto, a resistência térmica externa calculada conforme (12.34), aplicando a seguir um fator que considera o aquecimento mútuo.

O dimensionamento é feito para o cabo mais quente, que normalmente é facilmente identificado pela configuração da instalação. Em caso de dúvida, a resistência térmica externa de outro cabo pode ser calculada e adotado o maior valor encontrado.

A técnica utilizada é o princípio da superposição, assumindo que cada cabo age como uma fonte de calor linear e não distorce o campo térmico criado pelos outros cabos. Calcula-se um valor modificado de T_4 por meio de um fator F, que considera o aquecimento mútuo do grupo de cabos, deixando inalterado o valor de $\Delta\theta$ utilizado no numerador da fração sob o radical no cálculo da capacidade de condução de corrente. Parte-se, então, de:

$$T_4 = \frac{\rho_4}{2 \cdot \pi} \cdot ln\left(u + \sqrt{u^2 - 1}\right) \tag{12.34}$$

ρ_4 = resistividade térmica do solo (K · m/W)

$$u = \frac{2 \cdot L}{D_e} \tag{12.35}$$

ou

$$u = \frac{2 \cdot L}{D_o} \tag{12.36}$$

L = profundidade de enterramento – distância da superfície do solo ao eixo do cabo ou eletroduto (mm)

D_e = diâmetro externo do cabo (mm)

D_o = diâmetro externo do eletroduto (mm)

Caso $u > 10$, o que praticamente sempre ocorre:

$$\sqrt{u^2 - 1} \cong u \rightarrow \left(u + \sqrt{u^2 - 1}\right) = u + u = 2 \cdot u$$

$$T_4 = \frac{\rho_4}{2 \cdot \pi} \cdot ln(2 \cdot u) \tag{12.42}$$

Calcula-se o valor modificado de T_4 por:

$$T_4 = \frac{\rho_4}{2 \cdot \pi} \cdot ln\left[\left(u + \sqrt{u^2 - 1}\right) \cdot F\right] \tag{12.43}$$

ou

$$T_4 = \frac{\rho_4}{2 \cdot \pi} \cdot ln\left[(2 \cdot u) \cdot F\right] \tag{12.44}$$

O valor do fator *F* é obtido pelo método das imagens:

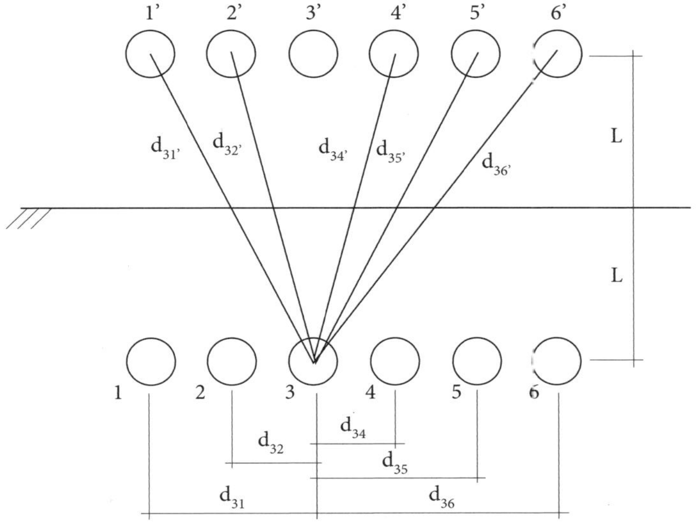

Figura 12.20 – Método das imagens.

$$F = \prod_{\substack{k=1 \\ k \neq p}}^{q} \frac{d_{pk'}}{d_{pk}} = \frac{d_{31'}}{d_{31}} \cdot \frac{d_{32'}}{d_{32}} \cdot \frac{d_{34'}}{d_{34}} \cdot \frac{d_{35'}}{d_{35}} \cdot \frac{d_{36'}}{d_{36}} \cdot \ldots \tag{12.45}$$

Para o uso dessa metodologia, considera-se que as disposições descritas na Seção 12.7.4, estejam os cabos encostados um ao outro ou não, têm sua resistência térmica externa calculada pela Equação (12.34).

Nota: as Equações (12.37) e (12.38) foram obtidas utilizando esse método.

Portanto, para o cálculo da resistência térmica externa de três trifólios separados, por exemplo, pode ser feito:

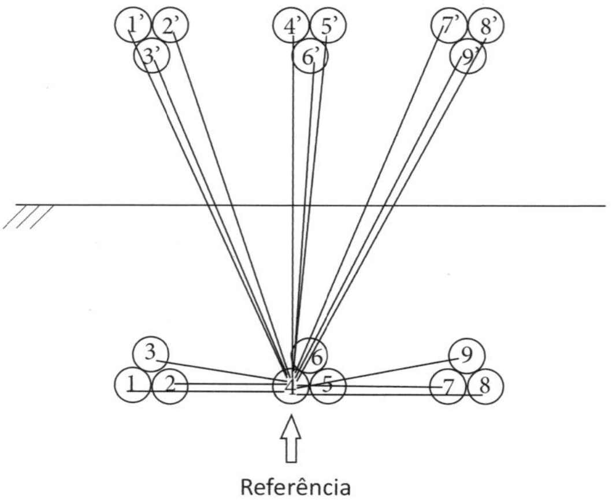

Figura 12.21 – Método das imagens em três trifólios espaçados.

e, por exemplo, para todos os cabos encostados uns aos outros, na horizontal:

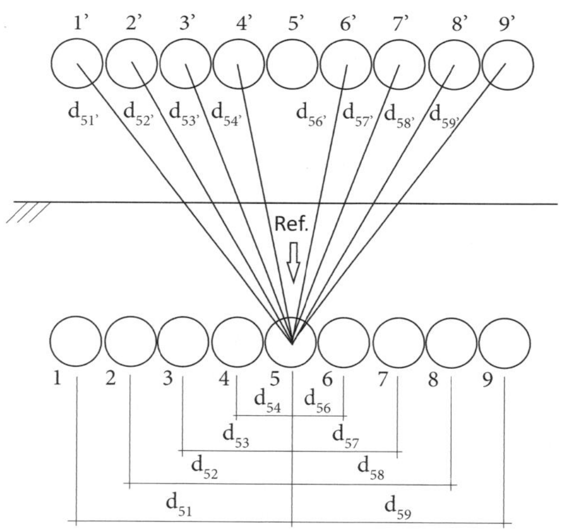

Figura 12.22 – Método das imagens na disposição horizontal em contato.

O uso dessa metodologia para qualquer desses casos foi baseado em duas premissas:

1) O artigo original de Neher-McGrath [1], que deu origem à série de normas IEC 60287, previa essa metodologia para grupos de cabos enterrados, estivessem eles em contato ou não.
2) Estudos mais recentes [16] concluem que essa metodologia é aplicável a qualquer forma de agrupamento de cabos subterrâneos.

De qualquer maneira, não há outra metodologia, normatizada ou não, para o cálculo da resistência térmica externa para grupos de cabos - ou eletrodutos - enterrados e em contato.

12.7.6 INSTALAÇÃO EM BANCO DE DUTOS EMBUTIDO EM CONCRETO E ENTERRADO

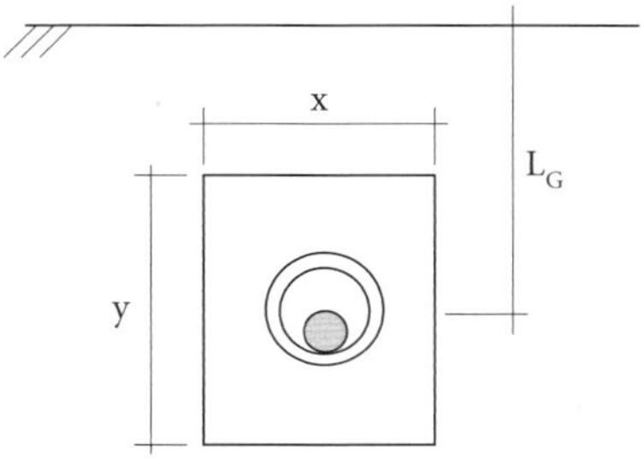

Figura 12.23 – Banco de duto.

O cálculo de T_4''' é feito acrescentando-se uma parcela à equação definida para a instalação de dutos enterrados na Seção 12.7.5, considerando na Equação (12.43) a resistividade térmica do concreto. Uma vez que pode haver mais que um duto no banco, a expressão geral fica:

$$T'''_4 = \frac{\rho_c}{2 \cdot \pi} \cdot ln\left[\left(u + \sqrt{u^2 - 1}\right) \cdot F\right] + N \cdot \left(\frac{\rho_4 - \rho_c}{2 \cdot \pi}\right) \cdot ln\left(u_1 + \sqrt{u_1^2 - 1}\right) \tag{12.46}$$

$$u_1 = \frac{L_G}{r_B} \tag{12.47}$$

$$lnr_B = 0,5 \cdot \frac{x}{y} \cdot \left(\frac{4}{\pi} - \frac{x}{y}\right) \cdot ln\left(1 + \frac{y^2}{x^2}\right) + ln\frac{x}{2} \tag{12.48}$$

Nota: A Equação (12.48) só é válida para (y/x) < 3.

ρ_c = resistividade térmica do concreto (por exemplo: 1,0 K · m/W)

ρ_4 = resistividade térmica do solo (K · m/W)

L_G = distância entre o centro geométrico da seção reta do banco de dutos e a superfície do solo (mm)

r_B = raio equivalente do banco de dutos (mm)

x = menor dimensão da seção reta do banco de dutos (mm)

y = maior dimensão da seção reta do banco de dutos (mm)

N = número de eletrodutos com cabo carregado no banco de dutos

O fator F para o banco de dutos é calculado com as distâncias entre os dutos, não entre os cabos. Por exemplo:

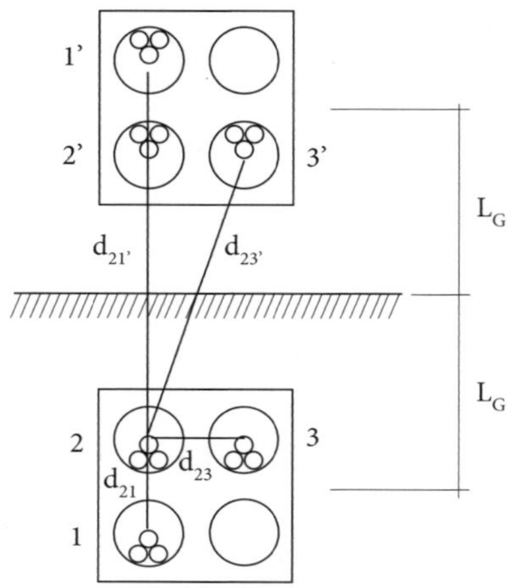

Figura 12.24 – Imagem de banco de dutos.

No caso de haver um só duto, $F = 1$

Nota: a definição "N = número de eletrodutos com cabo carregado no banco de dutos" é dada pela norma ABNT NBR 11301. A definição da IEC 60287-2-1:2015 é "N = número de cabos carregados no banco de dutos".

Essa definição depende do número de condutores que aquece o duto ser considerado em T'''_4 ou no cálculo da corrente; neste texto, foi considerado que o mais correto é respeitá-lo na expressão da corrente:

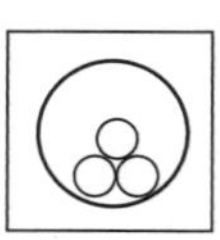

$$I = \sqrt{\frac{\theta_C - \theta_a}{R \cdot T_1 + 1 \cdot R \cdot (1+\lambda_1) \cdot T_3 + 3 \cdot R \cdot (1+\lambda_1) \cdot (T'_4 + T''_4 + T'''_4)}}$$

Como o número 3 já aparece multiplicando a parcela referente a T'''_4 na expressão da corrente, $N = 1$.

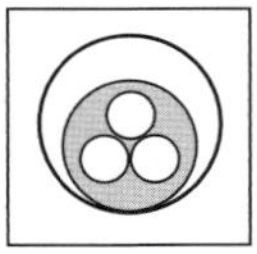

$$I = \sqrt{\frac{\theta_C - \theta_a}{R \cdot T_1 + 3 \cdot R \cdot (1+\lambda_1) \cdot T_3 + 3 \cdot R \cdot (1+\lambda_1) \cdot (T'_4 + T''_4 + T'''_4)}}$$

Pelo mesmo motivo, $N = 1$

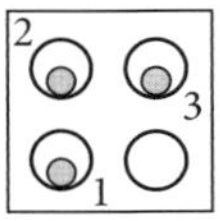

$$I = \sqrt{\frac{\theta_C - \theta_a}{R \cdot T_1 + 1 \cdot R \cdot (1+\lambda_1) \cdot T_3 + 1 \cdot R \cdot (1+\lambda_1) \cdot (T'_4 + T''_4 + T'''_4)}}$$

Nesse caso, utiliza-se o fator *F*, considerando o cabo 2 como o mais quente:

$$T'''_4 = \frac{\rho_c}{2 \cdot \pi} \cdot ln\left[\left(u + \sqrt{u^2 - 1}\right) \cdot F\right] + N \cdot \left(\frac{\rho_4 - \rho_c}{2 \cdot \pi}\right) \cdot ln\left(u_1 + \sqrt{u_1^2 - 1}\right)$$

O fator *F* leva em conta o aquecimento mútuo entre os cabos, enquanto o segundo termo de T'''_4 diz respeito às diferenças das resistividades térmicas dos materiais; assim, $N = 3$. Da mesma forma, ocorre o mesmo quando houver mais dutos com cabos carregados; por exemplo:

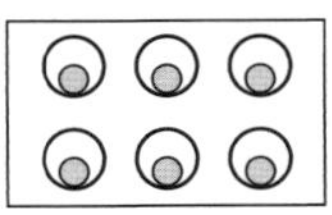

$N = 6$

Portanto, fazendo o cálculo da capacidade de corrente conforme descrito, a definição da NBR 11301 acaba sendo a mais correta.

12.7.7 USO E DIMENSIONAMENTO DO *BACKFILL* – INSTALAÇÕES ENTERRADAS

Entre as resistências térmicas, a que mais influi no resultado da capacidade de condução de corrente é a resistência térmica externa T_4 e, como foi visto, essa resistência térmica depende da resistividade térmica do solo, ρ_4. Por isso, em instalações enterradas – cabos diretamente enterrados ou cabos em dutos diretamente enterrados –, muitas vezes utilizam-se materiais de baixa resistência térmica envolvendo os cabos ou dutos, substituindo o material original do solo, que pode ter uma resistência térmica muito elevada. Esses materiais, um tipo de areia especial, são chamados de *backfill*.

Nesta seção será desenvolvida uma metodologia que não é explícita na série de normas IEC 60287, embora seja uma adaptação óbvia da metodologia dessa norma e comum na literatura sobre o assunto [12], [17], para levar em consideração o preenchimento por *backfill*.

Para a utilização desse material, cava-se uma vala, coloca-se areia de *backfill* no fundo, colocam-se os cabos e preenche-se o restante com mais areia de *backfill*. Por exemplo:

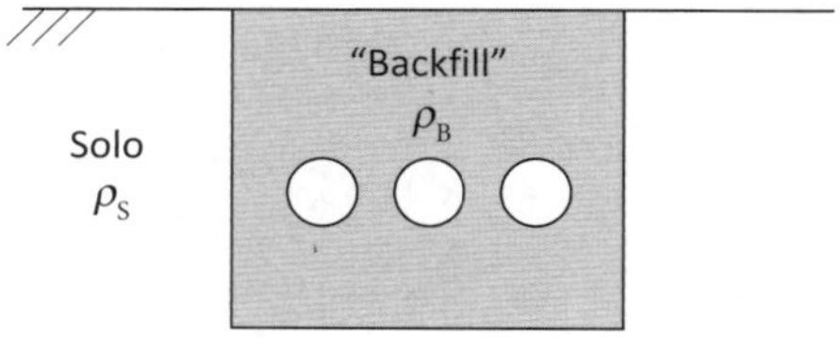

Figura 12.25 – *Backfill.*

A escolha da resistividade do *backfill* e das dimensões da área da seção transversal (x, y e L_G) ocupada por ele resultará em maior ou menor aumento da capacidade de condução de corrente. Embora seja mais comum o preenchimento com *backfill* até a superfície do solo, pode ocorrer um preenchimento parcial da vala, completando-a com solo natural; como este último tipo de preenchimento resulta em um caso mais geral para o estudo, será tomado como base:

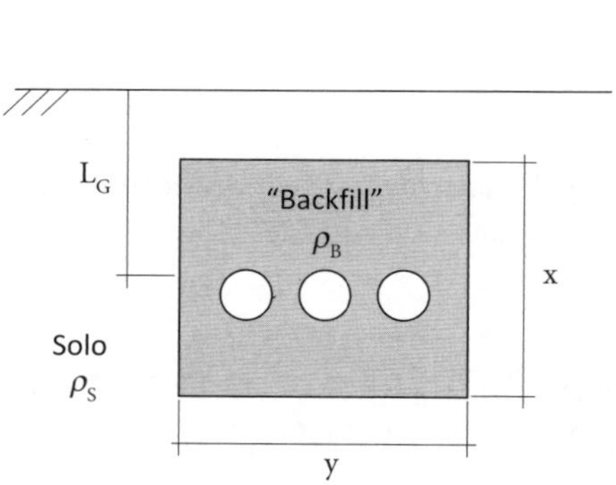

Figura 12.26 – Dimensões do *backfill.*

x = menor dimensão do preenchimento, independentemente de ser horizontal ou vertical

y = maior dimensão do preenchimento, independentemente de ser horizontal ou vertical

L_G = distância entre o centro geométrico da seção reta do preenchimento e a superfície do solo

Note-se que essa situação é muito parecida com o banco de dutos equacionado em 12.7.6, onde um material de resistividade térmica diferente daquela do solo envolve os dutos. Assim, o equacionamento para o caso de uso de *backfill* segue o mesmo processo, que é a adição de uma parcela às expressões definidas em 12.7.4 e 12.7.5. Essa parcela é:

$$\frac{N}{2\cdot\pi}\cdot\left(\rho_S-\rho_B\right)\cdot ln\left(u_1+\sqrt{u_1^2-1}\right) \tag{12.49}$$

N = quantidade de cabos carregados

ρ_S = resistividade térmica do solo (K · m/W)

ρ_B = resistividade térmica do *backfill* (K · m/W)

$$u_1=\frac{L_G}{r_B} \tag{12.47}$$

$$lnr_B=0,5\cdot\frac{x}{y}\cdot\left(\frac{4}{\pi}-\frac{x}{y}\right)\cdot ln\left(1+\frac{y^2}{x^2}\right)+ln\frac{x}{2} \tag{12.48}$$

Para que se possa utilizar essa última expressão, é preciso construir a vala de modo que o quociente *y*/*x* seja menor que 3.

Assim, a expressão geral para o cálculo da resistência térmica externa de cabos em *backfill* fica:

$$T_4=\frac{N}{2\cdot\pi}\cdot\left(\rho_S-\rho_B\right)\cdot ln\left(u_1+\sqrt{u_1^2-1}\right)+\frac{\rho_B}{2\cdot\pi}\cdot ln\left[\left(u+\sqrt{u^2-1}\right)\cdot F\right] \tag{12.50}$$

sendo N o número de cabos ou de eletrodutos com cabos carregados na vala com *backfill* e F o fator obtido pelo método das imagens.

12.8 EXEMPLOS DE CÁLCULO – CIRCUITO ÚNICO

12.8.1 DADOS DO CABO E DADOS GERAIS DA INSTALAÇÃO

Cabo 1 x 120 mm² – 12/20 kV.

Tabela 12.7 – Dimensões do cabo

Componente	Espessura (mm)	Diâmetro (mm)
Condutor compacto de cobre 120 mm²		12,4
Camada semicondutora do condutor	0,4	13,2
Isolação de XLPE	5,5	24,2
Camada semicondutora da isolação	0,4	25,0
Blindagem de fios de cobre 6 mm²	0,7	26,4
Cobertura de PVC	1,8	30,0

R_{cc20} = 0,153 Ω/km (conforme norma IEC 60228)

Resistividade térmica do solo = 1,5 K·m/W

Temperatura ambiente = 30 °C Temperatura do solo = 20 °C

Temperatura máxima no condutor (normatizada para o XLPE) = 90 °C

Blindagem aterrada em dois ou mais pontos

Frequência = 60 Hz Configuração em trifólio

12.8.2 RESISTÊNCIA ELÉTRICA EM CORRENTE ALTERNADA

Conforme Capítulo 2:

$$R_{ccT} = R_{cc20} \cdot \left[1 + \alpha_{20} \cdot \left(\theta_{cond} - 20\right)\right]$$

$$R_{ccT} = 0{,}153 \cdot \left[1 + 0{,}00393 \cdot \left(90 - 20\right)\right]$$

$$R_{ccT} = 0{,}195\ \Omega/\text{km} = 0{,}195 \cdot 10^{-3}\ \Omega/\text{m}$$

$$x_s = \sqrt{\frac{8 \cdot \pi \cdot f}{R_{ccT}} \cdot 10^{-7} \cdot k_s}$$

$$x_s = \sqrt{\frac{8 \cdot \pi \cdot 60}{0,195 \cdot 10^{-3}} \cdot 10^{-7} \cdot 1}$$

$$x_s = 0,879$$

$$y_s = \frac{x_s^4}{192 + 0,8 \cdot x_s^4}$$

$$y_s = \frac{0,879^4}{192 + 0,8 \cdot 0,879^4}$$

$$y_s = 0,00310$$

$$x_p = \sqrt{\frac{8 \cdot \pi \cdot f}{R_{ccT}} \cdot 10^{-7} \cdot k_p}$$

$$x_p = \sqrt{\frac{8 \cdot \pi \cdot 60}{0,195 \cdot 10^{-3}} \cdot 10^{-7} \cdot 1}$$

$$x_p = 0,879$$

$$y_p = \frac{x_p^4}{192 + 0,8 \cdot x_p^4} \cdot \left(\frac{d_c}{s}\right)^2 \cdot \left[0,312 \cdot \left(\frac{d_c}{s}\right)^2 + \frac{1,18}{\frac{x_p^4}{192 + 0,8 \cdot x_p^4} + 0,27}\right]$$

$$y_p = \frac{0,879^4}{192 + 0,8 \cdot 0,879^4} \cdot \left(\frac{12,4}{30,0}\right)^2 \cdot \left[0,312 \cdot \left(\frac{12,4}{30,0}\right)^2 + \frac{1,18}{\frac{0,879^4}{192 - 0,8 \cdot 0,879^4} + 0,27}\right]$$

$$y_p = 0,00232$$

$$R = R_{ccT} \cdot \left(1 + y_s + y_p\right)$$

$$R = 0{,}195 \cdot 10^{-3} \cdot \left(1 + 0{,}00310 + 0{,}00232\right)$$

$$R = 0{,}196 \cdot 10^{-3}\,\Omega/\text{m}$$

12.8.3 PERDAS DIELÉTRICAS

Como U_o/U = 12/20 kV < 63,5/110 kV, $W_d = 0$

12.8.4 RESISTÊNCIA TÉRMICA DA ISOLAÇÃO (T_1)

$$T_1 = \frac{\rho_1}{2 \cdot \pi} \cdot ln\left(1 + \frac{2 \cdot t_1}{d_c}\right)$$

$$T_1 = \frac{3{,}5}{2 \cdot \pi} \cdot ln\left[1 + \frac{2 \cdot \left(0{,}4 + 5{,}5 + 0{,}4\right)}{12{,}4}\right]$$

$$T_1 = 0{,}391 \text{ K} \cdot \text{m/W}$$

12.8.5 RESISTÊNCIA TÉRMICA DA COBERTURA (T_3)

$$T_3 = \frac{\rho_3}{2 \cdot \pi} \cdot ln\left(1 + \frac{2 \cdot t_3}{d_3}\right)$$

$$T_3 = \frac{5{,}0}{2 \cdot \pi} \cdot ln\left(1 + \frac{2 \cdot 1{,}8}{26{,}4}\right)$$

$$T_3 = 0{,}102 \text{ K} \cdot \text{m/W}$$

12.8.6 PERDA NA PROTEÇÃO METÁLICA – BLINDAGEM (λ_1)

Como foi dito que a blindagem é aterrada em dois ou mais pontos e a formação é em trifólio:

$$\lambda_1 = \lambda'_1 = \frac{R_S}{R} \cdot \frac{1}{1 + \left(\frac{R_S}{X}\right)^2}$$

R_S = resistência elétrica da blindagem na sua temperatura de operação (Ω/m)

R = resistência elétrica em corrente alternada do condutor na sua temperatura máxima de operação(Ω/m)

X = reatância indutiva entre condutor e blindagem (Ω/m), sendo:

$$X = 2 \cdot \omega \cdot 10^{-7} \cdot ln \frac{2 \cdot GMD}{d_S}$$

GMD = distância média geométrica (mm), conforme definida no Capítulo 7

d_S = diâmetro médio da blindagem (mm)

Cálculo da resistência elétrica da blindagem *(R_s)*.

Um dos dados fornecidos no exemplo é a seção de blindagem, de 6 mm². Nesse caso de blindagem a fios helicoidais, essa seção é geralmente obtida multiplicando-se a seção de cada fio de blindagem pelo número de fios de blindagem.

Sendo os fios dispostos helicoidalmente, a cada quilômetro de cabo há um comprimento um pouco maior de blindagem, por conta do passo de aplicação dos fios (ver Figura 2.7). E para levar em conta esse comprimento extra usa-se o fator de passo. Do Capítulo 2:

$$F_p = \sqrt{\frac{\pi^2 \cdot d_s^{\,2} + p^2}{p^2}}$$

d_s = diâmetro médio da blindagem (mm)

p = passo dos fios da blindagem (mm)

O passo é definido como sendo K · diâmetro médio da blindagem; um valor comum para o passo é $p = 8 \cdot d_s$. Assim:

$$F_p = \sqrt{\frac{\pi^2 \cdot d_s^{\,2} + p^2}{p^2}} = \sqrt{\frac{\pi^2 \cdot d_s^{\,2} + 8^2 \cdot d_s^{\,2}}{8^2 \cdot d_s^{\,2}}} = 1{,}074$$

Sendo a blindagem de cobre, a resistividade de seus fios a 20 °C é:

ρ_{20} = 17,241 Ω · mm²/km

e o coeficiente de aumento da resistência com a temperatura é:

$$\alpha_{20} = 0{,}00393\ °C^{-1}$$

Se a temperatura máxima no condutor de 90 °C for atingida, a temperatura na blindagem – cerca de 5 °C menor – será 85 °C. Portanto:

$$\rho_{85} = \rho_{20} \cdot \left[1 + \alpha_{20} \cdot (85 - 20)\right]$$

A resistência elétrica é calculada por:

$$R_s = \frac{\rho_{85}}{S} \cdot F_p$$

que resulta em R_s = 3,87 Ω/km = 0,00387 Ω/m

Cálculo da reatância indutiva:

$$X = 2 \cdot \omega \cdot 10^{-7} \cdot ln \frac{2 \cdot GMD}{d_S}$$

$$X = 2 \cdot \omega \cdot 10^{-7} \cdot ln \frac{2 \cdot GMD}{d_S} = 2 \cdot 2 \cdot \pi \cdot 60 \cdot 10^{-7} \cdot ln \frac{2 \cdot 30{,}0}{26{,}4 - 0{,}7} = 0{,}000064\ \Omega/\text{m}$$

Cálculo de λ_1:

$$\lambda_1 = \lambda'_1 = \frac{R_S}{R} \cdot \frac{1}{1 + \left(\frac{R_S}{X}\right)^2} = \frac{0{,}00387}{0{,}000196} \cdot \frac{1}{1 + \left(\frac{0{,}00387}{0{,}000064}\right)^2}$$

$$\lambda_1 = 0{,}00538$$

12.8.7 CÁLCULO DE T_4 E DA CAPACIDADE DE CONDUÇÃO DE CORRENTE PARA INSTALAÇÃO AO AR LIVRE PROTEGIDA DO SOL

$$h = \frac{Z}{\left(D_e^*\right)^g} + E$$

Considerando-se que o trifólio é instalado a mais de metade do diâmetro do cabo de distância de qualquer superfície vertical, conforme a Tabela 12.6:

$Z = 0{,}96 \qquad E = 1{,}25 \qquad g = 0{,}20$

$$h = \frac{0{,}96}{\left(30{,}0 \cdot 10^{-3}\right)^{0{,}20}} + 1{,}25 = 3{,}186\ \mathrm{W/m^2K^{5/4}}$$

$$K_A = \frac{\pi \cdot D_e^{*} \cdot h}{1+\lambda_1} \cdot \left[\frac{T_1}{n} + T_3 \cdot \left(1+\lambda_1\right)\right]$$

$$K_A = \frac{\pi \cdot 30{,}0 \cdot 10^{-3} \cdot 3{,}186}{1+0{,}00538} \cdot \left[\frac{0{,}391}{1} + 0{,}102 \cdot \left(1+0{,}00538\right)\right] = 0{,}147$$

Como é uma instalação protegida do sol, $\Delta\theta_{ds} = 0$ e como *Uo/U* = 12/20 kV < 63,5/110 kV, $\Delta\theta_d = 0$.

$$\left(\Delta\theta_s\right)_{n+1}^{1/4} = \sqrt[4]{\frac{\Delta\theta + \Delta\theta_d + \Delta\theta_{ds}}{1 + K_A \cdot \left(\Delta\theta_s\right)_n^{1/4}}}$$

O cálculo de $(\Delta\theta_s)^{1/4}$ é iterativo. Começa-se com $(\Delta\theta_s)^{1/4} = 2$ e itera-se até que a diferença entre o valor atual e o anterior seja menor que 0,001.

$$\left(\Delta\theta_s\right)_{n+1}^{1/4} = 2$$

$$\left(\Delta\theta_s\right)_{n+1}^{1/4} = \sqrt[4]{\frac{90-30+0+0}{1+0{,}147 \cdot 2}} = 2{,}609$$

$$\left(\Delta\theta_s\right)_{n+1}^{1/4} = \sqrt[4]{\frac{90-30+0+0}{1+0{,}147 \cdot 2{,}609}} = 2{,}566$$

$$\left(\Delta\theta_s\right)_{n+1}^{1/4} = \sqrt[4]{\frac{90-30+0+0}{1+0{,}147 \cdot 2{,}566}} = 2{,}569$$

$$\left(\Delta\theta_s\right)_{n+1}^{1/4} = \sqrt[4]{\frac{90-30+0+0}{1+0{,}147 \cdot 2{,}569}} = 2{,}569$$

$$T_4 = \frac{1}{\pi \cdot D_e^* \cdot h \cdot (\Delta\theta_s)^{1/4}}$$

$$T_4 = \frac{1}{\pi \cdot 30,0 \cdot 10^{-3} \cdot 3,186 \cdot 2,569}$$

$$T_4 = 1,296 \text{ K} \cdot \text{m/W}$$

Para cabos unipolares:

$$I = \sqrt{\frac{\Delta\theta}{R \cdot T_1 + R \cdot (1+\lambda_1) \cdot (T_3 + T_4)}}$$

$$I = \sqrt{\frac{\Delta\theta}{R \cdot [T_1 + (1+\lambda_1) \cdot (T_3 + T_4)]}}$$

$$I = \sqrt{\frac{90-30}{0,000196 \cdot [0,391 + (1+0,00538) \cdot (0,102 + 1,296)]}}$$

$$\boldsymbol{I = 413 \text{ A}}$$

Nota: nesse ponto, deve-se calcular a real temperatura na blindagem, usando essa corrente calculada, e recalcular esse valor final iterativamente. Normalmente, a alteração é muito pequena.

O circuito térmico entre o condutor e a blindagem é:

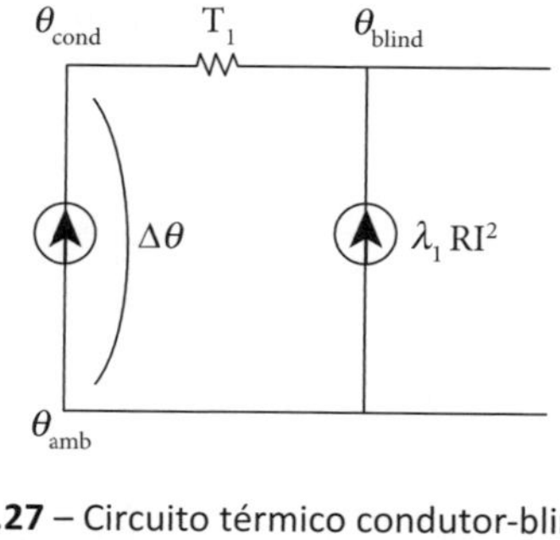

$$\theta_{blind} = \theta_{cond} - R \cdot I^2 \cdot T_1$$

$$\theta_{blind} = 90 - 0,000196 \cdot 413^2 \cdot 0,391$$

$$\theta_{blind} = 77 \text{ °C}$$

Figura 12.27 – Circuito térmico condutor-blindagem do exemplo 12.8.

Calculando a resistividade elétrica da blindagem nessa temperatura:

$\rho_{77} = 21{,}103\ \Omega/\text{km}$

Recalculando a resistência elétrica da blindagem nessa temperatura:

$R_s = 0{,}00378\ \Omega/\text{m}$

Recalculando λ_1 nessa temperatura:

$\lambda_1 = 0{,}005527$

Recalculando K_A, chega-se ao mesmo valor anterior:

$K_A = 0{,}147$

e isso leva ao mesmo valor de T_4.

Recalculando a corrente com o novo valor de λ_1:

$\boldsymbol{I = 413\ \text{A}}$

que é o mesmo valor anterior.

Por isso, nos próximos exemplos, não se fará essa confirmação. A alteração no valor final, se houver, será pequena.

12.8.8 CÁLCULO DE T_4 E DA CAPACIDADE DE CONDUÇÃO DE CORRENTE PARA INSTALAÇÃO AO AR LIVRE EXPOSTA AO SOL

Os valores de h e K_A são os mesmos do exemplo anterior:

$$h = \frac{Z}{\left(D_e^*\right)^g} + E$$

Considerando-se que o trifólio é instalado a mais de metade do diâmetro do cabo de distância de qualquer superfície vertical, conforme a Tabela 12.6:

$Z = 0{,}96 \qquad E = 1{,}25 \qquad g = 0{,}20$

$$h = \frac{0,96}{\left(30,0 \cdot 10^{-3}\right)^{0,20}} + 1,25 = 3,186 \text{ W/m}^2\text{K}^{5/4}$$

$$K_A = \frac{\pi \cdot D_e^* \cdot h}{1+\lambda_1} \cdot \left[\frac{T_1}{n} + T_3 \cdot \left(1+\lambda_1\right)\right]$$

$$K_A = \frac{\pi \cdot 30,0 \cdot 10^{-3} \cdot 3,186}{1+0,00538} \cdot \left[\frac{0,391}{1} + 0,102 \cdot \left(1+0,00538\right)\right] = 0,147$$

Como Uo/U = 12/20 kV < 63,5/110 kV, $\Delta\theta_d = 0$.

Como, nesse caso, o circuito está exposto ao sol, é preciso calcular $\Delta\theta_{ds}$. Considerando a intensidade da radiação solar H = 1000 W/m²:

$$\Delta\theta_{ds} = \frac{\sigma \cdot D_e^* \cdot H}{1+\lambda_1} \cdot \left[\frac{T_1}{n} + T_3 \cdot \left(1+\lambda_1\right)\right]$$

$$\Delta\theta_{ds} = \frac{0,6 \cdot 30,0 \cdot 10^{-3} \cdot 1000}{1+0,00538} \cdot \left[\frac{0,391}{1} + 0,102 \cdot \left(1+0,00538\right)\right] = 8,84 \text{ °C}$$

O cálculo de $(\Delta\theta_s)^{1/4}$ é iterativo. Começa-se com $(\Delta\theta_s)^{1/4} = 2$ e itera-se até que a diferença entre o valor atual e o anterior seja menor que 0,001:

$$\left(\Delta\theta_s\right)_{n+1}^{1/4} = \sqrt[4]{\frac{\Delta\theta + \Delta\theta_d + \Delta\theta_{ds}}{1 + K_A \cdot \left(\Delta\theta_s\right)_n^{1/4}}}$$

$$\left(\Delta\theta_s\right)_{n+1}^{1/4} = 2$$

$$\left(\Delta\theta_s\right)_{n+1}^{1/4} = \sqrt[4]{\frac{90-30+0+8,84}{1+0,147 \cdot 2}} = 2,701$$

$$\left(\Delta\theta_s\right)_{n+1}^{1/4} = \sqrt[4]{\frac{90-30+0+8,84}{1+0,147 \cdot 2,701}} = 2,649$$

$$\left(\Delta\theta_s\right)_{n+1}^{1/4} = \sqrt[4]{\frac{90-30+0+8,84}{1+0,147 \cdot 2,649}} = 2,653$$

$$\left(\Delta\theta_s\right)_{n+1}^{1/4} = \sqrt[4]{\frac{90-30+0+8,84}{1+0,147 \cdot 2,653}} = 2,653$$

$$T_4 = \frac{1}{\pi \cdot D_e^* \cdot h \cdot \left(\Delta\theta_s\right)^{1/4}} = \frac{1}{\pi \cdot 30,0 \cdot 10^{-3} \cdot 3,186 \cdot 2,653}$$

$$T_4 = 1,255 \text{ K} \cdot \text{m/W}$$

Para cabos expostos ao sol:

$$I = \sqrt{\frac{\Delta\theta - \sigma \cdot D_e^* \cdot H \cdot T_4}{R \cdot T_1 + R \cdot (1 + \lambda_1) \cdot (T_3 + T_4)}}$$

$$I = \sqrt{\frac{\Delta\theta - \sigma \cdot D_e^* \cdot H \cdot T_4}{R \cdot \left[T_1 + (1 + \lambda_1) \cdot (T_3 + T_4)\right]}}$$

σ = coeficiente de absorção da radiação solar da superfície do cabo; para a cobertura de PVC, $\sigma = 0{,}6$

$$I = \sqrt{\frac{90 - 30 - 0{,}6 \cdot 30{,}0 \cdot 10^{-3} \cdot 1000 \cdot 1{,}255}{0{,}000196 \cdot \left[0{,}391 + (1 + 0{,}00538) \cdot (0{,}102 + 1{,}255)\right]}}$$

$\boldsymbol{I = 330\ \mathrm{A}}$

12.8.9 CÁLCULO DE T_4 E DA CAPACIDADE DE CONDUÇÃO DE CORRENTE PARA INSTALAÇÃO DIRETAMENTE ENTERRADA

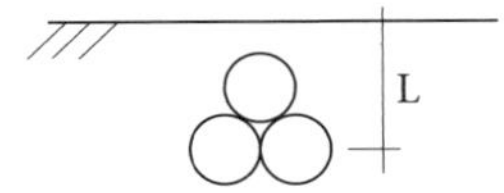

Figura 12.28 – Instalação enterrada do exemplo 12.8.

$$T_4 = \frac{\rho_4}{2 \cdot \pi} \cdot \left[ln(2 \cdot u) + 2 \cdot ln(u)\right]$$

$$u = \frac{2 \cdot L}{D_e}$$

Considerando $L = 0{,}9$ m e a resistividade térmica do solo $\rho_4 = 1{,}5$ K.m/W e sendo o diâmetro externo do cabo $D_e = 30{,}0$ mm:

$$u = \frac{2 \cdot L}{D_e} = \frac{2 \cdot 900}{30{,}0} = 60$$

$$T_4 = \frac{1,5}{2 \cdot \pi} \cdot \left[ln(2 \cdot 60) + 2 \cdot ln(60) \right] = 3,098 \text{ K} \cdot \text{m/W}$$

$$I = \sqrt{\frac{\Delta\theta}{R \cdot T_1 + R \cdot (1 + \lambda_1) \cdot (T_3 + T_4)}} \tag{12.3}$$

$$I = \sqrt{\frac{\Delta\theta}{R \cdot \left[T_1 + (1 + \lambda_1) \cdot (T_3 + T_4) \right]}}$$

$$I = \sqrt{\frac{90 - 20}{0,000196 \cdot \left[0,391 + (1 + 0,00538) \cdot (0,102 + 3,098) \right]}}$$

$$\boldsymbol{I = 315 \text{ A}}$$

12.8.10 CÁLCULO DE T_4 E DA CAPACIDADE DE CONDUÇÃO DE CORRENTE PARA INSTALAÇÃO EM ELETRODUTO ENTERRADO

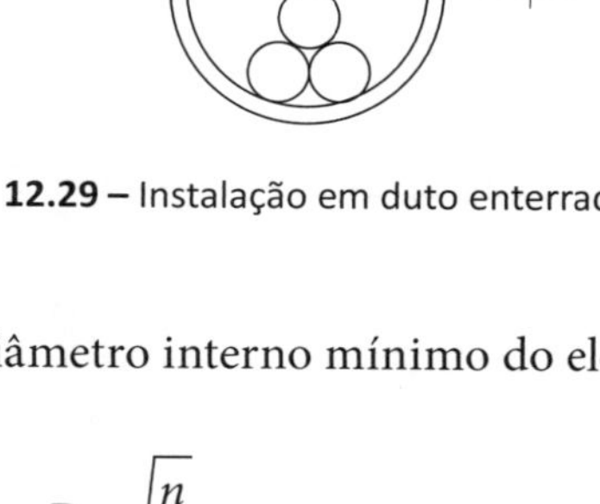

Valores adotados:

Resistividade térmica do solo = 1,5 K · m/W

Material do eletroduto: polietileno

Resistividade térmica do eletroduto = 3,5 K · m/W

Profundidade do duto L_G = 0,9 m

Figura 12.29 – Instalação em duto enterrado do exemplo 12.8.

Diâmetro interno mínimo do eletroduto:

$$\varnothing = D_e \cdot \sqrt{\frac{n}{t}}$$

$$\varnothing = 30,0 \cdot \sqrt{\frac{3}{0,30}} = 95 \text{ mm}$$

Escolheu-se um duto com diâmetro interno = 107,5 mm e diâmetro externo = 126 mm

$$T'_4 = \frac{U}{1 + 0{,}1 \cdot \left(V + Y \cdot \theta_m\right) \cdot D_f}$$

Para eletrodutos de plástico:

$U = 1{,}87$ $\quad V = 0{,}312$ $\quad Y = 0{,}0037$

$D_f = 30{,}0 \times 2{,}15 = 64{,}5$ mm

Estima-se inicialmente um valor de θ_m, por exemplo, $\theta_m = 70$ °C. Essa temperatura média no interior do eletroduto deverá depois ser conferida e corrigida por um cálculo iterativo.

$$T'_4 = \frac{1{,}87}{1 + 0{,}1 \cdot \left(0{,}312 + 0{,}0037 \cdot 70\right) \cdot 64{,}5} = 0{,}399 \text{ K} \cdot \text{m/W}$$

$$T''_4 = \frac{\rho_d}{2 \cdot \pi} \cdot ln \frac{D_o}{D_d}$$

$$T''_4 = \frac{3{,}5}{2 \cdot \pi} \cdot ln \frac{126}{107{,}5} = 0{,}088 \text{ K} \cdot \text{m/W}$$

$$T'''_4 = \frac{\rho_4}{2 \cdot \pi} \cdot ln\left(u + \sqrt{u^2 - 1}\right)$$

$$u = \frac{2 \cdot L}{D_d} = \frac{2 \cdot 900}{126} = 14{,}29$$

$$T'''_4 = \frac{1{,}5}{2 \cdot \pi} \cdot ln\left(14{,}29 + \sqrt{14{,}29^2 - 1}\right) = 0{,}800 \text{ K} \cdot \text{m/W}$$

$$T_4 = T'_4 + T''_4 + T'''_4 = 0{,}399 + 0{,}088 + 0{,}800 = 1{,}287 \text{ K} \cdot \text{m/W}$$

$$I = \sqrt{\frac{\theta - \theta_a}{R \cdot T_1 + n \cdot R \cdot \left(1 + \lambda_1\right) \cdot T_3 + n_{cc} \cdot R \cdot \left(1 + \lambda_1\right) \cdot \left(T'_4 + T''_4 + T'''_4\right)}}$$

$$I = \sqrt{\frac{90 - 20}{0{,}000196 \cdot \left[0{,}391 + 1 \cdot \left(1 + 0{,}00538\right) \cdot 0{,}102 + 3 \cdot \left(1 + 0{,}00538\right) \cdot 1{,}287\right]}}$$

$$I = 286\ A$$

Com esse primeiro valor da capacidade de corrente, calcula-se a temperatura média mais próxima do seu valor real, estimada a princípio em 70 °C. Considera-se inicialmente o circuito térmico do cabo, eletroduto e solo:

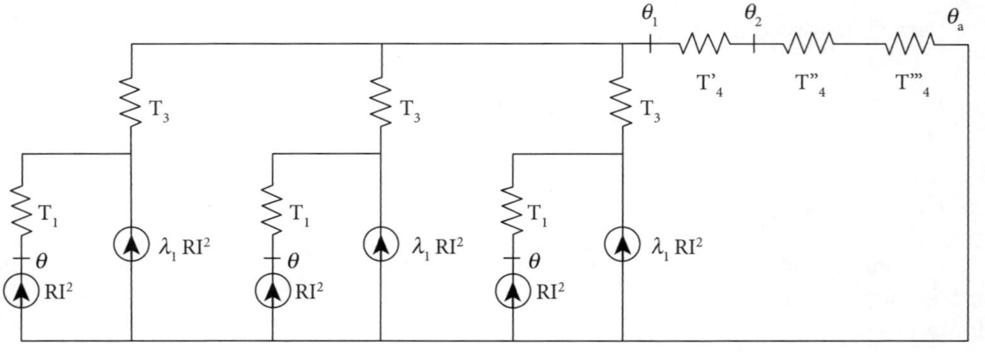

Figura 12.30 – Circuito térmico de cabo em duto enterrado do exemplo 12.8.

de onde equacionam-se as temperaturas mínima e máxima dentro do eletroduto:

$$\theta_1 = \theta_C - \left[R \cdot I^2 \cdot T_1 + R \cdot I^2 \cdot (1+\lambda_1) \cdot T_3 \right]$$

$$\theta_2 = \theta_1 - 3 \cdot R \cdot I^2 \cdot (1+\lambda_1) \cdot T'_4$$

$$\theta_1 = 90 - (0{,}000196 \cdot 286^2 \cdot 0{,}391 + 0{,}000196 \cdot 286^2 \cdot (1+0{,}00538) \cdot 0{,}102$$

$$\theta_1 = 82 \text{ °C}$$

$$\theta_2 = 82 - 3 \cdot 0{,}000196 \cdot 286^2 \cdot (1+0{,}00538) \cdot 0{,}399$$

$$\theta_2 = 63 \text{ °C}$$

$$\theta_m = \frac{\theta_1 + \theta_2}{2} = 73 \text{ °C}$$

Recalcula-se T'_4 com essa nova temperatura média:

$$T'_4 = \frac{U}{1+0,1\cdot\left(V+Y\cdot\theta_m\right)\cdot D_f}$$

$$\text{T'}_4 = \frac{1,87}{1+0,1\cdot\left(0,312+0,0037\cdot 73\right)\cdot 64,5} = 0,393\ \text{K}\cdot\text{m/W}$$

Calcula-se o novo T_4:

$$T_4 = T'_4 + T''_4 + T'''_4 = 0,393 + 0,088 + 0,800 = 1,281\ \text{K}\cdot\text{m/W}$$

e calcula-se novamente a capacidade de condução de corrente:

$$I = \sqrt{\frac{\theta-\theta_a}{R\cdot T_1 + n\cdot R\cdot\left(1+\lambda_1\right)\cdot T_3 + n_{cc}\cdot R\cdot\left(1+\lambda_1\right)\cdot\left(T'_4+T''_4+T'''_4\right)}}$$

$$I = \sqrt{\frac{90-20}{0,000196\cdot\left[0,391+1\cdot\left(1+0,00538\right)\cdot 0,102+3\cdot\left(1+0,00538\right)\cdot 1,281\right]}}$$

$$I = 286\ A$$

que é igual à corrente calculada na iteração anterior. Portanto, a temperatura média no interior do eletroduto é de, teoricamente, 73 °C e a capacidade de corrente:

$\boldsymbol{I = 286\ \text{A}}$

12.8.11 CÁLCULO DE T_4 E DA CAPACIDADE DE CONDUÇÃO DE CORRENTE PARA INSTALAÇÃO EM BANCO DE DUTOS EMBUTIDO EM CONCRETO ENTERRADO

Adotando:

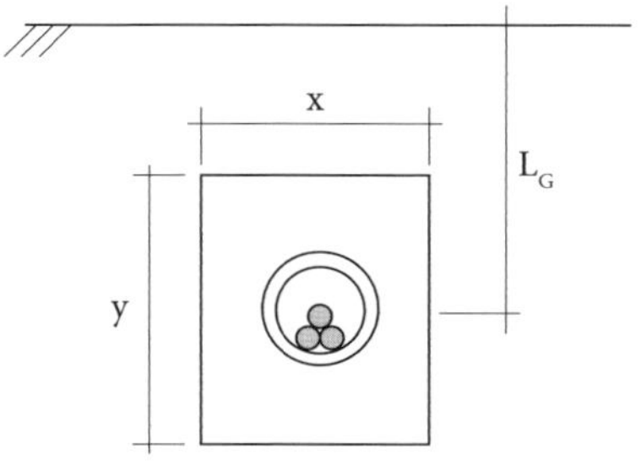

L_G = 900 mm x = 400 mm y = 600 mm

Resistividade térmica do solo = 1,5 K · m/W

Resistividade térmica do concreto = 1,0 K · m/W

Diâmetro interno do duto = 107,5 mm

Diâmetro externo do duto = 126 mm

Material do duto = polietileno

Figura 12.31 – Exemplo 12.8.11.

$$T'_4 = \frac{U}{1 + 0{,}1 \cdot (V + Y \cdot \theta_m) \cdot D_f}$$

$U = 1{,}87$ $V = 0{,}312$ $Y = 0{,}0037$

$D_f = 30{,}0 \times 2{,}15 = 64{,}5$ mm

Valor inicial de $\theta_m = 70$ °C

$$T'_4 = \frac{1{,}87}{1 + 0{,}1 \cdot (0{,}312 + 0{,}0037 \cdot 70) \cdot 64{,}5} = 0{,}399 \text{ K} \cdot \text{m/W}$$

$$T''_4 = \frac{\rho_d}{2 \cdot \pi} \cdot ln \frac{D_o}{D_d}$$

$$T''_4 = \frac{3{,}5}{2 \cdot \pi} \cdot ln \frac{126}{107{,}5} = 0{,}088 \text{ K} \cdot \text{m/W}$$

Já o cálculo de T'''_4 é feito acrescentando-se uma parcela à expressão definida para a instalação de dutos enterrados:

$$T'''_4 = \frac{\rho_c}{2 \cdot \pi} \cdot ln\left(u + \sqrt{u^2 - 1}\right) + N \cdot \left(\frac{\rho_4 - \rho_c}{2 \cdot \pi}\right) \cdot ln\left(u_1 + \sqrt{u_1^2 - 1}\right)$$

$$u_1 = \frac{L_G}{r_B}$$

$$u = \frac{2 \cdot L}{D_o}$$

$$lnr_B = 0{,}5 \cdot \frac{x}{y} \cdot \left(\frac{4}{\pi} - \frac{x}{y}\right) \cdot ln\left(1 + \frac{y^2}{x^2}\right) + ln\frac{x}{2}$$

$$lnr_B = 0{,}5 \cdot \frac{400}{600} \cdot \left(\frac{4}{\pi} - \frac{400}{600}\right) \cdot ln\left(1 + \frac{600^2}{400^2}\right) + ln\frac{400}{2} = 5{,}5366$$

$$r_B = 253{,}82 \text{ mm}$$

Neste caso, a profundidade média do banco de dutos (L_G) é a mesma profundidade do duto (L):

$$L_G = L = 900 \text{ mm}$$

$$u_1 = \frac{900}{253,82} = 3,546$$

$$u = \frac{2 \cdot 900}{126} = 14,3$$

ρ_c = resistividade térmica do concreto = 1,0 K · m/W

ρ_4 = resistividade térmica do solo = 1,5 K · m/W

$$T'''_4 = \frac{1,0}{2 \cdot \pi} \cdot ln\left(14,3 + \sqrt{14,3^2 - 1}\right) + 1 \cdot \left(\frac{1,5 - 1,0}{2 \cdot \pi}\right) \cdot ln\left(3,546 + \sqrt{3,546^2 - 1}\right)$$

$$T'''_4 = 0,688 \text{ K} \cdot \text{m/W}$$

$$T_4 = T'_4 + T''_4 + T'''_4 = 1,175 \text{ K} \cdot \text{m/W}$$

$$I = \sqrt{\frac{\theta - \theta_a}{R \cdot T_1 + n \cdot R \cdot (1 + \lambda_1) \cdot T_3 + n_{cc} \cdot R \cdot (1 + \lambda_1) \cdot (T'_4 + T''_4 + T'''_4)}}$$

$$I = \sqrt{\frac{90 - 20}{0,000196 \cdot \left[0,391 + 1 \cdot (1 + 0,00538) \cdot 0,102 + 3 \cdot (1 + 0,00538) \cdot 1,175\right]}}$$

$$I = 297 \ A$$

Com esse primeiro valor da capacidade de corrente, calcula-se a temperatura média mais próxima do seu valor real, estimada a princípio em 70 °C. Considera-se inicialmente o circuito térmico do cabo, eletroduto e solo, que é o mesmo do exemplo anterior e, portanto:

$$\theta_1 = \theta_C - \left[R \cdot I^2 \cdot T_1 + R \cdot I^2 \cdot (1 + \lambda_1) \cdot T_3\right]$$

$$\theta_2 = \theta_1 - 3 \cdot R \cdot I^2 \cdot (1 + \lambda_1) \cdot T'_4$$

$$\theta_1 = 90 - (0,000196 \cdot 297^2 \cdot 0,391 + 0,000196 \cdot 297^2 \cdot (1 + 0,00538) \cdot 0,102$$

$$\theta_1 = 81 \text{ °C}$$

$$\theta_2 = 81 - 3 \cdot 0{,}000196 \cdot 297^2 \cdot (1 + 0{,}00538) \cdot 0{,}399$$

$$\theta_2 = 60\ °C$$

$$\theta_m = \frac{\theta_1 + \theta_2}{2} = 71\ °C$$

Recalcula-se T_4' com essa nova temperatura média:

$$T'_4 = \frac{U}{1 + 0{,}1 \cdot (V + Y \cdot \theta_m) \cdot D_f}$$

$$T'_4 = \frac{1{,}87}{1 + 0{,}1 \cdot (0{,}312 + 0{,}0037 \cdot 71) \cdot 64{,}5} = 0{,}397\ \text{K} \cdot \text{m/W}$$

Calcula-se o novo T_4:

$$T_4 = T'_4 + T''_4 + T'''_4 = 0{,}397 + 0{,}088 + 0{,}688 = 1{,}173\ \text{K} \cdot \text{m/W}$$

e calcula-se novamente a capacidade de condução de corrente:

$$I = \sqrt{\frac{\theta - \theta_a}{R \cdot T_1 + n \cdot R \cdot (1 + \lambda_1) \cdot T_3 + n_{cc} \cdot R \cdot (1 + \lambda_1) \cdot (T'_4 + T''_4 + T'''_4)}}$$

$$I = \sqrt{\frac{90 - 20}{0{,}000196 \cdot [0{,}391 + 1 \cdot (1 + 0{,}00538) \cdot 0{,}102 + 3 \cdot (1 + 0{,}00538) \cdot 1{,}173]}}$$

$$I = 298\ A$$

Recalcula-se a temperatura média no eletroduto:

$$\theta_1 = \theta_C - [R \cdot I^2 \cdot T_1 + R \cdot I^2 \cdot (1 + \lambda_1) \cdot T_3]$$

$$\theta_2 = \theta_1 - 3 \cdot R \cdot I^2 \cdot (1 + \lambda_1) \cdot T'_4$$

$$\theta_1 = 90 - (0{,}000196 \cdot 298^2 \cdot 0{,}391 + 0{,}000196 \cdot 298^2 \cdot (1 + 0{,}00538) \cdot 0{,}102$$

$$\theta_1 = 81\ °C$$

$$\theta_2 = 81 - 3 \cdot 0,000196 \cdot 298^2 \cdot (1 + 0,00538) \cdot 0,399$$

$$\theta_2 = 60\ ^\circ\text{C}$$

$$\theta_m = \frac{\theta_1 + \theta_2}{2} = 71\ ^\circ\text{C}$$

que é a mesma temperatura média no eletroduto da iteração anterior. Portanto:

$\boldsymbol{I}$ **= 298 A**

12.8.12 CÁLCULO DE T_4 E DA CAPACIDADE DE CONDUÇÃO DE CORRENTE PARA INSTALAÇÃO EM ELETRODUTO AO AR LIVRE PROTEGIDO DO SOL

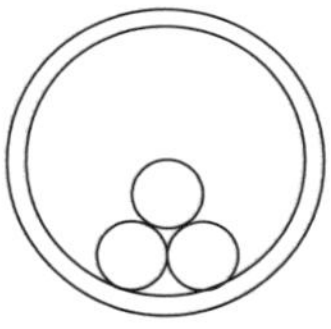

Figura 12.32 – Exemplo 12.8.12.

O cálculo de T_4' e T_4" é idêntico ao feito nos exemplos anteriores, 12.8.10 e 12.8.11. Adotando-se o mesmo duto dos exemplos anteriores, 12.8.10 e 12.8.11 (eletroduto de polietileno, com diâmetro interno de 107,5 mm, diâmetro externo de 126 mm e resistividade térmica de 3,5 K · m/W), e estimando um valor para a temperatura média no interior do eletroduto de θ_m = 70 °C (que deve, depois, ser conferida e corrigida por um cálculo iterativo):

$$T'_4 = \frac{U}{1 + 0,1 \cdot (V + Y \cdot \theta_m) \cdot D_f}$$

com D_f = 2,15 · D_e = 2,15 · 30,0 = 64,5 mm

$$T'_4 = \frac{1,87}{1+0,1\cdot(0,312+0,0037\cdot 70)\cdot 64,5} = 0,399 \text{ K}\cdot\text{m/W}$$

$$T''_4 = \frac{\rho_d}{2\cdot\pi}\cdot ln\frac{D_o}{D_d}$$

$$T''_4 = \frac{3,5}{2\cdot\pi}\cdot ln\frac{126}{107,5} = 0,088 \text{ K}\cdot\text{m/W}$$

A resistência térmica T_4''' é calculada considerando-se o eletroduto como um cabo de diâmetro 126 mm ao ar livre (no caso, protegido do sol). Como se trata de um só eletroduto, supondo o eletroduto afastado de qualquer parede por, pelo menos, $0,3 \cdot D_e$, conforme a Tabela 12.6:

$$Z = 0,21 \qquad E = 3,94 \qquad g = 0,60$$

$$h = \frac{Z}{\left(D_0^*\right)^g} + E$$

$$h = \frac{0,21}{\left(126\cdot 10^{-3}\right)^{0,60}} + 3,94 = 4,668 \text{ W/m}^2\text{K}^{5/4}$$

$$K_A = \frac{\pi\cdot D_o^*\cdot h}{1+\lambda_1}\cdot\left[\frac{T_1}{n} + \left(T_3 + T'_4 + T''_4\right)\cdot\left(1+\lambda_1\right)\right]$$

$$K_A = \frac{\pi\cdot 126\cdot 10^{-3}\cdot 4,668}{1+0,00538}\cdot\left[\frac{0,391}{1} + \left(0,102+0,399+0,088\right)\cdot\left(1+0,00538\right)\right]$$

$$K_A = 1,807$$

Como é uma instalação protegida do sol, $\Delta\theta_{ds} = 0$ e como Uo/U = 12/20 kV < 63,5/110 kV, $\Delta\theta_d = 0$.

$$\left(\Delta\theta_s\right)_{n+1}^{1/4} = \sqrt[4]{\frac{\Delta\theta}{1+K_A\cdot\left(\Delta\theta_s\right)_n^{1/4}}}$$

O cálculo de $(\Delta\theta_s)^{1/4}$ é iterativo. Começa-se com $(\Delta\theta_s)^{1/4} = 2$ e itera-se até que a diferença entre o valor atual e o anterior seja menor que 0,001.

$$\left(\Delta\theta_s\right)_{n+1}^{1/4} = 2$$

$$\left(\Delta\theta_s\right)_{n+1}^{1/4} = \sqrt[4]{\frac{90-30}{1+1,807\cdot 2}} = 1,899$$

$$\left(\Delta\theta_s\right)_{n+1}^{1/4} = \sqrt[4]{\frac{90-30}{1+1,807\cdot 1,899}} = 1,918$$

$$\left(\Delta\theta_s\right)_{n+1}^{1/4} = \sqrt[4]{\frac{90-30}{1+1,807\cdot 1,918}} = 1,914$$

$$\left(\Delta\theta_s\right)_{n+1}^{1/4} = \sqrt[4]{\frac{90-30}{1+1,807\cdot 1,914}} = 1,915$$

$$\left(\Delta\theta_s\right)_{n+1}^{1/4} = \sqrt[4]{\frac{90-30}{1+1,807\cdot 1,915}} = 1,915$$

Calcula-se, então, T_4''':

$$T'''_4 = \frac{1}{\pi\cdot D_o^*\cdot h\cdot\left(\Delta\theta_s\right)^{1/4}}$$

$$T'''_4 = \frac{1}{\pi\cdot 126\cdot 10^{-3}\cdot 4,668\cdot 1,915}$$

$$T'''_4 = 0,283\ \text{K}\cdot\text{m/W}$$

Portanto, $T_4 = T'_4 + T''_4 + T'''_4 = 0,399 + 0,088 + 0,283 = 0,770\ \text{K}\cdot\text{m/}$

A capacidade de condução de corrente seria, então:

$$I = \sqrt{\frac{\theta-\theta_a}{R\cdot T_1 + n\cdot R\cdot\left(1+\lambda_1\right)\cdot T_3 + n_{cc}\cdot R\cdot\left(1+\lambda_1\right)\cdot T_4}}$$

$$I = \sqrt{\frac{\theta-\theta_a}{R\cdot\left[T_1 + n\cdot\left(1+\lambda_1\right)\cdot T_3 + n_{cc}\cdot\left(1+\lambda_1\right)\cdot T_4\right]}}$$

$$I = \sqrt{\frac{90-30}{0,000196\cdot\left[0,391+1\cdot\left(1+0,00538\right)\cdot 0,102+3\cdot\left(1+0,00538\right)\cdot 0,770\right]}}$$

$$I = 330\ \text{A}$$

Com esse primeiro valor da capacidade de corrente, calcula-se a temperatura média mais próxima do seu valor real, estimada a princípio em 70 °C. Considera-se o circuito térmico do cabo, eletroduto e solo:

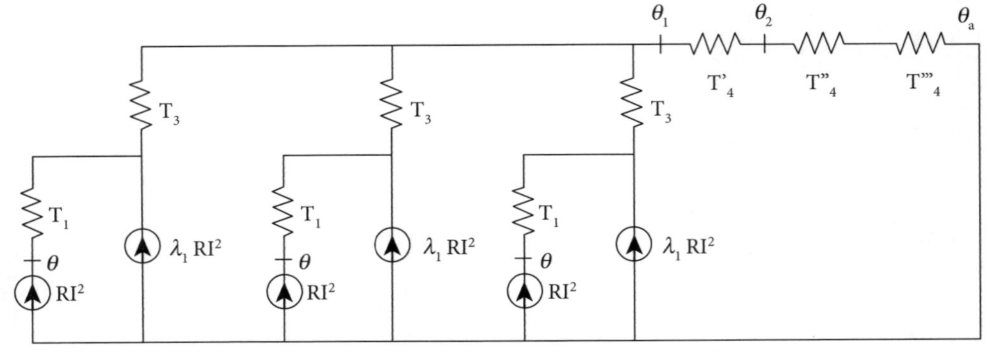

Figura 12.33 – Circuito térmico do exemplo 12.8.12.

de onde equacionam-se as temperaturas mínima e máxima dentro do eletroduto:

$$\theta_1 = \theta_C - \left[R \cdot I^2 \cdot T_1 + R \cdot I^2 \cdot (1+\lambda_1) \cdot T_3\right]$$

$$\theta_2 = \theta_1 - 3 \cdot R \cdot I^2 \cdot (1+\lambda_1) \cdot T'_4$$

$$\theta_1 = 90 - (0{,}000196 \cdot 330^2 \cdot 0{,}391 + 0{,}000196 \cdot 330^2 \cdot (1+0{,}00538) \cdot 0{,}102$$

$$\theta_1 = 79{,}5 \text{ °C}$$

$$\theta_2 = 79 - 3 \cdot 0{,}000196 \cdot 330^2 \cdot (1+0{,}00538) \cdot 0{,}399$$

$$\theta_2 = 53{,}8 \text{ °C}$$

$$\theta_m = \frac{\theta_1 + \theta_2}{2} = 66{,}7 \text{ °C}$$

Recalcula-se T'_4 com essa nova temperatura média:

$$T'_4 = \frac{U}{1 + 0{,}1 \cdot (V + Y \cdot \theta_m) \cdot D_f}$$

$$T'_4 = \frac{1{,}87}{1 + 0{,}1 \cdot (0{,}312 + 0{,}0037 \cdot 66{,}7) \cdot 64{,}5} = 0{,}406 \text{ K.m/W}$$

Recalcula-se K_A com o novo valor de T'_4:

$$K_A = \frac{\pi \cdot D_o^* \cdot h}{1+\lambda_1} \cdot \left[\frac{T_1}{n} + \left(T_3 + T'_4 + T''_4\right) \cdot \left(1+\lambda_1\right) \right]$$

$$K_A = \frac{\pi \cdot 126 \cdot 10^{-3} \cdot 4,668}{1+0,00538} \cdot \left[\frac{0,391}{1} + \left(0,102 + 0,406 + 0,088\right) \cdot \left(1+0,00538\right) \right]$$

$$K_A = 1,820$$

Calcula-se o novo $(\Delta\theta_s)^{1/4}$:

$$\left(\Delta\theta_s\right)_{n+1}^{1/4} = 2$$

$$\left(\Delta\theta_s\right)_{n+1}^{1/4} = \sqrt[4]{\frac{90-30}{1+1,820 \cdot 2}} = 1,896$$

$$\left(\Delta\theta_s\right)_{n+1}^{1/4} = \sqrt[4]{\frac{90-30}{1+1,820 \cdot 1,896}} = 1,916$$

$$\left(\Delta\theta_s\right)_{n+1}^{1/4} = \sqrt[4]{\frac{90-30}{1+1,820 \cdot 1,916}} = 1,912$$

$$\left(\Delta\theta_s\right)_{n+1}^{1/4} = \sqrt[4]{\frac{90-30}{1+1,820 \cdot 1,912}} = 1,913$$

$$\left(\Delta\theta_s\right)_{n+1}^{1/4} = \sqrt[4]{\frac{90-30}{1+1,820 \cdot 1,913}} = 1,913$$

Calcula-se, então, T'''_4:

$$T'''_4 = \frac{1}{\pi \cdot D_o^* \cdot h \cdot \left(\Delta\theta_s\right)^{1/4}}$$

$$T'''_4 = \frac{1}{\pi \cdot 126 \cdot 10^{-3} \cdot 4,668 \cdot 1,913}$$

$$T'''_4 = 0,283 \text{ K} \cdot \text{m/W}$$

que é o mesmo valor anterior.

Calcula-se o novo T_4:

$$T_4 = T'_4 + T''_4 + T'''_4 = 0,406 + 0,088 + 0,283 = 0,777 \text{ K} \cdot \text{m/W}$$

e calcula-se novamente a capacidade de condução de corrente:

$$I = \sqrt{\frac{\theta - \theta_a}{R \cdot T_1 + n \cdot R \cdot (1+\lambda_1) \cdot T_3 + n_{cc} \cdot R \cdot (1+\lambda_1) \cdot T_4}}$$

$$I = \sqrt{\frac{\theta - \theta_a}{R \cdot \left[T_1 + n \cdot (1+\lambda_1) \cdot T_3 + n_{cc} \cdot (1+\lambda_1) \cdot T_4 \right]}}$$

$$I = \sqrt{\frac{90 - 30}{0,000196 \cdot \left[0,391 + 1 \cdot (1+0,00538) \cdot 0,102 + 3 \cdot (1+0,00538) \cdot 0,777 \right]}}$$

$$I = 328\ A$$

e repete-se o processo, recalculando-se θ_1, θ_2, θ_m, T'_4, K_A, $(\Delta\theta_s)^{1/4}$, T'''_4, T_4 e I:

$\theta_1 = 79{,}6\ ^\circ C$

$\theta_2 = 53{,}7\ ^\circ C$

$\theta_m = 66{,}7\ ^\circ C$

Como esse valor é igual ao anterior, então, os demais também serão iguais aos valores anteriores e a capacidade de corrente é, então:

$I = 328$ A

12.8.13 CÁLCULO DE T_4 E DA CAPACIDADE DE CONDUÇÃO DE CORRENTE PARA INSTALAÇÃO EM CANALETA NO PISO

Considerando-se uma canaleta de 300 mm x 400 mm:

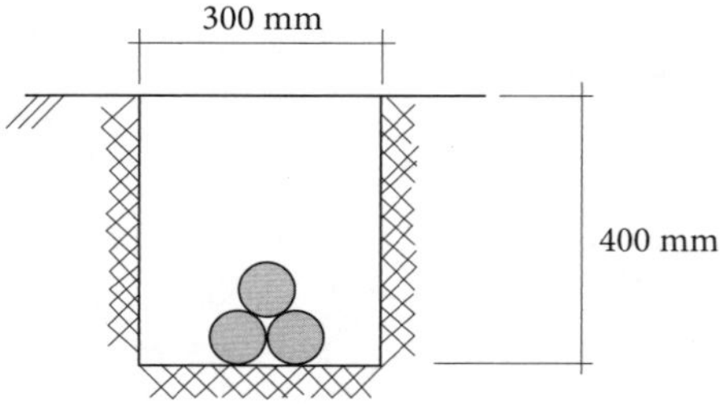

Figura 12.34 – Exemplo 12.8.13.

O cálculo é feito calculando-se a capacidade de condução de corrente ao ar livre; com o resultado define-se um valor de acréscimo de temperatura ambiente e recalcula-se o valor da corrente, caso haja convergência.

Considerando-se as mesmas condições do exemplo já feito de cabos ao ar livre protegido do sol (Seção 12.8.7), o valor da capacidade de corrente inicial é de 413 A. O acréscimo de temperatura decorrente da canaleta é dado por:

$$\Delta\theta_{tr} = \frac{W_{TOT}}{3 \cdot P}$$

onde:

$$W_{TOT} = n_x \cdot \left(R \cdot I^2 + W_d + \lambda_1 \cdot R \cdot I^2 \right)$$

$$W_{TOT} = 3.\left(0{,}000196.413^2 + 0 + 0{,}00538.0{,}000196.413^2 \right) = 100{,}83 \text{ W/m}$$

$$P = 2 \text{ x} \left(300 + 400 \right) = 1400 \text{ mm} = 1{,}4 \text{ m}$$

Para a definição do perímetro, foi considerado que a tampa da canaleta não está exposta ao sol, por isso consideraram-se os quatro lados. Caso a tampa estivesse exposta ao sol, o perímetro seria 300 + 400 + 400 = 1.100 mm.

$$\Delta\theta_{tr} = \frac{100{,}83}{3 \cdot 1{,}4} = 24 \text{ °C}$$

Esse valor é somado ao valor da temperatura ambiente de 30 °C e o valor da corrente é recalculado:

$$\theta_a = 30 + 24 = 54 \text{ °C}$$

Considerando-se que a variação da resistência elétrica da blindagem será desprezível, recalcula-se somente $(\Delta\theta_s)^{1/4}$, T_4 e a corrente:

$$\left(\Delta\theta_s \right)_{n+1}^{1/4} = \sqrt[4]{\frac{\Delta\theta + \Delta\theta_d + \Delta\theta_{ds}}{1 + K_A \cdot \left(\Delta\theta_s \right)_n^{1/4}}}$$

O valor de K_A foi calculado em 12.8.7 e é K_A = 0,147. Inicia-se por $\left(\Delta\theta_s \right)_{n+1}^{1/4} = 2$:

$$\left(\Delta\theta_s\right)_{n+1}^{1/4} = \sqrt[4]{\frac{90-54+0+0}{1+0,147\cdot 2}} = 2,297$$

$$\left(\Delta\theta_s\right)_{n+1}^{1/4} = \sqrt[4]{\frac{90-54+0+0}{1+0,147\cdot 2,297}} = 2,278$$

$$\left(\Delta\theta_s\right)_{n+1}^{1/4} = \sqrt[4]{\frac{90-54+0+0}{1+0,147\cdot 2,278}} = 2,279$$

$$\left(\Delta\theta_s\right)_{n+1}^{1/4} = \sqrt[4]{\frac{90-54+0+0}{1+0,147\cdot 2,279}} = 2,279$$

Recalculando a resistência térmica T_4 do exemplo de 12.8.7:

$$T_4 = \frac{1}{\pi\cdot D_e^*\cdot h\cdot\left(\Delta\theta_s\right)^{1/4}}$$

$$T_4 = \frac{1}{\pi\cdot 30,0\cdot 10^{-3}\cdot 3,186\cdot 2,279}$$

$$T_4 = 1,461\ \text{K}\cdot\text{m/W}$$

Recalculando a corrente, conforme o exemplo 12.8.7:

$$I = \sqrt{\frac{\Delta\theta}{R\cdot T_1 + R\cdot\left(1+\lambda_1\right)\cdot\left(T_3+T_4\right)}}$$

$$I = \sqrt{\frac{90-54}{0,000196\cdot 0,391 + 0,000196\cdot\left(1+0,00538\right)\cdot\left(0,102+1,461\right)}}$$

$$I = 306\ \text{A}$$

Com esse valor de corrente, calcula-se novo W_{TOT} e novo $\Delta\theta_{tr}$:

$$W_{TOT} = n_x\cdot\left(R\cdot I^2 + W_d + \lambda_1\cdot R\cdot I^2\right)$$

$$W_{TOT} = 3\ .\ \left(0,000196.306^2 + 0 + 0,00538.\ 0,000196.306^2\right) = 55,35\ \text{W/m}$$

$$P = 2\ \text{x}\left(300+400\right) = 1400\ \text{mm} = 1,4\ \text{m}$$

$$\Delta\theta_{tr} = \frac{55,35}{3\cdot 1,4} = 13\ ^{\circ}\text{C}$$

A temperatura ambiente a ser considerada então seria:

$$\theta_{amb} = 30 + 13 = 43\ ^{o}C$$

e assim, sucessivamente, em várias iterações chega-se aos valores de:

Tabela 12.8 – Iterações para o cálculo da corrente

Iteração	1	2	3	4	5	6
I	306	358	335	344	340	344
W_{TOT}	55,35	75,77	66,34	69,96	68,34	69,96
$\Delta\theta_{tr}$	13	18	16	17	16	17
θ_a	43	48	46	47	46	47
$(\Delta\theta_s)^{1/4}$	2,426	2,363	2,389	2,376	2,389	2,376
T_4	1,373	1,409	1,394	1,402	1,394	1,402
I	358	335	344	340	344	340

O resultado permanece variando entre 340 A e 344 A, de modo que se adota o menor valor:

$\boldsymbol{I = 340}$ **A**

12.9 EXEMPLOS DE CÁLCULO – MAIS QUE UM CIRCUITO OU MAIS QUE UM CABO POR FASE

12.9.1 DOIS CIRCUITOS IGUAIS ENTERRADOS, OU DOIS CABOS POR FASE ENTERRADOS, CABOS UNIPOLARES NÃO ENCOSTADOS UM NO OUTRO

Tomando o mesmo cabo do exemplo da Seção 12.8:

Cabo 120 mm² – 12/20 kV.

Tabela 12.9 – Dimensões do cabo

Componente	Espessura (mm)	Diâmetro (mm)
Condutor compacto de cobre 120 mm^2		12,4
Camada semicondutora do condutor	0,4	13,2
Isolação de XLPE	5,5	24,2
Camada semicondutora da isolação	0,4	25,0
Blindagem de fios de cobre 6 mm^2	0,7	26,4
Cobertura de PVC	1,8	30,0

R_{cc20} = 0,153 Ω/km (conforme norma IEC 60228 [18])

Temperatura do solo = 20 °C Frequência = 60 Hz

Temperatura máxima no condutor (normatizada para o XLPE) = 90 °C

Blindagem aterrada em dois ou mais pontos

Com transposição regular

Resistividade térmica do solo = 1,5 K.m/W

Instalação:

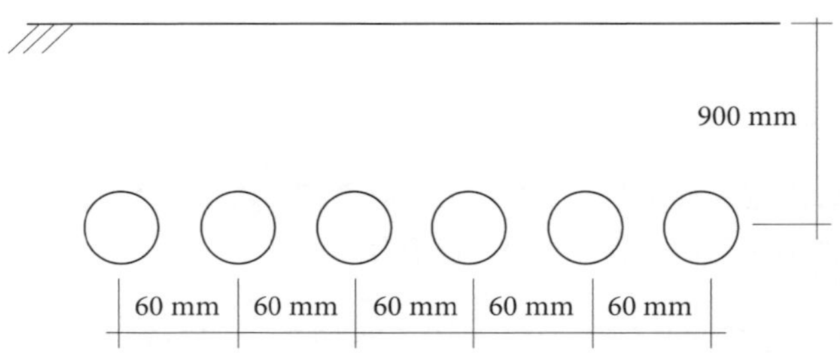

Figura 12.35 – Disposição dos cabos.

Atenção: o cálculo a seguir somente é válido se todos os cabos forem idênticos e todos devem ser percorridos pelo mesmo valor de corrente elétrica.

A resistência elétrica em corrente contínua é igual à calculada em 12.8.2, mas a resistência em corrente alternada pode ser um pouco diferente, já que a formação agora é plana, em vez de em trifólio:

Conforme Capítulo 2:

$$R_{ccT} = R_{cc20} \cdot \left[1 + \alpha_{20} \cdot \left(\theta_{cond} - 20\right)\right]$$

$$R_{ccT} = 0{,}153 \cdot \left[1 + 0{,}00393 \cdot \left(90 - 20\right)\right]$$

$$R_{ccT} = 0{,}195\ \Omega/\text{km} = 0{,}195 \cdot 10^{-3}\ \Omega/\text{m}$$

$$x_s = \sqrt{\frac{8 \cdot \pi \cdot f}{R_{ccT}} \cdot 10^{-7} \cdot k_s}$$

$$x_s = \sqrt{\frac{8 \cdot \pi \cdot 60}{0{,}195 \cdot 10^{-3}} \cdot 10^{-7} \cdot 1}$$

$$x_s = 0{,}879$$

$$y_s = \frac{x_s^4}{192 + 0{,}8 \cdot x_s^4}$$

$$y_s = \frac{0{,}879^4}{192 + 0{,}8 \cdot 0{,}879^4}$$

$$y_s = 0{,}00310$$

$$x_p = \sqrt{\frac{8 \cdot \pi \cdot f}{R_{ccT}} \cdot 10^{-7} \cdot k_p}$$

$$x_p = \sqrt{\frac{8 \cdot \pi \cdot 60}{0{,}195 \cdot 10^{-3}} \cdot 10^{-7} \cdot 1}$$

$$x_p = 0{,}879$$

$$y_p = \frac{x_p^4}{192 + 0,8 \cdot x_p^4} \cdot \left(\frac{d_c}{s}\right)^2 \cdot \left[0,312 \cdot \left(\frac{d_c}{s}\right)^2 + \frac{1,18}{\frac{x_p^4}{192 + 0,8 \cdot x_p^4} + 0,27}\right]$$

$$y_p = \frac{0,879^4}{192 + 0,8 \cdot 0,879^4} \cdot \left(\frac{12,4}{60}\right)^2 \cdot \left[0,312 \cdot \left(\frac{12,4}{60}\right)^2 + \frac{1,18}{\frac{0,879^4}{192 + 0,8 \cdot 0,879^4} + 0,27}\right]$$

$$y_p = 0,000574$$

$$R = R_{ccT} \cdot \left(1 + y_s + y_p\right)$$

$$R = 0,195 \cdot 10^{-3} \cdot \left(1 + 0,00310 + 0,000574\right)$$

$$R = 0,196 \cdot 10^{-3}\,\Omega/\text{m}$$

O resultado é o mesmo que em trifólio, pois a alteração no efeito de proximidade não foi suficiente para modificar esse valor.

As perdas dielétricas continuam sendo nulas ($W_d = 0$) e os valores das resistências térmicas T_1 e T_3 não se alteram:

$$T_1 = 0,391\ \text{K} \cdot \text{m/W}$$

$$T_3 = 0,102\ \text{K} \cdot \text{m/W}$$

As perdas na blindagem podem ter um valor diferente do exemplo da Seção 12.8, também decorrente da mudança da disposição dos condutores, de formação trifólio para formação plana. Essa diferença, se houver, será dada pela reatância indutiva, que para formação plana com transposição regular é dada por:

$$X = 2 \cdot \omega \cdot 10^{-7} \cdot ln\left[2 \cdot \frac{GMD}{d_S}\right] = 2 \cdot 2 \cdot \pi \cdot 60 \cdot 10^{-7} \cdot ln\left[2 \cdot \sqrt[3]{2} \cdot \frac{60}{26,4 - 0,7}\right]$$

$$X = 0,000134\ \Omega/\text{m}$$

A resistência elétrica da blindagem é a mesma do exemplo da Seção 12.8.6 e a forma de cálculo do fator de perdas da blindagem é a mesma:

$R_s = 3{,}87\ \Omega/\text{km} = 0{,}00387\ \Omega/\text{m}$

$$\lambda_1 = \lambda'_1 = \frac{R_S}{R} \cdot \frac{1}{1+\left(\frac{R_S}{X}\right)^2} = \frac{0{,}00387}{0{,}000196} \cdot \frac{1}{1+\left(\frac{0{,}00387}{0{,}000133}\right)^2}$$

$$\lambda_1 = 0{,}0236$$

A maior diferença do exemplo da Seção 12.8 será a definição da resistência térmica externa T_4. Em razão da proximidade dos outros cabos (se forem dois circuitos, por conta da proximidade do outro circuito), haverá um aquecimento mútuo que será considerado por um fator, chamado de fator *F*, que modificará o cálculo de T_4:

$$T_4 = \frac{\rho_4}{2 \cdot \pi} \cdot ln\left[\left(u + \sqrt{u^2 - 1}\right) \cdot F\right]$$

$$u = \frac{2 \cdot L}{D_e} = \frac{2 \cdot 900}{30{,}0} = 54$$

Para o cálculo do fator de aquecimento mútuo *F* é preciso escolher um cabo de referência, aquele que deve ser o mais quente. Numerando os cabos:

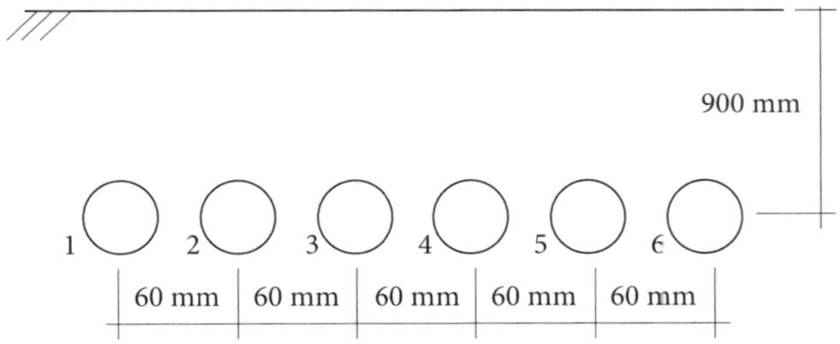

Figura 12.36 – Numeração dos cabos da Figura 12.35.

escolhemos o cabo número 3 como o cabo de referência. Faz-se, então, um "espelhamento", para a determinação do fator *F* pelo método das imagens:

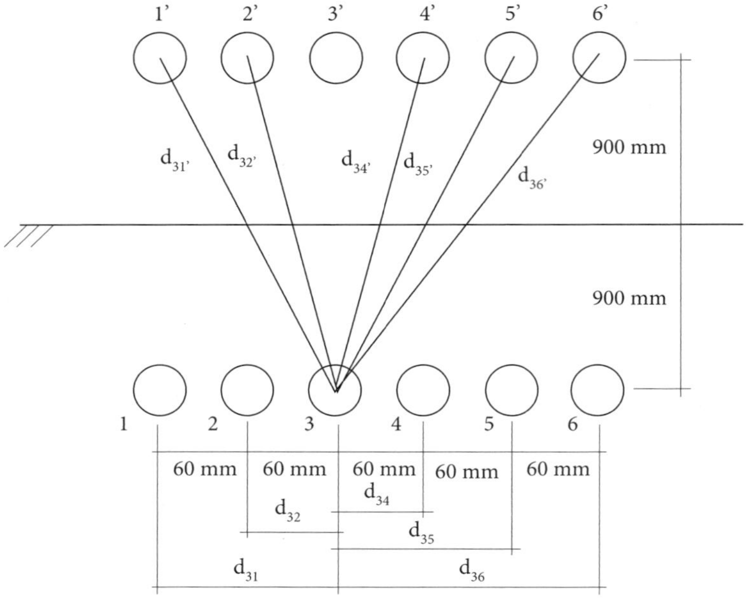

Figura 12.37 – Cabos reais e suas imagens.

O fator de aquecimento mútuo F é dado por:

$$d_{31} = 60 + 60 = 120 \text{ mm}$$
$$d_{32} = 60 \text{ mm}$$
$$d_{34} = 60 \text{ mm}$$
$$d_{35} = 60 + 60 = 120 \text{ mm}$$
$$d_{36} = 60 + 60 + 60 = 180 \text{ mm}$$

$$d_{31'} = \sqrt{d_{31}^2 + (900 + 900)^2} = \sqrt{120^2 + (900 + 900)^2} = 1804 \text{ mm}$$

$$d_{32'} = \sqrt{d_{32}^2 + (900 + 900)^2} = \sqrt{60^2 + (900 + 900)^2} = 1801 \text{ mm}$$

$$d_{34'} = \sqrt{d_{34}^2 + (900 + 900)^2} = \sqrt{60^2 + (900 + 900)^2} = 1801 \text{ mm}$$

$$d_{35'} = \sqrt{d_{35}^2 + (900 + 900)^2} = \sqrt{120^2 + (900 + 900)^2} = 1804 \text{ mm}$$

$$d_{36'} = \sqrt{d_{36}^2 + (900 + 900)^2} = \sqrt{180^2 + (900 + 900)^2} = 1809 \text{ mm}$$

$$F = \prod_{\substack{k=1 \\ k \neq p}}^{q} \frac{d_{pk'}}{d_{pk}} = \frac{1804}{120} \cdot \frac{1801}{60} \cdot \frac{1801}{60} \cdot \frac{1804}{120} \cdot \frac{1809}{180}$$

$$F = 2.046.452$$

O mesmo resultado pode ser obtido adotando as coordenadas (x,y) = (0,0) para o cabo-referência e definindo as coordenadas dos outros cabos e imagens de cabos pelo cálculo algébrico da distância d_{AB} entre dois pontos A e B:

$$d_{AB} = \sqrt{\left(x_A - x_B\right)^2 + \left(y_A - y_B\right)^2}$$

Tabela 12.10 – Cotas dos cabos e suas imagens

Cabo	x	y	$d_{Ref\text{-}Cabo}$		Imagem	x'	y'	$d_{Ref\text{-}Imagem}$
1	–120	0	120		1'	–120	1800	1804
2	–60	0	60		2'	–60	1800	1801
3	0	0	–		3'	0	1800	–
4	60	0	60		4'	60	1800	1801
5	120	0	120		5'	120	1800	1804
6	180	0	180		6'	180	1800	1809

Essa forma é a mais simples de cálculo de *F*, mesmo para as configurações mais complexas, além de facilitar a programação ou o planilhamento do cálculo.

Calculando, finalmente, a resistência térmica externa:

$$T_4 = \frac{\rho_4}{2 \cdot \pi} \cdot ln\left[\left(u + \sqrt{u^2 - 1}\right) \cdot F\right] = \frac{1,5}{2 \cdot \pi} \cdot ln\left[\left(54 + \sqrt{54^2 - 1}\right) \cdot 2046452\right]$$

$$T_4 = 4,587 \text{ Km/W}$$

Nota: em certas configurações, torna-se difícil saber qual o cabo mais quente somente por inspeção. Nesses casos, é preciso calcular o fator *F* tomando-se os diversos candidatos como cabo de referência e adotando-se aquele que resulta em um maior valor de T_4. No caso deste exemplo, somente pela geometria, vê-se que os cabos mais quentes são os de número 3 e 4, que resultam em um mesmo valor para T_4; então, tanto faz escolher um ou outro.

A capacidade de condução de corrente será:

$$I = \sqrt{\frac{\Delta\theta}{R \cdot T_1 + R \cdot (1+\lambda_1) \cdot (T_3 + T_4)}}$$

$$I = \sqrt{\frac{90-20}{0{,}196 \cdot 10^{-3} \cdot 0{,}391 + 0{,}196 \cdot 10^{-3} \cdot (1+0{,}0236) \cdot (0{,}102 + 4{,}587)}}$$

$$\boldsymbol{I = 262\ \text{A}}$$

Nota: essa é, na verdade, a capacidade de condução de corrente do cabo mais quente, mas que deve ser adotada para todos os cabos. Pode-se argumentar que, se a mesma corrente percorrer todos os condutores, as temperaturas dos cabos 1, 2, 5 e 6 serão um pouco menores, então sua resistência elétrica será um pouco menor, o que provocaria maior corrente nesses condutores, aumentando sua temperatura etc. Isso, entretanto, não é levado em consideração.

12.9.2 USO DE *BACKFILL* NO EXEMPLO 12.9.1

Supondo agora que foi utilizada areia de *backfill* com resistividade térmica 1,0 K · m/W, conforme a figura seguinte:

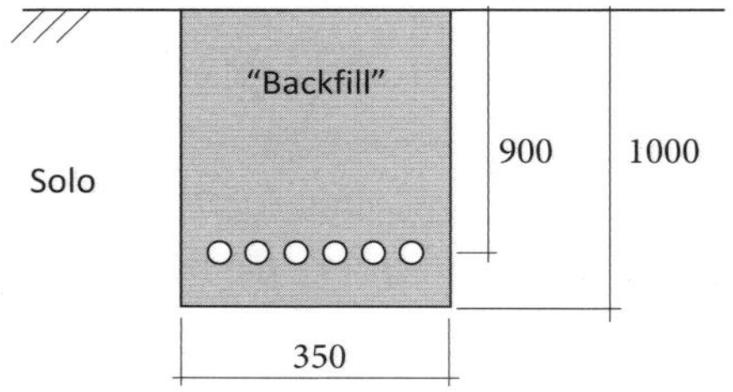

Figura 12.38 – Exemplo 12.9.1 com *backfill.*

medidas em mm

$$T_4 = \frac{N}{2 \cdot \pi} \cdot (\rho_S - \rho_B) \cdot ln\left(u_1 + \sqrt{u_1^2 - 1}\right) + \frac{\rho_B}{2 \cdot \pi} \cdot ln\left[\left(u + \sqrt{u^2 - 1}\right) \cdot F\right]$$

$N = 6$

$\rho_S = 1{,}5$ K · m/W

$\rho_B = 1{,}0$ K · m/W

$u = 54$ (mantém-se, já que a profundidade dos cabos foi mantida)

$F = 2.046.452$ (mantém-se, já que a profundidade dos cabos e a distância entre eles mantiveram-se)

$x = 350$ mm

$y = 1000$ mm ($y/x = 2,86 < 3$)

$$L_G = \frac{1000}{2} = 500 \text{ mm}$$

$$lnr_b = \frac{1}{2} \cdot \frac{x}{y} \cdot \left(\frac{4}{\pi} - \frac{x}{y} \right) \cdot ln\left(1 + \frac{y^2}{x^2} \right) + ln\frac{x}{2} \rightarrow r_b = 250,31 \text{ mm}$$

$$u_1 = \frac{L_G}{r_b} = 1,998$$

$$T_4 = 3,686 \text{ K} \cdot \text{m/W}$$

$$I = \sqrt{\frac{\Delta\theta}{R \cdot T_1 + R \cdot (1 + \lambda_1) \cdot (T_3 + T_4)}}$$

$$I = \sqrt{\frac{90 - 20}{0,196 \cdot 10^{-3} \cdot 0,391 + 0,196 \cdot 10^{-3} \cdot (1 + 0,0236) \cdot (0,102 + 3,686)}}$$

$\boldsymbol{I = 289}$ **A**

Portanto, com a utilização de *backfill* nas condições citadas, a capacidade de corrente sobe de 262 A para 289 A, um aumento de cerca de 10 %. Para que esse valor seja maior, pode-se usar *backfill* com menor resistividade térmica ou aumentar a largura da vala que contém o *backfill*, aumentando a dimensão x (em se querendo manter a profundidade dos cabos), embora isso tenha limitações.

Note-se que na expressão de T_4 há o termo:

$$ln\left(u_1 + \sqrt{u_1^2 - 1} \right)$$

onde $u_1 = L_G/r_b$ deve ser maior que 1 para que a raiz quadrada seja real e, nesse caso, a maior largura da vala com *backfill* é 858 mm. Note, também, que, por essa formulação, aumentar a profundidade do *backfill* mantendo a profundidade dos cabos e a largura do *backfill* não é tão eficiente quanto aumentar sua largura, mantendo a profundidade. Isso é razoável, já que o calor sempre sobe em direção à superfície. E não se deve esquecer da limitação de $y/x < 3$.

No limite, a maior capacidade de condução de corrente calculada por meio deste método não pode ser maior que aquela resultante em um solo com resistividade térmica igual à do *backfill*, que seria 314 A. Mantendo-se a profundidade da vala, isso se consegue com a largura máxima da vala de 858 mm, para este exemplo.

12.9.3 DOIS CIRCUITOS IGUAIS EM DUTO ENTERRADO, CADA UM FORMADO POR UM CABO TRIPOLAR DE BAIXA TENSÃO

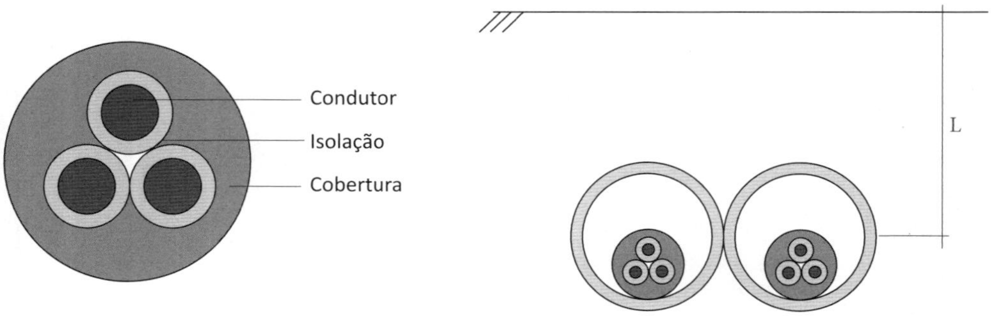

Figura 12.39 – Cabo e disposição do exemplo 12.9.3.

Seção do condutor: 240 mm^2	Tensão de isolamento: 0,6/1 kV
Profundidade de instalação:	Resistividade térmica do
$L = 0{,}8$ m	solo = 1,5 K · m/W
Temperatura no condutor = 90 °C	Temperatura do solo = 20 °C

Dutos de PVC de diâmetro interno 91,6 mm e diâmetro externo 101,6 mm

Tabela 12.11 – Dimensões do cabo

Dimensionais do cabo	Espessura mm	Diâmetro mm
Condutor de cobre flexível, classe 5, não estanhado		21,5
Isolação HEPR	2,2	25,9
Reunião das veias isoladas		55,9
Cobertura de PVC	2,5	60,9

O circuito térmico de cada um dos dutos é:

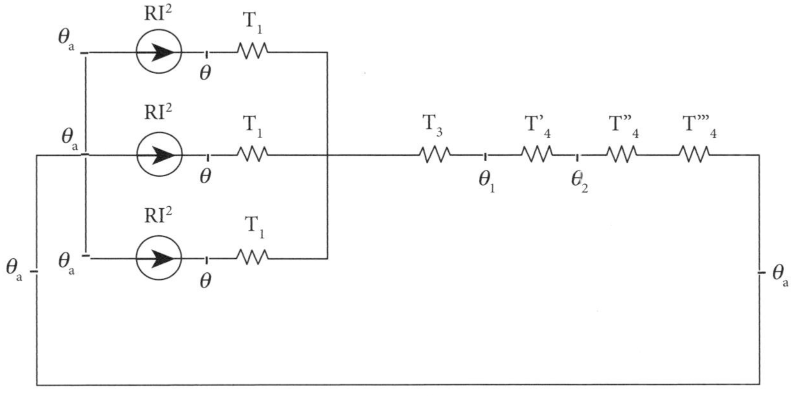

Figura 12.40 – Circuito térmico de cada um dos dutos.

θ = temperatura no condutor (°C)

θ_a = temperatura ambiente (°C)

R = resistência elétrica do condutor em corrente alternada e na temperatura de operação (Ω/m)

I = capacidade de condução de corrente (A)

T_1 = resistência térmica da isolação (K · m/W)

T_3 = resistência térmica da cobertura (K · m/W)

$T_4 = T_4' + T_4'' + T_4'''$ = resistência térmica externa (K · m/W)

Desse circuito, obtém-se a expressão, por analogia com circuitos elétricos:

$$\theta - \theta_a = R \cdot I^2 \cdot T_1 + 3 \cdot R \cdot I^2 \cdot \left(T_3 + T_4\right)$$

que resulta na capacidade de corrente:

$$I = \sqrt{\frac{\theta_c - \theta_a}{R \cdot T_1 + 3 \cdot R \cdot \left(T_3 + T_4\right)}}$$

O cálculo de R, T_1 e T_3 não traz novidades:

$R_{cc20} = 0{,}0801.10^{-3}$ Ω/m (NBR NM-280 ou IEC 60228, classe 5, cobre nu)

$$R_{ccT} = R_{cc20} \cdot \left[1 + \alpha_{20} \cdot (\theta_c - 20)\right]$$

$$\alpha_{20} = 0{,}00393\ ^{\circ}\mathrm{C}^{-1}$$

$$R_{ccT} = 0{,}102.10^{-3}\,\Omega/\mathrm{m}$$

$$x_s = \sqrt{\frac{8 \cdot \pi \cdot f}{R_{ccT}} \cdot 10^{-7} \cdot k_s}$$

$$x_s = 1{,}215$$

$$y_s = \frac{x_s^4}{192 + 0{,}8 \cdot x_s^4}$$

$$y_s = 0{,}0113$$

$$x_p = \sqrt{\frac{8 \cdot \pi \cdot f}{R_{ccT}} \cdot 10^{-7} \cdot k_p}$$

$$x_p = 1{,}215$$

$$y_p = \frac{x_p^4}{192 + 0{,}8 \cdot x_p^4} \cdot \left(\frac{d_c}{s}\right)^2 \cdot \left[0{,}312 \cdot \left(\frac{d_c}{s}\right)^2 + \frac{1{,}18}{\dfrac{x_p^4}{192 + 0{,}8 \cdot x_p^4} + 0{,}27}\right]$$

$$y_p = 0{,}0342$$

$$R = R_{ccT} \cdot (1 + y_s + y_p)$$

$$R = 0{,}107 \cdot 10^{-3}\,\Omega/\mathrm{m}$$

$$T_1 = \frac{\rho_1}{2 \cdot \pi} \cdot ln\left(1 + \frac{2 \cdot t_1}{d_c}\right)$$

$$T_1 = \frac{3{,}5}{2 \cdot \pi} \cdot ln\left(1 + \frac{2 \cdot 2{,}2}{21{,}5}\right)$$

$$T_1 = 0{,}104\ \mathrm{K \cdot m/W}$$

$$T_3 = \frac{\rho_3}{2 \cdot \pi} \cdot ln\left(1 + \frac{2 \cdot t_3}{d_3}\right)$$

$$T_3 = \frac{5{,}0}{2 \cdot \pi} \cdot ln\left(1 + \frac{2 \cdot 2{,}5}{55{,}9}\right)$$

$$T_3 = 0{,}068 \text{ K} \cdot \text{m/W}$$

A resistência térmica externa T_4 é a soma de três parcelas:

T_4' = resistência térmica entre o cabo e a parede interna do eletroduto;

T_4'' = resistência térmica do eletroduto;

T_4''' = resistência térmica externa ao eletroduto.

$$T'_4 = \frac{U}{1 + 0{,}1 \cdot \left(V + Y \cdot \theta_m\right) \cdot D_f}$$

$U = 1{,}87$

$V = 0{,}312$

$Y = 0{,}0037$

$D_f = D_e = 60{,}9$ mm

Considerando-se, inicialmente, a temperatura média no eletroduto igual a 60 °C:

$T_4' = 0{,}440$ K·m/W

$$T''_4 = \frac{\rho_d}{2 \cdot \pi} \cdot ln \frac{D_o}{D_d}$$

O duto é de PVC (resistividade térmica $\rho_d = 6{,}0$ K · m/W), com diâmetro externo $D_o = 101{,}6$ mm e diâmetro interno $D_d = 91{,}6$ mm. Portanto:

$T_4'' = 0{,}099$ K·m/W

No cálculo de T_4''' é preciso considerar o aquecimento mútuo com o outro duto. Conforme a IEC 60287-2-1, Seção 4.2.4.1.2, considerando o duto como se fosse um cabo enterrado:

$$T'''_4 = \frac{\rho_4}{\pi} \cdot \left[ln(2 \cdot u) - 0,295 \right]$$

$$u = \frac{2 \cdot L}{D} = \frac{2 \cdot 800}{101,6} = 15,75$$

Resistividade térmica do solo = ρ_4 = 1,5 K · m/W

T_4''' = 1,506 K · m/W

Essa expressão é válida para valores de $u > 5$.

O valor da resistência térmica externa pode ser, agora, calculado por:

$$T_4 = T'_4 + T''_4 + T'''_4$$

$$T_4 = 2,045 \text{ K} \cdot \text{m/W}$$

$$I = \sqrt{\frac{\theta_c - \theta_a}{R \cdot T_1 + 3 \cdot R \cdot (T_3 + T_4)}}$$

$$I = \sqrt{\frac{90 - 20}{0,107 \cdot 10^{-3} \cdot 0,104 + 3 \cdot 0,107 \cdot 10^{-3} \cdot (0,068 + 2,045)}}$$

$$I = 319 \ A$$

Recalculando a temperatura média no eletroduto por meio do circuito térmico:

$$\theta_1 = \theta - R \cdot I^2 \cdot T_1 - 3 \cdot R \cdot I^2 \cdot T_3 = 86,65 \text{ °C}$$

$$\theta_2 = \theta_1 - 3 \cdot R \cdot I^2 \cdot T'_4 = 72,28 \text{ °C}$$

$$\theta_m = \frac{\theta_1 + \theta_2}{2} = 79,5 \text{ °C}$$

Com esse novo valor, recalcula-se T_4':

$$T'_4 = \frac{1,87}{1 + 0,1 \cdot (0,312 + 0,0037 \cdot 79,5) \cdot 60,9} = 0,399 \text{ K} \cdot \text{m/W}$$

e recalcula-se T_4 e a corrente:

$$T_4 = 0,399 + 0,099 + 1,506 = 2,004 \text{ K}\cdot\text{m/W}$$

$$I = \sqrt{\frac{90-20}{0,107\cdot 10^{-3}\cdot 0,104 + 3\cdot 0,107\cdot 10^{-3}\cdot\left(0,068+2,004\right)}} = 322 \text{ A}$$

e recalcula-se a temperatura média no eletroduto por meio do circuito térmico:

$$\theta_1 = \theta - R\cdot I^2\cdot T_1 - 3\cdot R\cdot I^2\cdot T_3 = 86,58\ ^\circ\text{C}$$

$$\theta_2 = \theta_1 - 3\cdot R\cdot I^2\cdot T'_4 = 73,30\ ^\circ\text{C}$$

$$\theta_m = \frac{\theta_1+\theta_2}{2} = 79,9\ ^\circ\text{C}$$

Com esse novo valor, recalcula-se T_4':

$$T'_4 = \frac{1,87}{1+0,1\cdot\left(0,312+0,0037\cdot 79,9\right)\cdot 60,9} = 0,398 \text{ K}\cdot\text{m/W}$$

e recalcula-se T_4 e a corrente:

$$T_4 = 0,398 + 0,099 + 1,506 = 2,003 \text{ K}\cdot\text{m/W}$$

$$I = \sqrt{\frac{90-20}{0,107\cdot 10^{-3}\cdot 0,104 + 3\cdot 0,107\cdot 10^{-3}\cdot\left(0,068+2,003\right)}} = 322 \text{ A}$$

que é o mesmo valor anterior da corrente.

Portanto, o valor final da capacidade de condução de corrente é:

$\boldsymbol{I = 322}$ **A**

12.9.4 DOIS GRUPOS DE TRÊS CABOS NA HORIZONTAL EM CONTATO DIRETAMENTE ENTERRADOS, SEM TRANSPOSIÇÃO E COM AS BLINDAGENS ATERRADAS EM UM SÓ PONTO

Cabo 1 x 300 mm² – 6/10 kV.

Tabela 12.12 – Dimensões do cabo

Componente	Espessura (mm)	Diâmetro (mm)
Condutor compacto de cobre 300 mm²		19,5
Camada semicondutora do condutor	0,4	20,3
Isolação de EPR	3,4	27,1
Camada semicondutora da isolação	0,4	27,9
Blindagem de fios de cobre 25 mm²	0,7	29,3
Cobertura de PVC	1,9	33,1

R_{cc20} = 0,0601 Ω/km (conforme norma IEC 60228 [18])

Temperatura do solo = 20 °C Frequência = 60 Hz

Temperatura máxima no condutor (normatizada para o EPR) = 90 °C

Blindagem aterrada em um só ponto

Sem transposição

Resistividade térmica do solo = 2,5 K · m/W

Instalação: enterrados a uma profundidade de 900 mm

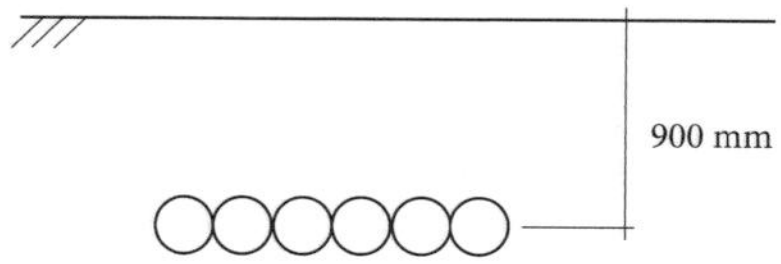

Figura 12.41 – Disposição dos cabos.

Resistência elétrica em corrente contínua a 90 °C:

$$R_{ccT} = R_{cc20} \cdot \left[1 + \alpha_{20} \cdot (\theta - 20)\right]$$

θ = temperatura do condutor = 90 °C

α_{20} = 0,00393 °C^{-1}

R_{ccT} = 0,0766 · 10^{-3} Ω/m

Resistência elétrica em corrente alternada a 90 °C

$$x_s = \sqrt{\frac{8 \cdot \pi \cdot f}{R_{ccT}} \cdot 10^{-7} \cdot k_s}$$

$$x_s = 1,403$$

$$y_s = \frac{x_s^4}{192 + 0,8 \cdot x_s^4}$$

$$y_s = 0,0199$$

$$x_p = \sqrt{\frac{8 \cdot \pi \cdot f}{R_{ccT}} \cdot 10^{-7} \cdot k_p}$$

$$k_p = 1$$

$$x_p = 1,403$$

$$y_p = \frac{x_p^4}{192 + 0,8 \cdot x_p^4} \cdot \left(\frac{d_c}{s}\right)^2 \cdot \left[0,312 \cdot \left(\frac{d_c}{s}\right)^2 + \frac{1,18}{\dfrac{x_p^4}{192 + 0,8 \cdot x_p^4} + 0,27}\right]$$

$$d_c = 19,5 \text{ mm}$$

$$s = 33,1 \text{ mm}$$

$$y_p = 0,0288$$

$$R = R_{ccT} \cdot \left(1 + y_s + y_p\right)$$

$$R = 0,0766 \cdot 10^{-3} \cdot \left(1 + 0,0199 + 0,0288\right)$$

$$R = 0,0803 \cdot 10^{-3}\,\Omega/\text{m}$$

Resistência térmica da isolação

$$T_1 = \frac{\rho_1}{2 \cdot \pi} \cdot ln\left(1 + \frac{2 \cdot t_1}{d_c}\right)$$

Da Tabela 12.1, $\rho_1 = 5{,}0$ K · m/W

$t_1 = 0{,}4 + 3{,}4 + 0{,}4 = 4{,}2$ mm

$d_c = 19{,}5$ mm

$T_1 = 0{,}285$ K · m/W

Resistência térmica da cobertura

$$T_3 = \frac{\rho_3}{2 \cdot \pi} \cdot ln\left(1 + \frac{2 \cdot t_3}{d_3}\right)$$

Da Tabela 12.2, $\rho_3 = 5{,}0$ K · m/W

$t_3 = 1{,}9$ mm

$d_3 = 29{,}3$ mm

$T_3 = 0{,}097$ K · m/W

Fator de perdas na blindagem

Inicialmente, calcula-se a resistência elétrica da blindagem, dada por:

$$R_s = \frac{\rho_T}{S} \cdot F_p$$

R_s = resistência elétrica da blindagem na sua temperatura de operação (Ω/m)

ρ_T = resistividade térmica do material da blindagem na sua temperatura de operação (Ω · mm²/m)

S = seção da blindagem (mm²)

F_p = fator de passo

Foi dado que a blindagem é formada por fios de cobre com seção total de 25 mm² e que a temperatura máxima no condutor é 90 °C. Como é considerado que a temperatura da blindagem esteja 5 °C abaixo da temperatura do condutor, então, esta é de 85 °C.

Corrigindo a resistividade térmica da blindagem para essa temperatura:

$$\rho_T = \rho_{20} \cdot \left[1 + \alpha_{20} \cdot (\theta_s - 20)\right]$$

θ_s = temperatura da blindagem = 85 °C

α_{20} = 0,00393 °C^{-1}

ρ_{20} = 0,017241 Ω · mm²/m

ρ_T = 0,021645 Ω · mm²/m

Do Capítulo 2, o fator de passo é dado por:

$$F_p = \sqrt{\frac{K^2 + \pi^2}{K^2}}$$

com o passo dado por $K \cdot d_s$, onde K é um fator multiplicativo e d_s é o diâmetro médio da blindagem. O passo normalmente não é dado, mas o valor de K normalmente está entre 6 e 12. Assim, pode ser assumido $K = 6$ e, portanto, $F_p = 1{,}129$.

Como a seção da blindagem foi dada como sendo 25 mm², então:

$$R_s = \frac{\rho_T}{S} \cdot F_p = \frac{0{,}021645}{25} \cdot 1{,}129 = 0{,}000977\ \Omega/\text{m}$$

Como a blindagem está aterrada em somente um ponto, não haverá corrente circulante, somente correntes parasitas ($\lambda_1 = \lambda'_1 + \lambda''_1 = 0 + \lambda''_1 = \lambda''_1$), e o cálculo do fator de perdas λ_1 é feito conforme 2.3.6.1 da IEC 60287-1-1 [11] (não importa, nesse caso, se há ou não transposição):

Calculam-se os três valores para λ''_1 e adota-se o maior:

$$\lambda''_1 = \frac{R_s}{R}\left[g_s \lambda_o \left(1 + \Delta_1 + \Delta_2\right) + \frac{\left(\beta_1 t_s\right)^4}{12 \times 10^{12}}\right]$$

$$g_s = 1 + \left(\frac{t_s}{D_s}\right)^{1,74} \left(\beta_1 D_s\, 10^{-3} - 1{,}6\right)$$

$$\beta_1 = \sqrt{\frac{4\pi\omega}{10^7 \rho_s}}$$

$$m = \frac{\omega}{R_s} 10^{-7}$$

a) Cabo central

$$\lambda_o = 6\left(\frac{m^2}{1+m^2}\right)\left(\frac{d}{2s}\right)^2$$

$$\Delta_1 = 0,86\, m^{3,08}\left(\frac{d}{2s}\right)^{(1,4m+0,7)}$$

$$\Delta_2 = 0$$

b) Cabo externo com a fase adiantada

$$\lambda_o = 1,5\left(\frac{m^2}{1+m^2}\right)\left(\frac{d}{2s}\right)^2$$

$$\Delta_1 = 4,7\, m^{0,7}\left(\frac{d}{2s}\right)^{(0,16m+2)}$$

$$\Delta_2 = 21\, m^{3,3}\left(\frac{d}{2s}\right)^{(1,47m+5,06)}$$

c) Cabo externo com a fase atrasada

$$\lambda_o = 1,5\left(\frac{m^2}{1+m^2}\right)\left(\frac{d}{2s}\right)^2$$

$$\Delta_1 = -\frac{0,74(m+2)m^{0,5}}{2+(m-0,3)^2}\left(\frac{d}{2s}\right)^{(m+1)}$$

$$\Delta_2 = 0,92\, m^{3,7}\left(\frac{d}{2s}\right)^{(m+2)}$$

R_S = Resistência elétrica da blindagem (igual em c.a. ou c.c.) na temperatura máxima de operação da blindagem = 0,000977 Ω/m (já calculado)

R = Resistência elétrica do condutor, em c.a., na temperatura máxima de operação do condutor = $0,0803 \cdot 10^{-3}$ Ω/m

t_s = espessura da blindagem = diâmetro dos fios da blindagem = 0,7 mm

D_s = diâmetro externo da blindagem = 29,3 mm

d = diâmetro médio da blindagem = 29,3 – 0,7 = 28,6 mm

$\omega = 2 \cdot \pi \cdot f$, onde f = frequência (60 Hz)

s = distância entre os eixos dos condutores (mm). Como os cabos estão encostados um ao outro, s é o seu diâmetro externo: s = 33,1 mm

ρ_s = resistividade elétrica do material da blindagem na sua temperatura de operação; no caso, blindagem de fios de cobre, mas em $\Omega \cdot$ m:

$$\rho_s = 1{,}7241 \cdot 10^{-8} \cdot \left[1 + 3{,}93 \cdot 10^{-3} \cdot (\theta - 5 - 20)\right]$$

θ = temperatura máxima de operação do condutor (90 °C)

$\rho_s = 2{,}1645 \cdot 10^{-8}\ \Omega \cdot \text{m}$

Nota: a expressão de β_1 diferencia-se daquela da NBR 11301, pois aqui está sendo usado o valor da resistividade em ohm · metro, em vez de ohm · mm²/m

Calculando, resulta:

m = 0,0385866

β_1 = 147,94

g_s = 1,0041212

- Cabo central

  λ_o = 0,00166

  Δ_1 = 0,0000202

  Δ_2 = 0

  λ_1" = 0,0204

- Cabo externo com a fase adiantada

  λ_o = 0,000416

  Δ_1 = 0,0894

  Δ_2 = 0,0000062

  λ_1" = 0,00565

- Cabo externo com a fase atrasada

  λ_o = 0,000416

  Δ_1 = – 0,0599

  Δ_2 = 0,00000098

  λ_1" = 0,00489

O maior fator de perdas encontrado é para o cabo central e, portanto:

$$\lambda_1 = 0{,}0204$$

Resistência térmica externa.

Como se trata de mais que 3 cabos, será utilizado o descrito em 7.5:

$$T_4 = \frac{\rho_4}{2 \cdot \pi} \cdot ln\left[\left(u + \sqrt{u^2 - 1}\right) \cdot F\right]$$

com:

$$u = \frac{2 \cdot L}{D_e}$$

sendo:

L = profundidade de enterramento = 900 mm

D_e = diâmetro externo dos cabos = 33,1 mm

$$u = \frac{2 \cdot L}{D_e} = \frac{2 \cdot 900}{33{,}1} = 54{,}38$$

ρ_4 = resistividade térmica do solo, dada como 2,5 K · m/W

F = fator obtido pelo método das imagens, conforme segue:

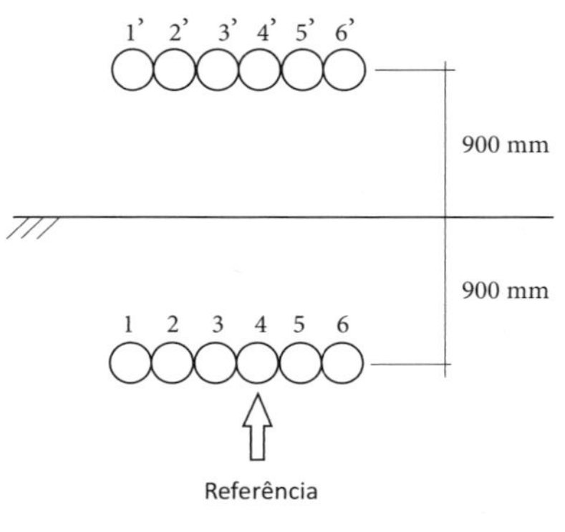

Figura 12.42 – Cabos e suas imagens.

$$d_{41} = 3 \cdot 33{,}1 = 99{,}3 \text{ mm}$$
$$d_{42} = 2 \cdot 33{,}1 = 66{,}2 \text{ mm}$$
$$d_{43} = 33{,}1 \text{ mm}$$
$$d_{45} = d_{43} = 33{,}1 \text{ mm}$$
$$d_{46} = d_{42} = 2 \cdot 33{,}1 = 66{,}2 \text{ mm}$$

$$d_{41'} = \sqrt{d_{41}^2 + (2 \cdot 900)^2} = 1802{,}74 \text{ mm}$$

$$d_{42'} = \sqrt{d_{42}^2 + (2 \cdot 900)^2} = 1801{,}22 \text{ mm}$$

$$d_{43'} = \sqrt{d_{43}^2 + (2 \cdot 900)^2} = 1800{,}30 \text{ mm}$$

$$d_{45'} = d_{43'} = 1800{,}30 \text{ mm}$$

$$d_{46'} = d_{42'} = 1801{,}22 \text{ mm}$$

$$F = \frac{d_{41'}}{d_{41}} \cdot \frac{d_{42'}}{d_{42}} \cdot \frac{d_{43'}}{d_{43}} \cdot \frac{d_{45'}}{d_{45}} \cdot \frac{d_{46'}}{d_{46}}$$

$$F = \frac{1802{,}74}{99{,}3} \cdot \frac{1801{,}22}{66{,}2} \cdot \frac{1800{,}30}{33{,}1} \cdot \frac{1800{,}30}{33{,}1} \cdot \frac{1801{,}22}{66{,}2}$$

$$F = 39.758.974$$

Portanto:

$$T_4 = \frac{\rho_4}{2 \cdot \pi} \cdot ln\left[\left(u + \sqrt{u^2 - 1}\right) \cdot F\right] = \frac{2{,}5}{2 \cdot \pi} \cdot ln\left[\left(54{,}38 + \sqrt{54{,}38^2 - 1}\right) \cdot 39758974\right]$$

$$T_4 = 8{,}828 \text{ K} \cdot \text{m/W}$$

Capacidade de condução de corrente

$$I = \sqrt{\frac{\Delta\theta}{R \cdot T_1 + n \cdot R \cdot (1 + \lambda_1) \cdot (T_3 + T_4)}}$$

$$I = \sqrt{\frac{90 - 20}{0{,}0803 \cdot 10^{-3} \cdot 0{,}285 + 1 \cdot 0{,}0803 \cdot 10^{-3} \cdot (1 + 0{,}0204) \cdot (0{,}097 + 8{,}828)}}$$

$\boldsymbol{I = 307 \text{ A}}$

12.9.5 DOIS CABOS TRIPOLARES DE BAIXA TENSÃO ENTERRADOS E ENCOSTADOS UM NO OUTRO

Cabo 3 x 70 mm² – 0,6/1 kV.

Tabela 12.13 – Dimensões do cabo

Componente	Espessura (mm)	Diâmetro (mm)
Condutor de cobre nu flexível classe 5		11,0
Isolação de HEPR	1,6	14,2
Reunião dos condutores isolados		30,7
Cobertura de PVC	1,8	34,3

$R_{cc20} = 0{,}272\ \Omega/\text{km}$ (conforme norma IEC 60228 [18])

Temperatura do solo = 20 °C Frequência = 60 Hz

Temperatura máxima no condutor (normatizada para o HEPR) = 90 °C

Resistividade térmica do solo = 2,5 K · m/W

Instalação: enterrados a uma profundidade de 700 mm

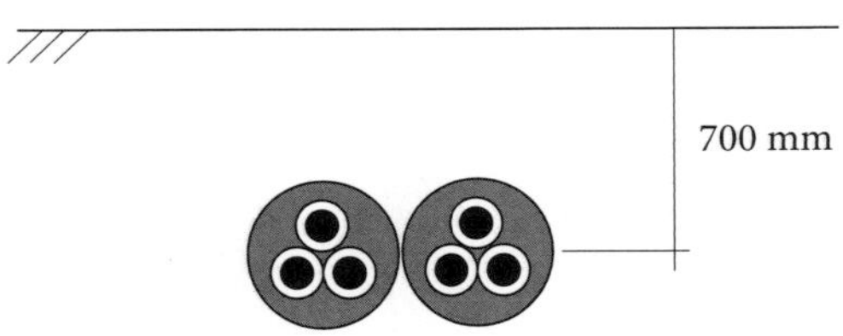

Figura 12.43 – Instalação de 12.9.5.

Nota: o objetivo desse exemplo é uma comparação com os valores tabelados da norma IEC 60364-5-52:2011 [5]

Resistência elétrica em corrente contínua e alternada na temperatura de operação (90 °C).

$R_{ccT} = 0{,}347\ \Omega/\text{km}$

$x_s = x_p = 0{,}659$

$y_s = 0{,}000984$

$y_p = 0{,}00268$

$R = 0{,}348 \cdot 10^{-3}\ \Omega/\text{m}$

Resistência térmica da isolação

$$T_1 = \frac{\rho_1}{2 \cdot \pi} \cdot ln\left(1 + \frac{2 \cdot t_1}{d_c}\right)$$

Da Tabela 12.1, $\rho_1 = 3{,}5\ \text{K} \cdot \text{m/W}$

$t_1 = 1{,}6$ mm

$d_c = 11{,}0$ mm

$T_1 = 0{,}142\ \text{K} \cdot \text{m/W}$

Resistência térmica da cobertura.

$$T_3 = \frac{\rho_3}{2 \cdot \pi} \cdot ln\left(1 + \frac{2 \cdot t_3}{d_3}\right)$$

Da Tabela 12.2, $\rho_3 = 5{,}0\ \text{K} \cdot \text{m/W}$

$t_3 = 1{,}8$ mm

$d_3 = 30{,}7$ mm

$T_3 = 0{,}088\ \text{K} \cdot \text{m/W}$

Resistência térmica externa.

Não existe metodologia para cabos tripolares em contato na IEC 60287-2-1:2015 [11]; portanto, será utilizado o descrito em 7.5:

$$T_4 = \frac{\rho_4}{2 \cdot \pi} \cdot ln\left[\left(u + \sqrt{u^2 - 1}\right) \cdot F\right]$$

com:

$$u = \frac{2 \cdot L}{D_e}$$

sendo:

L = profundidade de enterramento = 700 mm

D_e = diâmetro externo dos cabos = 34,3 mm

$$u = \frac{2 \cdot L}{D_e} = \frac{2 \cdot 700}{34,3} = 40,82$$

ρ_4 = resistividade térmica do solo, dada como 2,5 K · m/W

F = fator obtido pelo método das imagens, conforme segue:

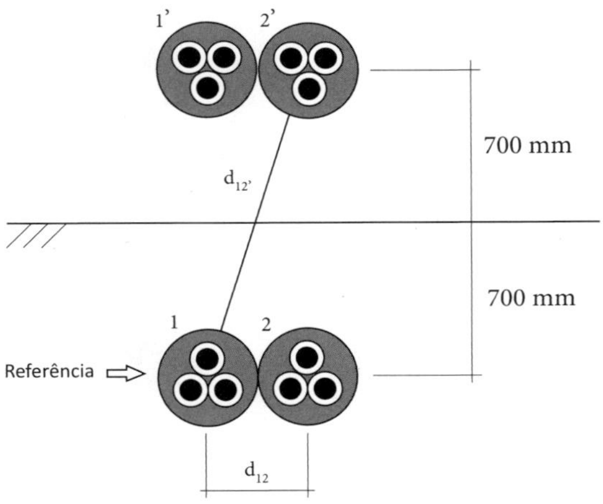

Figura 12.44 – Cabos e suas imagens.

d_{12} = diâmetro externo do cabo = 34,3 mm

$$d_{12'} = \sqrt{d_{12}^2 + (2 \cdot 700)^2} = 1400,42 \text{ mm}$$

$$F = \frac{d_{12'}}{d_{12}} = \frac{1400,42}{34,3} = 40,83$$

Se houvesse somente um cabo:

$$T_4 = \frac{\rho_4}{2 \cdot \pi} \cdot ln\left(u + \sqrt{u^2 - 1}\right) = 1{,}752 \text{ K} \cdot \text{m/W}$$

$$I = \sqrt{\frac{\Delta\theta}{R \cdot T_1 + n \cdot R \cdot (T_3 + T_4)}} = 188 \text{ A}$$

$n = 3$ condutores no cabo

Nota: o valor da Tabela B.52.5 da norma IEC 60364-5-52:2011 [5] é 188 A, exatamente o valor calculado.

Havendo dois cabos em contato:

$$T_4 = \frac{\rho_4}{2 \cdot \pi} \cdot ln\left[\left(u + \sqrt{u^2 - 1}\right) \cdot F\right] = 3{,}227 \text{ K} \cdot \text{m/W}$$

$$I = \sqrt{\frac{\Delta\theta}{R \cdot T_1 + n \cdot R \cdot (T_3 + T_4)}} = 137\ A$$

$n = 3$ condutores no cabo

O fator de agrupamento calculado seria:

$$K = \frac{137}{188} = 0{,}73$$

Nota: o fator de agrupamento dado na Tabela B.52.18 da norma IEC 60364-5-52:2011 [5] é 0,75 – citado como valor médio para todas as seções e tipos de cabos do método de instalação. Portanto, ao que parece, a metodologia utilizada para a construção das tabelas da IEC 60364-5-52:2011 [5] foi a mesma aqui utilizada, embora não seja explícita na IEC 60287-2-1:2015 [11].

12.9.6 TRÊS TRIFÓLIOS FORMADOS POR CABOS DE MÉDIA TENSÃO, EM CONTATO, AO AR LIVRE PROTEGIDOS DO SOL

Figura 12.45 – Instalação do exemplo 12.9.6.

Cabo 1 x 120 mm² – 12/20 kV.

Tabela 12.14 – Dimensões do cabo

Componente	Espessura (mm)	Diâmetro (mm)
Condutor compacto de cobre 120 mm²		12,4
Camada semicondutora do condutor	0,4	13,2
Isolação de XLPE	5,5	24,2
Camada semicondutora da isolação	0,4	25,0
Blindagem de fios de cobre 6 mm²	0,7	26,4
Cobertura de PVC	1,8	30,0

$R_{cc20} = 0{,}153\ \Omega/\text{km}$ (conforme norma IEC 60228 [18])

Temperatura ambiente = 30 °C Frequência = 60 Hz

Temperatura máxima no condutor (normatizada para o XLPE) = 90 °C

Blindagens aterradas em vários pontos.

O primeiro passo é determinar a capacidade de condução de corrente dos cabos de um trifólio, desprezando os demais. Para isso, já que o cabo é o mesmo do exemplo 12.8.1, sendo também instalado em trifólio com a blindagem aterrada em mais de um ponto, pode-se usar os resultados de 12.8.2, 12.8.3, 12.8.4, 12.8.5, 12.8.6 e 12.8.7:

$$R = 0{,}196 \cdot 10^{-3}\ \Omega/\text{m}$$

$$W_d = 0$$

$$T_1 = 0{,}391\ \text{K} \cdot \text{m/W}$$

$T_3 = 0{,}102 \text{ K} \cdot \text{m/W}$

$\lambda_1 = 0{,}00538$

$T_4 = 1{,}296 \text{ K} \cdot \text{m/W}$

$I = 413 \text{ A}$

Para o cálculo do agrupamento, utiliza-se a norma IEC 60287-2-2 [15].

Conforme esse método, a capacidade de corrente do cabo mais quente do grupo (I_g) é dada por:

$$I_g = F_g \cdot I_t$$

onde I_t é a capacidade de corrente de um cabo de um circuito isolado, ou seja, a corrente de 413 A já calculada e F_g é o fator de agrupamento, calculado por:

$$F_g = \sqrt{\frac{1}{1 - k_I + k_I \cdot \left(T_{4g} / T_{4I}\right)}}$$

onde:

k_I = fator de aumento superficial da temperatura, dado por:

$$k_I = \frac{W \cdot T_{4I}}{\theta - \theta_a}$$

W = perda Joule de um dos cabos em trifólio, considerando um circuito isolado, ou seja, para esse caso:

$$W = R \cdot \left(1 + \lambda_1\right) \cdot I_t^2$$

θ = temperatura máxima do condutor em regime permanente (°C)

θ_a = temperatura ambiente (°C)

R = resistência elétrica do condutor utilizada no cálculo de I_t (Ω/m)

λ_1 = fator de perdas na blindagem utilizado no cálculo de I_t

T_{4I} = resistência térmica externa utilizada no cálculo de I_t (K · m/W)

T_{4g} = resistência térmica externa do cabo mais quente do agrupamento (K·m/W)

O termo (T_{4g}/T_{4I}) é calculado por:

$$\left(T_{4g}/T_{4I}\right)_{n+1} = \left(h_I/h_g\right) \cdot \sqrt[4]{\frac{1-k_I}{\left(T_{4g}/T_{4I}\right)_n} + k_I}$$

O cálculo é feito por iterações sucessivas, iniciando com $(T_{4g}/T_{4I})_1 = (h_I/h_g)$

A razão (h_I/h_g) é dada pela Tabela 1 da IEC 60287-2-2 [15], reproduzida em parte a seguir:

Tabela 12.15 – Dados para cálculo dos coeficientes de redução para cabos agrupados ao ar livre e protegidos da radiação solar

Arranjo dos cabos		O efeito térmico de proximidade é desprezível se e/D_e for maior ou igual a:	Efeito térmico de proximidade não desprezível	
			Se e/D_e for menor que:	**Valor médio de (h_I/h_g)**
2 multipolares	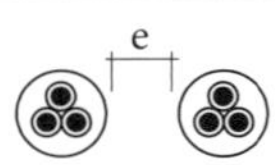	0,5	0,5	1,41
3 multipolares	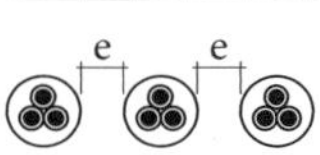	0,75	0,75	1,65
2 trifólios	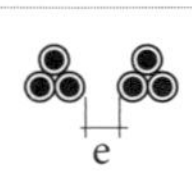	1,0	1,0	1,2
3 trifólios	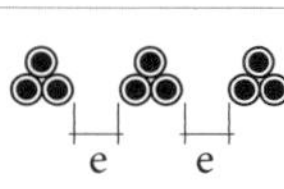	1,5	1,5	1,25
2 multipolares	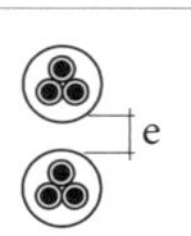	2	2 ou 0,5	$1{,}085 \cdot (e/D_e)^{-0{,}128}$ ou 1,35
3 multipolares	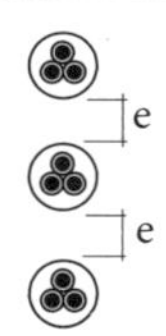	4	4 ou 0,5	$1{,}19 \cdot (e/D_e)^{-0{,}135}$ ou 1,57
2 trifólios	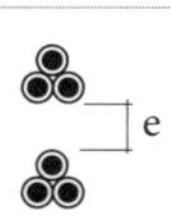	4	4 ou 0,5	$1{,}106 \cdot (e/D_e)^{-0{,}078}$ ou 1,39

Nota: *e* é o espaçamento (ver figuras da tabela) e *De* é o diâmetro externo do cabo.

Assim, para esse exemplo, $(h_I/h_g) = 1{,}25$

Fazendo os cálculos:

$$W = R\cdot(1+\lambda_1)\cdot I_t^2 = 0{,}196\cdot 10^{-3}\cdot(1+0{,}00538)\cdot 413^2 = 33{,}61\ \text{W/m}$$

$$k_I = \frac{W\cdot T_{4I}}{\theta-\theta_a} = \frac{33{,}61-1{,}296}{90-30} = 0{,}539$$

$$(T_{4g}/T_{4I})_2 = (h_I/h_g)\cdot\sqrt[4]{\frac{1-k_I}{(T_{4g}/T_{4I})_1}+k_I} = 1{,}25\cdot\sqrt[4]{\frac{1-0{,}539}{1{,}25}+0{,}539} = 1{,}220$$

$$(T_{4g}/T_{4I})_3 = (h_I/h_g)\cdot\sqrt[4]{\frac{1-k_I}{(T_{4g}/T_{4I})_2}+k_I} = 1{,}25\cdot\sqrt[4]{\frac{1-0{,}539}{1{,}220}+0{,}539} = 1{,}223$$

$$(T_{4g}/T_{4I})_4 = (h_I/h_g)\cdot\sqrt[4]{\frac{1-k_I}{(T_{4g}/T_{4I})_3}+k_I} = 1{,}25\cdot\sqrt[4]{\frac{1-0{,}539}{1{,}223}+0{,}539} = 1{,}223$$

$$F_g = \sqrt{\frac{1}{1-k_I+k_I\cdot(T_{4g}/T_{4I})}} = \sqrt{\frac{1}{1-0{,}539+0{,}539\cdot 1{,}223}} = 0{,}94$$

Portanto, a capacidade de condução de corrente dos cabos do agrupamento é:

$$I_g = F_g\cdot I_t = 0{,}94\cdot 413$$

$$\boldsymbol{I = 388\ \text{A}}$$

Nota: a metodologia dada na IEC 60287-2-2 [15] é muito restrita. Somente é aplicável a cabos unipolares em trifólio e cabos multipolares, não havendo valores de (h_I/h_g) para cabos unipolares em formação plana, e só prevê fatores até 9 cabos multipolares ou 6 grupos de cabos unipolares em trifólio e em distribuições definidas.

REFERÊNCIAS

[1] NEHER, J.H.; McGRATH, M.H. (1957). The calculation of the temperature rise and load capability of cable systems. AIEE Summer General Meeting.

[2] ASSOCIAÇÃO BRASILEIRA DE NORMAS TÉCNICAS (ABNT). (1990). Norma NBR 11301. Cálculo da capacidade de condução de corrente de cabos isolados em regime permanente (fator de carga 100 %).

[3] ASSOCIAÇÃO BRASILEIRA DE NORMAS TÉCNICAS (ABNT). (2004). Norma NBR 5410. Instalações elétricas de baixa tensão.

[4] ASSOCIAÇÃO BRASILEIRA DE NORMAS TÉCNICAS (ABNT). (2005). Norma NBR 14039. Instalações elétricas de média tensão de 1,0 kV a 36,2 kV.

[5] INTERNATIONAL ELECTROTECHNICAL COMMISSION (IEC). (2009). Norma IEC 60364-5-52. Low-voltage electrical installations – Part 5-52: Selection and erection of electrical equipment. Wiring systems.

[6] INTERNATIONAL ELECTROTECHNICAL COMMISSION (IEC). (2014). Norma IEC 60502-2. Power cables with extruded insulation and their accessories for rated voltages from 1 kV (Um = 1,2 kV) up to 30 kV (Um = 36 kV) – Part 2: Cables for rated voltages from 6 kV (Um = 7,2 kV) up to 30 kV (Um = 36 kV).

[7] INTERNATIONAL ELECTROTECHNICAL COMMISSION (IEC). (2017). Norma IEC 60287-2-3. Electric cables. Calculation of the current rating – Part 2-3: Thermal resistance. Cables installed in ventilated tunnels.

[8] INTERNATIONAL ELECTROTECHNICAL COMMISSION (IEC). (2007). Norma IEC 60287-3-3. Electric cables. Calculation of the current rating – Part 3-3: Sections on operating conditions. Cables crossing external heat sources.

[9] ASSOCIATION FRANÇAISE DE NORMALISATION (AFNOR). (2009). Norma NF C 13-200. Installations électriques à haute tension. Règles complémentaires pour les sites de production et les installations industrielles, tertiaires et agricoles.

[10] INTERNATIONAL ELECTROTECHNICAL COMMISSION (IEC). (2014). Norma IEC 60287-1-1. Electric cables. Calculation of the current rating – Part 1-1: Current rating equations (100 % load factor) and calculation of losses.

[11] INTERNATIONAL ELECTROTECHNICAL COMMISSION (IEC). (2015). Norma IEC 60287-2-1. Electrical cables. Calculation of the current rating – Part 2-1: Thermal resistance. Calculation of thermal resistance.

[12] ANDERS, George J. (1997). Rating of electrical power cables. Ampacity computations for transmission, distribution, and industrial applications. McGraw-Hill, IEEE Press Power Engineering Series.

[13] TERRACCIANO, M. et al. (2012). Thermal analysis of cables in unfilled troughs: investigation of the IEC Standard and a methodical approach for cable rating, IEEE Transactions on Power Delivery, vol. 27, n. 3.

[14] PILGRIM, J. A. et al. (2012). Rating of cables in unfilled surface troughs, IEEE.

[15] INTERNATIONAL ELECTROTECHNICAL COMMISSION (IEC). (1995). Norma IEC 60287-2-2. Electric cables. Calculation of the current rating – Part 2: Thermal resistance. Section 2: A method for calculating reduction factors for group of cables in free air, protected from solar radiation.

[16] KOVAC, N., ANDERS, G. J., POLJAK, D. (2009). An improved formula for external thermal resistance of three buried single-core metal-sheathed touching cables in flat formation, IEEE Transactions on Power Delivery, vol. 24, n. 1.

[17] ANDERS, George J. (2005). Rating of electrical power cables in unfavorable thermal environment. John Wiley & Sons Inc., IEE Press.

[18] INTERNATIONAL ELECTROTECHNICAL COMMISSION (IEC). (2004). Norma IEC 60228. Conductors of insulated cables.

CAPÍTULO 13
Capacidade de condução de corrente com fator de carga menor que 100 % (cargas variáveis ou cíclicas)

13.1 INTRODUÇÃO

Um dos dimensionamentos de cabos isolados mais utilizados em instalações elétricas em qualquer tensão é aquele que define a seção dos condutores pela sua capacidade de condução de corrente elétrica. A metodologia de cálculo evoluiu durante décadas, desde o trabalho de Neher e McGrath [1] de 1957, principalmente através das normas técnicas da IEC, que adotaram esse citado trabalho inicialmente e, a partir dele, evoluíram até o que hoje se tornou a série de normas IEC 60287. No Brasil, com base no que, na época, era a IEC 287 (precursora da atual série IEC 60287), foi criada uma norma técnica para o dimensionamento do condutor pela sua corrente elétrica máxima suportável em regime permanente (ou, como também se diz, pela sua ampacidade), a norma ABNT NBR 11301 [2].

Essas normas definem a corrente máxima permissível no condutor, mas para uma condição específica e dificilmente condizente com a realidade: com fator de carga 100 %. Isso significa que a corrente máxima definida é considerada como estando em permanente circulação pelo condutor.

Quando se dimensiona um circuito de baixa tensão para uma instalação predial, em geral já se leva em consideração nesse dimensionamento o fator de demanda (relação entre a demanda máxima e a potência instalada), que reduz a corrente máxima necessária do circuito. Com essa consideração, deve-se, então, utilizar realmente a capacidade de corrente calculada para um fator de carga (relação entre a demanda média e a demanda máxima) de 100 %. Em várias situações, entretanto, não se considera o fator de demanda e o fato de a corrente nem sempre ser a máxima permite que se aumente esse valor máximo; por exemplo, em um circuito que tenha como corrente máxima o valor de 500 A, mas essa corrente máxima somente ocorra durante alguns minutos do dia, poderia ser utilizado um condutor cuja ampacidade fosse, digamos, 450 A.

Esse critério nem sempre pode ser considerado. Nos cabos instalados ao ar livre, a temperatura no condutor segue as variações do valor da corrente de forma muito rápida, de modo que os ciclos diários usuais não permitem valores maiores que o valor da corrente calculada a 100 % do fator de carga; assim, não se considera o fator de carga para instalações ao ar livre [3]. Como a base desse dimensionamento é não permitir que, em nenhum momento, o condutor ultrapasse a temperatura máxima permissível, a corrente máxima é definida como a corrente que leva o condutor a essa temperatura.

13.2 FATOR DE CARGA

O cálculo tradicional da capacidade de condução de corrente de um cabo isolado é feito conforme metodologias descritas nas normas IEC 60287 [4],[5] ou ABNT NBR 11301 [2], com base no circuito térmico que representa o cabo. Por exemplo:

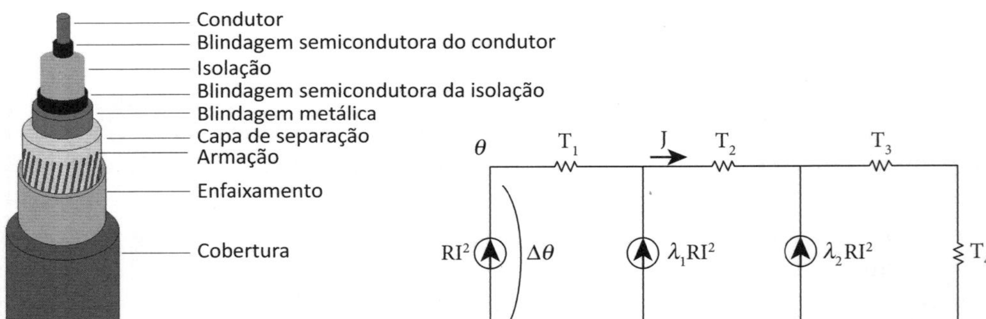

Figura 13.1 – Exemplo de cabo isolado e seu circuito térmico.

R = resistência elétrica do condutor, em corrente alternada (Ω/m)

I = corrente elétrica (A)

J = quantidade de calor por segundo

θ = temperatura no condutor (°C)

θ_a = temperatura ambiente (°C)

T_1 = resistência térmica da isolação, incluindo semicondutoras, se houver (K · m/W)

T_2 = resistência térmica da capa interna (K · m/W)

T_3 = resistência térmica da cobertura (K · m/W)

T_4 = resistência térmica externa do cabo (K · m/W)

λ_1 = relação entre as perdas na blindagem e as perdas no condutor

λ_2 = relação entre as perdas na armação e as perdas no condutor

A premissa básica é que a temperatura da isolação não ultrapasse um valor máximo, o que degradaria as características do material. Como o condutor está em contato com a isolação, ou o sistema semicondutora/isolação, essa temperatura máxima é considerada como sendo a temperatura máxima no condutor. Além disso, não importa se a temperatura do condutor é sempre a máxima ou se é atingida somente durante alguns instantes: parte-se da premissa de que, se a temperatura do condutor ultrapassar a máxima, o sistema da isolação degradar-se-á em determinado grau.

O condutor é a fonte de calor por efeito Joule, e esse calor migra do condutor para o meio ambiente até que o equilíbrio térmico seja estabelecido. Isso leva um certo tempo, mais rapidamente no caso de cabos ao ar livre e mais demoradamente no caso de cabos diretamente enterrados ou em dutos enterrados. A temperatura sobe exponencialmente em cada ponto da instalação, incluindo o condutor, de forma que se pode falar em uma "constante de tempo" térmica do sistema, o que leva à ideia de "capacitância térmica". O caso do efeito de uma corrente permanente no circuito pode ser exemplificado pela Figura 13.2:

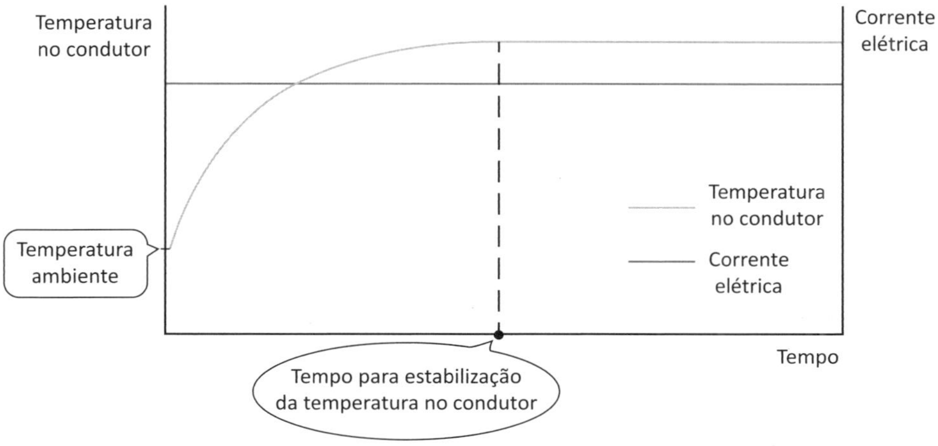

Figura 13.2 – Corrente permanente x variação da temperatura.

Já uma corrente intermitente, aumentando e diminuindo de valor durante o tempo, provoca um consequente aumento e diminuição da temperatura, que se dá com maior ou menor rapidez dependendo da instalação:

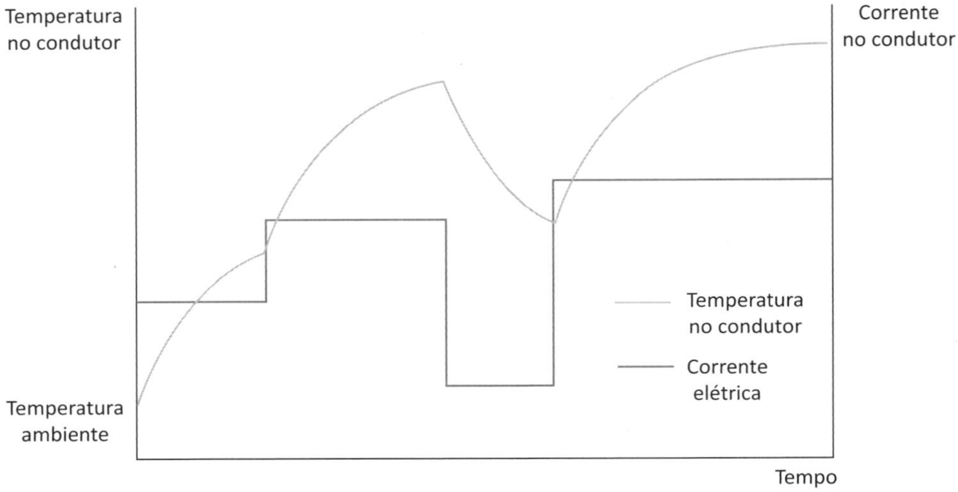

Figura 13.3 – Variação da temperatura x variação de corrente.

Para que não haja danos à isolação, nenhum valor de temperatura pode atingir o valor máximo especificado, ou seja, não se trata de estabelecer uma média das temperaturas.

Dependendo da constante de tempo térmica do sistema, pode ser que horas ou dias sejam necessários para que a temperatura no condutor atinja seu valor máximo e, antes disso, pode ser que a corrente diminua, entrando em outro ciclo. É nesses casos que se aplica um fator ao valor da capacidade de corrente do cabo, permitindo aumentar esse valor, de forma que a temperatura máxima, mesmo assim, não seja atingida.

Esse fator é o chamado "fator de carga (*F*)", definido como sendo a relação:

$$F = \frac{Demanda\ Média}{Demanda\ Máxima}$$

ou, em termos de corrente elétrica no condutor:

$$F = \frac{Corrente\ Média}{Corrente\ Máxima}$$

O resultado, expresso em "por unidade" (p.u.), pode também ser expresso em porcentagem:

$$F = \frac{Corrente\ Média}{Corrente\ Máxima} x\, 100\ (\%)$$

Note-se que sempre foi citada uma "constante de tempo térmica do sistema", e não do cabo. Um mesmo cabo, instalado ao ar livre ou enterrado, ou mesmo enterrado em diferentes condições (profundidade, características do terreno, temperatura ambiente), terá constantes de tempo térmicas distintas.

Do exposto, também pode-se concluir que em duas instalações diferentes, com diferentes constantes de tempo térmicas, mas com o mesmo fator de carga, pode ocorrer um caso em que se possa utilizar o fator de carga e outro em que não se possa fazer isso. Por exemplo:

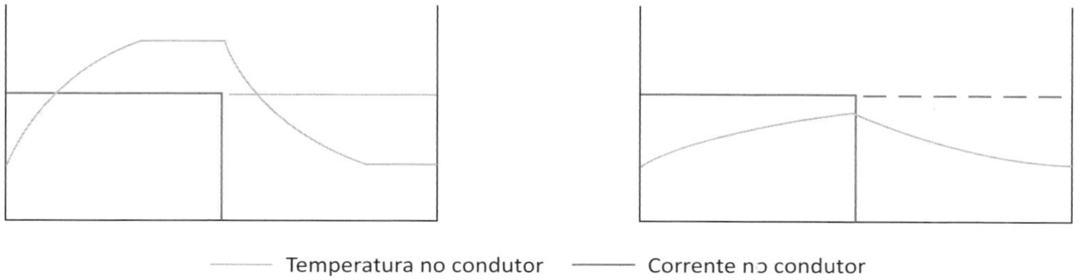

Figura 13.4 – Perfis de temperatura com o mesmo fator de carga.

Em ambos os casos, é aplicada a mesma corrente no condutor, durante o mesmo tempo – 50 % do período –, o que faz com que o fator de carga seja de 50 %. Entretanto, no primeiro caso, a temperatura atinge seu valor máximo e estabiliza-se, o que não permite qualquer aumento na capacidade de corrente do cabo pelo fator de carga. Já no segundo caso, a temperatura não chega a estabilizar-se, o que permite o aumento da corrente admissível no condutor através do uso de um fator multiplicativo.

13.3 MÉTODOS DE DIMENSIONAMENTO

Existem dois principais métodos de dimensionamento considerando-se cargas cíclicas, o método descrito nas normas IEC 60853 [3],[6], que considera o que foi exemplificado pelas últimas figuras, e o método original, conhecido pelo nome de seus criadores como "método Neher-McGrath" [1], utilizado na norma IEEE 835 [7].

Nos dois métodos, parte-se da premissa de que, em virtude da instalação e do ciclo de carga, a temperatura máxima não é atingida se a corrente máxima do ciclo for a corrente nominal do cabo (fator de carga de 100 %). Essa é a maior limitação ao uso desse dimensionamento, pois não há como saber se essa temperatura é ou não atingida sem uma análise da capacitância térmica e da constante de tempo do circuito térmico.

13.3.1 MÉTODO IEC 60853

Esse método considera que uma carga variável tem sua corrente variando constantemente. Embora possa ser tomado qualquer período, considera-se sempre o período de 24 horas.

Como a carga varia constantemente, tomam-se as 6 últimas horas antes da hora em que a temperatura máxima do circuito é atingida, considerando-se que nos demais períodos a temperatura não se aproxima de seu valor máximo. Essa hora em que a temperatura máxima é atingida é estimada por inspeção em um gráfico da distribuição da corrente no tempo (mais recentemente, o mesmo princípio pode aplicar-se à geração variável, como a fotovoltaica, por exemplo).

Nesse método, o objetivo é determinar um fator *M*, maior que a unidade, e que multiplica o valor da ampacidade com fator de carga 100 %.

O que se deve ter inicialmente é uma distribuição dos valores da corrente ao longo do dia, por exemplo (Figura da IEC 60853-1 [3]):

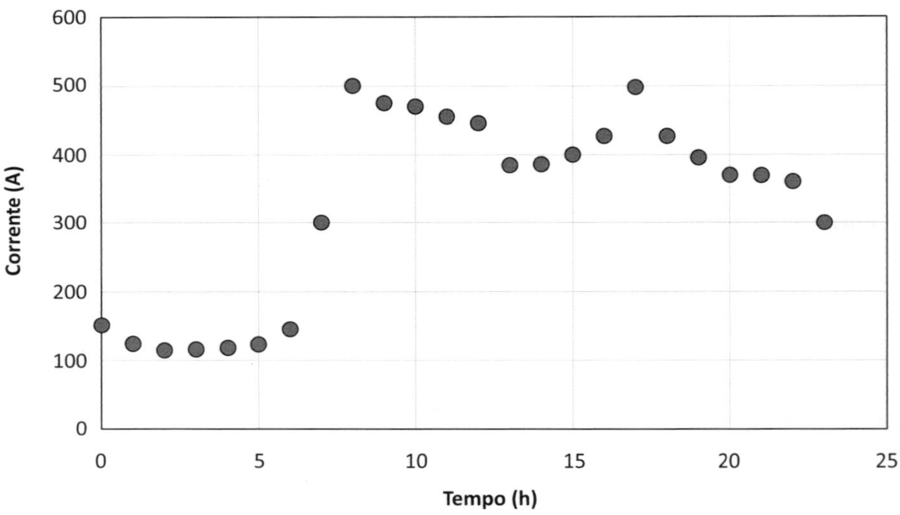

Figura 13.5 – Exemplo de distribuição de corrente.

Considera-se que a corrente no instante *t* mantenha-se pela próxima hora e define-se o valor do fator de perda de carga (*loss load factor*) por:

$$\mu = \frac{\left(\sum_{i=0}^{i=n} \frac{I_i}{I_{pico}} \right)^2}{\Delta t} \tag{13.1}$$

sendo, no exemplo da Figura 13.5, I_i cada valor da corrente, I_{pico} o maior valor de corrente (500 A) e Δt o intervalo de 24 horas.

Estimando-se que o condutor atingirá a maior temperatura às 17h, utilizam-se os dados das 6 horas anteriores ao atingimento da temperatura máxima.

Por meio de vários cálculos, chega-se ao fator M, cuja determinação varia em função da instalação (cabos ou dutos enterrados, cabos ou dutos em contato ou não) e dos ciclos de carga, embora alguns tipos de instalação (como grupos de cabos com perdas diferentes) e de carga não sejam previstos.

Esse método é utilizado quando se conhece o ciclo de variação da corrente elétrica no condutor no período, mas também pode ser utilizado quando somente o fator de perda de carga μ é conhecido. Entretanto, conhece-se o fator de carga, que não é o fator de perda de carga μ.

13.3.2 MÉTODO DE NEHER-MCGRATH/IEEE835

Nesse método, é inicialmente criado um "fator de perdas (f)" que se relaciona com o fator de carga (F) por meio da expressão

$$f = 0,3 \cdot F + 0,7 \cdot F^2 \tag{13.2}$$

Assim, as perdas no cabo variam de acordo com o ciclo de perda diária correspondente a um fator de perda. A partir do exame de um grande número de ciclos de carga e seus fatores de carga e perda correspondentes, essa relação geral teria sido encontrada.

Outros métodos de cálculo da resposta da temperatura de um cabo a uma corrente subitamente injetada no condutor geralmente consideram o circuito térmico dividido em duas partes independentes: a primeira parte compreende os constituintes do cabo situados no interior de sua superfície externa e a segunda parte é o ambiente em que o cabo está inserido [6].

Neher & McGrath [1], entretanto, não consideram exatamente esse limite, que seria o diâmetro externo do cabo (ou do duto, no caso de duto enterrado), mas assume um diâmetro "fictício" D_x. Esse diâmetro fictício depende da difusividade térmica do solo e da duração de cada ciclo de carga. O valor de D_x é dado, empiricamente, por:

$$D_x = 61200\sqrt{\delta \cdot t_{ciclo}} \tag{13.3}$$

D_x = diâmetro fictício onde começa o efeito da carga cíclica (mm)

δ = difusividade térmica do solo (m^2/s)

t_{ciclo} = duração do ciclo (h)

Por exemplo, considerando-se solo com difusividade térmica de $0,5 \cdot 10^{-6}$ m^2/s e um ciclo diário (24 horas):

$$D_x = 61200\sqrt{0,5 \cdot 10^{-6} \cdot 24} = 210 \text{ mm}$$

Por sua vez, a difusividade térmica do solo é obtida da resistividade térmica do solo por:

$$\delta = \frac{0,468 \cdot 10^{-6}}{\rho_4^{0,8}} \tag{13.4}$$

ρ_4 = resistividade térmica do solo (K · m/W)

Nota: o método da IEC 60853 também prevê uma forma de determinação da difusividade térmica do solo, mas essa forma é diferente da acima descrita.

Tomando o caso de um cabo único enterrado, a resistência térmica externa é calculada por [2]:

$$T_4 = \frac{\rho_4}{2 \cdot \pi} \cdot ln\left(u + \sqrt{u^2 - 1}\right) \tag{13.5}$$

onde:

T_4 = resistência térmica externa (K · m/W)

ρ_4 = resistividade térmica do solo (K · m/W)

$$u = \frac{2 \cdot L}{D_e} \tag{13.6}$$

L = distância da superfície do solo ao eixo do cabo (mm)

D_e = diâmetro externo do cabo (mm)

Entretanto, quando $u > 10$, o termo $u + \sqrt{u^2 - 1}$ pode ser substituído por $2 \cdot u$. Assim:

$$T_4 = \frac{\rho_4}{2 \cdot \pi} \cdot ln(2 \cdot u) \tag{13.7}$$

ou:

$$T_4 = \frac{\rho_4}{2 \cdot \pi} \cdot ln\left(\frac{4 \cdot L}{D_e}\right) \tag{13.8}$$

Dividindo o circuito térmico em duas partes independentes e inserindo o diâmetro fictício D_x:

$$T_4 = \frac{\rho_4}{2 \cdot \pi} \cdot \left[ln \frac{D_x}{D_e} + f \cdot ln\left(\frac{4 \cdot L}{D_x} \right) \right] \tag{13.9}$$

Utilizando-se este valor da resistência térmica externa T_4, calcula-se o valor da corrente como se o fator de carga fosse 100 %, utilizando-se as metodologias da IEC 60287 [6], [7] ou ABNT NBR 11301 [2].

13.4 COMPARAÇÃO DAS METODOLOGIAS

Um cabo de baixa tensão, com 3 condutores de seção 240 mm² de alumínio de diâmetro 18,5 mm, isolado e coberto com PVC (espessuras respectivas de 2,4 mm e 2,95 mm), capa interna de PVC com espessura de 1,9 mm, diâmetro externo de 60 mm e enterrado a 1 metro de profundidade em terreno com resistividade térmica de 1,2 K·m/W e temperatura de 15 °C tem uma capacidade de condução de corrente de 450 A com fator de carga de 100 %.

Consideremos que a distribuição da corrente no tempo seja conforme indicado no gráfico seguinte:

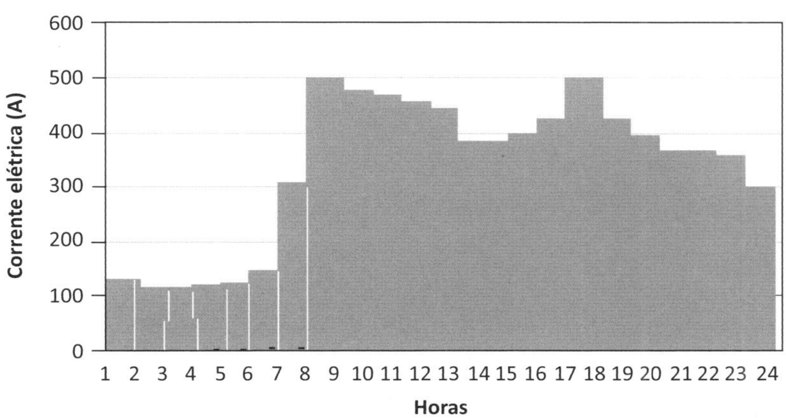

Figura 13.6 – Exemplo de ciclo de carga.

Fonte: IEC 60853-1. [3]

Utilizando a metodologia da IEC 60853-1, chega-se a um fator $M = 1{,}06$ – o que eleva a capacidade de corrente deste cabo a $I = 1{,}06 \times 450 = 477$ A; já utilizando a metodologia de Neher/McGrath, chega-se a um valor de corrente de 498 A, equivalente a um fator $M = 1{,}11$.

A diferença entre os valores das correntes não é grande, uma vez que os fatores são pequenos. Entretanto, é notável que, pelo método da IEC 60853-1, a corrente é aumentada em 6 % e, pelo método de Neher/McGrath, o aumento é de 11 % (quase o dobro da porcentagem).

Note-se também que o fator de carga desta distribuição é de 65,5 % (0,655 p.u.), enquanto o fator de perda de carga (μ) é 0,504 p.u.

13.5 CONCLUSÃO

Embora haja metodologias normatizadas para o caso de cargas cíclicas, que permitem utilizar os cabos elétricos em uma corrente maior do que aquela definida para a operação com fator de carga de 100 %, é temerário definir um fator diferente de 100 %. Há diferenças entre as próprias metodologias, que podem ser até significativas, além do que é muito difícil saber-se se o condutor não atingiria sua temperatura máxima em algum trecho do período.

Uma forma mais segura de dimensionar o cabo conforme os ciclos, aumentando sua capacidade de condução de corrente, seria conhecer a capacitância térmica desse sistema, conforme determinado nas normas IEC 60853 [3], [6], mas isso geralmente não é feito e só terá sentido se a corrente com fator de carga menor que 100 % for calculada conforme metodologia da mesma IEC 60853 [3], [6], já que no método de Neher-McGrath nem o ciclo precisa ser conhecido.

Enfim, a forma mais segura de dimensionar um circuito é considerar sempre que o fator de carga seja de 100 %, protegendo a vida útil dos cabos utilizados.

REFERÊNCIAS

[1] NEHER, J.H.; McGRATH, M.H. (1957). Calculation of the temperature rise and load capability of cable systems. AIEE Summer General Meeting.

[2] ASSOCIAÇÃO BRASILEIRA DE NORMAS TÉCNICAS (ABNT). (1990). Norma NBR 11301. Cálculo da capacidade de condução de corrente de cabos isolados em regime permanente (fator de carga 100 %).

[3] INTERNATIONAL ELECTROTECHNICAL COMMISSION (IEC). (1985). Norma IEC 60853-1. Calculation of the cyclic and emergency current rating of cables – Part 1: Cyclic rating factor for cables up to and including 18/30 (36) kV. First edition.

[4] INTERNATIONAL ELECTROTECHNICAL COMMISSION (IEC). (2014). Norma IEC 60287-1-1. Electric cables. Calculation of the current rating – Part 1-1: Current rating equations (100 % load factor) and calculation of losses.

[5] INTERNATIONAL ELECTROTECHNICAL COMMISSION (IEC). (2015). Norma IEC 60287-2-1. Electrical cables. Calculation of the current rating – Part 2-1: Thermal resistance. Calculation of thermal resistance.

[6] INTERNATIONAL ELECTROTECHNICAL COMMISSION (IEC). (2008). Norma IEC 60853-2. Calculation of the cyclic and emergency current rating of cables – Part 2: Cyclic rating of cables greater than 18/30 (36) kV and emergency ratings for cables of all voltages. First edition (1989). Amendment 1 (2008).

[7] THE INSTITUTE OF ELECTRICAL AND ELECTRONICS ENGINEERS, INC. (IEEE). (2012). Norma IEEE Std 835. IEEE Standard power cable ampacity tables. 1994 (R2012).

CAPÍTULO 14

Impedância de sequência zero

14.1 INTRODUÇÃO

Em dimensionamentos de instalações elétricas, principalmente no cálculo de curto-circuito, torna-se necessário conhecer a impedância de sequência zero dos cabos que compõem a instalação. O método mais utilizado para esse cálculo foi, durante décadas, aquele desenvolvido pela Westinghouse [1] há mais de 50 anos, embora esse método não contemple todas as situações possíveis. Atualmente, a metodologia normatizada é a da norma IEC 60909-2 [2]; existem outras metodologias, que resultam em valores diferentes daqueles obtidos com essa norma, mas este texto seguirá essa referência da IEC por ser uma metodologia consensada internacionalmente (embora algumas adaptações tivessem que ser feitas para cobrir definições que não foram feitas pela IEC ou corrigir alguns dados que essa norma apresenta incorretos, provavelmente por falhas de edição).

Entretanto, é impossível contemplar todas as situações e a recomendação geralmente encontrada na literatura é para que grandezas que dependam dos valores de sequência zero dos cabos sejam medidas nos cabos já instalados, o que não ajuda muito, uma vez que esses valores são necessários no momento do projeto. Outra observação muito encontrada na literatura é para que o valor da impedância de sequência zero seja solicitado do fabricante do cabo; isso também não é muito produtivo, uma vez que esse valor depende do cabo e das características da instalação e não é levado em conta no projeto e fabricação do cabo; portanto, é desconhecido pelos fabricantes.

Assim, era muito comum o projetista da instalação elétrica recorrer a tabelas incompletas e sem referências confiáveis e a metodologia a seguir propõe-se a possibilitar o cálculo da forma mais simples possível. Pode-se notar que a impedância de sequência zero não é uma característica dependente unicamente do cabo, mas da instalação, o que faz com que este capítulo não siga exatamente o objetivo deste livro. Entretanto, a quase totalidade dos projetistas consideram essa impedância como uma grandeza do cabo, o que fez com que este texto fosse introduzido nesta obra.

Este texto foca os cabos isolados mais utilizados atualmente em sistemas trifásicos, com isolação sólida extrudada, com blindagem ou proteção metálica (em geral, média e alta tensão) ou não blindados (baixa tensão), unipolares (com um só condutor) ou multipolares (com três condutores fase ou com mais um condutor como neutro, este de seção reduzida ou não), sendo os condutores sempre de seção transversal circular. Separadamente, este texto contempla a impedância de sequência zero das linhas aéreas de transmissão, que utilizam cabos de alumínio nu (não isolados e não cobertos), considerando curto-circuito trifásico.

Essa metodologia pressupõe que, em regime permanente, o sistema seja simétrico e equilibrado, com correntes elétricas de mesmo módulo em cada fase, com defasagem de 120° entre si.

14.2 COMPONENTES SIMÉTRICAS

Um sistema desequilibrado representado pelos fasores:

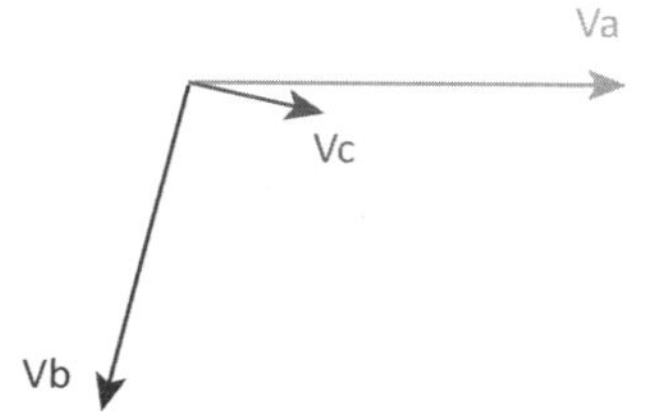

Figura 14.1 – Diagrama fasorial de um sistema desequilibrado.

pode ser substituído por três sistemas fictícios somados, sendo um sistema de sequência positiva, um sistema de sequência negativa e um sistema de sequência zero, no que é conhecido como "componentes simétricas":

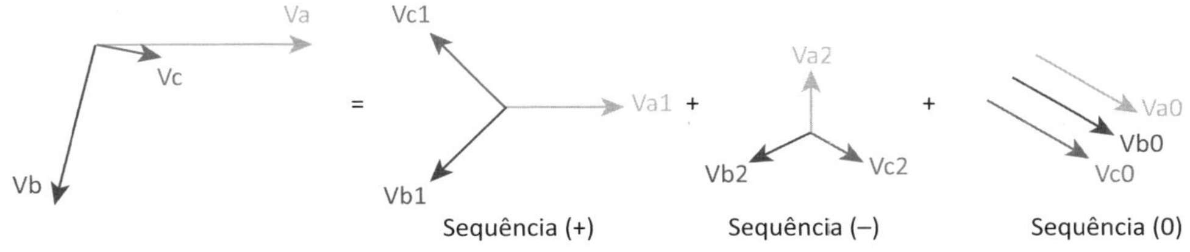

Figura 14.2 – Componentes simétricas.

Evidentemente, um sistema equilibrado também pode ser representado por componentes simétricas, mas só terá componentes de sequência positiva ou negativa.

Havendo um desequilíbrio em uma, duas ou nas três fases, como um curto-circuito, por exemplo, passam a existir as três componentes em cada fase. As correntes de sequência zero que ocorrem durante um curto-circuito são iguais e estão em fase e, consequentemente, percorrem simultaneamente os condutores de fase e retornam pela blindagem (quando existe), pela terra, por um condutor neutro, pelos cabos para-raios das linhas aéreas ou por uma combinação desses caminhos ou por outros, como tubulações, outros circuitos próximos etc.

Por isso, a determinação da impedância de sequência zero é tão difícil de ser obtida, além do que ainda existem impedâncias de aterramento e imperfeições na conexão para a terra.

14.3 CARACTERÍSTICAS DA TERRA

Quando há o retorno da corrente pelo solo, em vez de se considerar um valor variável para a resistência elétrica da terra, utiliza-se a "profundidade equivalente de penetração no solo (δ)", que depende da resistividade elétrica do solo e da frequência. Assim, a resistência elétrica do solo é sempre tomada como sendo 0,178 Ω/km ($3 \cdot \omega \cdot \mu_o \cdot 10^3/8$) na frequência de 60 Hz e a profundidade equivalente de penetração no solo é definida como [3]:

$$\delta = \frac{1{,}851}{\sqrt{\dfrac{\omega \cdot \mu_o}{\rho}}} \tag{14.1}$$

δ = profundidade equivalente de penetração da corrente no solo (m)

$\omega = 2 \cdot \pi \cdot f$, onde f é a frequência, em Hz

μ_o = permeabilidade do vácuo = $4 \cdot \pi \cdot 10^{-7}$ H/m

ρ = resistividade elétrica da terra (Ω · m)

A resistividade da terra varia bastante, dependendo do tipo de terreno, umidade, vegetação e outros fatores. Pode ser medida, encontrando-se valores entre 1 $\Omega \cdot$ m e 10000 $\Omega \cdot$ m. Quando não se conhece o valor exato, costuma-se adotar o valor de 100 $\Omega \cdot$ m [4].

14.4 CABOS ISOLADOS

14.4.1 CONSTANTES E VARIÁVEIS

As seguintes constantes e variáveis são utilizadas:

Z_o = impedância de sequência zero (Ω/m)

R = resistência elétrica máxima do condutor em corrente contínua em regime permanente, na temperatura máxima de operação (Ω/m)

R_N = resistência elétrica máxima do condutor neutro em corrente contínua na temperatura máxima de operação (Ω/m)

R_S = resistência elétrica máxima da blindagem ou proteção metálica em corrente contínua na temperatura máxima de operação da blindagem ou proteção metálica (Ω/m)

Nota: o cálculo da impedância de sequência zero é utilizado, basicamente, em estudos de curto-circuito e a corrente de curto-circuito aumenta quando a temperatura do condutor no início do curto-circuito diminui; assim, o cálculo mais conservador seria com a menor temperatura inicial do condutor. No caso de condutores fase, adota-se a temperatura de operação desse condutor. No caso de condutores neutro, assume-se que antes da ocorrência do curto-circuito não haveria corrente circulando por eles, mas, se o condutor neutro for parte integrante de um cabo isolado multipolar ou se estiver próximo dos condutores fase, sua temperatura será maior que a do ambiente. Desconhecendo-se a temperatura do neutro ou para ser mais conservador, pode-se adotar como temperatura do neutro o valor da temperatura ambiente ou, como é sugerido pela IEC 60909-2 [2], a temperatura de 20 °C.

$\omega = 2 \cdot \pi \cdot f$, onde f é a frequência, em Hz

μ_o = permeabilidade do vácuo = $4 \cdot \pi \cdot 10^{-7}$ H/m

δ = profundidade equivalente de penetração da corrente no solo (m)

r = raio do condutor (m)

r_N = raio do condutor neutro (m)

$$d = GMD = \sqrt[3]{s_{AB} \cdot s_{BC} \cdot s_{CA}} \tag{14.2}$$

$d = GMD$ entre os condutores fase (m)

s_{AB} = distância entre o condutor da fase A e o condutor da fase B (m)

s_{BC} = distância entre o condutor da fase B e o condutor da fase C (m)

s_{CA} = distância entre o condutor da fase C e o condutor da fase A (m)

$$d_N = GMD_N = \sqrt[3]{s_{AN} \cdot s_{BN} \cdot s_{CN}} \tag{14.3}$$

$d_N = GMD$ entre os condutores fase e o neutro (m)

s_{AN} = distância entre o condutor da fase A e o condutor neutro (m)

s_{BN} = distância entre o condutor da fase B e o condutor neutro (m)

s_{CN} = distância entre o condutor da fase C e o condutor neutro (m)

$$r_s = \frac{r_o - r_i}{2} \tag{14.4}$$

r_s = raio médio da blindagem (m)

r_o = raio externo da blindagem (m)

r_i = raio interno da blindagem (m)

14.4.2 CABOS NÃO BLINDADOS

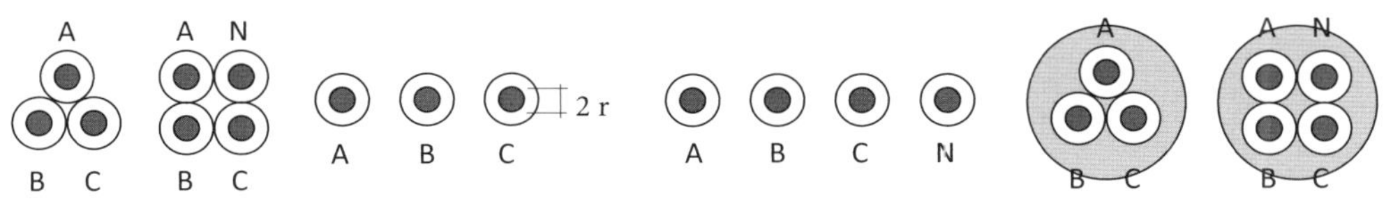

Figura 14.3 – Disposição dos cabos não blindados.

14.4.2.1 Cabos unipolares

14.4.2.1.1 Corrente retornando somente pela terra

$$Z_o = R + 3 \cdot \omega \cdot \frac{\mu_o}{8} + j\omega \cdot \frac{\mu_o}{2 \cdot \pi} \cdot \left(\frac{1}{4} + 3 \cdot ln \frac{\delta}{\sqrt[3]{r \cdot d^2}} \right) \tag{14.5}$$

14.4.2.1.2 Corrente retornando somente pelo 4º condutor (neutro)

$$Z_o = 4 \cdot R + j4 \cdot \omega \cdot \frac{\mu_o}{2 \cdot \pi} \cdot \left(\frac{1}{4} + ln \frac{\sqrt{d_N^3}}{r \cdot \sqrt{d}} \right) \tag{14.6}$$

14.4.2.1.3 Corrente retornando pelo 4º condutor (neutro) e pela terra

$$Z_o = Z_{oE} - 3 \cdot \frac{\left(\omega \cdot \frac{\mu_o}{8} + j\omega \cdot \frac{\mu_o}{2 \cdot \pi} \cdot ln \frac{\delta}{d_N} \right)^2}{R + \omega \cdot \frac{\mu_o}{8} + j\omega \cdot \frac{\mu_o}{2 \cdot \pi} \cdot \left(\frac{1}{4} + ln \frac{\delta}{r} \right)} \tag{14.7}$$

$Z_{oE} = Z_o$ calculado por (14.5)

14.4.2.2 Cabos multipolares

14.4.2.2.1 Corrente retornando somente pelo 4º condutor (neutro) de seção igual à dos condutores fase

$$Z_o = 4 \cdot R + j4 \cdot \omega \cdot \frac{\mu_o}{2 \cdot \pi} \cdot \left(\frac{1}{4} + ln \frac{d}{r} \right) \tag{14.8}$$

14.4.2.2.2 Corrente retornando somente pelo 4º condutor (neutro) de seção reduzida

$$Z_o = R + 3 \cdot R_N + j\omega \cdot \frac{\mu_o}{2 \cdot \pi} \cdot \left(1 + 4 \cdot ln \frac{\sqrt{d_N^3}}{\sqrt[4]{r \cdot r_N^3} \cdot \sqrt{d}} \right) \tag{14.9}$$

14.4.2.2.3 Corrente retornando pelo 4º condutor (neutro) de seção igual à dos condutores fase e pela terra

A impedância de sequência zero tem o mesmo valor daquela dos cabos unipolares com retorno de corrente pelo neutro e pela terra:

$$Z_o = Z_{oE} - 3 \cdot \frac{\left(\omega \cdot \frac{\mu_o}{8} + j\omega \cdot \frac{\mu_o}{2 \cdot \pi} \cdot ln \frac{\delta}{d_N}\right)^2}{R + \omega \cdot \frac{\mu_o}{8} + j\omega \cdot \frac{\mu_o}{2 \cdot \pi} \cdot \left(\frac{1}{4} + ln \frac{\delta}{r}\right)} \tag{14.7}$$

$Z_{oE} = Z_o$ calculado por (14.5)

14.4.2.2.4 Corrente retornando pelo 4º condutor (neutro) de seção reduzida e pela terra

A impedância de sequência zero tem o cálculo muito semelhante ao dimensionamento dos cabos unipolares com retorno de corrente pelo neutro e pela terra, com pequenos ajustes para considerar as dimensões menores do condutor neutro:

$$Z_o = Z_{oE} - 3 \cdot \frac{\left(\omega \cdot \frac{\mu_o}{8} + j\omega \cdot \frac{\mu_o}{2 \cdot \pi} \cdot ln \frac{\delta}{d_N}\right)^2}{R_N + \omega \cdot \frac{\mu_o}{8} + j\omega \cdot \frac{\mu_o}{2 \cdot \pi} \cdot \left(\frac{1}{4} + ln \frac{\delta}{r_N}\right)} \tag{14.10}$$

$Z_{oE} = Z_o$ calculado por (14.5)

14.4.2.2.5 Corrente retornando somente pela terra

Adota-se a mesma expressão para a impedância de sequência zero de cabos unipolares, conforme 14.4.2.1.1:

$$Z_o = Z_{oE} \tag{14.5}$$

$Z_{oE} = Z_o$ calculado por (14.5)

14.4.3 CABOS BLINDADOS

As metodologias a seguir são válidas para cabos unipolares ou multipolares com blindagem ou proteção metálica, desde que tais blindagens ou proteções metálicas sejam aterradas em dois ou mais pontos.

14.4.3.1 Cabos com blindagens individuais (uma blindagem em cada condutor isolado)

14.4.3.1.1 Corrente retornando pela blindagem e terra

$$Z_o = Z_{oE} - \frac{\left(3 \cdot \omega \cdot \frac{\mu_o}{8} + j3 \cdot \omega \cdot \frac{\mu_o}{2 \cdot \pi} \cdot ln \frac{\delta}{\sqrt[3]{r_s \cdot d^2}}\right)^2}{R_S + 3 \cdot \omega \cdot \frac{\mu_o}{8} + j3 \cdot \omega \cdot \frac{\mu_o}{2 \cdot \pi} \cdot ln \frac{\delta}{\sqrt[3]{r_s \cdot d^2}}} \tag{14.11}$$

$Z_{oE} = Z_o$ calculado por (14.5)

Essa expressão é a mesma, escrita de forma diferente, que a expressão dada pela Westinghouse [1]:

$$Z_o = \left(Z_C - \frac{Z_m^2}{Z_S}\right) \cdot 10^{-3} \tag{14.12}$$

$$Z_c = R + R_e + j0,2262 \cdot ln \frac{\delta}{\sqrt[3]{r \cdot e^{-\frac{1}{4}} \cdot d^2}} \tag{14.13}$$

com R_e = 0,178 Ω/km, R também dado em Ω/km e δ, r, d na mesma unidade (mm ou metro).

$$Z_m = R_e + j0,2262 \cdot ln \frac{\delta}{\sqrt[3]{r_s \cdot d^2}} \tag{14.14}$$

$$Z_S = R_S + R_e + j0,2262 \cdot ln \frac{\delta}{\sqrt[3]{r_s \cdot d^2}} \tag{14.15}$$

Nota:

$$3\omega\frac{\mu_o}{2\pi} = 0{,}2262\cdot 10^{-3}\ (\Omega/\text{m})$$

14.4.3.1.2 Corrente retornando somente pela blindagem

$$Z_o = R + R_S + j3\cdot\omega\cdot\frac{\mu_o}{2\cdot\pi}\cdot ln\frac{\sqrt[3]{r_s\cdot d^2}}{d} \tag{14.16}$$

Nesse caso, a reatância indutiva de sequência zero é igual à reatância indutiva de sequência positiva e negativa.

Nota: essa expressão foi derivada do livro da Westinghouse [1].

14.4.3.1.3 Corrente retornando somente pela terra

$$Z_o = R + 3\cdot\omega\cdot\frac{\mu_o}{8} + j3\cdot\omega\cdot\frac{\mu_o}{2\cdot\pi}\cdot ln\frac{\delta}{\sqrt[3]{r\cdot e^{-\frac{1}{4}}\cdot d^2}} \tag{14.17}$$

Nota: essa expressão foi derivada do livro da Westinghouse [1].

14.4.3.1.4 Outras possibilidades de retorno da corrente

Uma situação muito comum e não prevista por nenhuma metodologia é quando da existência de um condutor neutro de retorno. Esse caso possibilitaria a existência das opções:

- retorno de corrente somente pelo neutro;
- retorno de corrente pelo neutro e pela terra;
- retorno de corrente pelo neutro e pela blindagem;
- retorno de corrente pelo neutro, terra e blindagem.

Haveria indutâncias mútuas entre condutor fase, blindagem, terra e neutro que deveriam ser consideradas e medidas das impedâncias deveriam ser realizadas para embasar o modelamento.

Infelizmente, não se conhece, no momento, metodologia confiável para esse dimensionamento.

14.4.3.2 Cabos com blindagem coletiva (uma blindagem ou proteção metálica – armação, capa metálica – sobre a reunião de condutores)

Este tipo de blindagem, muito utilizado no passado em cabos de média tensão, atualmente é completamente obsoleto para essa aplicação. Restam, entretanto, aplicações em baixa tensão.

Podem também existir cabos de média tensão com blindagens individuais reunidos sob uma capa ou armação metálica. Entretanto, não há metodologia de dimensionamento da impedância de sequência zero para esse caso.

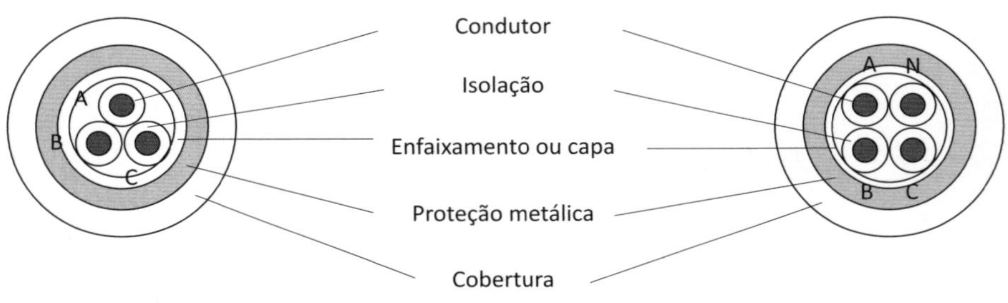

Figura 14.4 – Cabos de baixa tensão com blindagem comum.

14.4.3.2.1 Retorno da corrente somente pela blindagem

$$Z_o = R + 3 \cdot R_S + j\omega \cdot \frac{\mu_o}{2 \cdot \pi} \cdot \left(\frac{1}{4} + 3 \cdot ln \frac{r_s}{\sqrt[3]{r \cdot d^2}} \right) \tag{14.18}$$

14.4.3.2.2 Retorno da corrente pela blindagem e terra

$$Z_o = Z_{oE} - 3 \cdot \frac{\left(\omega \cdot \frac{\mu_o}{8} + j\omega \cdot \frac{\mu_o}{2 \cdot \pi} \cdot ln \frac{\delta}{r_s} \right)^2}{R_S + \omega \cdot \frac{\mu_o}{8} + j\omega \cdot \frac{\mu_o}{2 \cdot \pi} \cdot ln \frac{\delta}{r_s}} \tag{14.19}$$

$Z_{oE} = Z_o$ calculado por (14.5)

14.4.3.2.3 Retorno da corrente pelo 4° condutor (neutro) e blindagem

$$Z_o = R + j\omega \cdot \frac{\mu_o}{2\cdot\pi} \cdot \left(\frac{1}{4} + 3 \cdot ln \frac{d_N}{\sqrt[3]{r \cdot d^2}}\right) + 3 \cdot \left[R_N + j\omega \cdot \frac{\mu_o}{2\cdot\pi} \cdot \left(\frac{1}{4} + ln \frac{d_N}{r_N}\right)\right] \cdot \frac{R_S + j\omega \cdot \frac{\mu_o}{2\cdot\pi} \cdot ln \frac{r_s}{d_N}}{R_N + R_S + j\omega \cdot \frac{\mu_o}{2\cdot\pi} \cdot \left(\frac{1}{4} + ln \frac{r_s}{r_N}\right)} \tag{14.20}$$

14.4.3.2.4 Retorno da corrente pelo 4° condutor (neutro), blindagem e terra

$$Z_o = Z_{CE} - \frac{1}{3} \cdot \frac{Z_N \cdot Z_{LS}^2 + Z_S \cdot Z_{LN}^2 - 2 \cdot Z_{LN} \cdot Z_{LS} \cdot Z_{NS}}{Z_N \cdot Z_S - Z_{NS}^2} \tag{14.21}$$

$$Z_{CE} = R + 3 \cdot \omega \cdot \frac{\mu_o}{8} + j\omega \cdot \frac{\mu_o}{2\cdot\pi} \cdot \left(\frac{1}{4} + 3 \cdot ln \frac{\delta}{\sqrt[3]{r \cdot d^2}}\right) \tag{14.22}$$

$$Z_N = R_N + \omega \cdot \frac{\mu_o}{8} + j\omega \cdot \frac{\mu_o}{2\cdot\pi} \cdot \left(\frac{1}{4} + ln \frac{\delta}{r_N}\right) \tag{14.23}$$

$$Z_S = R_S + \omega \cdot \frac{\mu_o}{8} + j\omega \cdot \frac{\mu_o}{2\cdot\pi} \cdot ln \frac{\delta}{r_s} \tag{14.24}$$

$$Z_{LN} = 3 \cdot \omega \cdot \frac{\mu_o}{8} + j3 \cdot \omega \cdot \frac{\mu_o}{2\cdot\pi} \cdot ln \frac{\delta}{d_N} \tag{14.25}$$

$$Z_S = 3 \cdot \omega \cdot \frac{\mu_o}{8} + j3 \cdot \omega \cdot \frac{\mu_o}{2\cdot\pi} \cdot ln \frac{\delta}{r_s} \tag{14.26}$$

$$Z_{NS} = \omega \cdot \frac{\mu_o}{8} + j\omega \cdot \frac{\mu_o}{2\cdot\pi} \cdot ln \frac{\delta}{r_s} \tag{14.27}$$

14.5 CABOS NUS PARA LINHAS DE TRANSMISSÃO AÉREA

14.5.1 CONSIDERAÇÕES INICIAIS

Nessas instalações são utilizados principalmente os cabos de alumínio nu, tais como o ACSR (CAA), AAC (CA), AAAC (CAL) etc. A metodologia apresentada também foi adaptada da norma IEC 60909-2 [2], complementada pela referência [5].

Essas linhas são geralmente compostas por um ou dois circuitos por torre, cada circuito trifásico composto por um condutor por fase ou um *bundle* por fase. Um *bundle* é um grupo de condutores iguais em paralelo e o mais comum é estarem em uma disposição de dois condutores, três condutores igualmente espaçados formando um triângulo equilátero ou quatro condutores igualmente espaçados formando um quadrado. Assim, se um cabo tem uma resistência elétrica R, um *bundle* terá uma resistência elétrica R/n, n sendo o número de condutores do *bundle*. Além disso, as linhas de transmissão também possuem cabos para-raios no topo das torres e esses cabos podem servir de caminho para as correntes de curto-circuito, já que são aterrados.

A IEC 60909-2 [2] simplifica a definição de resistência elétrica dos condutores, tomando seu valor como sendo a resistência elétrica a 20 °C (caso o condutor seja composto, como cabos ACSR – com alma de fios de aço e coroas de fios de alumínio –, especifica que se tome a resistência elétrica somente dos fios de alumínio). Além disso, define uma resistividade de 29,412 $\Omega \cdot mm^2/km$ para cabos de alumínio liga 1350 e 32,258 $\Omega \cdot mm^2/km$ para cabos de outras ligas de alumínio. Entretanto, outras normas IEC e as normas nacionais definem a resistividade do alumínio 1350 como 28,264 $\Omega \cdot mm^2/km$, para liga 6201 a resistividade de 32,841 $\Omega \cdot mm^2/km$ e para a liga 1120 a resistividade de 29,3 $\Omega \cdot mm^2/km$. Ainda, os cabos fase estarão transportando corrente, o que fará com que sua temperatura seja maior que 20 °C na maioria dos casos e, consequentemente, sua resistência elétrica seja maior.

Como a impedância de sequência zero é utilizada no curto-circuito, optou-se por não utilizar neste texto a resistência elétrica em corrente alternada em regime permanente, mas escolheu-se utilizar a resistência elétrica em corrente contínua na temperatura de operação, partindo-se dos valores de resistência elétrica máxima a 20 °C estabelecidos nas normas dos cabos, utilizando as resistividades normatizadas nesses documentos. Uma exceção foi feita para os cabos para-raios, já que não conduzem corrente em situações normais e sua resistência elétrica deve ser aquela à temperatura ambiente, ou usando a resistência a 20 °C.

As expressões a seguir foram desenvolvidas considerando curto-circuito trifásico.

Alguns conceitos já definidos, como o da profundidade equivalente de penetração no solo, também se aplicam a linhas aéreas, mas todas as grandezas serão definidas no texto a seguir na primeira vez que surgirem.

14.5.2 CIRCUITO ÚNICO

14.5.2.1 Sem cabo para-raios, com retorno da corrente de curto-circuito pela terra

$$Z_o = \frac{R}{n} + 3 \cdot \omega \cdot \frac{\mu_o}{8} + j\frac{\omega \cdot \mu_o}{2\pi} \cdot \left(\frac{1}{4 \cdot n} + 3 \cdot ln \frac{\delta}{\sqrt[3]{r_B \cdot GMD^2}} \right) \tag{14.28}$$

R = resistência elétrica de um condutor em corrente contínua na temperatura máxima de operação (Ω/m)

n = número de subcondutores do *bundle* (n = 1 se não houver *bundle*)

$\omega = 2 \cdot \pi \cdot f$, onde f = frequência (60 Hz)

μ_o = permeabilidade do vácuo = $4 \cdot \pi \cdot 10^{-7}$ H/m

$GMD = \sqrt[3]{d_{AB} \cdot d_{BC} \cdot d_{CA}}$ (m)

d_{AB}, d_{BC}, d_{CA} = distâncias entre fases ou centros de *bundles* (m)

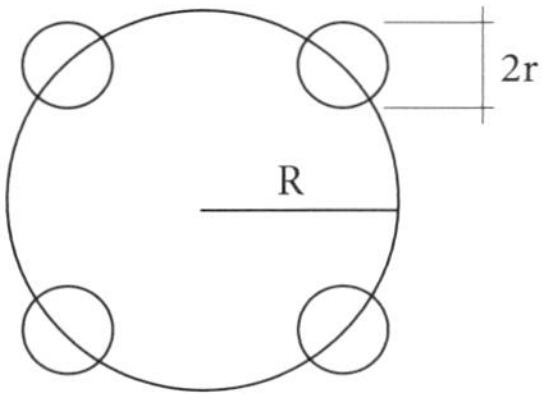

$$r_B = \sqrt[n]{n \cdot r \cdot R^{n-1}} \ (\text{m})$$

Figura 14.5 – *Bundle.*

$$\delta = \frac{1,851}{\sqrt{\frac{\omega \cdot \mu_o}{\rho}}} \ (\text{m}) \tag{14.1}$$

ρ = resistividade elétrica da terra (Ω · m)

A resistividade da terra varia bastante, dependendo do tipo de terreno, umidade, vegetação e outros fatores. Pode ser medida, encontrando-se valores entre 1 Ω · m e 10000 Ω · m. Quando não se conhece o valor exato, costuma-se adotar o valor de 100 Ω · m [4].

14.5.2.2 Retorno da corrente de curto-circuito pela terra e por um cabo para-raios

$$Z_o = Z_{o(1)} - 3 \cdot \frac{(Z_m)^2}{Z_{pr}} \tag{14.29}$$

$Z_{o(1)}$ = impedância calculada por (14.28) (Ω/m)

Z_m = impedância mútua entre os condutores fase e o para-raios (Ω/m), dada por:

$$Z_m = \omega \cdot \frac{\mu_o}{8} + j\frac{\omega \cdot \mu_o}{2\pi} \cdot ln\frac{\delta}{GMD_{pr}} \tag{14.30}$$

GMD_{pr} = GMD dos cabos fase ao cabo para-raios, dada por:

$$GMD_{pr} = \sqrt[3]{d_{AP} \cdot d_{BP} \cdot d_{CP}} \; (\text{m})$$

d_{AP}, d_{BP}, d_{CP} = distâncias entre fases ou centros de *bundles* e o para-raios (m)

Z_{pr} = impedância própria do cabo para-raios, dada por:

$$Z_{pr} = R_{pr} + \omega \cdot \frac{\mu_o}{8} + j\frac{\omega \cdot \mu_o}{2\pi} \cdot \left(\frac{1}{4} + ln\frac{\delta}{r_{pr}}\right) \tag{14.31}$$

R_{pr} = resistência elétrica do cabo para-raios em corrente contínua na temperatura ambiente ou, na falta dessa, a 20 °C (Ω/m)

r_{pr} = raio do cabo para-raios (m)

Nota: se o cabo para-raios for formado por material ferromagnético, com permeabilidade relativa diferente de 1, o termo 1/4 deve ser substituído pelo valor da permeabilidade relativa do para-raios dividido por 4 (μ_{pr}/4).

14.5.2.3 Retorno da corrente de curto-circuito pela terra e por dois cabos para-raios

$$Z_o = Z_{o(1)} - 3 \cdot \frac{(Z_{m2})^2}{Z_{pr2}} \tag{14.32}$$

$Z_{o(1)}$ = impedância calculada por (14.28) (Ω/m)

Z_{m2} = impedância mútua entre os condutores fase e os para-raios (Ω/m). Desde que os para-raios estejam dispostos simetricamente em relação ao centro do circuito, essa impedância é dada por:

$$Z_{m2} = \omega \cdot \frac{\mu_o}{8} + j\frac{\omega \cdot \mu_o}{2\pi} \cdot ln\frac{\delta}{GMD_{pr2}} \tag{14.33}$$

GMD_{pr2} = GMD dos cabos fase aos cabos para-raios, dada por:

$$GMD_{pr2} = \sqrt[6]{d_{AP1} \cdot d_{BP1} \cdot d_{CP1} \cdot d_{AP2} \cdot d_{BP2} \cdot d_{CP2}} \quad (\text{m})$$

onde as distâncias são aquelas de cada fase a cada um dos para-raios.

Z_{pr2} = impedância mútua entre os cabos para-raios (Ω/m), dada por:

$$Z_{pr2} = \frac{R_{pr}}{2} + \omega \cdot \frac{\mu_o}{8} + j\frac{\omega \cdot \mu_o}{2\pi} \cdot \left(\frac{1}{8} + ln\frac{\delta}{d_{12}} \right) \tag{14.34}$$

d_{12} = distância entre os para-raios 1 e 2 (m)

Nota: se o cabo para-raios for formado por material ferromagnético, com permeabilidade relativa diferente de 1, o termo 1/8 deve ser substituído pelo valor da permeabilidade relativa do para-raios dividido por 8 (μ_{pr}/8).

14.5.3 CIRCUITO DUPLO

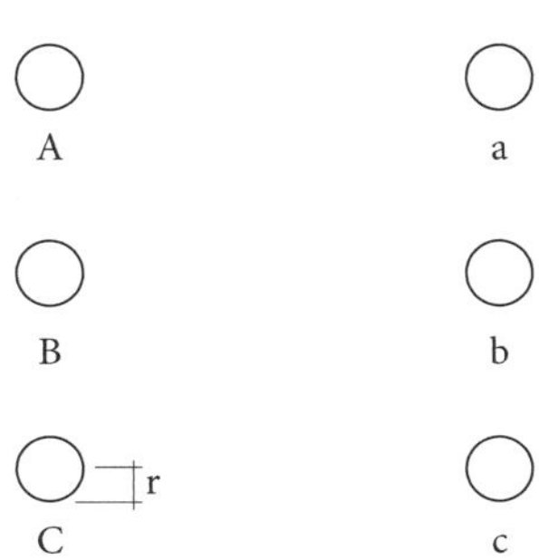

Figura 14.6 – Exemplo de circuito duplo.

14.5.3.1 Sem cabo para-raios, com retorno da corrente de curto-circuito pela terra

$$Z_o = Z_{o(1)} + 3 \cdot Z_{12} \tag{14.35}$$

$Z_{o(1)}$ = impedância calculada por (14.28) (Ω/m)

Z_{12} = impedância mútua entre os dois circuitos (Ω/m)

$$Z_{12} = \omega \cdot \frac{\mu_o}{8} + j \frac{\omega \cdot \mu_o}{2\pi} \cdot ln \frac{GMD}{\sqrt[3]{d_{11} \cdot d_{12}^2}} \tag{14.36}$$

$$GMD = \sqrt[3]{d_{AB} \cdot d_{BC} \cdot d_{CA}} \ (\text{m})$$

$$d_{11} = \sqrt[3]{d_{Aa} \cdot d_{Bb} \cdot d_{Cc}} \ (\text{m})$$

$$d_{12} = \sqrt[6]{d_{Ab} \cdot d_{Ac} \cdot d_{Bc} \cdot d_{Ba} \cdot d_{Ca} \cdot d_{Cb}} \ (\text{m})$$

14.5.3.2 Retorno da corrente de curto-circuito pela terra e por um cabo para-raios

$$Z_o = Z_{o(2)} - 6 \cdot \frac{(Z_m)^2}{Z_{pr}} \tag{14.37}$$

$Z_{o(2)}$ = impedância calculada por (14.35) (Ω/m)

Z_m = impedância calculada por (14.30) (Ω/m)

Z_{pr} = impedância calculada por (14.31) (Ω/m)

14.5.3.3 Retorno da corrente de curto-circuito pela terra e por dois cabos para-raios

$$Z_o = Z_{o(2)} - 6 \cdot \frac{(Z_{m3})^2}{Z_{pr2}} \tag{14.38}$$

$Z_{o(2)}$ = impedância calculada por (14.35) (Ω/m)

Z_{pr2} = impedância mútua entre os cabos para-raios (Ω/m), calculada por (14.34)

Z_{m3} = impedância mútua entre os condutores fase e os dois para raios (Ω/m), dada por:

$$Z_{m3} = \omega \cdot \frac{\mu_o}{8} + j\frac{\omega \cdot \mu_o}{2\pi} \cdot ln\left(\frac{\delta}{\sqrt[6]{d_{A1} \cdot d_{B1} \cdot d_{C1} \cdot d_{A2} \cdot d_{B2} \cdot d_{C2}}}\right) \quad (14.39)$$

$d_{A1}, d_{A2}, \ldots, d_{C2}$ = distâncias entre as fases A, B e C de um dos circuitos ao para-raios 1 ou ao para-raios 2 (m)

REFERÊNCIAS

[1] WESTINGHOUSE ELECTRIC CORPORATION. (1964). Electrical Transmission and Distribution Reference Book. (4. ed.).

[2] INTERNATIONAL ELECTROTECHNICAL COMMISSION (IEC). (2008). Norma IEC TR 60909-2. Short-circuit currents in three-phase a.c. system – Part 2: Data of electrical equipment for short-circuit current calculations.

[3] MYCABLEENGINEERING. https://mycableengineering.com/knowledge-base/impedance. Acesso em: 28 out. 2019.

[4] THE ALUMINUM ASSOCIATION, INC. (1989). Aluminum electrical conductor handbook.

[5] NAUTA, S. (2021). Zero-sequence currents in high-voltage power systems during normal operation. Phd Thesis 1 (Research TU/e / Graduation TU/e), Electrical Engineering. Technische Universiteit Eindhoven.

CAPÍTULO 15

Dimensionamento de cabos nus para linhas aéreas

15.1 INTRODUÇÃO

O dimensionamento dos cabos de transporte de energia (cabos-fase) e dos cabos para-raios para linhas de transmissão e distribuição aéreas envolve dois dimensionamentos, o elétrico e o mecânico.

No caso dos cabos para-raios, assume-se que não circula corrente por eles em regime permanente e seu dimensionamento elétrico é feito somente em relação ao curto-circuito. O dimensionamento mecânico do cabo para-raios é feito da mesma forma que o dimensionamento mecânico dos cabos-fase, porém considerando sua temperatura igual à temperatura ambiente, do ar, já que não há corrente que o aqueça por efeito Joule. Também não há corrente de sobrecarga ou emergência circulando pelo cabo para-raios.

O dimensionamento elétrico dos cabos-fase é feito analisando-se a capacidade de corrente em regime permanente, sobrecarga e curto-circuito, queda de tensão, perdas na linha e, às vezes, a potência de surto ou a impedância de surto (SIL – *Surge Impedance Loading*); entretanto, na maioria dos casos, o parâmetro que rege o dimensionamento elétrico é a capacidade de corrente, de modo que o texto seguinte somente considerará esse dimensionamento, evitando que o assunto fique muito disperso. O cálculo dos demais parâmetros pode ser realizado seguindo o texto de outros capítulos desta obra.

As linhas de distribuição são mais padronizadas. As concessionárias em geral já têm um cabo definido e o dimensionamento necessário é, na quase totalidade dos casos, feito para cabos de linhas de transmissão. Assim, o texto a seguir sempre se referirá a linhas de transmissão, mas a metodologia apresentada também pode ser utilizada para o dimensionamento dos cabos para linhas de distribuição aéreas com cabos nus.

Como este capítulo tem o objetivo de definir somente o dimensionamento do cabo e não da linha de transmissão, o texto a seguir foi bastante resumido, atendo-se somente ao mínimo necessário. O dimensionamento mecânico de linhas de transmissão é particularmente complexo e pode ser estudado, por exemplo, nas referências [1] e [2].

15.2 DIMENSIONAMENTO ELÉTRICO

O dimensionamento por curto-circuito, tanto do cabo para-raios como dos cabos-fase, pode ser feito conforme o Capítulo 5.

O dimensionamento para o regime de sobrecarga ou de emergência é feito da mesma forma que para o regime permanente, apenas adotando-se a temperatura máxima de emergência ou sobrecarga no condutor. Isso porque, em linhas aéreas nuas, a temperatura do condutor responde rapidamente a mudanças na corrente transportada.

Para que não haja envelhecimento precoce do cabo, ele não deve ultrapassar em nenhum momento sua temperatura máxima de operação, que, no caso do ACSR, AAC, AAAC (6201 ou 1120), ACAR ou CALA, é 90 °C – não sendo normatizada, às vezes encontra-se esse limite fixado em 80 °C ou 100 °C. Mesmo em situações de emergência ou sobrecarga, que têm duração pequena em relação ao tempo previsto de vida do cabo, quando várias especificações permitem extrapolar esse valor máximo, é recomendável não fazer isso. Assim é muito comum estabelecer-se uma temperatura máxima de operação em regime permanente de 75 °C (às vezes, até menos, mas isso deve ser informado pelo projetista da linha), deixando-se o limite de 90 °C para situações de emergência ou sobrecarga.

A capacidade de corrente em regime permanente é calculada conforme a metodologia do Capítulo 11 para a temperatura ambiente máxima estabelecida para a instalação e sem vento (que é a pior condição para a capacidade de condução de corrente), além das demais condições dadas (altura em relação ao nível do mar, coeficiente de absorção solar, coeficiente de emissividade etc.). O cálculo é feito para diversas bitolas e escolhida aquela cuja capacidade de corrente resulta imediatamente superior à corrente máxima que será transportada pela linha.

Nota: há projetistas que, no cálculo da capacidade de corrente, não consideram a inexistência de vento, mas uma leve brisa de 2 a 3,5 km/h. Considerando essa velocidade do vento, a capacidade de condução de corrente pode até duplicar e fará com que a corrente no cabo provoque uma temperatura que ultrapassa bastante o limite máximo quando não houver vento.

A bitola escolhida para os cabos-fase deve respeitar os requisitos especificados de capacidade de condução de corrente em regime permanente, em regime de sobrecarga ou de emergência e em regime de curto-circuito e a bitola escolhida para o cabo para--raios deve respeitar o especificado para o regime de curto-circuito. Em seguida, deve ser verificado se o cabo-fase e o cabo para-raios cumprem os requisitos mecânicos especificados, conforme segue.

15.3 DIMENSIONAMENTO MECÂNICO

15.3.1 CONCEITOS FUNDAMENTAIS

O dimensionamento mecânico do cabo tem o objetivo de determinar se o cabo escolhido pode cumprir os requisitos de flecha e tração no cabo para as condições de instalação estabelecidas. Existem variações sutis entre várias metodologias muito semelhantes e o texto a seguir tem a intenção de ser didático sobre o fenômeno e possibilitar o estudo futuro dessas variações.

No vão sob estudo são definidos:

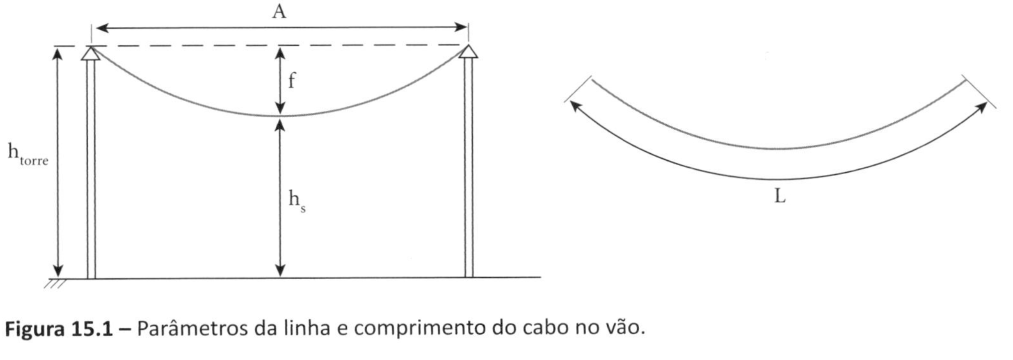

Figura 15.1 – Parâmetros da linha e comprimento do cabo no vão.

h_{torre} = altura da torre, m

h_s = altura de segurança, m

f = flecha, m

A = vão, m

L = comprimento do condutor em um vão, m

A flecha máxima garante a altura mínima de segurança. Qualquer flecha pode ser calculada por:

$$f = \frac{p \cdot A^2}{8 \cdot F} \tag{15.1}$$

f = flecha (m)

p = peso do condutor, acrescido do esforço causado pelo vento e, eventualmente, em locais frios, carga de gelo (kgf/m) – ver Equação (15.2)

A = vão (m)

F = força ou carga de tração no cabo (kgf)

O vão considerado é o vão real, médio, típico ou regulador informado pelo usuário. Convém, posteriormente, verificar flechas, altura de segurança e forças de tração para aqueles vãos que, por inspeção, são eventualmente bastante diferentes, como vãos desnivelados ou com distâncias entre torres muito maiores que o vão médio.

Considerando-se que o vento seja transversal ao condutor, p da Equação (15.1) é calculado por:

$$p = \sqrt{p_c^2 + p_v^2} \tag{15.2}$$

sendo p_c o peso (massa) do cabo, em kg/metro ou kgf/metro, dado nos catálogos dos fabricantes, e p_v a carga de vento, em kgf/metro, dada por:

$$p_v = \frac{0{,}102}{2} \cdot \rho \cdot v^2 \cdot d \cdot 10^{-3} \tag{15.3}$$

p_v = carga de vento, kgf/m

ρ = massa específica do ar (densidade do ar), kgf/m^3

v = velocidade do vento, m/s

d = diâmetro do condutor, mm

Notas:

1) A massa específica do ar não é um valor constante, podendo variar com a temperatura e altitude. Pode ser calculada pela expressão:

$$\rho = \frac{1{,}293 - 1{,}525 \cdot 10^{-4} \cdot H_e + 6{,}379 \cdot 10^{-9} \cdot H_e^2}{1 + 0{,}00367 \cdot \theta} \tag{15.4}$$

ρ = massa específica do ar, kg/m³

θ = temperatura do ar, °C

H_e = altitude média, m

Existem outras expressões para o cálculo da densidade ou massa específica do ar; entretanto, a Equação (15.4), dada na norma IEEE Std 738 e reproduzida no Capítulo 11, mostra-se mais aderente às tabelas existentes, como a *U.S. Standard Atmosphere Air Properties*.

2) Se houver carga de gelo, a Equação (15.2) fica $p = \sqrt{(p_c + Q)^2 + p_v^2}$, onde a carga de gelo é calculada por $Q = 0{,}0029 \cdot e \cdot (d + e)$ em kgf/m, com a espessura da camada de gelo e e o diâmetro do cabo d em mm.

3) Quando a pressão do vento for dada em termos de pressão propriamente dita (em Pa, kgf/mm² etc.), o cálculo da força de pressão é feito multiplicando-se o valor dado da pressão do vento pelo diâmetro do condutor, utilizando-se as unidades de medida adequadas.

O comprimento do cabo no vão pode ser calculado por:

$$L = A + \frac{A^3 \cdot p^2}{24 \cdot F^2} \tag{15.5}$$

ou:

$$L = A + \frac{8 \cdot f^2}{3 \cdot A} \tag{15.6}$$

L = comprimento do cabo no vão, m

A = vão, m

p = carga total, kgf/m

F = componente horizontal da força, kgf

f = flecha, m

Pela última expressão, a flecha pode ser definida pelo vão e comprimento do condutor:

$$f = \sqrt{\frac{3 \cdot A \cdot (L - A)}{8}} \tag{15.6}$$

A força de tração é informada pelo usuário, em geral como porcentagem da resistência mecânica calculada (*RMC*). O cálculo da *RMC* é definido na norma do cabo (por exemplo, ABNT NBR 7270 [3], NBR 7271 [4], NBR 10298 [5], NBR 16686 [6], NBR 15770 [7], NBR 5369 [8] ou qualquer outra).

Por exemplo, a norma ABNT NBR 7270 (ACSR) estabelece que a resistência mecânica calculada do cabo completo deve ser tomada como a soma das contribuições do alumínio e do aço, sendo a contribuição de resistência mecânica oferecida pelos fios de alumínio tomada como um percentual (indicado na própria NBR 7270 em função do número de fios de aço e de alumínio do cabo) da soma das cargas de ruptura dos fios de alumínio, calculadas a partir dos diâmetros nominais desses fios e do limite de resistência à tração (média mínima), conforme norma ABNT NBR 5118 [9], e a contribuição de resistência mecânica oferecida pelos fios de aço deve ser tomada como um percentual (indicado na própria NBR 7270 em função do número de fios de aço e de alumínio do cabo) da soma das cargas a 1 % de alongamento dos fios de aço, calculadas a partir de seus diâmetros nominais e das tensões mínimas a 1 % de alongamento sob carga, conforme a norma ABNT NBR 6756 [10].

A *RMC*, muitas vezes chamada de carga de ruptura (em inglês, *Rated Tensile Strength – RTS –*, *Ultimate Tensile Strength – UTS –*, *Rated Breaking Strength – RBS –*, *Calculated Breaking Load – CBL*), é fornecida nos catálogos dos fabricantes. Entretanto, como informação, será calculada a seguir a *RMC* do ACSR Grosbeak.

Esse cabo deve cumprir os requisitos da norma ABNT NBR 7270 e é formado por uma alma de 7 fios de aço de diâmetro 3,09 mm cada um e 26 fios de alumínio de diâmetro 3,97 mm cada um. Com essa formação, a ABNT NBR 7270 estabelece que a porcentagem de contribuição do alumínio é 93 % e a do aço é 96 %.

Considerando-se que os fios de aço tenham galvanização classe 1, conforme a norma ABNT NBR 6756, a tensão mínima a 1 % de alongamento para fios de diâmetro nominal 3,09 mm é de 1240 MPa e a média mínima da resistência à tração dos fios de alumínio de diâmetro 3,97 mm, conforme a norma ABNT NBR 5118, é de 165 MPa.

Assim, a *RMC* do Grosbeak será:

$$RMC = 0,96 \cdot \frac{1240}{9,807} \cdot 7 \cdot \frac{\pi \cdot 3,09^2}{4} + 0,93 \cdot \frac{165}{9,807} \cdot 26 \cdot \frac{\pi \cdot 3,97^2}{4} = 11408 \text{ kgf}$$

É muito comum que o EDS para esse cabo seja especificado como sendo 20 % da *RMC*; nesse caso, $F = 0,20 \times 11408 = 2282$ kgf.

Nota: o EDS é a força de tração (kgf) ou a tensão (kgf/mm^2) a que um condutor normalmente está submetido durante a maior parte de sua vida útil, tipicamente a uma temperatura ambiente de 0 °C a 25 °C, sem haver vento ou formação de gelo.

A norma ABNT NBR 5422 [11] e a IEC 60826 [12] trazem limites para a porcentagem da *RMC* a ser utilizada em função da velocidade do vento e/ou temperatura ambiente para várias situações, chamadas de "estados". Atualmente, também há especificações com limite para o chamado "parâmetro da catenária (*C*)", que é o resultado da divisão da força *F* pela carga *p*. Ainda não há um consenso sobre os limites para o valor de C – embora já haja uma tendência a incluí-la na revisão da ABNT NBR 5422 [11] –, que, dependendo da especificação e do tipo do terreno, varia entre 1.000 m e 2.000 m.

15.3.2 MUDANÇA DE ESTADO

O conceito de mudança de estado é muito simples teoricamente e bastante complexo de ser utilizado. Por exemplo, o estado inicial pode ser aquele em que o cabo é instalado: em uma dada temperatura ambiente e com uma certa velocidade do vento, o cabo é grampeado (preso) em duas torres, com a força de tração F_1 no cabo, que provoca uma flecha f_1 no vão A, tendo esse cabo um comprimento L_1 no vão. Algumas situações são improváveis, por exemplo, a instalação durante a ocorrência de vento máximo ou do cabo com carga de gelo.

Na instalação, o cabo não conduz corrente e, portanto, não há seu aquecimento por efeito Joule, considerando-se que sua temperatura é igual à do ar (ambiente). Isso não é precisamente verdade: durante a instalação, um cabo pode estar, e ter estado, exposto ao sol, de modo que sua temperatura é muitas vezes significativamente maior que a temperatura ambiente. O valor dessa temperatura pode ser determinado pelo equacionamento dado no Capítulo 6, mas esse efeito não é considerado em praticamente nenhum projeto.

Uma vez preso dos dois lados, as pontas não podem movimentar-se em relação às torres; qualquer dilatação ou contração do cabo decorrente de variações de temperatura será refletida no aumento ou diminuição da flecha e respectiva diminuição ou aumento da força de tração. Variações na carga p por conta de variações da velocidade do vento ou eventual carga de gelo causam variações na flecha e na força de tração. Além disso, há a fluência (ver Capítulo 9) que, ao longo do tempo, aumenta o comprimento do cabo no vão.

Essas variações são consideradas em novos "estados" – quando há variação de temperatura ambiente, de velocidade do vento ou eventual carga de gelo e consideração da fluência.

A variação da temperatura do condutor causa variação no seu comprimento, dada por:

$$L_2 - L_1 = L_1 \cdot \beta_1 \cdot (\theta_2 - \theta_1) \qquad (15.7)$$

L_1 = comprimento inicial, m

L_2 = comprimento no estado 2, m

β_1 = coeficiente de dilatação linear do cabo na temperatura θ_1, °C^{-1}

θ_1, θ_2 = temperaturas do condutor, no estado 1 e no novo estado 2, °C

Estando o condutor preso nas duas extremidades, a variação de seu comprimento causará uma variação da flecha, que terá, então, o valor:

$$f_2 = \sqrt{\frac{3 \cdot A \cdot (L_2 - A)}{8}} \tag{15.6}$$

Essa variação da flecha causará uma variação na força de tração, cujo novo valor será:

$$f_2 = \frac{p \cdot A^2}{8 \cdot F_2} \rightarrow F_2 = \frac{p \cdot A^2}{8 \cdot f_2} \tag{15.8}$$

Estimando que o condutor tenha sido inicialmente tracionado acima dos valores de F_1 e F_2, considera-se o módulo de elasticidade final (ver Capítulo 9):

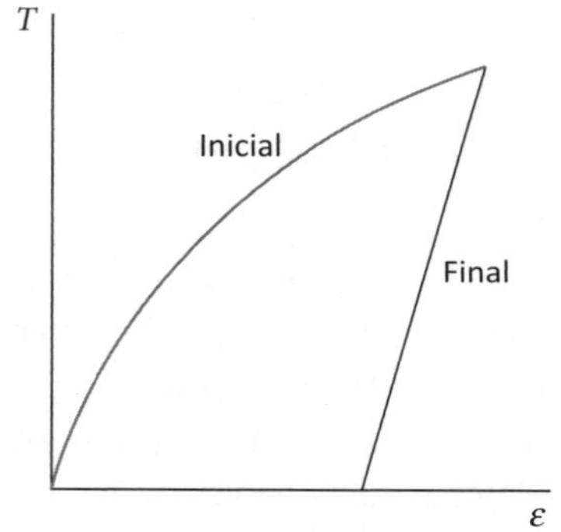

Figura 15.2 – Curva de tração-alongamento.

cuja definição é:

$$E = \frac{T}{\varepsilon} = \frac{F}{S \cdot \varepsilon} \tag{15.9}$$

T = tração no condutor, kgf/mm²

ε = alongamento, p.u.

F = força que age no condutor, kgf

S = área do(s) elemento(s) resistentes à tração do condutor, mm²

Nas condições iniciais, o condutor, sob a ação da força F_1, já havia tido um alongamento ε_1, atingindo o comprimento L_1. Com a dilatação ou contração térmica, sofreu um alongamento ε_2, chegando a um comprimento L_2 por conta da diferença das forças de tração $F_2 - F_1$. Da expressão anterior, pode-se então escrever:

$$\varepsilon = \frac{F_2 - F_1}{E \cdot S} \ (\text{p.u.}) \tag{15.10}$$

O alongamento é definido como:

$$\varepsilon = \frac{L_2 - L_1}{L_1} \tag{15.11}$$

Igualando as Equações (15.10) e (15.11):

$$L_2 - L_1 = \frac{L_1 \cdot (F_2 - F_1)}{E \cdot S} \ (\text{m}) \tag{15.12}$$

Portanto, uma variação da temperatura causa uma variação no comprimento em razão da variação da força de tração no condutor dada pela Equação (15.12), e outra variação no comprimento devido à dilatação ou contração térmica dada pela Equação (15.7).

Além de uma variação na temperatura, o condutor pode sofrer uma variação na carga p (por acréscimo de uma camada de gelo em países frios ou, mais comumente, pela variação da velocidade do vento). Existirá um comprimento L_1 em razão da carga p_1 no estado 1 e um comprimento L_2 pela carga p_2 no estado 2:

$$L_1 = A + \frac{A^3 \cdot p_1^2}{24 \cdot F_1^2} \quad \text{e} \quad L_2 = A + \frac{A^3 \cdot p_2^2}{24 \cdot F_2^2} \tag{15.14}$$

Considerando-se todas essas variações em conjunto, chega-se a uma única expressão que relaciona todas, chamada de "equação da mudança de estado":

$$F_2^3 + F_2^2 \cdot \left[\frac{E \cdot S \cdot A^2 \cdot p_1^2}{24 \cdot F_1^2} + E \cdot S \cdot \beta_1 \cdot (\theta_2 - \theta_1) - F_1 \right] = \frac{E \cdot S \cdot A^2 \cdot p_2^2}{24} \tag{15.15}$$

que fornece como resultado a força de tração no condutor no novo estado, com a qual pode ser calculada a nova flecha, usando a Equação (15.1).

Nota: resolução da equação de 3º grau $ax^3 + bx^2 + cx + d = 0$

$$\text{Fazendo}: x = y - \frac{b}{3a} \ (1) \quad p = \frac{c}{3a} - \frac{b^2}{9a^2} \ (2) \quad q = \frac{2b^3}{27a^2} - \frac{bc}{3a^2} + \frac{d}{a} \ (3)$$

a equação $ax^3 + bx^2 + cx + d = 0$ se transforma em $y^3 + 3py + q = 0$

Fazendo:

$$E = q^2 + 4p^3 \ (4) \quad A = \sqrt[3]{\frac{q + \sqrt{E}}{2}} \ (5) \quad B = \sqrt[3]{\frac{q - \sqrt{E}}{2}} \ (6)$$

as raízes de $y^3 + 3py + q = 0$ são encontradas por:

a) quando $E > 0$, existem uma raiz real (y') e duas raízes imaginárias (y'', y'''):

$$y' = -(A + B) \quad y'' = \frac{A + B}{2} + j\frac{\sqrt{3}}{2}(A - B) \quad y''' = \frac{A + B}{2} - j\frac{\sqrt{3}}{2}(A - B)$$

b) quando $E = 0$, $p = 0$, existe somente uma raiz, que é real (y'):

$$y' = -(A + B)$$

c) quando $E = 0$, $p \neq 0$, existem duas raízes reais (y', y''):

$$y' = -(A + B) \quad y'' = \frac{A + B}{2}$$

d) quando $E < 0$, existem três raízes reais (y', y'', y'''):

$$y' = -2\sqrt{-p} \cdot cos\theta \quad y'' = -2\sqrt{-p} \cdot cos(\theta + 120^\circ) \quad y'' = -2\sqrt{-p} \cdot cos(\theta + 240^\circ)$$

$$\text{onde}: \quad \theta = \frac{1}{3} cos^{-1} \frac{q}{2\sqrt{-p^3}}$$

Na expressão (1), substitui-se y pelos valores das raízes calculadas, encontrando-se os respectivos valores das raízes x de $ax^3 + bx^2 + cx + d = 0$.

Outra forma de definir a força de tração no condutor no novo estado é por um método iterativo, mais intuitivo, conforme segue. O resultado, usando um ou outro método, é o mesmo.

1) Calcula-se a flecha inicial, utilizando-se os valores iniciais de p e F no estado 1 na Equação (15.1):

$$f_1 = \frac{p_1 \cdot A^2}{8 \cdot F_1} \tag{15.1}$$

2) Calcula-se o comprimento de cabo no estado 1, utilizando-se os valores iniciais de p e F no estado 1 na Equação (15.5):

$$L_1 = A + \frac{A^3 \cdot p_1^2}{24 \cdot F_1^2} \tag{15.5}$$

3) Calcula-se o comprimento de cabo no vão no estado 2 somente por conta da dilatação provocada pela variação da temperatura do condutor entre o estado 1 e o estado 2, usando-se a Equação (15.7):

$$L_2 = L_1 \cdot \left[1 + \beta_1 \cdot \left(\theta_2 - \theta_1\right)\right] \tag{15.7}$$

4) Calcula-se a dilatação térmica ΔL:

$$\Delta L = L_2 - L_1$$

5) Calcula-se a força exercida no condutor no estado 2 para suportar p_2 do comprimento de cabo L_2, utilizando-se a Equação (15.5):

$$L = A + \frac{A^3 \cdot p^2}{24 \cdot F^2} \tag{15.5}$$

$$F_2 = \sqrt{\frac{A^3 \cdot p_2^2}{24 \cdot \left(L_2 - A\right)}}$$

6) Essa força F_2 causa um alongamento suplementar ao alongamento térmico do condutor, que é calculado pela Equação (15.12):

$$L_2 - L_1 = \frac{L_1 \cdot \left(F_2 - F_1\right)}{E \cdot S} \ (\text{m}) \tag{15.12}$$

e dessa expressão pode-se calcular o comprimento L_2 somente por essa força:

$$L_2 - L_1 = \frac{L_1 \cdot (F_2 - F_1)}{E \cdot S} \ (\text{m})$$

sendo a força F_1 a força original, no estado 1.

7) Ao comprimento L_2 calculado em (6) soma-se a dilatação térmica ΔL calculada em (4), obtendo assim um novo comprimento de cabo no vão L_2.

8) Com esse novo comprimento L_2, volta-se ao passo (5) e repete-se o ciclo até que a força F_2 calculada em uma iteração seja praticamente a mesma calculada na iteração anterior.

Algumas metodologias consideram o estado EDS como o inicial, já que esse é o de maior ocorrência. Normas técnicas como a ABNT NBR 5422 [11] e a IEC 60826 [12] fornecem indicações de estados a se utilizar, que em geral são:

A – EDS – temperatura ambiente média, velocidade nula de vento, força de tração máxima em torno de 20 % da *RMC*.

B – Temperatura ambiente coincidente, vento com velocidade máxima e força de tração máxima no cabo equivalente a 50 % da *RMC*.

Nota: a temperatura coincidente pode ser considerada, eliminando o jargão estatístico, como a média das temperaturas mínimas diárias e que coincide com a ocorrência de velocidade do vento máxima.

C – Temperatura ambiente mínima e sem vento, com força de tração máxima no cabo equivalente a 33 % da *RMC*.

D – Temperatura ambiente máxima e velocidade nula do vento, com força de tração máxima em torno de 20 % da *RMC*.

O CIGRE [2] sugere os seguintes estados:

A – Temperatura ambiente de 15 °C e velocidade nula do vento na instalação, com força de tração máxima no cabo equivalente a 20 a 30 % da *RMC*.

B – Temperatura ambiente mínima e velocidade máxima do vento, com força de tração máxima no cabo equivalente a 50 a 75 % da *RMC*.

C – Temperatura ambiente de 15 °C e velocidade nula do vento, com força de tração máxima no cabo equivalente a 15 a 25 % da *RMC* no final da vida útil do cabo.

Outras variações são estabelecer a força de tração máxima no cabo em kgf, em vez de porcentagem da *RMC*, e utilização de coeficiente da catenária (relação entre a força de tração e o peso do cabo, acrescido da carga de vento e, eventualmente, gelo) máximo.

Caso algum valor de flecha ultrapasse o valor máximo, ou haja um valor de força de tração no cabo que ultrapasse o máximo especificado, outro cabo, que atenda aos requisitos de capacidade de corrente, deveria ser escolhido. Entretanto, muitas vezes, quando ocorre um valor muito alto de flecha em uma mudança de estado, admite-se um aumento da força de tração original, diminuindo a flecha original e as flechas nos outros estados.

Caso nenhum valor ultrapasse os valores máximos especificados, ainda deve haver a introdução da fluência no dimensionamento, conforme seção a seguir.

15.3.3 CONSIDERAÇÃO DA FLUÊNCIA NA MUDANÇA DE ESTADO

Conforme visto no Capítulo 9, a fluência para um dado período (por exemplo, após 10 anos de operação) é dada por uma expressão do tipo $T = m \cdot \varepsilon$, sendo T a carga de tração (kgf/mm^2), ε o alongamento ocorrido nesse período com essa carga (p.u.) e m é uma constante. Pode-se argumentar que deveria ser utilizada a fluência para o período da vida útil prevista para a linha, talvez 30 ou 40 anos, mas o caso é que, em geral, só há dados de fluência até 10 anos, pois uma extrapolação com precisão aceitável para períodos maiores demandaria ensaios de fluência com duração proibitiva. Além disso, a fluência diminui com o tempo e é muito maior nos primeiros 10 anos do que no restante da vida útil do cabo.

Para levar em conta a fluência na equação da mudança de estado, considera-se uma variação de temperatura que provoque uma dilatação linear igual ao alongamento por fluência. Essa temperatura é usualmente chamada de temperatura equivalente do *creep* ou equivalente térmico do *creep* ou variação de temperatura equivalente à fluência.

O alongamento (em p.u.) por fluência, como qualquer alongamento, é dado por:

$$\varepsilon = \frac{L_2 - L_1}{L_1} \tag{15.16}$$

ε = alongamento, p.u.

L_1 = comprimento original do cabo no vão, m

L_2 = comprimento após alongamento, m

O alongamento por variação da temperatura é dado por, rearranjando (15.7):

$$\frac{L_2 - L_1}{L_1} = \beta_1 \cdot (\theta_2 - \theta_1) = \beta_1 \cdot \Delta\theta \tag{15.17}$$

Igualando-se as Expressões (15.16) e (15.17):

$$\Delta\theta = \frac{\varepsilon}{\beta_1} \tag{15.18}$$

Assim, por exemplo, a fluência de 0,1 % (0,001 p.u.) de um condutor de alumínio ($\beta_1 = 23 \cdot 10^{-6}$ °C^{-1}) é equivalente a uma variação de temperatura de 43,5 °C.

Desse modo, para considerar a fluência na equação da mudança de estado, basta somar à temperatura θ_2 o valor de $\Delta\theta$, o equivalente térmico do *creep*.

15.4 PROCEDIMENTO PARA O DIMENSIONAMENTO DO CABO

O dimensionamento mecânico do condutor para OHL difere do dimensionamento da linha de transmissão. No dimensionamento da linha de transmissão, uma série de vãos diferentes entre torres deve ser considerada, esforços de ventos e temperaturas em diferentes regiões, dependendo do comprimento da linha, balanço dos condutores, comportamento quanto a campos eletromagnéticos, efeito corona e rádio interferência etc. Esses detalhes não são considerados no dimensionamento para a definição do cabo: caso algum deles mostre-se mais restritivo que os parâmetros utilizados para o dimensionamento do cabo, esse é alterado posteriormente. Entretanto, para o dimensionamento mecânico do cabo, também é necessário o conhecimento da corrente elétrica circulante, já que ela aquecerá o condutor, causando sua dilatação linear.

O dimensionamento do cabo é sempre feito para um vão nivelado e, se o vão não for nivelado, usa-se o vão equivalente. O cabo é sempre dimensionado para um vão, estando o cabo com as duas extremidades ancoradas. Se houver vários vãos entre duas ancoragens, usa-se o vão regulador.

O primeiro passo é estabelecer se o cabo será um ACSR, um AAC, um AAAC ou qualquer outro. Essa definição é feita a partir de alguns parâmetros gerais, tais como:

- O AAC é o que tem melhor condutividade elétrica por área do condutor, mas é o que tem menor resistência mecânica.
- O ACSR é o mais tradicional em linhas de transmissão.
- O AAAC é um intermediário entre o AAC e o ACSR em termos elétricos e mecânicos.

Existe uma infinidade de alternativas, não somente de tipos de cabos, como de tipos de construção (fios de seção circular ou trapezoidal, por exemplo). Muitas vezes, por não se conhecer a melhor alternativa, são dimensionados vários condutores para a escolha final, tanto em termos de desempenho elétrico e mecânico, como em termos econômicos: um enfoque pode ser no cabo mais barato, outro naquele que propicia maiores vãos, outro no cabo com menores perdas e muitos outros.

Escolhido o tipo de cabo, calcula-se a capacidade de condução de corrente de várias bitolas, conforme o Capítulo 11. Escolhe-se a bitola cuja capacidade de corrente seja igual ou maior que a corrente que deve circular no circuito. Esse cálculo é feito para a temperatura de regime permanente e de emergência. Para a bitola escolhida, calcula-se a capacidade de curto-circuito (ver Capítulo 5), que deve ser compatível com a corrente de curto-circuito prevista. A bitola final escolhida deve atender aos requisitos de corrente permanente, emergência e curto-circuito.

Uma vez definidos o tipo de cabo e a bitola, encontra-se para esse cabo, nos catálogos dos fabricantes, os dados de *RMC*, peso (massa) do cabo por km, área total do cabo, módulo de elasticidade final e coeficiente de dilatação do cabo.

Seja *A* o vão real, equivalente ou o vão regulador, a flecha é calculada por:

$$f = \frac{p \cdot A^2}{8 \cdot F}$$

onde *p* é o peso do cabo, acrescido do esforço causado pelo vento e, eventualmente, em locais frios, carga de gelo (kgf/m) e *F* é a força ou carga de tração no cabo (kgf), longitudinal (chamada de componente horizontal). Como se vê na Figura 15.1, controlar a flecha é uma forma de controlar que a altura mínima de segurança seja respeitada.

Na instalação, considera-se que o cabo foi grampeado nas duas extremidades. Assim, daí em diante, qualquer dilatação ou contração do cabo causará um aumento ou diminuição da flecha, respectivamente, já que o cabo não mais poderá movimentar-se em relação à horizontal. Um aumento de flecha causa uma diminuição da força *F*, e vice-versa.

Notas:

1) Pode ser necessária a consideração da fluência inicial na instalação do cabo. Tomando o exemplo dado no Capítulo 9 (Tabela 9.5) para força de tração de 25 % da *RMC*, a fluência ao longo do tempo é dada por:

$$\log(\varepsilon) = 0{,}2754927 \cdot \log(t) - 4{,}530801$$

Com ε em p.u. e *t* em horas. Calculando o alongamento para vários períodos:

Tabela 15.1 – Exemplo de fluência inicial

Horas	Dias	Alongamento por fluência
1	0,042	0,0029 %
10	0,42	0,0056 %
100	4,2	0,0105 %
120	5	0,0110 %
240	10	0,0133 %
360	15	0,0149 %
720	30	0,0180 %

Considerando-se que esse cabo tenha um peso de 0,85 kg/m, não haja vento e uma *RMC* igual a 8000 kgf (25 % 8000 = 2000 kgf) e um vão de 300 m e que o cabo seja energizado (mudança de estado) 100 horas depois de grampeado:

No grampeamento:

$$f = \frac{p \cdot A^2}{8 \cdot F} = \frac{0,85 \cdot 300^2}{8 \cdot 2000} = 4,78 \text{ m}$$

$$L = A + \frac{8 \cdot f^2}{3 \cdot A} = 300 + \frac{8 \cdot 4,78^2}{3 \cdot 300} = 300,203 \text{ m}$$

Após 100 h, terá ocorrido uma fluência de 0,0105 %: $L = 300,203 \cdot 1,000105 = 300,235$ m. Esse novo comprimento do cabo, ligeiramente diferente do anterior, levará a flecha para:

$$f = \sqrt{\frac{3 \cdot A \cdot (L - A)}{8}} = \sqrt{\frac{3 \cdot 300 \cdot (300,235 - 300)}{8}} = 5,14 \text{ m}$$

Como a fluência nas primeiras horas é maior que nas últimas horas de vida do cabo, essa variação da flecha inicial pode impactar no dimensionamento do cabo.

2) A fluência é normalmente aplicada sobre o EDS, por exemplo, usando carga de 20 % da *RMC*. Entretanto, durante a vida do cabo, em períodos mais ou menos curtos, ele estará submetido a maiores tensões, e a cada vez um alongamento permanente é adicionado ao cabo. Assim, é de se esperar que, ao final, o alongamento por fluência seja significativamente maior que o calculado. Por isso, talvez tanta meticulosidade para estabelecer a expressão da fluência não tenha muito sentido e talvez o procedimento mais adequado fosse o estabelecimento de um valor fixo, por formação de cada tipo de cabo, por tipo de cabo ou mesmo para todos os cabos, valor esse que deveria ser bastante conservador.

A temperatura ambiente durante a instalação não afeta a flecha nesse momento, mas precisa ser conhecida para que se possa definir a dilatação ou contração do cabo quando essa temperatura aumentar ou diminuir. A velocidade ou pressão do vento já está embutida em p, junto com o peso do condutor. A temperatura do condutor na instalação e grampeamento é considerada igual à temperatura ambiente, já que ainda não circula corrente, embora o cabo possa ter ficado ao sol e ter temperatura significativamente maior que a do ambiente.

No grampeamento do cabo nas torres, estabelece-se uma força F_1 na temperatura $\theta_1 = \theta_{\text{ambiente}} = \theta_{\text{condutor}}$ e com velocidade do vento V_1 no vão nivelado A, que resulta na flecha f_1 com a carga p_1.

Nota: $p_1 = \sqrt{(p_c + Q_1)^2 + p_{V1}^2}$, onde p_c é o peso do cabo (kgf/m), Q_1 é a carga de gelo e p_{V1} é a força do vento.

Posteriormente, quando o cabo começa a transportar a corrente do circuito, ele se aquece por efeito Joule e a temperatura do condutor passa de θ_1 para θ_2. Essa nova temperatura é definida não somente pela corrente circulante, mas também pela temperatura ambiente e velocidade do vento, que podem ter mudado em relação ao momento do grampeamento. Com isso, há uma dilatação do cabo, que passa de um comprimento L_1 para um comprimento L_2 no vão A. Esse aumento do comprimento do cabo provoca um aumento da flecha, que aumenta de f_1 para f_2, com a consequente diminuição da força F_1 para F_2.

O comprimento do cabo, em qualquer condição, pode ser calculado por:

$$L = A + \frac{A^3 \cdot p^2}{24 \cdot F^2}$$

A nova força F_2 nessa mudança de estado pode ser calculada por:

$$F_2^3 + F_2^2 \cdot \left[\frac{E \cdot S \cdot A^2 \cdot p_1^2}{24 \cdot F_1^2} + E \cdot S \cdot \beta \cdot (\theta_2 - \theta_1) - F_1 \right] = \frac{E \cdot S \cdot A^2 \cdot p_2^2}{24}$$

F_1 e F_2 = forças de tração horizontal, respectivamente nos estados 1 e 2;

E = módulo de elasticidade do cabo;

S = área da seção transversal do cabo completo;

A = vão

p_1 e p_2 = carga total, respectivamente nos estados 1 e 2;

β = coeficiente de dilatação linear do cabo completo;

θ_1 e θ_2 = temperaturas do condutor, respectivamente nos estados 1 e 2.

Se o cabo for composto por dois materiais (como o ACSR ou CAA, composto por alma de aço e coroas de fios de alumínio) e caso a temperatura do *knee point* (vide 9.2.3) seja igual ou menor que a temperatura de operação do cabo, os valores de E, S e β devem ser os da alma ou núcleo, em vez daqueles do cabo completo.

Calculando F_2, calcula-se a nova flecha por:

$$f_2 = \frac{p_2 \cdot A^2}{8 \cdot F_2}$$

Tanto F_2 como f_2 podem ultrapassar os valores estabelecidos. Nesse caso, em geral, calcula-se qual devem ser F_1 e f_1 para que isso não ocorra.

Além da variação da temperatura ambiente, pode haver variação da velocidade do vento. Uma maior velocidade de vento aumentará a flecha por aumento do comprimento do condutor no vão em razão do aumento da carga p, mas não necessariamente diminuirá a altura do cabo em relação ao solo, devido ao seu balanço.

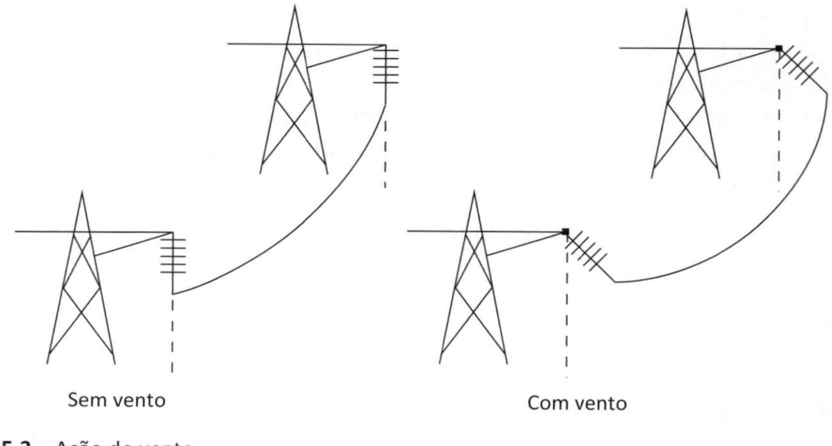

Figura 15.3 – Ação do vento.

Contudo, se o vento cessar, o condutor estará alongado e, durante um certo tempo, sua altura em relação ao solo será maior do que era antes da ocorrência do vento.

Por fim, deve-se considerar a fluência, somando-se uma variação de temperatura à θ_2 que provocaria o mesmo alongamento por fluência.

Em todas as equações, as temperaturas utilizadas são referentes ao condutor. Considerando que esse condutor esteja conduzindo a corrente do circuito, sua temperatura será maior quando a temperatura ambiente for maior e/ou quando não houver vento e será menor caso contrário. Por isso, a cada estado, a temperatura do condutor deverá ser calculada, iterativamente, pela metodologia de cálculo da capacidade de corrente.

REFERÊNCIAS

[1] Labegalini, P. R.; Labegalini, J. A.; Fuchs, R. D.; Almeida, M. T. (1992). Projetos mecânicos das linhas aéreas de transmissão. Edgard Blücher. (2. ed.).

[2] Cigre Task Force B2.12.3. (2016). Sag-tension calculation methods for overhead lines.

[3] ASSOCIAÇÃO BRASILEIRA DE NORMAS TÉCNICAS (ABNT). ABNT NBR 7270. (2010). Cabos de alumínio nus com alma de aço zincado para linhas aéreas. Especificação.

[4] ASSOCIAÇÃO BRASILEIRA DE NORMAS TÉCNICAS (ABNT). (2009). Norma NBR 7271. Cabos de alumínio nus para linhas aéreas.

[5] ASSOCIAÇÃO BRASILEIRA DE NORMAS TÉCNICAS (ABNT). (2010). Norma NBR 10298. Cabos de liga alumínio-magnésio-silício, nus, para linhas aéreas. Especificação.

[6] ASSOCIAÇÃO BRASILEIRA DE NORMAS TÉCNICAS (ABNT). (2018). Norma NBR 16686. Cabos de alumínio-liga 1120 para linhas aéreas.

[7] ASSOCIAÇÃO BRASILEIRA DE NORMAS TÉCNICAS (ABNT). (2009). Norma NBR 15770. Cabos de alumínio nus reforçados com fios de liga alumínio-magnésio-silício para linhas aéreas. Especificação.

[8] ASSOCIAÇÃO BRASILEIRA DE NORMAS TÉCNICAS (ABNT). (2010). Norma NBR 5369. Cabos de liga alumínio-magnésio-silício nus com alma de aço para linhas aéreas. Especificação.

[9] ASSOCIAÇÃO BRASILEIRA DE NORMAS TÉCNICAS (ABNT). (2007). Norma NBR 5118. Fios de alumínio 1350 nus, de seção circular, para fins elétricos.

[10] ASSOCIAÇÃO BRASILEIRA DE NORMAS TÉCNICAS (ABNT). (2007). Norma NBR 6756. Fios de aço zincados para alma de cabos de alumínio e alumínio-liga. Especificação.

[11] ASSOCIAÇÃO BRASILEIRA DE NORMAS TÉCNICAS (ABNT). ABNT NBR 5422 (1985). Projeto de linhas aéreas de transmissão de energia elétrica.

[12] INTERNATIONAL ELECTROTECHNICAL COMMISSION (IEC). (2017). Norma IEC 60826. Overhead transmission lines. Design criteria.

[13] ALUMINUM ASSOCIATION (1997). Stress-strain-creep curves for aluminum overhead electrical conductors.

APÊNDICE A

Ensaios em cabos elétricos de potência

A.1 INTRODUÇÃO

Embora os ensaios realizados nos cabos de potência não façam parte, necessariamente, de um dimensionamento, este Apêndice foi criado com objetivo semelhante ao deste livro: esclarecer os motivos que determinaram a criação dos ensaios e seus requisitos, já que as normas técnicas que os especificam não têm a função didática de dar essa informação.

Alguns ensaios têm um motivo óbvio e não serão comentados, como o ensaio de determinação da resistência elétrica do condutor, ensaios de abrasão e outros. Alguns ensaios são muito específicos para alguns cabos e também não serão comentados. Os comentários a seguir versam, basicamente, sobre os ensaios prescritos pelas normas ABNT mais utilizadas – a NBR 7286 [1], a NBR 7287 [2], a NBR 6251 [3], a NBR 13248 [4] e a NBR 16132 [5] – complementados pelos ensaios de queima, emissão de fumaça e gases e por comparações com os requisitos das normas IEC.

A.2 FINALIDADE, CARACTERÍSTICAS E TIPOS DE ENSAIOS

Embora, em geral, se considere que um ensaio (ou, também como é chamado, um teste) seja realizado para verificar se não há defeitos no produto, na verdade sua finalidade pode ser:

- Verificar se um produto ou um lote é adequado ao uso.

- Comparar uma característica de dois projetos diferentes.
- Verificar se há defeitos no produto.
- Levantar dados de um produto necessários a um projeto.

Nenhuma característica do produto deve ser especificada se não puder ser verificada. Em geral, as normas do produto – como a NBR 7286 [1], a NBR 7287 [2], a NBR 6251 [3], a NBR 13248 [4] e a NBR 16132 [5] – especificam as características e remetem a outras normas, que são os métodos de ensaio, onde são descritas todas as condições para que qualquer ensaio seja reprodutível em qualquer laboratório.

Um ensaio pode ser determinístico ou estatístico:

- Determinístico: existe uma condição ou um valor determinado que faz com que o produto seja ou não aprovado nesse ensaio quando não se trata de um ensaio comparativo.
- Estatístico: existe uma condição, geralmente uma probabilidade, que deve ser atendida, e uma amostra significativa deve ser ensaiada.

A IEC e a ABNT estabelecem as seguintes classificações de ensaios:

Ensaios de tipo

Em geral, são os ensaios que se realizam durante o desenvolvimento do produto e, posteriormente, são os feitos para demonstrar o desempenho satisfatório do projeto do cabo. São os ensaios realizados, por exemplo, durante os processos de certificação.

Ensaios de recebimento

São os ensaios realizados nos produtos a cada lote de fornecimento. Dividem-se, por sua vez, em:

Ensaios de rotina: são aqueles que podem e devem ser feitos nas unidades de expedição (em cada bobina, por exemplo).

Ensaios especiais: chamados mais apropriadamente de *Sample Test* pela IEC, são aqueles que só podem ser feitos em amostras. Por isso, existe um critério de amostragem em cada norma, que estabelece quantas amostras devem ser ensaiadas.

Ensaios durante e após a instalação

Usados para garantir que a instalação não danificou o cabo e que ele foi bem conectorizado e instalado.

A.3 ENSAIOS

A.3.1 TENSÃO APLICADA NA ISOLAÇÃO E TENSÃO DE *SCREENING*

Aplica-se uma tensão elétrica maior que o valor nominal da tensão do cabo a fim de forçar eventuais pontos fracos a se romperem. Esses pontos fracos são defeitos de fabricação que podem ser causados por impurezas na isolação, cortes ou espessura muito baixa em algum ponto; entretanto, nem sempre esse ensaio detecta um defeito existente. Em razão da sua finalidade, é um ensaio realizado em todas as bobinas.

A própria aplicação de uma tensão mais elevada pode deteriorar a rigidez dielétrica da isolação ao longo do tempo e, por isso, este ensaio não deve ser realizado indiscriminadamente.

Na maioria dos casos, o ensaio de tensão pode ser realizado com tensão contínua ou tensão alternada. Como se acredita que a tensão contínua tem mais probabilidade de deteriorar a isolação, há uma preferência pela tensão alternada, de forma que já existem equipamentos de baixa frequência, de tamanho reduzido, para realizar ensaios durante e após a instalação.

Este ensaio não verifica se a espessura ou material da isolação são adequados ao cabo, somente pode encontrar defeitos de fabricação.

A.3.2 DESCARGAS PARCIAIS

Este ensaio é aplicável somente a cabos de média e alta tensão. Um vazio entre semicondutora e isolação, uma impureza ou umidade dentro da isolação, causa uma desuniformidade no campo elétrico que pode gerar descargas internas na isolação, danificando-a.

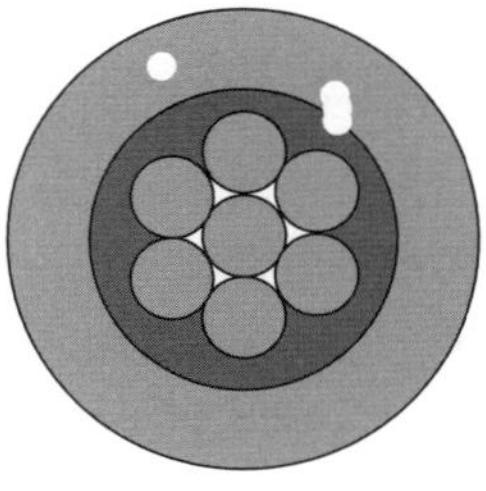

Figura A.1 – Defeitos na isolação.

A medição das descargas parciais faz-se, normalmente, medindo-se diferenças de capacitância. O valor máximo em picocoulombs é especificado como 10 pC, 5 pC ou 3 pC (esse último é a especificação das normas brasileiras). Na verdade, 3 pC é a sensibilidade do aparelho; é uma medição bastante sensível, pois qualquer indução eletromagnética no ambiente a altera.

A descarga parcial produz no cabo elétrico um impulso de corrente que, ao atravessar a impedância de medição, induz nela um pulso de tensão. Esse pulso possui um valor de pico muito menor que o da tensão de alimentação e sua duração é da ordem de microssegundos. Um sinal tão fraco e com espectro na faixa das ondas de rádio é comumente perturbado pelo ruído eletromagnético do ambiente e, por esse motivo, o circuito de medição conta com sistemas para minimizar esse ruído, por exemplo, antenas de acoplamento ou medição em uma gaiola de Faraday.

A.3.3 TANGENTE DELTA

O ensaio de tangente δ ou fator de perdas é aplicável somente a cabos de média e alta tensão. A isolação de um cabo pode ser representada por:

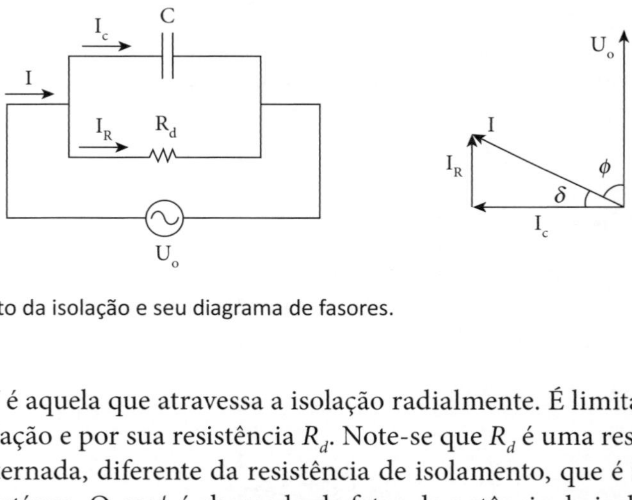

Figura A.2 – Circuito da isolação e seu diagrama de fasores.

A corrente I é aquela que atravessa a isolação radialmente. É limitada pela capacitância C da isolação e por sua resistência R_d. Note-se que R_d é uma resistência elétrica em corrente alternada, diferente da resistência de isolamento, que é uma resistência em corrente contínua. O $cos\phi$ é chamado de fator de potência da isolação e a $tg\delta$ é o fator de perdas. Como I_c é muito maior que I_r, $cos\phi = tg\delta$.

A corrente capacitiva I_c é expressa por $I_c = U_o \cdot 2 \cdot \pi \cdot f \cdot C$, onde U_o é a tensão fase-terra do cabo, f é a frequência e C é a capacitância. A potência ativa perdida vale $W_r = U_o \cdot I_r$ ou, como pelo diagrama de fasores, $I_r = I_c \cdot tg\delta$, então $W_r = U_o \cdot I_c \cdot tg\delta$, ou:

$$W_r = U_o^2 \cdot 2 \cdot \pi \cdot f \cdot C \cdot tg\delta \text{ (W/m)}$$

A tangente delta se eleva com o aumento da tensão e da temperatura, existindo especificações para ensaios em função da tensão e em função da temperatura.

A.3.4 DOBRAMENTO

Após enrolar e desenrolar o cabo em torno de um cilindro por três vezes, é feito um ensaio de descargas parciais. O cilindro tem diâmetro equivalente ao raio mínimo de curvatura do cabo e, se houver desgarramento em qualquer parte do sistema semicondutora-isolação-semicondutora, devem surgir descargas parciais acima do limite especificado. Por isso, esse ensaio é especificado somente para cabos com tensão de isolamento maior que 3,6/6 kV.

A.3.5 IMPULSO

O ensaio simula uma descarga atmosférica incidindo no cabo e, para verificar eventuais danos, realiza-se ensaio de tensão elétrica de *screening* (ensaio de tensão na isolação) após a aplicação de 10 impulsos com uma polaridade e 10 impulsos com outra polaridade, estando a isolação 5 °C acima de sua temperatura máxima de operação.

São especificados o tempo mínimo de subida do impulso, o valor da tensão de crista e o tempo de cauda. No ensaio, o tempo de subida (frente de onda) é de 1 μs a 5 μs e o tempo de cauda é em torno de 50 μs. A tensão de crista, ou valor de pico, é o "nível básico de isolamento" (NBI) do cabo (ou BIL = *Basic Impulse Level*).

A.3.6 CICLOS TÉRMICOS

Este ensaio simula a operação do cabo de média tensão, estressando-o durante 30 dias com gradiente elétrico de cerca do dobro de seu gradiente de operação normal e, durante 25 % do tempo, com temperatura de seu regime de emergência, crescendo e decrescendo a temperatura até a temperatura ambiente. No 15º dia e no final, a amostra é submetida aos ensaios de descargas parciais e tangente δ, sendo que no final também é medida a resistividade das semicondutoras.

O corpo de prova é disposto em "U", com raio igual ao raio mínimo de curvatura. Como não é possível injetar a corrente nominal no condutor para aquecê-lo, o que consumiria alta potência se usada a tensão nominal, o circuito de aquecimento é independente do circuito aplicador da tensão.

Com esse ensaio pretende-se verificar se as constantes dilatações e contrações sofridas pelo cabo durante sua operação normal, provocadas pelo constante aquecimento e resfriamento causado pelas variações de corrente circulante e temperatura ambiente, não virão a criar vazios entre as blindagens semicondutoras e a isolação ou deteriorar a blindagem semicondutora.

A.3.7 Tração e alongamento antes do envelhecimento

As características físicas que primeiro representam um material extrudado são sua resistência à tração e alongamento à ruptura. Os valores especificados referem-se ao material extrudado sobre o cabo, utilizados como isolação ou cobertura.

Um valor menor de resistência à tração ou alongamento à ruptura pode indicar material envelhecido ou sem a formulação correta. Os valores medidos antes do envelhecimento servem de base aos valores medidos após ensaio de envelhecimento artificial em alta temperatura.

A.3.8 TRAÇÃO E ALONGAMENTO APÓS O ENVELHECIMENTO

São preparados corpos de prova, retirados da mesma amostra, para ensaios sem envelhecimento e ensaios após envelhecimento. O envelhecimento dos materiais de isolação e cobertura é realizado colocando-se o corpo de prova em uma estufa a uma temperatura de 30 °C a 45 °C maior que a temperatura máxima de operação do material, por um tempo de 7 a 10 dias, o que, teoricamente, causa um envelhecimento precoce do material.

Medindo-se os valores de tração e alongamento na ruptura dos corpos de prova sem envelhecimento e comparando-os com os valores medidos após envelhecimento, são obtidos valores de variação para os quais há valores máximos especificados.

Na máquina de tração, mede-se simultaneamente a resistência à tração (força que causa o rompimento dividida pela área da seção transversal do corpo de prova) e o alongamento ocorrido até a ruptura do corpo de prova. São medidos 5 corpos de prova e o resultado é o valor mediano obtido (valor central da sucessão de valores obtidos, se o número de valores for ímpar, ou média dos dois valores centrais, se o número for par).

Com isso, verifica-se se durante o aquecimento do cabo em operação o material não endurece, podendo posteriormente fissurar-se.

A.3.9 ALONGAMENTO A QUENTE

O ensaio é feito com o corpo de prova da isolação ou cobertura termofixa em uma estufa a 200 °C e com um peso pendurado nele equivalente a 20 gramas por mm^2 de seção transversal, durante 15 minutos.

Esse ensaio é realizado para verificar se um material termofixo está realmente reticulado, pois, nessas condições, um material termoplástico escoará.

Este ensaio é também conhecido por seu nome em inglês, *hot set*.

A.3.10 ADERÊNCIA DA BLINDAGEM

Existem dois tipos de blindagem semicondutora da isolação, a retirável a quente e a retirável a frio, mas a blindagem retirável a quente é pouco utilizada, sendo restrita a cabos especiais. Esse ensaio é aplicável à blindagem retirável a frio e deve garantir que a blindagem semicondutora da isolação seja facilmente retirada na preparação da ponta do cabo para colocação da terminação.

Corta-se uma faixa, com um talho de cada lado, sem atingir a isolação. Puxa-se a semicondutora com velocidade predefinida. A força de puxamento deve estar dentro da faixa normatizada.

A.3.11 TEMPERATURA DE FRAGILIZAÇÃO DA BLINDAGEM

Esse ensaio é realizado, conforme especificado pela ABNT, com os corpos de prova na temperatura de -10 °C. Vários impactos em várias temperaturas estabelecem a temperatura na qual há probabilidade de falha de 50 % dos corpos de prova.

A fragilização estabelece-se por rachaduras ou quebra do corpo de prova ao ser atingido por um impacto. O teste procura prever o que aconteceria com a semicondutora se o cabo sofresse um impacto em baixas temperaturas (não exatamente na temperatura do ensaio).

A.3.12 PENETRAÇÃO DE ÁGUA

Se as semicondutoras ou isolação tiverem contato com água, pode desenvolver-se o *water treeing* (arborescência por umidade), que termina por romper a rigidez dielétrica dos cabos de média tensão. Por isso, o condutor pode ser bloqueado à passagem de água, já que a probabilidade de surgimento das arborescências é maior quanto maior for a tensão, e o condutor é a região com maior tensão no cabo. Entretanto, também existem cabos com bloqueio na blindagem para prevenir sua erosão por eletrólise.

O ensaio de penetração de água pode ser feito tanto no condutor como na blindagem, com uma pressão de 5 m.c.a. (metros de coluna d'água). Antes do ensaio de penetração de água na blindagem, são realizados ensaios de dobramento e ciclos térmicos, para simular movimentações dos componentes do cabo que poderiam comprometer o bloqueio. Antes do ensaio de penetração de água no condutor, é realizado o ensaio de ciclos térmicos.

Esse ensaio simula a penetração longitudinal de água – por uma emenda, terminação ou corte na cobertura ou isolação – e a consequente migração de umidade por capilaridade; esse ensaio só é aplicável a cabos de média tensão. Não haveria problema em construir um condutor bloqueado para um cabo de baixa tensão, mas isso é desnecessário devido ao baixo gradiente elétrico.

A.3.13 PERDA DE MASSA EM ESTUFA A AR

Ensaio aplicável somente a compostos de PVC-ST2, recentemente também foi especificado para a isolação de cabos 750 V com baixa emissão de fumaça e gases (LSHF/A).

Em alta temperatura, o plastificante pode evaporar, endurecendo e fragilizando o material. O ensaio é feito com uma temperatura cerca 15 °C maior que a temperatura de regime permanente no material.

A.3.14 ENSAIO DE PRESSÃO A ALTAS TEMPERATURAS

Anteriormente chamado de deformação a quente, esse ensaio é aplicável ao PVC, mas sua utilização foi estendida a outros materiais termoplásticos.

Sob alta temperatura e sob uma força (pressão) definida, uma lâmina não pode penetrar em mais de 50 % da espessura de isolações e coberturas.

Esse ensaio visa verificar se o material, durante seu uso normal, não amolecerá a ponto de deixar de cumprir sua função, caso pressionado contra outros cabos, paredes, curvatura de dutos etc.

A.3.15 DOBRAMENTO E ALONGAMENTO A FRIO

Esse ensaio é realizado em uma câmara fria e o corpo de prova não deve rachar ou ter variação maior que 20 % em seu alongamento. O PVC em baixa temperatura fica mais rígido, daí a realização do ensaio.

A.3.16 RESISTÊNCIA AO IMPACTO

Esse ensaio é realizado em baixa temperatura (-15 °C) em coberturas de PVC. Esse material, em baixa temperatura, fica mais rígido e pode rachar com um impacto quando em uso.

A.3.17 CHOQUE TÉRMICO

O corpo de prova é colocado a uma temperatura de 150 °C durante 1 hora, retirado e enrolado por várias voltas em um mandril. O choque térmico pode provocar rachaduras.

Originalmente era um ensaio realizado em compostos de PVC, mas atualmente também é especificado para a isolação de cabos 750 V com baixa emissão de fumaça e gases (LSZH/A e SHF1).

A.3.18 ABSORÇÃO DE ÁGUA

Existem dois métodos de verificação de absorção de água pelos materiais poliméricos, o elétrico e o gravimétrico. No elétrico, após o corpo de prova ficar imerso em água quente por 10 dias, aplica-se tensão elétrica contínua e o requisito é não haver perfuração do dielétrico. No gravimétrico, mede-se o peso antes e depois do corpo de prova ficar imerso em água quente por 14 dias.

O método elétrico é usado para isolação de PVC (e, mais recentemente, adotado também para o LSHF/A, isolante dos cabos com baixa emissão de fumaça para 750 V, sem cobertura). Dificilmente haveria perfuração do polietileno, XLPE e EPR e, para esses materiais, usa-se o método gravimétrico, que demanda um pouco mais de trabalho com a preparação das amostras.

Esse ensaio é feito nos cabos de baixa e média tensão e, como a absorção de água pode deteriorar as características elétricas, o ensaio é feito somente na isolação.

A.3.19 TEOR DE NEGRO DE FUMO

Coberturas na cor preta são naturalmente resistentes à radiação ultravioleta (raios UV), e essa resistência vem do negro de fumo, uma espécie de pó de carbono, uma carga na forma de fuligem, responsável pela cor negra nos compostos.

Por isso, foi definida uma quantidade mínima aceitável nas coberturas (2 %), embora discuta-se especificar, também, a dispersão e a granulometria do negro de fumo nas coberturas.

O negro de fumo também é conhecido por negro de carbono.

Coberturas de outras cores de cabos que podem ser instalados ao ar livre, sob o sol, devem ser submetidos ao ensaio de resistência ao intemperismo (resistência ao UV).

A.3.20 RESISTÊNCIA AO UV

- A radiação ultravioleta causa a descoloração de pigmentos não aditivados para resistir a essa radiação.
- A radiação ultravioleta ataca o composto, causando fissuras, caso o material não seja aditivado para resistir a essa radiação.
- Cobertura ou isolação preta, em geral, resistem naturalmente ao UV.

Existem dois ensaios aplicáveis a cabos elétricos:

- ASTM G155 [6], com lâmpadas de xenônio;
- NBR 9512 [7], com lâmpadas fluorescentes.

Corpos de prova de cabo completo ou "gravatinhas" preparadas com o material da cobertura são submetidos a ciclos de exposição à radiação intercalados com ciclos de exposição à umidade. A duração depende da especificação do cabo; normalmente, 720 horas ou 2.000 horas.

Após esse envelhecimento, é feita a medição do alongamento e os resultados são comparados com os valores medidos sem envelhecimento. Em geral, não pode haver variação maior que 25 %. A descoloração também é verificada, pois o pigmento que dá a cor ao composto deve ser preparado com solidez à luz.

A.3.21 RETRAÇÃO

Esse ensaio é realizado somente em cabos isolados com polietileno termoplástico (PE) ou termofixo (XLPE).

Uma veia isolada retirada do cabo é aquecida por uma hora em uma temperatura igual ou próxima da de sobrecarga (100 °C para o PE e 130 °C para o XLPE) e resfriada em seguida, de volta à temperatura ambiente, e a redução (retração) do comprimento, após resfriada, não pode ser maior que 4 %.

Com isso, verifica-se a retração da isolação sobre o condutor quando o cabo for submetido a variações de temperatura durante sua operação.

A.3.22 RESISTÊNCIA AO OZONA

Esse ensaio é aplicável à isolação de EPR (EPR, HEPR, EPR 105) e cobertura termofixa SHF2. Esses materiais, se não preparados adequadamente, fissuram-se quando expostos ao ozona.

A.3.23 PROPAGAÇÃO DE CHAMA

A conexão de fios e cabos em caixas de distribuição é um ponto rotineiro de início de incêndio e cada fio ou cabo não deve propagar a chama que se inicie em sua conexão. Esse ensaio é feito em um metro de fio ou cabo.

O queimador é um tipo de bico de Bunsen e, por isso, também é conhecido como "ensaio de bico"; assim, a quantidade de material combustível da amostra é bastante pequena e a potência do queimador é baixa. O corpo de prova é preso verticalmente e o queimador é posicionado para lançar a chama sobre o fio em sua posição inferior.

Esse ensaio simula bastante bem os quadros de distribuição de construções civis, onde os cabos e, principalmente, os condutores isolados estão ao ar livre e com suprimento fácil de oxigênio para combustão, antes que entrem nos eletrodutos, onde há menor quantidade de oxigênio.

Os próprios métodos de ensaio fornecem os requisitos especificados.

A.3.24 PROPAGAÇÃO DE INCÊNDIO, QUEIMA VERTICAL OU FOGUEIRA

Edifícios de vários andares tinham – e muitos ainda têm – a subida de prumada, onde os cabos que alimentam os consumidores de cada andar sobem por um poço e um incêndio em um andar mais baixo pode ser propagado pelos cabos para os andares superiores, a menos que os cabos sejam não propagantes. Esse ensaio vem sendo realizado há décadas, o que trouxe um conhecimento razoável do comportamento dos cabos, e atualmente é utilizado como ensaio comparativo entre um cabo resistente e outro não tão resistente à propagação de incêndio, mesmo quando a instalação não é vertical.

Existem cinco categorias, começando pela menos exigente até a mais exigente, para o mesmo ensaio:

Tabela A.1 – Categorias de queima vertical

Categoria	Duração da chama	Volume de material não metálico da amostra
D	20 minutos	0,5 litro/metro
C	20 minutos	1,5 litro/metro
B	40 minutos	3,5 litros/metro
A	40 minutos	7 litros/metro
A F/R	40 minutos	7 litros/metro

Categoria A F/R: somente para projeto de cabos especiais, usados em instalações particulares.

Categoria D: somente para cabos com diâmetro de até 12 mm.

Esse ensaio é realizado em uma câmara com cerca de 4 metros de altura e o queimador fornece uma quantidade bem maior de calor que o ensaio de propagação de chama. Os corpos de prova são amarrados em uma escada vertical e a chama é aplicada em todos ao mesmo tempo, na sua parte inferior. A chama não deve atingir a parte superior e deve se autoextinguir.

A.3.25 EMISSÃO DE FUMAÇA

Em um incêndio, a fumaça desorienta as pessoas e as impede de encontrar a saída. Nesse ensaio, para avaliar a emissão de fumaça escura, cabos são queimados dentro de uma câmara e a fumaça emitida atravessa o espaço entre uma fonte de luz e uma fotocélula. A transmitância mínima é definida de modo que a fumaça não impeça a visão do ambiente.

A.3.26 CONTEÚDO DE HALOGÊNIOS/GASES TÓXICOS

Em um incêndio, gases venenosos intoxicam as pessoas e danificam equipamentos.

Nesse ensaio, verifica-se a emissão dos halogênios flúor, cloro, bromo e iodo, além de nitrogênio e enxofre. Além disso, mede-se o grau de acidez e o índice de toxidez, de forma a garantir que o nível de exposição por pelo menos 30 minutos não seja fatal.

A.3.27 RESISTÊNCIA AO FOGO

Existem equipamentos, tais como *sprinklers*, iluminação de emergência, alarmes, que devem continuar funcionando durante um incêndio. Por isso, existem cabos para ligar esses equipamentos, que também devem continuar funcionando enquanto o fogo se propaga e, nesse ensaio, essa condição é simulada. No Brasil, esses cabos – sempre de baixa tensão, já que não há equipamentos de emergência em média tensão a alimentar – são especificados pela norma NBR 13418 [8].

REFERÊNCIAS

[1] ASSOCIAÇÃO BRASILEIRA DE NORMAS TÉCNICAS. (2018). Norma ABNT NBR 7286. Cabos de potência com isolação extrudada de borracha etilenopropileno (EPR, HEPR ou EPR 105) para tensões de 1 kV a 35 kV. Requisitos de desempenho, Versão corrigida 2.

[2] ASSOCIAÇÃO BRASILEIRA DE NORMAS TÉCNICAS. (2019). Norma ABNT NBR 7287. Cabos de potência com isolação extrudada de polietileno reticulado (XLPE) para tensões de 1 kV a 35 kV. Requisitos de desempenho.

[3] ASSOCIAÇÃO BRASILEIRA DE NORMAS TÉCNICAS. (2018). Norma ABNT NBR 6251. Cabos de potência com isolação extrudada para tensões de 1 kV a 35 kV. Requisitos construtivos.

[4] ASSOCIAÇÃO BRASILEIRA DE NORMAS TÉCNICAS. (2014). Norma ABNT NBR 13248. Cabos de potência e condutores isolados sem cobertura, não halogenados e com baixa emissão de fumaça, para tensões até 1 kV. Requisitos de desempenho.

[5] ASSOCIAÇÃO BRASILEIRA DE NORMAS TÉCNICAS. (2012). Norma ABNT NBR 16132. Cabos de potência não halogenados, com baixa emissão de fumaça, isolados, com cobertura, para tensões de 3 kV a 35 kV. Requisitos de desempenho.

[6] AMERICAN SOCIETY FOR TESTING AND MATERIALS (ASTM). (2013). Norma G155. Standard practice for operating xenon arc light apparatus for exposure of non-metallic materials.

[7] ASSOCIAÇÃO BRASILEIRA DE NORMAS TÉCNICAS. (2016). Norma ABNT NBR 9512. Fios e cabos elétricos. Intemperismo artificial sob condensação de água, temperatura e radiação ultravioleta-B proveniente de lâmpadas fluorescentes.

[8] ASSOCIAÇÃO BRASILEIRA DE NORMAS TÉCNICAS. (1995). Norma ABNT NBR 13418. Cabos resistentes ao fogo para instalações de segurança.

APÊNDICE B

Cálculo das dimensões de cabos isolados

Em várias das metodologias apresentadas, é necessário conhecer detalhes dimensionais dos cabos utilizados, e esses pormenores nem sempre constam nos catálogos dos fabricantes, nos quais, em geral, são dados o diâmetro externo, diâmetro do condutor e espessuras da isolação e cobertura – às vezes, nem isso. Como muitas vezes é preciso conhecer as dimensões de cada elemento constituinte de um cabo mais complexo, são dadas a seguir algumas metodologias para uma estimativa das dimensões aproximadas desses elementos. Não há problema em usar-se esses valores, certamente diferentes dos constantes no projeto de fabricação dos cabos, já que as variações são pequenas e não afetam os resultados do dimensionamento elétrico do cabo.

Evidentemente, existe uma grande quantidade de valores normatizados que são utilizados em conjunto com detalhes de projeto de cada fabricante. Como o objetivo é um cálculo aproximado, seguem algumas informações que podem ser úteis nesse caso.

B.1 DIÂMETRO DO CONDUTOR

O diâmetro do condutor depende da classe de encordoamento e de características de processo de cada fabricante. Entretanto, há um diâmetro fictício definido na norma ABNT NBR 6251 [1], que pode ser utilizado para um cálculo aproximado, seja qual for a classe de encordoamento:

Tabela B.1 – Diâmetro fictício dos condutores

Seção do condutor mm^2	Diâmetro fictício do condutor mm		Seção do condutor mm^2	Diâmetro fictício do condutor mm
1,5	1,4		120	12,4
2,5	1,8		150	13,8
4	2,3		185	15,3
6	2,8		240	17,5
10	3,6		300	19,5
16	4,5		400	22,6
25	5,6		500	25,2
35	6,7		630	28,3
50	8,0		800	31,9
70	9,4		1000	35,7
95	11,0			

B.2 DIÂMETRO SOBRE A ISOLAÇÃO

No caso de cabos sem blindagens semicondutoras, de baixa tensão, o diâmetro sobre a isolação é o diâmetro do condutor somado a duas vezes a espessura da isolação, que pode ser tomada da Tabela B.2 em função do material. Essas espessuras são nominais, tomadas da norma ABNT NBR 6251 [1], e a espessura de fabricação será sempre maior que os valores dessa tabela.

Nota: existem vários cabos e condutores isolados com normas técnicas próprias e para outras classes de tensão (por exemplo, 750 V) que têm espessuras de isolação ligeiramente diferentes das aqui apresentadas.

Já no caso dos cabos com blindagem semicondutora do condutor e da isolação, as espessuras dessas blindagens devem também ser somadas, e o diâmetro final não será sobre a isolação, mas sobre a blindagem semicondutora da isolação. Como o valor mínimo da espessura das blindagens semicondutoras é normatizado em 0,4 mm, para obter esse diâmetro soma-se o diâmetro do condutor com o dobro da espessura da isolação e com 1,6 mm, que é a espessura de cada blindagem semicondutora multiplicada por quatro.

Tabela B.2 – Espessuras nominais da isolação

Seção do condutor (mm²)	Espessura da isolação (mm)											
	0,6/1 kV (baixa tensão)			1,8/3 kV		3,6/6 kV		Isolação de EPR ou XLPE				
	PVC ou polietileno	EPR	XLPE	EPR	XLPE	EPR	XLPE	6/10 kV	8,7/15 kV	12/20 kV	15/25 kV	20/35 kV
1,5	0,8	1,0	0,7	---	---	---	---	---	---	---	---	---
2,5	0,8	1,0	0,7	---	---	---	---	---	---	---	---	---
4	1,0	1,0	0,7	---	---	---	---	---	---	---	---	---
6	1,0	1,0	0,7	---	---	---	---	---	---	---	---	---
10	1,0	1,0	0,7	2,2	2,0	3,0	2,5	---	---	---	---	---
16	1,0	1,0	0,7	2,2	2,0	3,0	2,5	3,4	---	---	---	---
25	1,2	1,2	0,9	2,2	2,0	3,0	2,5	3,4	4,5	---	---	---
35	1,2	1,2	0,9	2,2	2,0	3,0	2,5	3,4	4,5	5,5	---	---
50	1,4	1,4	1,0	2,2	2,0	3,0	2,5	3,4	4,5	5,5	6,8	8,8
70	1,4	1,6	1,1	2,4	2,0	3,0	2,5	3,4	4,5	5,5	6,8	8,8
95	1,6	1,6	1,1	2,4	2,0	3,0	2,5	3,4	4,5	5,5	6,8	8,8
120	1,6	1,6	1,2	2,4	2,0	3,0	2,5	3,4	4,5	5,5	6,8	8,8
150	1,8	1,8	1,4	2,4	2,0	3,0	2,5	3,4	4,5	5,5	6,8	8,8
185	2,0	2,0	1,6	2,4	2,0	3,0	2,5	3,4	4,5	5,5	6,8	8,8
240	2,2	2,2	1,7	2,4	2,0	3,0	2,6	3,4	4,5	5,5	6,8	8,8
300	2,4	2,4	1,8	2,4	2,0	3,0	2,8	3,4	4,5	5,5	6,8	8,8
400	2,6	2,6	2,0	2,6	2,0	3,0	3,0	3,4	4,5	5,5	6,8	8,8
500	2,8	2,8	2,2	2,8	2,2	3,2	3,2	3,4	4,5	5,5	6,8	8,8
630	2,8	2,8	2,4	2,8	2,4	3,2	3,2	3,4	4,5	5,5	6,8	8,8
800	2,8	2,8	2,6	2,8	2,6	3,2	3,2	3,4	4,5	5,5	6,8	8,8
1000	3,0	3,0	2,8	3,0	2,8	3,2	3,2	3,4	4,5	5,5	6,8	8,8

B.3 DIÂMETRO SOBRE A BLINDAGEM METÁLICA

Na quase totalidade dos casos, atualmente, a blindagem é feita de fios de cobre aplicados helicoidalmente. Cada fabricante usa um diâmetro de fio de cobre, que pode ser maior do que o seu padrão caso a blindagem tenha uma seção muito grande (por exemplo, maior que 1/3 da seção do condutor). Os fios mais utilizados têm entre 0,6 mm e 0,75 mm de diâmetro, de forma que, se não se conhecer o diâmetro real utilizado, pode-se somar ao diâmetro sobre a blindagem semicondutora da isolação o valor de 1,4 mm, que é o dobro do diâmetro de 0,7 mm.

B.4 DIÂMETRO DA REUNIÃO

Cabos unipolares (com um só condutor) têm uma cobertura de proteção extrudada sobre a isolação ou a blindagem, às vezes com uma fita de poliéster ou outro material para separação, mas essa fita é tão fina que pode ser desconsiderada. Cabos multipolares em geral têm 2, 3, 4 ou, no máximo, 5 condutores, no caso dos cabos de potência. Esses condutores são geralmente torcidos entre si e o diâmetro da reunião, o diâmetro sobre essa torção, é calculado geometricamente, como o diâmetro que circunscreve a reunião das veias isoladas ou blindadas com diâmetros iguais:

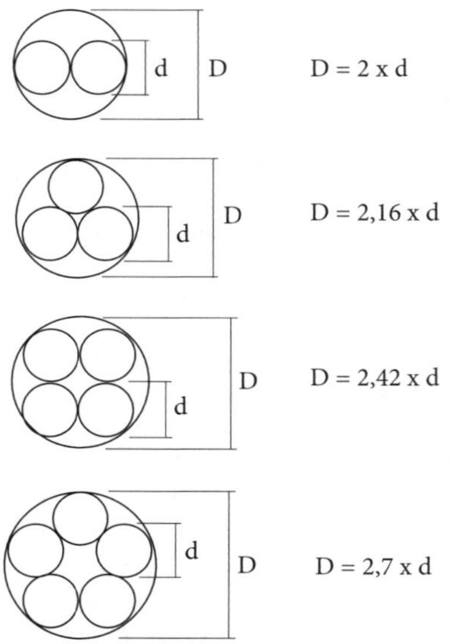

Figura B.1 – Diâmetro da reunião.

Nota: os fatores de torção são calculados conforme a seguir.

A reunião de vários condutores de mesmo diâmetro forma um polígono regular quando se traçam retas unindo os centros de suas seções transversais. Por exemplo, em uma reunião de 4 condutores:

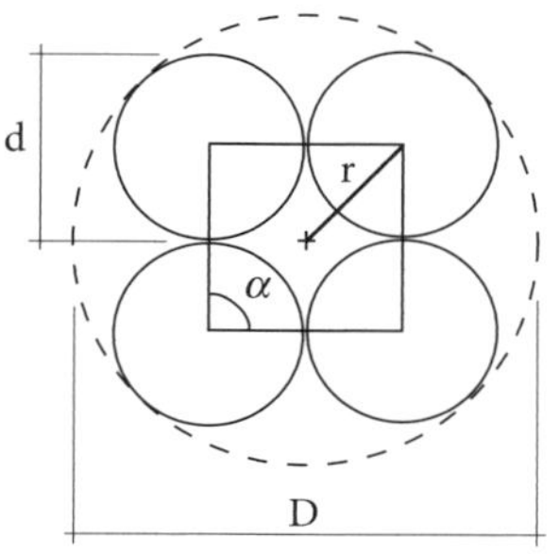

Figura B.2 – Exemplo de reunião de 4 condutores.

Chamando de r a distância entre o centro da reunião e um dos vértices do polígono (conforme a figura), é fácil notar que, sempre:

$$D = 2 \cdot \left(r + \frac{d}{2} \right)$$

O valor de r sempre é:

$$r = \frac{d}{2 \cdot cos \frac{\alpha}{2}}$$

Chamando o número de lados do polígono (número de condutores) de n, cada ângulo interno de um polígono regular é calculado por:

$$\alpha = \frac{(n-2) \cdot 180^\circ}{n}$$

e, com isso, é possível determinar os fatores de torção para reuniões em uma só camada:

Tabela B.3 – Diâmetro da reunião

Nº condutores	Polígono regular	α	*r*	*D* calculado	*D* usual
3	Triângulo	60°	0,577 · *d*	2,154 · *d*	2,16 · *d*
4	Quadrado	90°	0,707 · *d*	2,414 · *d*	2,42 · *d*
5	Pentágono	108°	0,851 · *d*	2,702 · *d*	2,70 · *d*

B.5 CAPA INTERNA

Colocando uma cobertura diretamente sobre a reunião dos condutores, essa cobertura muitas vezes não fica cilíndrica, fica marcada pela reunião das veias abaixo dela, no que se costuma chamar de "acostelamento". Para tornar o cabo mais cilíndrico, colocam-se enchimentos, por exemplo, veias cegas (material extrudado sem um condutor no centro) nos interstícios da reunião ou uma capa intermediária, que preenche os interstícios da reunião, ou um enfaixamento. Enfim, há algumas formas diferentes para tornar o cabo cilíndrico, mas pode-se assumir uma capa interna, e as espessuras sugeridas pela norma ABNT NBR 6251 [1], simplificando a forma de acesso à tabela, são:

Tabela B.4 – Espessura da capa interna

Diâmetro sobre a reunião das veias (mm)		Espessura da capa interna (mm)
Superior a	**Inferior ou igual a**	
---	25	1,0
25	35	1,2
35	45	1,4
45	60	1,6
60	80	1,8
80	---	2,0

Assim, para um cálculo aproximado, o diâmetro abaixo da cobertura de cabos multipolares pode ser obtido somando-se o dobro do valor da espessura dada na tabela anterior ao diâmetro da reunião. Mesmo que não haja capa interna, isso pouco influenciará no resultado de qualquer cálculo elétrico.

B.6 COBERTURA

A espessura nominal da cobertura pode ser calculada de forma aproximada por:

$$e = 0{,}035 \cdot d + 0{,}8 \qquad \text{(B.1)}$$

onde e é a espessura da cobertura e d é o diâmetro imediatamente abaixo da cobertura.

O diâmetro sobre a cobertura resulta da soma $D = d + 2 \cdot e$.

B.7 OUTROS ELEMENTOS

Há cabos com armação metálica, com capa metálica, com diferentes blindagens, com condutores de diferentes seções ou com inúmeros outros detalhes de construção. Entretanto, esses cabos são tão específicos que o fabricante construirá o cabo conforme uma especificação individual e, em geral, fornece uma descrição dimensional detalhada.

REFERÊNCIA

[1] ASSOCIAÇÃO BRASILEIRA DE NORMAS TÉCNICAS. (2018). Norma NBR 6251. Cabos de potência com isolação extrudada para tensões de 1 kV a 35 kV. Requisitos construtivos.

APÊNDICE C
Transmissão de calor por condução

Representando o calor atravessando um elemento sólido:

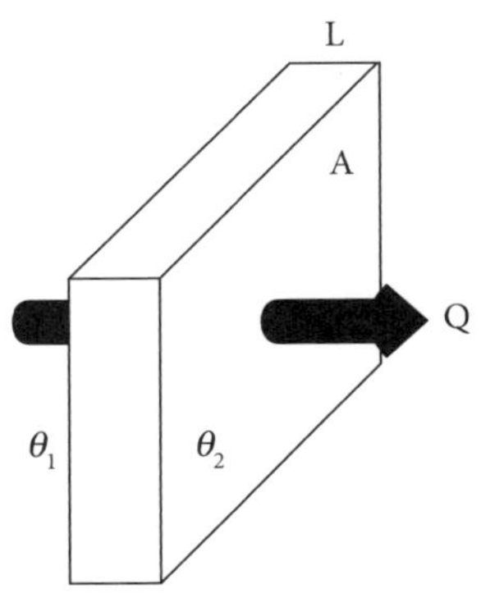

Figura C.1 – Barra ou parede sendo atravessada pelo calor Q.

Barra de material de condutividade térmica k e resistividade térmica ρ (K · m/W)

A = área da seção transversal (m^2)

L = comprimento (m)

θ_1 e θ_2 = temperaturas nas faces (°C) – $\theta_2 < \theta_1$

$\Delta\theta = \theta_2 - \theta_1\ (< 0)$

Q = calor que atravessa a barra (W)

A quantidade de calor que atravessa uma barra de área A pode ser expressa por:

$$Q = -k \cdot A \cdot \frac{d\theta}{dx} \tag{C.1}$$

Também pode-se escrever:

$$q = \frac{Q}{A} \tag{C.2}$$

$$q = -k \cdot \frac{d\theta}{dx} \tag{C.3}$$

No caso de uma barra:

$$q = -k \cdot \frac{\Delta\theta}{\Delta x} = -k \cdot \frac{\theta_2 - \theta_1}{L} = \text{constante} \tag{C.4}$$

e

$$Q = -k \cdot A \cdot \frac{\theta_2 - \theta_1}{L} \tag{C.5}$$

que também pode ser escrita como:

$$Q = k \cdot A \cdot \frac{\theta_1 - \theta_2}{L} \tag{C.6}$$

Pela analogia entre circuito térmico e circuito elétrico já feita no Capítulo 12:

Tabela C.1 – Analogia entre circuito térmico e circuito elétrico

Circuito elétrico	Circuito térmico
Tensão ou diferença de potencial (ΔV)	Diferença de temperaturas ($\theta_1 - \theta_2$)
Corrente elétrica (I)	Quantidade de calor (Q)
Resistência elétrica (R)	Resistência térmica (T)

Em circuitos elétricos, pela Lei de Ohm, $R = \Delta V/I$. Portanto, em circuitos térmicos:

$$T = \frac{\theta_1 - \theta_2}{Q} = \frac{\theta_1 - \theta_2}{k \cdot A \cdot \frac{\theta_1 - \theta_2}{L}} = \frac{L}{k \cdot A}$$

Utilizando a resistividade térmica (ρ) em vez da condutividade térmica (k), uma vez que $\rho = 1/k$, a resistência térmica pode ser escrita como:

$$T = \frac{\rho \cdot L}{A} \tag{C.7}$$

e a quantidade de calor pode ser escrita como:

$$Q = \frac{\theta_1 - \theta_2}{T} \tag{C.8}$$

Se a superfície for cilíndrica, como um cabo isolado, uma cobertura ou um eletroduto:

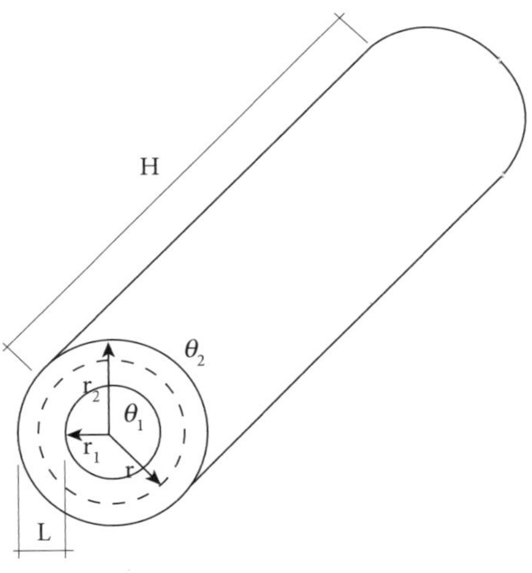

Figura C.2 – Superfície cilíndrica.

Considere-se H = 1 metro e A = área da superfície cilíndrica.

Retomando a expressão (C.1):

$$Q = -k \cdot A \cdot \frac{d\theta}{dx} \tag{C.1}$$

para a superfície cilíndrica, $x = r$:

$$Q = -k \cdot A \cdot \frac{d\theta}{dr} \tag{C.9}$$

Derivando essa expressão:

$$\frac{dQ}{dr} = -\frac{d}{dr}\left(k \cdot A \cdot \frac{d\theta}{dr}\right)$$

Como a quantidade de calor é constante:

$$\frac{dQ}{dr} = 0 \rightarrow \frac{d}{dr}\left(k \cdot A \cdot \frac{d\theta}{dr}\right) = 0$$

A área da seção cilíndrica é $A = 2 \cdot \pi \cdot r \cdot H$. Considerando $H = 1$ m, $A = 2 \cdot \pi \cdot r$. Uma vez que k e $2\,\pi$ são constantes:

$$2 \cdot \pi \cdot k \cdot \frac{d}{dr}\left(r \cdot \frac{d\theta}{dr}\right) = 0$$

$$\frac{d}{dr}\left(r \cdot \frac{d\theta}{dr}\right) = 0$$

Chamando:

$$a = r \cdot \frac{d\theta}{dr} \rightarrow d\theta = a \cdot \frac{dr}{r}$$

Dividindo pelo raio interno r_1:

$$d\theta = a \cdot \frac{d\left(\dfrac{r}{r_1}\right)}{\dfrac{r}{r_1}}$$

Integrando:

$$\theta = a \cdot ln\left(\frac{r}{r_1}\right) + b$$

Para a definição de *a* e *b*:

Para $r = r_1$, $\theta = \theta_1$:

$$\theta_1 = a \cdot ln\left(\frac{r_1}{r_1}\right) + b \rightarrow b = \theta_1$$

Para $r = r_2$, $\theta = \theta_2$:

$$\theta_2 = a \cdot ln\left(\frac{r_2}{r_1}\right) + \theta_1 \rightarrow a = \frac{\theta_2 - \theta_1}{ln\left(\frac{r_2}{r_1}\right)}$$

Portanto, a expressão

$$\theta = a \cdot ln\left(\frac{r}{r_1}\right) + b$$

fica:

$$\theta = \frac{\theta_2 - \theta_1}{ln\left(\frac{r_2}{r_1}\right)} \cdot ln\left(\frac{r}{r_1}\right) + \theta_1$$

Derivando em relação ao raio:

$$\frac{d\theta}{dr} = \frac{d}{dr}\left[\frac{\theta_2 - \theta_1}{ln\left(\frac{r_2}{r_1}\right)} \cdot ln\left(\frac{r}{r_1}\right) + \theta_1\right] = \frac{d}{dr}\left[\frac{\theta_2 - \theta_1}{ln\left(\frac{r_2}{r_1}\right)} \cdot \left(lnr - lnr_1\right) + \theta_1\right]$$

$$\frac{d\theta}{dr} = \frac{\theta_2 - \theta_1}{ln\left(\frac{r_2}{r_1}\right)} \cdot \frac{1}{r}$$

Voltando à Equação (C.9):

$$Q = -k \cdot A \cdot \frac{d\theta}{dr} \tag{C.9}$$

e lembrando que a área da seção cilíndrica é $A = 2 \cdot \pi \cdot r \cdot H$; com $H = 1$ m, $A = 2 \cdot \pi \cdot r$:

$$Q = -k \cdot 2 \cdot \pi \cdot r \cdot \frac{\theta_2 - \theta_1}{ln\left(\frac{r_2}{r_1}\right)} \cdot \frac{1}{r} = -k \cdot 2 \cdot \pi \cdot \frac{\theta_2 - \theta_1}{ln\left(\frac{r_2}{r_1}\right)}$$

Usando $\rho = 1/k$ e trocando o sinal pela alteração da subtração das temperaturas:

$$Q = \frac{2 \cdot \pi}{\rho} \cdot \frac{\theta_1 - \theta_2}{ln\left(\frac{r_2}{r_1}\right)}$$

Já foi definida a quantidade de calor em relação à resistência térmica *T*:

$$Q = \frac{\theta_1 - \theta_2}{T} \tag{C.8}$$

Portanto:

$$\frac{\theta_1 - \theta_2}{T} = \frac{2 \cdot \pi}{\rho} \cdot \frac{\theta_1 - \theta_2}{ln\left(\frac{r_2}{r_1}\right)}$$

Resulta:

$$T = \frac{\rho}{2\pi} \cdot ln\left(\frac{r_2}{r_1}\right)$$

Chamando de *t* a espessura da isolação ou cobertura do cabo ou a espessura do eletroduto:

$$r_2 = r_1 + t$$

$$T = \frac{\rho}{2\pi} \cdot ln\left(\frac{r_2}{r_1}\right) = \frac{\rho}{2\pi} \cdot ln\left(\frac{r_1 + t}{r_1}\right) = \frac{\rho}{2\pi} \cdot ln\left(1 + \frac{t}{r_1}\right)$$

Normalmente, utiliza-se o diâmetro em vez do raio. Chamando $d = 2 \cdot r_1$:

$$T = \frac{\rho}{2\pi} \cdot ln\left(1 + \frac{2 \cdot t}{d}\right) \tag{C.10}$$

que é a expressão para a resistência térmica usada no Capítulo 12.

APÊNDICE D

Módulo de elasticidade e coeficiente de dilatação linear teóricos de cabos compostos – Desenvolvimento das expressões

O módulo de elasticidade é definido por:

$$E = \frac{T}{\varepsilon}$$

E = módulo de elasticidade, kgf/mm²

T = tração ou tensão, kgf/mm²

ε = alongamento, p.u.

A tensão mecânica é definida por:

$$T = \frac{F}{S}$$

F = força de tração, kgf

S = área da seção transversal, mm²

Portanto:

$$\varepsilon = \frac{F}{E \cdot S} \qquad \text{(D.1)}$$

Quando um cabo composto como o ACSR sofre alongamento, esse alongamento é o mesmo para os fios de alumínio e para o núcleo (alma) do cabo:

$$\varepsilon = \varepsilon_{Al} = \varepsilon_N$$

ε = alongamento do cabo, p.u.

ε_{Al} = alongamento dos fios de alumínio, p.u.

ε_N = alongamento do núcleo, p.u.

$$\frac{F}{E \cdot S} = \frac{F_{Al}}{E_{Al} \cdot S_{Al}} = \frac{F_N}{E_N \cdot S_N} \qquad \text{(D.2)}$$

F = força de tração no cabo completo, kgf

F_{Al} = força de tração nos fios de alumínio, kgf

F_N = força de tração no núcleo ou alma, kgf

E = módulo de elasticidade do cabo completo, kgf/mm^2

E_{Al} = módulo de elasticidade do alumínio, kgf/mm^2

E_N = módulo de elasticidade do núcleo ou alma, kgf/mm^2

S = Área da seção transversal do cabo completo ($S_{Al} + S_{Aço}$), mm^2

S_{Al} = Área da seção transversal total dos fios de alumínio, mm^2

S_N = Área da seção transversal total do núcleo ou alma, mm^2

$$\frac{F}{E \cdot S} = \frac{F_{Al}}{E_{Al} \cdot S_{Al}} \rightarrow F_{Al} = F \cdot \frac{E_{Al} \cdot S_{Al}}{E \cdot S}$$

$$\frac{F}{E \cdot S} = \frac{F_N}{E_N \cdot S_N} \rightarrow F_N = F \cdot \frac{E_N \cdot S_N}{E \cdot S}$$

Como $F = F_{Al} + F_N$:

$$F = F \cdot \frac{E_{Al} \cdot S_{Al}}{E \cdot S} + F \cdot \frac{E_N \cdot S_N}{E \cdot S}$$

$$1 = \frac{E_{Al} \cdot S_{Al}}{E \cdot S} + \frac{E_N \cdot S_N}{E \cdot S}$$

$$E = E_{Al} \cdot \frac{S_{Al}}{S} + E_N \cdot \frac{S_N}{S} \tag{D.3}$$

Nos ACSR, S_{Al}/S e $S_{Aço}/S$ são padronizados por formação. Por exemplo, a formação 26/7 (26 fios de alumínio e 7 fios de aço) tem a relação $S_{Al}/S = 0{,}86$ e consequente relação $S_{Aço}/S = 0{,}14$. Por isso, os módulos de elasticidade do ACSR são medidos por formação, e não por bitola.

Entretanto, como o polinômio das coroas é obtido do polinômio do cabo menos o polinômio da alma, todas as tensões devem estar na mesma base, que é a área da seção transversal do cabo completo. Com isso, a expressão D.2 fica:

$$\frac{F}{E \cdot S} = \frac{F_{Al}}{E_{Al} \cdot S} = \frac{F_N}{E_N \cdot S}$$

ou

$$\frac{F}{E} = \frac{F_{Al}}{E_{Al}} = \frac{F_N}{E_N}$$

que resultará em:

$$E = E_N + E_{Al} \tag{D.4}$$

A dilatação térmica linear de um cabo, fio ou núcleo de um cabo é dada por:

$$L = L_o + L_o \cdot \beta \cdot \Delta\theta$$

L = comprimento final, m

L_o = comprimento inicial, m

β = coeficiente de dilatação térmica linear, $°C^{-1}$

$\Delta\theta$ = variação de temperatura, °C

A variação do comprimento será, então:

$$\Delta L = L_o \cdot \beta \cdot \Delta\theta$$

ΔL = variação do comprimento, m

e o alongamento:

$$\varepsilon = \frac{\Delta L}{L_o} = \beta \cdot \Delta\theta$$

Portanto, o alongamento pode ser dado por essa última expressão ou pela expressão D.1:

$$\varepsilon = \frac{F}{E \cdot S} \qquad \varepsilon = \beta \cdot \Delta\theta$$

Igualando-se as duas expressões, obtém-se a força equivalente à variação da temperatura, a força que provocaria o mesmo alongamento que a variação da temperatura:

$$\frac{F}{E \cdot S} = \beta \cdot \Delta\theta$$

$$F = \beta \cdot E \cdot S \cdot \Delta\theta$$

A variação da temperatura é a mesma no cabo completo, nos fios de alumínio ou no núcleo. Então, as forças em cada um desses elementos será:

$$F = \beta \cdot E \cdot S \cdot \Delta\theta$$

$$F_{Al} = \beta_{Al} \cdot E_{Al} \cdot S_{Al} \cdot \Delta\theta$$

$$F_N = \beta_N \cdot E_N \cdot S_N \cdot \Delta\theta$$

F, F_{Al}, F_N = forças de tração respectivamente no cabo, nos fios de alumínio e no núcleo

β, β_{Al}, β_N = coeficiente de dilatação respectivamente do cabo, alumínio e núcleo

E, E_{Al}, E_N = módulo de elasticidade respectivamente do cabo, alumínio e núcleo

S, S_{Al}, S_N = seção transversal respectivamente do cabo, alumínio e núcleo

A força de tração no cabo é a soma das forças de tração nos fios de alumínio e no núcleo:

$$F = F_{Al} + F_N$$

$$\beta \cdot E \cdot S \cdot \Delta\theta = \beta_{Al} \cdot E_{Al} \cdot S_{Al} \cdot \Delta\theta + \beta_N \cdot E_N \cdot S_N \cdot \Delta\theta$$

$$\beta \cdot E \cdot S = \beta_{Al} \cdot E_{Al} \cdot S_{Al} + \beta_N \cdot E_N \cdot S_N$$

$$\beta = \beta_{Al} \cdot \frac{E_{Al}}{E} \cdot \frac{S_{Al}}{S} + \beta_N \cdot \frac{E_N}{E} \cdot \frac{S_N}{S} \qquad \text{(D.5)}$$

Entretanto, como se está referindo à área do cabo completo:

$$\beta = \beta_{Al} \cdot \frac{E_{Al}}{E} + \beta_N \cdot \frac{E_N}{E} \tag{D.6}$$

Para casos em que não se disponha dos polinômios para algumas formações de cabos compostos, é possível adaptar a metodologia dada pela IEC TR-61597 [1] para a determinação do módulo de elasticidade e coeficiente de dilatação finais a partir de dados dos fios de alumínio e aço.

Adotam-se valores para os módulos de elasticidade dos fios de alumínio e de aço, sendo 7.000 kgf/mm^2 para fios de alumínio e 20.000 kgf/mm^2 para o aço, além de se tomar seus coeficientes de dilatação:

$\beta_{Al} = 23 \times 10^{-6}\,{}^{o}C^{-1}$ (para o alumínio ou liga de alumínio 6201)

$\beta_{Aço} = 11{,}5 \times 10^{-6}\,{}^{o}C^{-1}$ (para qualquer tipo de aço: NS, HS, UHS, EHS)

- NS = *Normal Strength*
- HS = *High Strength*
- UHS = *Ultra High Strength*
- EHS = *Extra High Strength*

É preciso fazer uma correção nos módulos de elasticidade do aço e do alumínio, representando a redução dos valores em razão da torção dos fios. Em geral, usam-se os fatores $F_{Al} = 0{,}86$ e $F_{Aço} = 0{,}92$, respectivamente, para o alumínio e o aço. Portanto, os valores teóricos para o alumínio e o aço são $E_{Al} = 7000 \cdot 0{,}86 = 6020$ kgf/mm^2 e $E_{Aço} = 20000 \cdot 0{,}92 = 18400$ kgf/mm^2.

Nesse caso, não há necessidade de se utilizar sempre a área de seção transversal do cabo completo, de modo que o módulo de elasticidade final e o coeficiente de dilatação final são calculados pelas expressões D.3 e D.5:

$$E = E_{Al} \cdot \frac{S_{Al}}{S} + E_N \cdot \frac{S_N}{S} \tag{D.3}$$

$$\beta = \beta_{Al} \cdot \frac{E_{Al}}{E} \cdot \frac{S_{Al}}{S} + \beta_N \cdot \frac{E_N}{E} \cdot \frac{S_N}{S} \tag{D.5}$$

Calculando o módulo de elasticidade e o coeficiente de dilatação finais do ACSR Grosbeak dessa forma:

Área total da seção transversal do cabo completo: 374,33 mm^2

Área da seção transversal de alumínio: 321,84 mm^2

Área da seção transversal da alma ou núcleo: 52,49 mm²

$$E = 6020 \cdot \frac{321,84}{374,33} + 18400 \cdot \frac{52,49}{374,33} = 7756 \text{ kgf / mm}^2$$

contra os 7570 kgf/mm² calculados no Capítulo 9 e os 7546 kgf/mm² dados na norma ABNT NBR 7270 [2]. Usando esse valor de 7756 kgf/mm² para calcular o coeficiente de dilatação final:

$$\beta = 23 \cdot 10^{-6} \cdot \frac{6020}{7756} \cdot \frac{321,84}{374,33} + 11,5 \cdot 10^{-6} \cdot \frac{18400}{7756} \cdot \frac{52,49}{374,33} = 19,2\ ^{\circ}\text{C}^{-1}$$

contra os 18,9 °C⁻¹ calculados no Capítulo 9 e dados na ABNT NBR 7270 [2].

REFERÊNCIAS

[1] INTERNATIONAL ELECTROTECHNICAL COMMISSION. (2021). IEC TR 61597. Overhead electrical conductors. Calculation methods for stranded bare conductors.

[2] ASSOCIAÇÃO BRASILEIRA DE NORMAS TÉCNICAS. (2010). ABNT NBR 7270. Cabos de alumínio nus com alma de aço zincado para linhas aéreas. Especificação.

APÊNDICE E

Polinômios da Aluminum Association [1] convertidos para o sistema métrico decimal

Em todas as expressões seguintes, ε é o alongamento, dado em %, e T é a tração, dada em kgf/mm^2

6/1 ACSR

Inicial – cabo completo:

$$\varepsilon = 3,62 \cdot 10^{-3} + 1,45 \cdot 10^{-2} \cdot T - 1,32 \cdot 10^{-4} \cdot T^2 + 1,43 \cdot 10^{-5} \cdot T^3$$

$$T = -0,404 + 77,2 \cdot \varepsilon - 51,9 \cdot \varepsilon^2 - 9,36 \cdot \varepsilon^3$$

Inicial – aço:	$T = 27,30 \cdot \varepsilon$
Inicial – alumínio:	$T = -0,404 + 49,9 \cdot \varepsilon - 51,9 \cdot \varepsilon^2 - 9,36 \cdot \varepsilon^3$
Final – cabo completo:	$T = 80,7 \cdot \varepsilon - 10,6$
Final – aço:	$T = 28,7 \cdot \varepsilon - 0,549$
Final – alumínio:	$T = 52,0 \cdot \varepsilon - 10,1$
Fluência – 6 meses:	$T = 51,5 \cdot \varepsilon$
Fluência – 1 ano:	$T = 49,3 \cdot \varepsilon$
Fluência – 10 anos:	$T = 45,0 \cdot \varepsilon$

7/1 ACSR

Inicial – cabo completo:

$$\varepsilon = 1{,}14 \cdot 10^{-3} + 1{,}24 \cdot 10^{-2} \cdot T - 4{,}62 \cdot 10^{-5} \cdot T^2 + 6{,}74 \cdot 10^{-6} \cdot T^3$$

$$T = -0{,}200 + 85{,}7 \cdot \varepsilon - 44{,}3 \cdot \varepsilon^2 - 27{,}0 \cdot \varepsilon^3$$

Inicial – aço:	$T = 38{,}1 \cdot \varepsilon$
Inicial – alumínio:	$T = -0{,}200 + 47{,}6 \cdot \varepsilon - 44{,}3 \cdot \varepsilon^2 - 27{,}0 \cdot \varepsilon^3$
Final – cabo completo:	$T = 88{,}8 \cdot \varepsilon - 8{,}91$
Final – aço:	$T = 41{,}6 \cdot \varepsilon - 1{,}32$
Final – alumínio:	$T = 47{,}2 \cdot \varepsilon - 7{,}59$
Fluência – 6 meses:	$T = 60{,}2 \cdot \varepsilon$
Fluência – 1 ano:	$T = 58{,}1 \cdot \varepsilon$
Fluência – 10 anos:	$T = 51{,}6 \cdot \varepsilon$

18/1 ACSR

Inicial – cabo completo:

$$\varepsilon = 3{,}88 \cdot 10^{-3} + 2{,}06 \cdot 10^{-2} \cdot T - 5{,}33 \cdot 10^{-4} \cdot T^2 + 4{,}56 \cdot 10^{-5} \cdot T^3$$

$$T = -0{,}441 + 59{,}8 \cdot \varepsilon - 42{,}9 \cdot \varepsilon^2 - 2{,}41 \cdot \varepsilon^3$$

Inicial – aço:	$T = 10{,}3 \cdot \varepsilon$
Inicial – alumínio:	$T = -0{,}441 + 49{,}5 \cdot \varepsilon - 42{,}9 \cdot \varepsilon^2 - 2{,}41 \cdot \varepsilon^3$
Final – cabo completo:	$T = 69{,}4 \cdot \varepsilon - 13{,}6$
Final – aço:	$T = 11{,}4 \cdot \varepsilon - 0{,}500$
Final – alumínio:	$T = 58{,}0 \cdot \varepsilon - 13{,}1$
Fluência – 6 meses:	$T = 34{,}8 \cdot \varepsilon$
Fluência – 1 ano:	$T = 33{,}1 \cdot \varepsilon$
Fluência – 10 anos:	$T = 28{,}5 \cdot \varepsilon$

24/7 ACSR

Inicial – cabo completo:

$$\varepsilon = 7{,}53 \cdot 10^{-4} + 1{,}90 \cdot 10^{-2} \cdot T - 4{,}54 \cdot 10^{-4} \cdot T^2 + 2{,}74 \cdot 10^{-5} \cdot T^3$$

$$T = -0{,}262 + 62{,}5 \cdot \varepsilon - 15{,}3 \cdot \varepsilon^2 - 44{,}3 \cdot \varepsilon^3$$

Inicial – aço:	$T = 21{,}6 \cdot \varepsilon$

Inicial – alumínio: $T = -0,262 + 40,9 \cdot \varepsilon - 15,3 \cdot \varepsilon^2 - 44,3 \cdot \varepsilon^3$

Final – cabo completo: $T = 74,1 \cdot \varepsilon - 12,5$

Final – aço: $T = 22,8 \cdot \varepsilon - 0,514$

Final – alumínio: $T = 51,3 \cdot \varepsilon - 12,0$

Fluência – 6 meses: $T = 42,5 \cdot \varepsilon$

Fluência – 1 ano: $T = 41,1 \cdot \varepsilon$

Fluência – 10 anos: $T = 36,7 \cdot \varepsilon$

26/7 ACSR

Inicial – cabo completo:

$$\varepsilon = 4,07 \cdot 10^{-3} + 1,82 \cdot 10^{-2} \cdot T - 2,38 \cdot 10^{-4} \cdot T^2 + 1,62 \cdot 10^{-5} \cdot T^3$$
$$T = -0,360 + 60,6 \cdot \varepsilon - 8,30 \cdot \varepsilon^2 - 40,5 \cdot \varepsilon^3$$

Inicial – aço: $T = 26,1 \cdot \varepsilon$

Inicial – alumínio: $T = -0,360 + 34,5 \cdot \varepsilon - 8,30 \cdot \varepsilon^2 - 40,5 \cdot \varepsilon^3$

Final – cabo completo: $T = 75,7 \cdot \varepsilon - 12,4$

Final – aço: $T = 27,2 \cdot \varepsilon - 0,457$

Final – alumínio: $T = 48,5 \cdot \varepsilon - 11,9$

Fluência – 6 meses: $T = 45,6 \cdot \varepsilon$

Fluência – 1 ano: $T = 42,6 \cdot \varepsilon$

Fluência – 10 anos: $T = 37,6 \cdot \varepsilon$

30/7 ACSR

Inicial – cabo completo:

$$\varepsilon = 2,30 \cdot 10^{-3} + 1,59 \cdot 10^{-2} \cdot T - 1,32 \cdot 10^{-4} \cdot T^2 + 8,84 \cdot 10^{-6} \cdot T^3$$
$$T = -0,220 + 66,1 \cdot \varepsilon - 0,936 \cdot \varepsilon^2 - 53,6 \cdot \varepsilon^3$$

Inicial – aço: $T = 33,3 \cdot \varepsilon$

Inicial – alumínio: $T = -0,220 + 32,8 \cdot \varepsilon - 0,936 \cdot \varepsilon^2 - 53,6 \cdot \varepsilon^3$

Final – cabo completo: $T = 79,8 \cdot \varepsilon - 9,18$

Final – aço: $T = 36,3 \cdot \varepsilon - 1,20$

Final – alumínio: $T = 43,5 \cdot \varepsilon - 7,98$

Fluência – 6 meses: $T = 50,4 \cdot \varepsilon$

Fluência – 1 ano: $T = 48,8 \cdot \varepsilon$

Fluência – 10 anos: $T = 45,5 \cdot \varepsilon$

45/7 ACSR

Inicial – cabo completo:

$$\varepsilon = 7,03 \cdot 10^{-4} + 2,52 \cdot 10^{-2} \cdot T - 9,71 \cdot 10^{-4} \cdot T^2 + 6,20 \cdot 10^{-5} \cdot T^3$$

$$T = -0,226 + 48,5 \cdot \varepsilon + 5,86 \cdot \varepsilon^2 - 66,1 \cdot \varepsilon^3$$

Inicial – aço: $T = 12,3 \cdot \varepsilon$

Inicial – alumínio: $T = -0,226 + 36,2 \cdot \varepsilon + 5,86 \cdot \varepsilon^2 - 66,1 \cdot \varepsilon^3$

Final – cabo completo: $T = 65,8 \cdot \varepsilon - 12,7$

Final – aço: $T = 13,2 \cdot \varepsilon - 0,366$

Final – alumínio: $T = 52,6 \cdot \varepsilon - 12,3$

Fluência – 6 meses: $T = 36,7 \cdot \varepsilon$

Fluência – 1 ano: $T = 34,1 \cdot \varepsilon$

Fluência – 10 anos: $T = 27,7 \cdot \varepsilon$

54/7 ACSR

Inicial – cabo completo:

$$\varepsilon = 6,85 \cdot 10^{-4} + 2,22 \cdot 10^{-2} \cdot T - 5,45 \cdot 10^{-4} \cdot T^2 + 3,27 \cdot 10^{-5} \cdot T^3$$

$$T = -0,169 + 51,1 \cdot \varepsilon + 7,95 \cdot \varepsilon^2 - 61,0 \cdot \varepsilon^3$$

Inicial – aço: $T = 21,1 \cdot \varepsilon$

Inicial – alumínio: $T = -0,169 + 30,0 \cdot \varepsilon + 7,95 \cdot \varepsilon^2 - 61,0 \cdot \varepsilon^3$

Final – cabo completo: $T = 68,5 \cdot \varepsilon - 11,8$

Final – aço: $T = 22,4 \cdot \varepsilon - 0,598$

Final – alumínio: $T = 46,1 \cdot \varepsilon - 11,2$

Fluência – 6 meses: $T = 41,7 \cdot \varepsilon$

Fluência – 1 ano: $T = 39,6 \cdot \varepsilon$

Fluência – 10 anos: $T = 33,8 \cdot \varepsilon$

54/19 ACSR

Inicial – cabo completo:

$$\varepsilon = -4{,}76 \cdot 10^{-4} + 1{,}90 \cdot 10^{-2} \cdot T - 3{,}03 \cdot 10^{-4} \cdot T^2 + 2{,}55 \cdot 10^{-5} \cdot T^3$$

$$T = -0{,}110 + 59{,}8 \cdot \varepsilon - 25{,}8 \cdot \varepsilon^2 - 22{,}4 \cdot \varepsilon^3$$

Inicial – aço: $T = 20{,}1 \cdot \varepsilon$

Inicial – alumínio: $T = -0{,}110 + 39{,}7 \cdot \varepsilon - 25{,}8 \cdot \varepsilon^2 - 22{,}4 \cdot \varepsilon^3$

Final – cabo completo: $T = 71{,}1 \cdot \varepsilon - 12{,}4$

Final – aço: $T = 21{,}7 \cdot \varepsilon - 0{,}711$

Final – alumínio: $T = 49{,}4 \cdot \varepsilon - 11{,}7$

Fluência – 6 meses: $T = 42{,}3 \cdot \varepsilon$

Fluência – 1 ano: $T = 40{,}6 \cdot \varepsilon$

Fluência – 10 anos: $T = 35{,}7 \cdot \varepsilon$

84/19 ACSR

Inicial – cabo completo:

$$\varepsilon = -3{,}87 \cdot 10^{-3} + 2{,}03 \cdot 10^{-2} \cdot T - 4{,}30 \cdot 10^{-4} \cdot T^2 + 4{,}02 \cdot 10^{-5} \cdot T^3$$

$$T = 0{,}0521 + 58{,}2 \cdot \varepsilon - 40{,}2 \cdot \varepsilon^2 - 3{,}28 \cdot \varepsilon^3$$

Inicial – aço: $T = 12{,}9 \cdot \varepsilon$

Inicial – alumínio: $T = 0{,}0521 + 45{,}3 \cdot \varepsilon - 40{,}2 \cdot \varepsilon^2 - 3{,}28 \cdot \varepsilon^3$

Final – cabo completo: $T = 68{,}2 \cdot \varepsilon - 12{,}8$

Final – aço: $T = 14{,}2 \cdot \varepsilon - 0{,}549$

Final – alumínio: $T = 54{,}0 \cdot \varepsilon - 12{,}3$

Fluência – 6 meses: $T = 40{,}5 \cdot \varepsilon$

Fluência – 1 ano: $T = 37{,}8 \cdot \varepsilon$

Fluência – 10 anos: $T = 28{,}6 \cdot \varepsilon$

7 Fios AAC 1350

Inicial – alumínio:

$$\varepsilon = -6{,}54 \cdot 10^{-3} + 2{,}66 \cdot 10^{-2} \cdot T - 1{,}55 \cdot 10^{-3} \cdot T^2 + 1{,}51 \cdot 10^{-4} \cdot T^3$$

$$T = 0{,}0936 + 51{,}4 \cdot \varepsilon - 50{,}0 \cdot \varepsilon^2 + 3{,}76 \cdot \varepsilon^3$$

Final – alumínio: $T = 64{,}6 \cdot \varepsilon - 13{,}0$

Fluência – 6 meses: $T = 30,5 \cdot \varepsilon$

Fluência – 1 ano: $T = 28,6 \cdot \varepsilon$

Fluência – 10 anos: $T = 23,3 \cdot \varepsilon$

19 Fios AAC 1350

Inicial – alumínio:

$$\varepsilon = -5,60 \cdot 10^{-3} + 2,60 \cdot 10^{-2} \cdot T - 1,46 \cdot 10^{-3} \cdot T^2 + 1,54 \cdot 10^{-4} \cdot T^3$$

$$T = 0,0844 + 51,2 \cdot \varepsilon - 50,2 \cdot \varepsilon^2 + 0,667 \cdot \varepsilon^3$$

Final – alumínio: $T = 62,4 \cdot \varepsilon - 12,3$

Fluência – 6 meses: $T = 29,8 \cdot \varepsilon$

Fluência – 1 ano: $T = 27,6 \cdot \varepsilon$

Fluência – 10 anos: $T = 22,0 \cdot \varepsilon$

37 Fios AAC 1350

Inicial – alumínio:

$$\varepsilon = -5,31 \cdot 10^{-3} + 2,47 \cdot 10^{-2} \cdot T - 1,25 \cdot 10^{-3} \cdot T^2 + 1,45 \cdot 10^{-4} \cdot T^3$$

$$T = 0,0957 + 52,5 \cdot \varepsilon - 59,9 \cdot \varepsilon^2 + 16,4 \cdot \varepsilon^3$$

Final – alumínio: $T = 60,0 \cdot \varepsilon - 11,4$

Fluência – 6 meses: $T = 29,8 \cdot \varepsilon$

Fluência – 1 ano: $T = 26,9 \cdot \varepsilon$

Fluência – 10 anos: $T = 21,5 \cdot \varepsilon$

61 Fios AAC 1350

Inicial – alumínio:

$$\varepsilon = -3,99 \cdot 10^{-3} + 2,56 \cdot 10^{-2} \cdot T - 8,89 \cdot 10^{-4} \cdot T^2 + 1,28 \cdot 10^{-4} \cdot T^3$$

$$T = 0,0588 + 47,4 \cdot \varepsilon - 50,0 \cdot \varepsilon^2 + 16,5 \cdot \varepsilon^3$$

Final – alumínio: $T = 59,5 \cdot \varepsilon - 11,7$

Fluência – 6 meses: $T = 27,8 \cdot \varepsilon$

Fluência – 1 ano: $T = 25,6 \cdot \varepsilon$

Fluência – 10 anos: $T = 20,4 \cdot \varepsilon$

7 & 19 Fios AAAC 6201

Inicial – alumínio:

$$\varepsilon = -2,22 \cdot 10^{-3} + 1,89 \cdot 10^{-2} \cdot T - 2,97 \cdot 10^{-4} \cdot T^2 + 1,48 \cdot 10^{-5} \cdot T^3$$

$$T = 0,0630 + 55,7 \cdot \varepsilon + 25,4 \cdot \varepsilon^2 - 85,9 \cdot \varepsilon^3$$

Final – alumínio: $T = 64,2 \cdot \varepsilon - 4,71$

Fluência – 6 meses: $T = 46,1 \cdot \varepsilon$

Fluência – 1 ano: $T = 43,9 \cdot \varepsilon$

Fluência – 10 anos: $T = 38,3 \cdot \varepsilon$

37 & 61 Fios AAAC 6201

Inicial – alumínio:

$$\varepsilon = -2,18 \cdot 10^{-3} + 1,82 \cdot 10^{-2} \cdot T - 2,61 \cdot 10^{-5} \cdot T^2 + 6,66 \cdot 10^{-6} \cdot T^3$$

$$T = 0,103 + 56,0 \cdot \varepsilon - 8,16 \cdot \varepsilon^2 - 22,2 \cdot \varepsilon^3$$

Final – alumínio: $T = 61,5 \cdot \varepsilon - 4,93$

Fluência – 6 meses: $T = 40,5 \cdot \varepsilon$

Fluência – 1 ano: $T = 39,2 \cdot \varepsilon$

Fluência – 10 anos: $T = 34,6 \cdot \varepsilon$

Nota: a fluência deve ser calculada conforme descrito em 9.3.3 no Capítulo 9.

REFERÊNCIA

[1] THE ALUMINUM ASSOCIATION, INCORPORATED. (1997). Stress-strain-creep curves for aluminum overhead electrical conductors: a technical report of the Aluminum Association's Electrical Technical Committee.

Sobre o autor

JOÃO JOSÉ ALVES DE PAULA

É engenheiro eletricista e atua há cerca de 40 anos no ramo de projeto e fabricação de cabos elétricos, sempre nas áreas técnicas das principais empresas do ramo, tendo sido também professor de cursos de Engenharia Elétrica. Ao longo de todos esses anos, participou ativamente na elaboração e revisão das normas técnicas da Associação Brasileira de Normas Técnicas (ABNT) referentes a cabos elétricos e instalações elétricas de baixa e média tensão.

GRÁFICA PAYM
Tel. [11] 4392-3344
paym@graficapaym.com.br